《全国勘察设计注册公用设备工程师给水排水专业执业资格考试 给水工程》阅读提示与例题解析

张秋景 主编

中国建筑工业出版社

图书在版编目(CIP)数据

《全国勘察设计注册公用设备工程师给水排水专业执业资格考试　给水工程》阅读提示与例题解析/张秋景主编．—北京：中国建筑工业出版社，2019.4

ISBN 978-7-112-23422-6

Ⅰ．①全…　Ⅱ．①张…　Ⅲ．①给水工程—资格考试—自学参考资料
Ⅳ．①TU991

中国版本图书馆 CIP 数据核字(2019)第 043469 号

本书以《全国勘察设计注册公用设备工程师给水排水专业执业资格考试教材（第三版—2019）第1册　给水工程》为基础，向考生介绍阅读教材的注意事项以及每节的学习重点，并配以2个以上的体例解析。本书大纲按照考试教材的编写顺序，每节都为（1）阅读提示，介绍本节学习重点；（2）例题解析，每节至少2题以上。

本书可供参加全国勘察设计注册公用设备工程师给水排水专业执业资格考试的考生参考。

责任编辑：于　莉　田启铭
责任校对：李欣慰

《全国勘察设计注册公用设备工程师给水排水专业执业资格考试　给水工程》
阅读提示与例题解析
张秋景　主编

*

中国建筑工业出版社出版、发行（北京海淀三里河路9号）
各地新华书店、建筑书店经销
北京红光制版公司制版
天津安泰印刷有限公司印刷

*

开本：787×1092毫米　1/16　印张：17¾　字数：429千字
2019年5月第一版　2019年5月第一次印刷
定价：**75.00**元

ISBN 978-7-112-23422-6
(33738)

前　　言

为了帮助给水排水专业学生、工程技术人员全面理解《全国勘察设计注册公用设备工程师给水排水专业执业资格考试教材（第三版—2019）第1册　给水工程》（简称《给水工程》）教材内容，掌握正确的解题方法，特根据通用的《给水工程》教材内容编写了本辅导教材。

给水工程涉及面较广，仅参考近几年出版的给水工程教科书、《给水工程》内容编写。全书共分15章，包括给水系统总论、输水和配水工程、取水工程、给水泵房、给水处理、水的冷却和循环水处理等内容。按照给水系统内容叙述了有关工艺原理和构筑物的设计、计算方法，并编写了430余例习题解析、配以习题计算简图。

本辅导教材理论结合实际，所编例题既是基本理论理解内容，也是一些工程设计的计算内容。力争联系工程实际，概念明确、计算简便。例题解答不是唯一的答案，可以有多种解答方法。

鉴于时间紧迫、水平有限，书中一定会有较多错别字和表述不当语句，还会有一些理解错误或不合理之处，恳请广大读者不吝指教为盼。

编　者

2019年2月

目 录

1　给 水 系 统 总 论

1.1　给水系统的组成和分类

1.1.1　给水系统分类

（1）阅读提示

本节首先定义给水系统。根据有关给水设计规范中给水系统的规定，城镇给水系统应是由取水、输水、水质处理、配水构筑物和排泥水处理构筑物等给水工程中各关联设施所组成的总体。给水系统所包含的工程内容在下节讨论。

本节的主要内容是给水系统分类。

1）按照取水水源种类分类

《全国勘察设计注册公用设备工程师给水排水专业执业资格考试（第三版—2019）第1册　给水工程》（以下简称教材）表1-1给出了常用的地表水源给水系统、地下水源给水系统分类。其中海洋水源给水系统可以是以海水为水源的工业冷却水给水系统，也可以是以海水为水源进行脱盐淡化的生活饮用水给水系统。以污水处理厂排出水为水源再行处理成再生水（又称为中水）用于浇洒道路、绿地，或工业生产冷却的给水系统是地表水源给水系统的一种。地表水回灌到地下补充地下水资源，供水高峰时取出使用，或者冬灌夏用进行温度调节的人工回灌给水系统属于地下水源给水系统。

2）按照供水能量的提供方式分类

按照供水能量来源分类，给水系统分为重力流给水系统、压力流给水系统以及重力流-压力流混合给水系统。重力流给水系统的水源或输水起端位置较高，不用机械提升、加压可直接流入水厂或用水点。其输水方式通常采用管道或渠道。输水管（渠）中的水流可能是有自由水面的重力流，也可能是无自由水面的重力流或压力流。压力流给水系统是由液体提升设备供给水流能量后采用输水管（渠）有压供水的系统。

重力流-压力流混合给水系统通常利用地形高差，重力流输水一段距离，再用水泵加压供水。利用水泵在用电低峰时的夜间从低水位水库取水，提升到高水位水库（池），再重力流供水到水厂，也可以认为是重力流-压力流混合给水系统。

3）按照供水使用目的和服务对象分类

城镇给水系统主要供给居民生活用水、工业生产和消防用水。至于娱乐、游泳池用水量有限，且不是到处都有普遍存在的给水系统，所以不是主要使用目的。水上运动、运输大多在天然水源上开展，该天然水源具有多重作用，不能全部视为给水系统。城镇自来水厂长距离跨区域引水工程属于给水系统，但长距离跨区域引水的灌溉、水上运输水利工程不能算作给水系统。

消防给水是在工业厂区、居民区或一幢建筑物内单独设立的给水系统，其用水水质是生活饮用水水质。

4）按照供水使用方式分类

按照供水使用方式分类是指城镇供水中的一些工业给水系统中的直流、循环、复用供水情况。既不是指水的自然循环、社会循环，也不是指局部地区水源的间接循环使用。可结合教材后面章节的工业给水系统内容一起阅读理解。

5）按照给水系统供水方式分类

教材列出了5种给水系统。其中统一给水系统、分质给水系统是从供水水质方面考虑的给水系统。凡是提到城镇生活用水给水系统或城镇统一给水系统，其供水水质必须符合现行《生活饮用水卫生标准》。

分质给水系统大部分是工业用水和生活用水分别供水的给水系统。工业冷却水、矿山用水等水质低于《生活饮用水卫生标准》。而电子、仪器、锅炉一类的工业用水水质远远高于《生活饮用水卫生标准》。

分压供水和分区供水是既考虑压力差别，又考虑水质差别的供水。分压供水、分质供水必定是分区供水，但分区供水不一定是分质供水。

区域给水系统是一种不受行政管辖界限的给水方式，有利于保证水质，节约输水管网投资。

（2）例题解析

【例题 1.1-1】下列有关选用给水系统的叙述中，正确的是哪一项？

（A）用户对供水水量、水质的要求是考虑分质供水系统和分压供水系统的依据；

（B）城市地形条件是考虑分质供水系统、分区供水系统的依据；

（C）居住区、工业区的分布情况是考虑统一供水系统、分压供水系统的依据；

（D）取水水源条件是考虑地表水源、地下水源供水系统以及区域供水系统的依据。

【解】答案（D）

（A）用户对供水水质要求不同，是考虑分质供水系统或分区供水系统的依据，而供水量大的工厂可以单独敷设管道输水是考虑分区供水系统的依据，与分压供水系统无关，（A）项叙述不正确。

（B）城市地形条件是考虑分压供水系统和分区供水系统的依据，与分质供水系统无关，（B）项叙述不正确。

（C）居住区、工业区的分布情况是考虑采用统一供水系统和分质供水系统或分区供水系统的依据，一般不考虑分压供水系统，（C）项叙述不正确。

（D）取水水源条件是指水源水质、水量、取水方式和取水距离的差异，是考虑采用地下水源、地表水源供水系统或区域供水系统的依据，（D）项叙述正确。

【例题 1.1-2】某城市原有取用河水水源的自来水厂一座，供给城区居民生活、消防和工业用水。后来又在开发区建设取用地下水源的自来水厂一座，仅供给开发区及附近居民生活、消防和工业用水，和原有水厂供水管网不连接。该城市给水系统属于何种系统？

（A）多水源统一给水系统；（B）多水源分质给水系统；

（C）多水源分区给水系统；（D）多水源混合给水系统。

【解】答案（C）

（A）两座水厂分别向两个供水区供水，管网未连接在一起，不是统一给水系统，

(A) 项叙述不正确。

(B) 两座水厂都是供给居民生活、消防和工业用水，其水质标准是《生活饮用水卫生标准》，不是分质给水系统，(B) 项叙述不正确。

(C) 由地表水源和地下水源分别供水给两个区域属多水源分区给水系统，(C) 项叙述正确。

(D) 两个水源水厂相对独立，不是统一给水系统，也不是混合给水系统，(D) 项叙述不正确。

【例题 1.1-3】下列几种给水系统中，供水水质必须符合现行《生活饮用水卫生标准》要求的是哪些？

(A) 统一给水系统；(B) 城镇供水分压给水系统；

(C) 所有分质给水系统；(D) 所有分区给水系统。

【解】答案 (A) (B)

(A) 统一给水系统是生活饮用水、消防用水、工业生产用水共用管网，必须符合现行《生活饮用水卫生标准》，(A) 项说法正确。

(B) 城镇供水分压给水系统是因地形起伏分压供水的城镇给水系统，必须符合现行《生活饮用水卫生标准》，(B) 项说法正确。

(C) 分质给水系统包括生活饮用水给水系统和工业生产用水给水系统，有些工业生产用水如冷却、洗涤用水水质低于现行《生活饮用水卫生标准》，分质给水系统不要求必须符合现行《生活饮用水卫生标准》，(C) 项说法不正确。

(D) 所有分区给水系统包括分质分区给水系统、分压分区给水系统。分质供给电子、锅炉用水高于现行《生活饮用水卫生标准》，故认为分质分区给水系统不一定要求符合现行《生活饮用水卫生标准》，(D) 项说法不正确。

【例题 1.1-4】下列有关城镇给水系统输水管和运行情况的叙述中，正确的是哪一项？

(A) 重力流给水系统必须采用敞开式无压明渠输水到用户；

(B) 多水源统一给水系统必须保持相对独立，不得相互调度运行；

(C) 当城镇自来水达不到《生活饮用水卫生标准》时，经当地政府同意，允许适当降低标准；

(D) 独立设置水质要求低于《生活饮用水卫生标准》的工业用水给水系统，属于分质供水系统。

【解】答案 (D)

(A) 重力流给水系统可以采用无压明渠输水，也可以采用无自由水面的压力流管(渠) 道输水，为了不使输水污染，很多工程采用了有压管道重力流输水，(A) 项叙述不正确。

(B) 多水源统一给水系统或分区给水系统水质相同，应考虑在事故时能相互调度，提高供水安全性，(B) 项叙述不正确。

(C) 城镇自来水必须符合国家规定的《生活饮用水卫生标准》，当地政府无权批准降低标准，(C) 项叙述不正确。

(D) 独立设置水质要求低于《生活饮用水卫生标准》的工业用水给水系统，就是分质供水系统，(D) 项叙述正确。

【例题 1.1-5】某城镇新建工业区后，准备采用分质供水系统，下列说法中正确的是哪几项？

(A) 可以从一个取水位置取水，设计成单水源分质给水系统；

(B) 可以从同一河流的不同位置取水建厂，设计成分质给水系统；

(C) 必须从两个不同水源取水，设计成多水源分质给水系统；

(D) 工业区内必须设两个以上供水压力相同的独立管网。

【解】答案 (A) (B)

首先说明，按取水水源或城市水源分类，分为地下水水源和地表水水源。对于管网来说，两个以上水源或一个水源两处取水处理后供给管网或水厂和高位水池同时供水等都可以形成多水源供水管网。

(A) 分质给水系统可以采用同一水源，水处理流程和输配水系统独立工作，称为单水源分质给水系统，(A) 项说法正确。

(B) 可以从同一河流的不同位置取水建设一座或两座处理工艺有别的水厂，分别供给水质要求不同的城镇管网和工业区用水，设计成分质给水系统，(B) 项说法正确。

(C) 从两个及以上水源或一个水源两处取水都可以设计成多水源分质给水系统，不需要一定从两个不同水源取水，(C) 项说法不正确。

(D) 既然是分质供水，就必须设置生活用水、生产用水等两个以上独立工作的管网，但供水压力不一定相同，(D) 项说法不正确。

【例题 1.1-6】在讨论城镇给水系统是否有条件或有必要采用多水源供水时，下列说法中不正确的是哪几项？

(A) 当城镇周围只有地下水而没有合适的地表水水源可以取用时，不可能采用多水源供水；

(B) 当城镇周围只有一条河流可以取水时，也可以采用多水源供水；

(C) 当城镇周围既有地下水水源又有合适的地表水水源可以取用时，必须采用多水源供水；

(D) 当城镇分布在一条河流的两侧时，必须采用多水源供水。

【解】答案 (A) (C) (D)

(A) 当城镇周围只有地下水而没有合适的地表水水源可以取用时，可以在城市一侧凿井取水设计成单水源供水系统，也可以在城市其他侧多处凿井取水设计成多水源供水系统，(A) 项说法不正确。

(B) 当城镇周围只有一条河流允许取水时，可以在一处或两处以上取水建造多座水厂，设计成多水源供水，(B) 项说法正确。

(C) 当城镇周围既有地下水水源又有合适的地表水水源可以取用时，可以取用地下水水源，也可以取用地表水水源，可以设计成单水源供水，也可以设计成多水源供水，不是必须采用多水源供水，(C) 项说法不正确。

(D) 当城镇分布在一条河流的两侧时，可以设计成单水源取水建设水厂统一供给河流两侧居民用水，不是必须采用多座水厂实行多水源供水，(D) 项说法不正确。

1.1.2 给水系统组成

(1) 阅读提示

本节主要介绍给水系统中有关联的一些设施。大致分为取水工程、水处理工程和输配水工程，又称为给水工程。也可认为是利用一些设备开展取水、净化、输水工作的工程。按照由浑水处理成清水输送到用户的原则组成了给水系统，其由以下工程设施构成：

1) 取水构筑物

地表水取水构筑物由取水泵房以前的取水头部、吸水井、格网、格栅、进水管、阀门等组成。地下水取水构筑物包括管井、大口井、渗渠、辐射井、复合井。取水构筑物无论如何简单或复杂，都是不可缺少的构筑物。即使在水库大坝上安装一根管道和阀门，重力流出，也是取水构筑物。

2) 水处理构筑物

为满足不同的水质要求，需要采用不同的水处理工艺。作为生活饮用水，除满足各种无机物、有机物、浑浊度指标之外，还应满足细菌学指标。在我国，即使水质很好的地下水，也需要消毒后才能供给城镇生活饮用水管网，所以消毒是必不可少的水处理构筑物。

3) 水泵站

通常由安装水泵机组、附属电气设备、控制设施的建筑物（又称泵房）和配套设施（吸水井、格栅、阀门等）组成。一级取水泵站常常和取水构筑物建造在一起。一级取水泵站供水量根据水处理构筑物生产能力进行调度。重力流取水时，可不设一级取水泵站。二级送水泵站常设在水厂处理构筑物清水池之后，城镇管网之前。其供水流量、压力根据管网需水量而定。重力流供水水厂不设二级送水泵站。

4) 输水管（渠）

输水管（渠）分为原（浑）水输水管（渠）和清水输水管（渠）。地表水源水厂浑水输水管（渠）、清水输水管（渠）都是必需的。从水厂到管网的输水干管可能很长，也可能很短。地下水源水厂水质较好，消毒前的输水管，不认为是浑水输水管，均为清水输水管。近年来，为取用不受污染的水源水，很多城市建设了长距离城市给水引水工程，属于给水系统的内容。但是，为解决北方地区工农业缺水问题建设的南水北调工程，如东线运河，既是引水灌溉，又是航运的水利工程，不算作城市给水系统的构筑物。

5) 管网

从清水输水干管输水分配到供水区域内各用户之间的管道（或输水支管）称为管网。无论规模大小、输水管长短，管网是必不可少的。

6) 调蓄构筑物

高浊度水给水系统中常常设置原水调蓄工程，避开含沙量最高时段或取水后预沉。通常利用滩地、池塘、湖泊、旧河道调蓄。非高浊度水水厂的清水池用于调节水处理构筑物和供给管网的水泵房之间的流量差，当管网供水时变化系数 $k_h=1$，即水处理构筑物生产水量和管网用水量相同时，这种供水方式的水厂可不设清水池，仅设置二级送水泵房吸水井即可。当 $k_h>1$ 时，无论重力流供水或压力流供水均应设置调蓄清水池。地下水源水厂有多口水井供水时，利用开、停取水井深井泵台数进行调度，可以减小清水池容积或不设清水池。需要除铁、除锰的地下水源水厂需要设置调节水量的清水池。水塔和高位水池有很好的调节作用，但不是每个城镇都必须有。

7）排泥水处理构筑物

水厂絮凝池、沉淀池排泥水含泥量较高，一般设置排泥池接收后，输入污泥浓缩池。而滤池冲洗水含泥量较低，通常设置排水池，上清液回用或排放，下部沉泥排入排泥池，一并输入污泥浓缩池。经污泥浓缩池处理后，上清液回用或排放。浓缩污泥排入污泥平衡池，调节流量后再送入污泥脱水间。污泥脱水时的分离液可以排放或回流到排泥池。经脱水后的泥饼外运或填埋，或烧砖，或用作其他原料。

高浊度水给水系统中包含泥沙输送工程、泥沙处理工程以及应急措施。泥沙输送用排泥管、吸泥船等，把泥沙排入天然洼地、天然池塘、旧河道、沟渠处自然干化或进行浓缩脱水处理。

8）应急供水

应急供水是指水源应急、水厂应急和配水系统应急条件下所考虑的供水问题。目前各自来水厂均制定了应急供水预案。

（2）例题解析

【例题 1.1-7】 下列地表水源给水系统必需的工程设施组合中，正确的是哪一项？

（A）取水构筑物、取水泵房、水处理构筑物、清水池、管网；

（B）取水构筑物、水处理构筑物、二级（送水）泵房、输水管（渠）、管网；

（C）取水构筑物、水处理构筑物、输水管（渠）、增压泵房、管网；

（D）取水构筑物、水处理构筑物、输水管（渠）、管网。

【解】 答案（D）

（A）重力给水系统中不设取水泵房，$k_h=1$ 时的工业给水系统可不设清水池，（A）项组合不正确；

（B）当水厂位于标高较高的位置时，也可不设二级（送水）泵房，（B）项组合不正确；

（C）绝大部分城市供水系统的输水管和管网之间不需要增压泵房，（C）项组合不正确；

（D）从取水构筑物到水厂及从水厂到管网的输水管（渠）有长有短，不可缺少。所以取水构筑物、水处理构筑物、输水管（渠）和管网是必不可少的，故（D）项组合正确。

【例题 1.1-8】 下列地表水源给水系统有关工程设施设置的叙述中，正确的是哪一项？

（A）重力流取水的自来水厂不需要设置二级（送水）泵房，能够保持重力流供水；

（B）在地形平坦的地区，设有一级取水泵房取水的水厂，必须设置二级（送水）泵房；

（C）在江河、水库采用浮船取水时，不另设固定式取水构筑物；

（D）取水泵房和取水构筑物合建时，不设浑水输水管。

【解】 答案（C）

（A）重力流取水的自来水厂位置偏低或和城区标高相差不大时，仍需设置二级（送水）泵房，（A）项叙述不正确。

（B）一些设计水量较小的村镇水厂、工厂水厂，采用直接过滤工艺，一级泵站取水经压力滤池过滤后输入水塔或高位水池，由水塔或高位水池输水到管网，而不设二级（送水）泵房，(B) 项叙述不正确。

(C) 已建浮船移动式取水构筑物后，可以满足用水要求，不同时另建固定式取水构筑物，(C) 项叙述正确。

(D) 从取水泵房到水处理构筑物之间距离无论多长，都需要敷设浑水输水管，(D) 项叙述不正确。

【例题 1.1-9】 下列哪一项不属于给水系统的组成部分？

(A) 吸水井；(B) 水厂传达室；(C) 水厂排泥池；(D) 住宅的入户水表。

【解】 答案 (B)

给水系统是由取水、输水、水质处理和配水等各关联设施所组成的总体。大到跨区域的城市调水工程，小到居民楼房的给水设施，都可纳入给水系统的范畴。

(A) (C) (D) 项中的吸水井、水厂排泥池、住宅的入户水表均属于给水系统的组成部分。

(B) 项中的水厂传达室是水厂的附属建筑，不是给水系统中的某一关联设施，不属于给水系统的组成部分，是该题的答案。

【例题 1.1-10】 在地形平坦的大、中型城市管网中，有的设置了高位调节（调蓄）水池，其主要作用叙述中，正确的是哪几项？

(A) 可以减少二级泵房设计流量；

(B) 可以减小水厂的设计规模；

(C) 可以减小管网的设计流量；

(D) 可以降低水厂出厂水压力。

【解】 答案 (A) (D)

(A) 供水低峰时，二级泵房供水经管网转输到高位水池，供水高峰时，二级泵房、高位水池同时向管网供水，减少了二级泵房的最大设计流量值，但总供水量不变，(A) 项叙述正确。

(B) 水厂的设计规模是在设计年限内最高日向管网的供水量，不受调节构筑物影响，(B) 项叙述不正确。

(C) 管网的设计流量是居民生活用水量、工业用水量、消防用水量之和。无论如何供水，都应满足上述供水量要求，所以管网设计流量与设置高位水池无关，(C) 项叙述不正确。

(D) 本例题就是和不设高位水池比较，管网中设置高位水池后可以减少向管网供水的输水干管高峰时段设计流量，也就减少了二级泵房高峰时段设计流量。当然会降低水厂出厂水压力，也会减小出厂水管管径。同时有助于减小水厂内清水池容积，(D) 项叙述正确。

1.1.3 给水系统选择及影响因素

(1) 阅读提示

1) 城镇供水方式

给水系统选择应根据城镇发展规划、地形条件、水源位置及水质变化等因素进行考虑。城镇给水可以组合成以下几种供水方式：

①单水源统一给水系统；②多水源统一给水系统；③单水源分质给水系统；④多水源分质给水系统；⑤单水源统一给水和分区（分压）给水系统；⑥多水源统一给水和分区（分压）给水系统；⑦多水源独立或分区给水系统。

2）分系统给水特点

分质给水、分压给水都可以称为分系统给水。因供水管网较长或地形起伏可采用分压供水，属于统一供水条件下的分区供水。分压供水有利于减少供水能量消耗，但需要分别设置高低压水泵房，增加了水泵房占地面积。分质供水是考虑水质标准低于《生活饮用水卫生标准》的工业用水量占有较大比例且较为集中时的供水方法。对于水厂来说，可以简化处理工艺，也就是节约了能量。但需要设置专用的输配水管渠、管网，增加了投资。对于用水量较少、水质标准高于《生活饮用水卫生标准》的工业用水，则由工厂从城市管网中单独接管另行软化、脱盐处理，不作为城镇自来水厂的供水系统。

3）影响城市给水系统选择的因素

① 城市规划。按照当地土地资源、水资源及交通运输等条件所作的城市规划是城市基础设施设计的依据。因此，自来水厂的建设和给水系统设置方法，必须以城市规划为依据。

② 取水水源。水源种类、取水地点、可以取用水量直接影响取水方式、水厂位置、输水方式。水源水质条件（污染物含量、泥沙含量、冰冻情况）直接影响水厂处理工艺选择、取水方法和水厂建造位置、建设规模。从一条河流上多处取水建设水厂，从水源选择上来看，是单水源供水。从向管网供水方式来看属于多水源供水，可以提高供水安全性。

③ 地形条件。当城市地形起伏较大或处于狭长地带时，通常考虑是否分区（分压）供水以及重力流供水的可能性。

④ 其他因素。水厂允许用地大小影响到水厂构筑物形式的选择。当重力流供水有足够水头时，有的水厂内安装了水力发电机供厂区用电。位于电厂附近的水厂取用发电厂冷却水，水温稳定。尽量利用地形，重力流供水是节约动力最好的方法。

（2）例题解析

【例题 1. 1-11】从一条河流上多处取水、采用多水源统一供水与从单水源一处取水统一供水相比较有哪些优点？

（A）节约水厂建设投资；（B）管理简单；

（C）管网水压比较均匀；（D）供水安全性高。

【解】答案（C）（D）

（A）一条河流多处取水或多水源取水，或建多座水厂统一供水需要建造多座水厂，不会节约水厂建设投资，只可能增加水厂建设投资，（A）项观点不正确。

（B）一条河流多处取水或多座水厂向同一管网供水，属于统一给水系统，与从单水源一处取水统一供水相比较增加了管理工作量，（B）项观点不正确。

（C）多处供水点向一个管网供水，管网内水压比较均匀，（C）项观点正确。

（D）单水源多处取水或多水源供水系统可以相互调度，供水安全性较高，（D）项观点正确。

【例题 1. 1-12】下列有关水源地、水源类型选择影响城市给水系统的叙述中，正确的是哪几项？

（A）水源地位置影响给水系统的布置方式；

（B）水源地地形影响取水工程设计内容；

（C）水源类型影响到城市自来水水质目标；

（D）水源可取水量决定取水工程规模。

【解】 答案（A）（B）（D）

（A）水源地位置有高有低，距城区有远有近，直接影响到重力流供水或是压力流供水以及一处取水或是多处取水问题，所以影响到给水系统的布置方式，（A）项叙述正确。

（B）水源地地形直接影响到重力流、压力流取水方法，也影响到吸水井和泵房是合建还是分建的布置方法。同时影响到是虹吸管取水、自流管取水还是直接取水的设计内容，（B）项叙述正确。

（C）地下水、地表水具有不同的水质特点，直接影响到水处理工艺的选择。但是，无论什么水源水，经处理后作为城市自来水必须符合现行《生活饮用水卫生标准》，故水源类型不能影响城市自来水水质目标，（C）项叙述不正确。

（D）水源可取水量即为水资源可利用量，决定了城市发展规模、工业布局和水厂规模，（D）项叙述正确。

【例题 1.1-13】 水源水质对城市自来水给水系统布置有较大影响，下列叙述中正确的是哪几项？

（A）水源水质影响水处理工艺的选择；

（B）水源水质决定供水水质目标；

（C）水源水质状况是采用统一给水或分质给水的依据；

（D）水源水质变化影响到取水构筑物的设计。

【解】 答案（A）（D）

（A）水源水中含有不同杂质，直接影响到水处理工艺的选择，是除 Fe^{2+}、除 Mn^{2+}，还是除有机物、除浑浊度，水处理方案不同，（A）项叙述正确。

（B）城市自来水水质目标为《生活饮用水卫生标准》，当水源水质不好时，无论如何处理，都必须达到这一标准。故认为城市自来水水质目标不受水源水质影响，（B）项叙述不正确。

（C）统一供水或是分质供水是根据用户使用水质要求和供水量而决定的，不能按水源水质决定，（C）项叙述不正确。

（D）地表水水源水质复杂，含沙量高低、结冰情况等直接影响到取水构筑物的设计，（D）项叙述正确。

【例题 1.1-14】 下列有关城市地形条件对城市自来水给水系统布置影响的叙述中，不正确的是哪些？

（A）只有在地形起伏较大的城镇才适用分区给水系统；

（B）当水源地高程高于城镇时，必须采用重力供水方式；

（C）当地形平坦，工业用水量较大、水质标准较低的城镇宜考虑采用分区给水系统；

（D）当城镇被河流分割时，两岸只能采用统一供水条件下分区或独立分区供水系统。

【解】 答案（A）（B）（D）

(A) 除地形起伏较大的城镇之外，狭长形供水地区管网水压力较大时也适用分区给水系统，(A) 项叙述不正确。

(B) 当水源地高程仅高于城镇地面高程较少时，是否适合采用重力流供水系统，应作经济比较后确定，(B) 项叙述不正确。

(C) 地形平坦，工业用水量较大、水质标准较低，工业用水可考虑分质（即分区）供水，工业区的生活、消防用水用城市自来水管接出，(C) 项叙述正确。

(D) 被河流分割的城市可以采用两岸管网相连接的统一供水系统或统一供水条件下分区或独立分区供水系统，不一定采用分质给水系统，(D) 项叙述不正确。

【例题 1.1-15】在给水系统布置时，下列哪几项是影响给水系统选择的因素？

(A) 水厂供电条件；(B) 水厂排水条件；

(C) 水厂维修条件；(D) 水厂扩建条件。

【解】答案 (A) (B) (D)

(A) 水厂供电条件直接影响水厂的处理规模、处理工艺选择、是否压力分区供水等工艺方案，是影响给水系统选择的因素。

(B) 水厂排水条件是否受淹、是否每年防洪，影响到水厂投资和日常运行费用及是否扩建问题，是影响给水系统选择的因素。

(C) 水厂维修条件，仅涉及设备选用问题，不涉及处理水量、管道走向等系统布置问题。

(D) 水厂扩建条件（包括周围居民拆迁、水厂构筑物是否为文物保护等）涉及水厂远期处理规模、输水管走向等问题，也是影响给水系统选择的因素。

1.1.4 工业用水给水系统

(1) 阅读提示

1) 工业用水给水内容

一座工厂或矿山等工业企业为了生产和职工生活，必须建设相应的给水系统。工业企业用水通常设置工业生产给水系统和职工生活、消防、浇洒道路、绿地给水系统。

工业生产给水系统是指供给工业企业生产用水、冷却用水的给水系统。工业企业生产用水可以从城镇自来水管网引入，或者由城镇自来水厂分质供给工业生产用水，或工业企业自备水源供水。

2) 工矿企业生活用水水质

大多数工矿企业自备水源水厂供给生产用水，其生活用水从城镇自来水管网中引入。有的工矿企业远离城区，其生活用水由自备水源水厂经沉淀、过滤、消毒等处理后供给，水质必须符合现行的规定《生活饮用水卫生标准》。

从城镇自来水管网供水到工矿企业，另行组成生活给水、消防给水、浇洒道路、绿地给水系统。该系统中生活给水、消防给水、浇洒道路、绿地用水量均计入工矿企业用水量。浇洒道路、绿地用水量不算作城镇市政浇洒道路、绿地用水量。

3) 工业生产用水重复利用率

工业生产用水通常循环使用或重复使用，分为循环给水系统和复用给水系统。复用给水系统指前一车间或前一个生产工序的排水经简单处理或直接供给下一车间或下一个生产工序使用。复用 1 次或 2 次以上都称为复用给水系统。循环给水系统是指生产车间或生产工序的排水收集后进行冷却或沉淀、过滤、消毒处理后再送入原用水设备重复使用。

上述复用、循环使用方式又称为直接重复利用。如果把前一车间的生产废水排入河道，和天然水体混合、冷却稀释，下一车间再从河道取出使用，或处理成中水浇洒道路、绿地，属于间接重复利用，不计入重复利用率。工业生产用水重复利用率仅为工业生产中直接重复利用的水量（包括循环水量及复用水量）和生产用水总水量（不包括职工生活、消防、浇洒道路、绿地用水量）的比值。

循环冷却水因蒸发、风吹、排污散失的水量需补充新鲜水，补充的新鲜水以及生产产品带走的水量都计入工业生产用水量之中，但不计入重复用水量之中。

（2）例题解析

【例题 1.1-16】下列工业用水系统中，属于循环给水系统的是哪一项？

（A）前一车间使用过的水直接被后一车间另一种用途的用水设备再度使用；

（B）上游车间使用过的水排入河道自然冷却，下游车间取用；

（C）使用过的水经适当处理后，再度被原用水设备重复使用；

（D）前一车间使用过的水经适当处理后，被后一车间另一种用途的用水设备再度使用。

【解】答案（C）

（A）前一车间使用过的水直接被后一车间另一种用途的用水设备再度使用，属于复用给水系统，（A）项不属于循环给水系统。

（B）水体自然循环和社会循环是水系的大循环，不简单认为是给水系统循环。其上游车间使用过的水排入河道进行自然冷却降温后，供下游车间取用，（B）项不认为是循环给水系统，属于间接再用。

（C）使用过的水经适当处理后，再度被原用水设备重复使用，是循环给水系统，（C）项叙述正确。这里的处理可以是水质处理，也可以是冷却处理。如果上游车间使用过的水排入工厂内冷却池，简单冷却后再度被原用水设备重复使用，也是循环给水系统。

（D）前一车间使用过的水经适当处理后，被后一车间另一种用途的用水设备再度使用，也属于复用给水系统，（D）项不认为是循环给水系统。

【例题 1.1-17】在工业企业内常布置工业生产给水系统和生活给水系统，下列有关工业生产用水重复利用率含义的表述中，正确的是哪一项？

（A）重复用水量在工业生产给水系统总用水量中所占的比例；

（B）循环用水量在工业生产给水系统总用水量中所占的比例；

（C）重复用水量在工业企业给水系统总用水量中所占的比例；

（D）重复用水量在工业给水系统循环总用水量中所占的比例。

【解】答案（A）

（A）重复用水量（包括复用和循环用水量）在工业生产给水系统总用水量（不包括职工生活、消防、浇洒道路、绿化用水量）中所占的比例，（A）项表述正确。

（B）循环用水量不能代表重复用水量，循环用水量在工业生产给水系统总用水量中所占的比例不能代表重复利用率，（B）项表述不正确。

（C）工业企业给水系统总用水量包括工业生产用水量和职工生活等用水量，重复用水量是指工业生产重复利用的水量，重复用水量在工业企业给水系统总用水量中所占的比例不能代表重复利用率，(C) 项表述不正确。

(D) 循环总用水量不能代表工业生产总用水量，重复用水量在工业给水系统循环总用水量中所占的比例不能代表重复利用率，(D) 项表述不正确。

【例题 1.1-18】 有一工厂从城市给水系统中接管引水，去年夏季各有关车间用水量统计见表 1-1。则该工厂去年夏季工业生产用水重复利用率为多少？循环冷却水补充水量占循环水量的比例是多少？

各车间用水量统计表 **表 1-1**

序号	用水车间及用途	用水量（m^3）	补充新鲜水量（m^3）	循环水量（m^3）	复用水量（m^3）
1	第 1 车间冷却用水	40000	1000	40000	
2	第 2 车间冷却、洗涤用水	5000	3000（洗涤用水）	2000	
3	第 3 车间洗涤用水	3000			3000
4	第 4 车间生产、洗涤用水	1000	1000		
5	生活、绿化用水	1500	1500		

【解】 根据题意和表 1-1，可以看出，第 2 车间冷却、洗涤用水补充新鲜水 3000m^3 计入总用水量 5000m^3 之中，第 4 车间生产、洗涤用水补充新鲜水 1000m^3 计为总用水量 1000m^3。

工业生产总用水量等于 1、2、3、4 车间用水量总和 Q_1：$Q_1=40000+1000+5000+3000+1000=50000m^3$；

循环水量和复用水量合计 $Q_2=40000+2000+3000=45000m^3$；

工业生产用水重复利用率 $C_1=\dfrac{Q_2}{Q_1}=\dfrac{45000}{50000}=90\%$。

循环冷却水补充水量占循环水量的比例为 $C_2=\dfrac{1000}{40000+2000}=\dfrac{1000}{42000}=2.38\%$。

【例题 1.1-19】 一座由城市自来水管网供水的工厂的用水量平衡图如图 1-1 所示，根据图中数据推算出该工厂的生产用水重复利用率大约为多少？每天需要城市自来水管网供水量是多少？(注：图中数字单位为 m^3/d)

【解】 根据图中数字推算出 C 车间工业用水 280m^3/d，B 车间复用 C 车间 180m^3/d 生

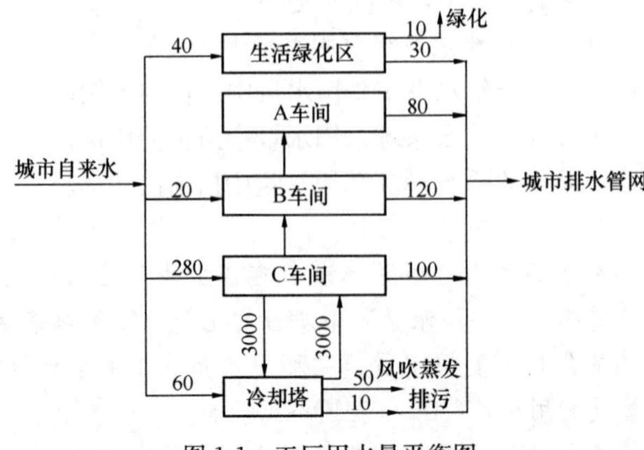

图 1-1　工厂用水量平衡图

产废水，连同补充的 $20m^3/d$ 新鲜水共用水 $200m^3/d$，A 车间复用 B 车间生产废水 $80m^3/d$ 后全部排放。管网向冷却塔补充新鲜水 $60m^3/d$。于是得出：

工业生产用水总量 $Q_1=80+(180+20)+280+(3000+60)=3620(m^3/d)$；

重复使用水量为：A 车间 $80m^3/d$，B 车间 $180m^3/d$，C 车间 $3000m^3/d$，重复使用水量 $Q_2=80+180+3000=3260(m^3/d)$；

生产用水重复利用率 $C=\frac{3260}{3620}=90.055\%$。

为满足全厂区的生活、绿化和工业生产用水以及补充循环冷却水，需要城市自来水管网供水量 $Q_3=40+20+280+60=400(m^3/d)$。

1.1.5 给水系统工程规划

（1）阅读提示

本节简单叙述了给水系统工程规划的原则、规划内容和基本程序。阅读时应注意理解以下内容：

1）给水系统工程规划应保证社会效益、经济效益、环境效益的统一

主要体现在发挥水资源多种功能作用，在满足居民生活饮用水要求的前提下，节约用水，合理回用废水浇地绿化，与农业、水利综合利用，保持水资源可持续利用。

2）给水系统工程规划应与城市总体规划相一致

城市总体规划是根据当地资源确定的城市性质、人口规模、工业布局和经济发展目标，是给水系统工程规划建设的依据。只有这样，给水系统工程才能协调城市发展，满足生活、工业生产需要。

3）给水系统工程规划按照近期、远期规划年限相结合

城市给水系统工程按照近期设计年限 5～10 年设计，同时考虑远期 10～20 年发展规模预留位置。构筑物设计使用年限 50 年，是指给水系统工程中钢筋混凝土结构的构筑物，而其他管道、水泵、搅拌机、刮泥机等根据保养情况及环境现状确定使用年限。

4）给水系统工程规划内容

给水系统工程规划内容是多方面的，涉及水源工程、取水工程、给水处理工程、给水管网工程、中水回用工程等。每一类工程都有一定范围的规划内容，应注意收集相关方面的基础资料，进行多方案比较。在总体规划方案优化的条件下，力求各单项规划优化。

5）给水系统卫生防护

生活饮用水管网严禁和非生活饮用水管网连接，防止非生活饮用水如中水、冷却水倒灌入生活饮用水管网。生活饮用水管网严禁与自备水源供水系统直接连接，这意味着可以间接连接。

其他有关防止生活饮用水二次污染的措施都是有选择性的。表示在正常情况下应该采取的措施，如果达不到要求，允许采取防污染措施后实施。

（2）例题解析

【例题 1.1-20】下列有关给水系统工程规划的基本原则叙述中，正确的是哪一项？

（A）在缺水地区应限制建设耗水量大的工业项目而发展农业；

（B）城市给水管网可与工矿企业自备水源直接连接，急需时引入自备水源水；

（C）应充分考虑到提高居民用水量定额和工业生产用水量定额的可能性，留有扩大给水系统工程规模的余地；

（D）当既有地表水源水又有地下水源水时，可考虑优先选用地下水作为居民生活饮用水水源。

【解】 答案（D）

（A）在缺水地区，既要限制建设耗水量大的工业项目，也要限制农业发展，因为农业种植也是耗水量较大的项目。而可考虑退耕还林，退耕还草，（A）项叙述不正确。

（B）城市生活饮用水管网严禁与工矿企业自备水源给水系统直接连接，（B）项叙述不正确。

（C）给水工程设计应采用新技术提高水质，节约用水，而不是提高用水定额，（C）项叙述不正确。

（D）因地下水受污染较少，处理简单，当允许开采地下水时，应优先作为饮用水水源考虑，（D）项叙述正确。

【例题 1.1-21】 下列关于城市给水系统工程规划应遵循的原则说明中，正确的是哪几项？

（A）规划期限应与城市总体规划相一致；

（B）应按远期规划设计年限为主的原则进行设计；

（C）构筑物的合理设计使用年限不得低于 70 年；

（D）应保证社会效益、经济效益、环境效益的统一。

【解】 答案（A）（D）

（A）城市给水系统工程规划期限应与城市总体规划相一致，以便确定水厂规模、合理用地等事项，（A）说明项正确。

（B）城镇给水系统应按远期规划、近远期结合、以近期为主的原则进行设计，以适应城市发展中出现的变化，（B）说明项不正确。

（C）给水工程构筑物的合理设计使用年限宜为 50 年，配套设备、设施根据使用情况酌情确定使用年限，（C）说明项不正确。

（D）城市给水系统工程规划应保证社会效益、经济效益、环境效益的统一，进行科学管理服务于民，（D）说明项正确。

1.2 设计供水量

1.2.1 供水量的组成

（1）阅读提示

1）城市用水量

城市用水量是指与城市发展、居民生活、工农业生产有关的用水，包括居民生活用水、公共设施用水和工业企业生产用水以及水上运动用水、农业灌溉生产和养殖用水。这是一个大范围用水概念，既不是城市给水系统全部供给的水量，也不是城市水资源必需的水量。

2）城市给水系统设计要求

城市给水系统设计供水量应满足其服务对象的居民生活、工业生产、浇洒道路、绿化、消防等用水量。其中居民生活用水（包括居民饮用、烹调、洗涤、冲厕、洗澡等日常生活用水）和公共建筑及设施用水（包括娱乐场所、宾馆、浴室、商业、学校、医院、机关办公楼用水）统称为城市综合生活用水。机关、学校、医院、娱乐场所内的绿化、浇洒道路用水包括在该项之中。

3）工业企业用水量

工业企业用水量包括工业企业生产、洗涤用水和工人、职工洗澡、招待所、食堂用水，以及工业企业内的绿化、浇洒道路用水。

4）浇洒道路、绿化用水量

浇洒道路用水量是指对城市公共道路（市政立交桥、交通隧道、人行道、港湾式公交车站等）进行养护、清洗、降温和消尘所需的水量。不包括市政道路中间分隔带行道树用水量。

绿化用水量是指浇洒城市公共绿地所需的水量，不包括机关、学校、医院、娱乐场所、工业企业内的绿化用水量。

5）设计规模

给水系统设计供水量是给水系统设计年限内（或设计目标年限内）城市综合生活用水量、工业企业用水量、浇洒道路和绿地用水量、管网漏损水量以及未预见用水量之和，也就是设计规模，通常用万 m^3/d 表示。

(2) 例题解析

【例题 1.2-1】下列有关水厂设计规模的叙述中，错误的有哪几项？

(A) 是指在设计年限内水厂应达到的处理能力；

(B) 是指在设计年限内最高日水厂的供水量；

(C) 等于从水厂到用水管网的清水输水管道的最高时设计流量；

(D) 等于从水源地到水厂的浑水输水管道的最高日供水量。

【解】答案 (A) (C) (D)

(A) 在设计年限内水厂每天应达到的处理能力是水厂在设计年限内应达到的处理水量，包括最高日供水量（即设计规模）和水厂自用水量，(A) 项叙述不正确。

(B) 在设计年限内最高日水厂的供水量，就是水厂的设计规模，(B) 项叙述正确。

(C) 从水厂到用水管网的清水输水管道的最高时设计流量等于最高日供水条件下的平均时供水量乘以时变化系数，不是设计规模，(C) 项叙述不正确。

(D) 从水源地到水厂的浑水输水管道的最高日供水量等于水厂最高日供水量、浑水输水管漏损水量和水厂自用水量之和，大于水厂设计规模，(D) 项叙述不正确。

1.2.2 用水量计算

(1) 阅读提示

1）综合生活用水量计算

综合生活用水涉及居民生活用水和公共建筑用水两部分水量，计算时需要注意如下问题：

① 居民生活用水量等于居民生活用水量定额乘以供水系统服务人数。居民生活用水量定额是一种用水单位指标，该指标不仅与当地气候有关，还与经济发达程度、水资源状况、居民生活习惯、住房用水设施情况密切相关。目前，这一定额主要按照气候条件分区，根据城市市区和近郊非农业人口制定的用水量范围，即为居民生活用水量定额。计算时不是取最高日用水量范围的平均值，而是根据实际用水情况或用水量计算经验值适当增减。

② 供水系统服务人数不一定就是具有城市户口的居民人数，不包括流动人口，而是实际用水的总人数，即为常住人口。

③ 公共建筑和公共设施用水量分摊到用水人口，并计入居民生活用水量定额构成了综合生活用水量定额。计算时，选用综合生活用水量定额就不要再计入居民生活用水量定额了。

④ 在进行城市给水系统工程规划时，有时提出城市单位人口综合用水量指标（万m^3/（万人·d））的概念，它是指城市给水工程统一供给的居民生活用水、工业用水、公共设施用水及其他用水水量的总和除以城市用水人口。因为工业用水量相差很大，用该综合用水量指标估算设计规模误差较大，不便应用。同时注意不要与“综合生活用水量定额”混淆。

2）工业企业用水量计算

工业用水指的是把自然物质资源制造加工成生产、生活资料或农产品加工生产过程中的用水，一般用水量较大。而企业用水是指从事生产的工厂、矿山，从事运输的铁路、公路和贸易公司用水，用水量相差较大。通常把工业企业统一考虑作为工业企业用水量计算。因为工业企业门类很多，工艺设备复杂，不便准确计算用水量，只能分门别类或按照产值、或按照设备大小、或按照占地面积估算用水量。

工业企业用水量包括工业企业内职工上班时生活用水量以及工业企业内浇洒道路和绿地用水量。

3）浇洒道路和绿地用水量

该部分用水量是指浇洒城市公共道路、公共绿地用水量。如城市公园内设有水上娱乐(游泳池、划船湖泊)场所，应另行单独计算用水量。浇洒道路用水指的是对城镇道路(包括市政立交桥、交通隧道、人行道、公交车站等)进行养护、清洗、降温和消尘用水，水量按照 2～3L/(m^2·d)的用水定额乘以公共道路面积计算。浇洒绿地用水量按照 1～3L/(m^2·d)的用水定额乘以公共绿地面积计算。浇洒道路和绿地用水定额下限是确定城市供水最小规模的依据。

新建开发区修建了大量道路和绿地后用水量增加，没有另行提出用水量定额时，与老城区一样，应用同一定额计算浇洒道路和绿地用水量。

4）管网漏损水量

管网漏损水量是指自来水输水干管、自来水管网的漏损水量。计算该项水量通常按照最高日用水量或供水量组成的 1～3 项的 10%计算。管网漏损百分数（又称为漏损率）的大小与设计规模无关。实践证明，单位供水量（如 1000m^3/d）的管道越长，漏损率越大。供水压力越大、管材越差，越容易损坏，漏损率越大。管径大小涉及接缝长度和供水流量。当输水压力和输水流量一定时，输水管径越小，所需要的输水管根数越多（如 1 根

*DN*200 钢管与 4 根 *DN*100 钢管的输水能力相当），则管道接缝长度增加很多，漏损率增加。至于管径相同、压力相同的输水管，其输水流速（或流量）不同，漏损率不会有很大差别。

5）未预见用水量

主要考虑城市规划变化及城市流动人口增加等因素引起的用水量增加，也是适当留有扩大供水量的余地。

6）消防用水量

消防用水量不计入水厂设计规模，而计入消防水池和管网内高位水池（水塔）的容积。设计时取城市、居住区一次灭火用水量和工厂、仓库、民用建筑一次灭火的室外消防用水量中的最大值。

（2）例题解析

【例题 1.2-2】水资源的状况影响到城市的发展，受城市水资源充沛程度影响的有以下各项，正确的说法是哪一项？

（A）居民生活用水定额；

（B）工业布局、产品类型及企业生产用水量；

（C）浇洒道路和绿地用水量；

（D）管网漏损水量。

【解】答案（A）

（A）居民生活用水定额是根据当地国民经济和社会发展、水资源充沛程度、用水习惯等而确定的，显然受城市水资源充沛程度影响很大，（A）项正确。

（B）企业生产用水量是根据生产工艺要求确定的，不按照城市水资源充沛程度确定，（B）项不正确。但工业布局、产品类型，要根据国民发展规划、水资源现状进行安排布置。

（C）浇洒道路和绿地用水量根据路面、绿化、气候和土壤条件确定，不受城市水资源充沛程度影响，（C）项不正确。但应根据水资源现状选择耗水量低的绿化树林、花木种类。

（D）管网漏损率与管材、压力、管长有关，与水资源充沛程度无关，（D）项不正确。但在水资源匮乏的地方，应选择较好的管材，尽量减小管网漏损率。

【例题 1.2-3】下列关于城市浇洒道路用水的内容叙述中，不正确的是哪一项？

（A）市政立交桥降温和消尘用水；

（B）公共交通隧道保养、洗尘用水；

（C）市政道路两则人行道冲洗用水；

（D）道路中间行道树浇灌养护用水。

【解】答案（D）

首先明确城镇道路的概念，城镇道路包括公共道路和人行道、市政立交桥、交通隧道、公交车站等。浇洒道路用水指的是对上述设施进行养护、清洗、降温和消尘用水。由此可以知道，（A）（B）（C）项均属于城市浇洒道路用水内容。而（D）项关于道路中间行道树浇灌养护用水属于绿地用水，即使在道路中间，也不属于城市浇洒道路用水，（D）项不正确。

【例题 1.2-4】 一城镇建设单位当年提出该城镇 15 年总体规划如表 1-2 所示，根据城镇规划，该城镇自来水厂近期合适的设计规模最小是多少？

城镇 15 年总体规划表 **表 1-2**

项　　目	第 1 年	第 3 年	第 5 年	第 10 年	第 15 年
人口(万人)	10	12	15	18	20
最高日综合生活用水定额[L/(人·d)]	185	190	200	220	230
平均日综合生活用水定额[L/(人·d)]	140	145	150	160	170
工业企业用水量（万 m^3/d）	6.0	7.0	7.5	8.0	9.0
公共道路面积（万 m^2）	1.0	1.5	2.0	2.6	2.8
公共绿地面积（万 m^2）	0.5	1.0	1.2	1.5	1.8

【解】 城镇给水系统应按远期规划、近远期结合、以近期为主的原则进行设计，在满足城市供水需要的前提下，近期设计年限宜采用 5～10 年。该城镇自来水厂近期最小设计规模计算如下：

设计年限 10 年，以第 10 年规划数据为准。

设计服务人口 18 万人，综合生活用水量按照最高日综合生活用水定额 220L/(人·d) 计算，为：18×220＝3.96 万 m^3/d；

工业企业用水量为 8.0 万 m^3/d；

浇洒公共道路最小用水量取低限定额，为：2.0×2.6＝0.0052 万 m^3/d；

浇洒公共绿地最小用水量取低限定额，为：1.0×1.5＝0.0015 万 m^3/d；

管网漏损水量取前 4 项之和的低限 10％计，则为：(3.96＋8.0＋0.0052＋0.0015)×10％≈1.20 万 m^3/d；

未预见用水量取综合生活用水量、工业企业用水量、浇洒道路和绿地用水量、管网漏损水量之和的低限 8％计，则为：(3.96＋8.0＋0.0052＋0.0015＋1.2)×8％≈1.05 万 m^3/d；

该城镇自来水厂近期最小设计规模为：3.96＋8.0＋0.0052＋0.0015＋1.20＋1.05≈14.22 万 m^3/d。

【例题 1.2-5】 一工业园区最高日用水量预测结果见表 1-3。

工业园区最高日用水量预测结果 **表 1-3**

序号	用水量名称	最高日用水量（m^3）	序号	用水量名称	最高日用水量（m^3）
①	行政楼职工生活用水	100	⑥	小计①～⑤之和	4120
②	各工厂职工生活用水	200	⑦	未预见用水量⑥×10％	412
③	各工厂生产用水	3000	⑧	管网漏损水量⑥×15％	618
④	道路、绿地浇洒用水	100		合计⑥～⑧之和	5150
⑤	消防用水	720			

上述计算哪些是错误的？正确的预测用水量是多少？

【解】 上述计算错误之处是：

1）小计，不应计入消防用水量，应取①～④之和，为：100＋200＋3000＋100＝3400m^3/d；

2）管网漏损水量应取①～④之和的 10%，如取高值为 3400×10%=340m³/d；

3）未预见用水量应取①～④之和加上管网漏损水量后再乘以 10%，即(3400+340)×10%=374m³/d；

正确的预测用水量是：3400+340+374=4114m³/d。见表 1-4。

工业园区最高日用水量预测计算表 **表 1-4**

序号	用水量名称	最高日用水量（m³/d）	序号	用水量名称	最高日用水量（m³/d）
①	行政楼职工生活用水	100	⑤	管网漏损水量①～④×10%	340
②	各工厂职工生活用水	200	⑥	未预见用水量①～⑤×10%	374
③	各工厂生产用水	3000	⑦	消防用水	
④	道路、绿地浇洒用水	100	⑧	合计①～⑥之和	4114
	小计①～④之和	3400			

1.2.3 用水量变化

（1）阅读提示

1）日变化系数

由于气温变化和季节变化，居民每天的用水量不完全相同。同样，城市中的工业用水量也随气候变化而变化，这就使得城市供水量出现每日变化现象，表达这一现象的指数称为日变化系数。

日变化系数用 k_d 表示，定义为：在一年之中，最高日供水量与平均日供水量的比值。最高日供水量可以从供水量统计计算表（实测数据）中找出，平均日供水量用全年供水量值除以 365d 求出。

随道城市发展、人口增加、工业产值增加，城市用水量不断增加，每年的最高日供水量并不相同，日变化系数也不相同。每年的最高日供水量不是水厂的设计规模。有可能在设计年限内最后一二年的最高日供水量等于设计规模。由此可知，不能用设计规模与平均日供水量的比值计算日变化系数。

供水日变化系数反映了一年内供水量变化情况，根据给水系统较大流量供水天数和平均流量供水天数，可以测算出混凝剂耗用量和用电费用。所以，日变化系数是制水成本分析的主要参数。

一般说来，工业生产中冷却水大多采用了循环使用，对城市给水管网供水流量影响较小，其他工业上洗涤、勾兑用水量常年变化不大，只有居民综合生活用水量的变化直接影响到日变化系数的变化。

2）时变化系数

受气温变化及居民生活习惯的影响，一座城市的居民生活用水量、工业生产用水量每天不同，在一天中，每小时的用水量也不相同。表达这一现象的指数称为时变化系数。

时变化系数用 k_h 表示，定义为：在一年之中，供水量最高的那一天最大一小时供水量与该日平均时供水量的比值。最高日最高时供水量可以从供水量统计计算表（实测数据）中找出，最高日平均时供水量用该日总供水量值除以 24h 求出。对于间断供水的村镇水厂，最高日平均时供水量也是用该日供水量除以 24h 求出，则时变化系数可能会较大。

供水时变化系数是确定供水泵站、配水管网设计流量的重要参数。如果知道了最高日供水量和供水时变化系数，则很容易就能求出最高日最高时供水量，也就确定了管网的设计流量。至于二级（清水供水）泵房的流量（以 m^3/d 计）、清水输水干管的流量（以 m^3/d 计）是否与管网的设计流量相同，还需要考虑管网中有无高位水池调蓄供水问题。当管网中没有高位水池时，则二级（清水供水）泵房、清水输水干管的供水时变化系数等于供水管网的供水时变化系数。

3）时变化系数变化规律

供水时变化系数的大小与城市供水规模大小、居民生活用水量标准有关，还与工业用水量比例有关。大城市供水规模较大，工业用水量比例较高时，供水时变化系数相对较小。

城市用水量随时间的变化曲线用来表达每天供水量（或用水量）逐时变化情况，据此可以求出时变化系数、清水池容积。

（2）例题解析

【例题 1.2-6】下列关于供水时变化系数 k_h 和给水系统中构筑物设计流量关系的叙述中，正确的是哪几项？

（A）供水时变化系数增大，二级泵房（清水供水泵房）的设计流量（以平均时供水量为基准）一定按照时变化系数等比例增大；

（B）供水时变化系数越大，供水管网的设计流量越大；

（C）供水时变化系数的大小直接影响到水厂清水池的容积大小；

（D）供水时变化系数的大小直接影响到取水泵房设计流量的大小。

【解】答案（B）（C）

（A）供水时变化系数增大或变小，当管网中没有高位水池时，二级泵房（清水供水泵房）的设计流量以平均时供水量为基准按照时变化系数等比例增大或减小。如果管网中设有高位水池，供水高峰时二级泵房和高位水池同时向管网供水，二级泵房的供水流量就不会按照时变化系数的大小等比例变化，（A）项叙述不正确。

（B）供水时变化系数越大，管网中无论是否设有高位水池，供水管网的设计流量就会越大，（B）项叙述正确。

（C）有些供生产用水的水厂供水时变化系数等于 1，属于均匀供水，可以不设清水池。当供水时变化系数较大、低峰供水时需要有更多的水量储存在清水池，也就需要有较大容量的清水池，故认为供水时变化系数的大小直接影响到水厂清水池的容积大小，（C）项叙述正确。

（D）从理论上分析，供水时变化系数的大小不影响处理构筑物的设计能力，也就不直接影响到取水泵房设计流量的大小，（D）项叙述不正确。

【例题 1.2-7】下列关于城市配水管网设计供水量的确定和计算方法中，正确的是哪几项？

（A）配水管网内不设水塔时，应按最高日最高时用水量计算；

（B）配水管网起端设有水塔时，应按最高日平均时用水量计算；

（C）配水管网内设有水塔时，应按最高日最高时用水量计算；

(D) 配水管网后设有水塔时，应按最高日平均时用水量计算。

【解】 答案（A）（C）

（A）（C）城市配水管网设计供水量应按最高日最高时用水量确定并进行计算，与管网内是否设有水塔无关，所以（A）（C）项叙述正确。

（B）（D）城市配水管网设计供水量与管网内是否设有水塔无关，当然也与水塔在管网中的设置位置无关。不能按照最高日平均时用水量计算，所以（B）（D）项叙述不正确。

【例题 1.2-8】 下列关于城市用水量变化曲线的说法中，不确切的是哪几项？

(1) 自来水厂每天都有一条用水量变化曲线；

(2) 每天的用水量变化曲线都显示出最高时用水量和时变化系数；

(C) 城市用水量变化曲线就是二级泵房供水量变化曲线；

(D) 设有二级泵房供水的管网高位水池调节容积依据城市用水量变化曲线和取水泵房取水流量确定。

【解】 答案（B）（C）（D）

（A）在一天中，每小时的用水量不一定相同，自来水厂每天都有一条用水量对时间的变化曲线，（A）项说法正确。

（B）时变化系数定义为在一年之中，供水量最高的那一天最大一小时供水量与该日平均时供水量的比值。每天的用水量变化曲线可以显示出该日最高时用水量和平均时用水量以及二者之比，在工程上不称为时变化系数，（B）项说法不确切。

（C）当城市管网中没有高位水池（水塔）时，城市用水量就是二级泵房供水量，城市用水量变化曲线就是二级泵房供水量变化曲线。当城市管网中设有高位水池（水塔）时，城市用水量变化曲线是二级泵房和水塔供水量变化曲线的叠加曲线，（C）项说法不确切。

（D）在大多数情况下，管网中高位水池调节容积依据城市用水量变化曲线和二级泵房供水量变化曲线确定，与取水泵房取水流量无关，（D）项说法不确切。

如果水厂内不设清水池，二级泵房水泵和取水泵房水泵同步运行，或者不设二级泵房，取水泵房取水直接经处理后送入管网和高位水池时，管网中高位水池调节容积依据城市用水量变化曲线和取水泵房取水流量确定。

【例题 1.2-9】 有一村镇给水系统，每天供水 18h，去年最高日供水量占全年供水量的 0.4%，最高日最高时供水量占全天供水量的 5.0%，则该村镇去年供水日变化系数 k_d、时变化系数 k_h 各为多少？

【解】 假定该村镇去年全年供水量为 Q（m^3），最高日供水量为 q（m^3），则：

日变化系数 $k_d=\dfrac{0.4\%Q}{(Q/365)}=0.4\%\times365=1.46$；

时变化系数 $k_h=\dfrac{5.0\%q}{(q/24)}=5.0\%\times24=1.20$。

该供水系统虽然每天供水 18h，但求平均时供水量时应按照 24h 供水计算。

【例题 1.2-10】 有一村镇水厂，每天供水 16h，最高日最高时供水 1500m^3/h，供水时变化系数 $k_h=1.44$，则该村镇最高日供水量是多少？

【解】假定该村镇最高日供水量为 Q_d（m^3/d），根据时变化系数计算方法得知：

$$k_h = \frac{1500}{(Q_d/24)} = 1.44，则 Q_{d=} \frac{1500 \times 24}{1.44} = 25000m^3/d。$$

【例题 1.2-11】 某城市已建自来水厂设计供水量为 15 万 m^3/d，设计供水时变化系数 $k_h=1.4$。目前向老城区最高日供水 9 万 m^3/d，时变化系数 $k_h=1.6$。最高时供水量发生在上午 10:00～11:00。向新建工业区供水 5 万 m^3/d，新建工业区最高时用水量 $4500m^3/h$，发生在上午 9:00～11:00。则二级（清水供水）泵房最高时供水量比原设计增加多少？

【解】本例题应首先计算原设计二级泵站供水能力：$q_1=\frac{150000}{24}\times 1.4=8750m^3/h$；

目前最高时供水量发生在 10:00～11:00，向老城区供水量为：$q_2=\frac{90000}{24}\times 1.6=6000m^3/h$；

向新建工业区供水量为 $q_3=4500m^3/h$，合计 $\sum q=q_2+q_3=10500m^3/h$。

二级（清水供水）泵房最高时供水量比原设计增加供水量为：$\sum q-q_1=10500-8750=1750m^3/h$。

【例题 1.2-12】 一城市有人口 50 万人，最高日居民生活用水定额为 150～170L/(人·d)，平均日综合生活用水量为 200L/(人·d)，设计供水时变化系数 $k_h=1.3$、日变化系数 $k_d=1.2$，则该城市最高日最高时综合生活用水量是多少？

【解】该城市最高日综合生活用水量为：

$$200\times 500000\times 1.2=120000m^3/d。$$

该城市最高日最高时综合生活用水量为：

$$\frac{120000}{24}\times 1.3=6500m^3/h。$$

【例题 1.2-13】 某城市为统一给水系统，城市管网中不设高位水池（水塔），供水日变化系数 $k_d=1.2$、时变化系数 $k_h=1.5$，水厂每天 20h 运行，水厂自用水和浑水输水管漏损水量占设计规模的 5%。二级（清水）泵房每天 22h 运行供水，从水厂到管网的输水干管漏损水量为设计规模的 10%，则二级（清水）泵房设计流量与取水泵房设计流量之比是多少？

【解】本例题意在理清几个概念：一级泵房最高日取水量等于平均日供水量乘以日变化系数再加上浑水输水管漏损水量、水厂自用水量，也就是水厂处理水量。如果已知水厂供水规模，就不再考虑日变化系数。一级泵房最高日取水量与水处理构筑物运行时间有关。

二级（清水）泵房设计流量与时变化系数有关，与日变化系数无关；清水输水干管漏损水量已计入设计规模，不再计入水厂处理水量中。

假定水厂设计规模为 Q（m^3/d），二级（清水）泵房设计流量根据时变化系数计算，已考虑管网供水时间上的差别，则其设计流量为：$q_2=k_h\frac{Q}{24}$（m^3/h）；

一级泵房设计流量与水处理构筑物运行时间有关，其设计流量为：$q_1=\frac{(1+5\%)\ Q}{20}$（$m^3/h$）；

二级（清水）泵房设计流量与取水泵房设计流量之比为：

$$\frac{k_{\mathrm{h}}Q}{24}\Big/\frac{(1+5\%)Q}{20}=\frac{20\times1.5}{24\times(1+5\%)}=\frac{30}{25.2}=1.19。$$

【例题 1.2-14】一城市新区由城市给水管网接出干管供水成为独立的给水系统，全年供水 1460 万 m^3，日变化系数 $k_{\mathrm{d}}=1.2$，时变化系数 $k_{\mathrm{h}}=1.4$。根据发展又新建一座工厂，新区给水系统增加供水 1.6 万 m^3/d，5:00～21:00 均衡供水。求新区新建一座工厂后供水时变化系数变为了多少？

【解】新区独立给水系统原来最高日供水量为 $1.2\times\frac{1460}{365}=4.8$ 万 m^3/d，向新建工厂供水 16h 后最高日供水量为 $4.8+1.6=6.4$ 万 m^3/d。

最高日平均时供水量为 $q_1=\frac{64000}{24}=2667m^3/h$；

最高日最高时供水量为 $q_2=\frac{48000}{24}\times1.4+\frac{16000}{16}=3800m^3/h$；

新建一座工厂后供水时变化系数变为：$k_{\mathrm{h}}=\frac{3800}{2667}=1.425$

【例题 1.2-15】一城市工业新区设计最高日用水量 13200m^3。现建造新区水厂一座，管网中部设高位水池一座、调蓄水库泵站一座。新区水厂二级泵站每天向新区管网供水 22h。最高日最高时二级泵站供水 500m^3/h、高位水池供水 40m^3/h、调蓄水库泵站供水 60m^3/h。增压泵站从管网中抽水向位置较高的工厂增压供水 100m^3/h。则新区供水时变化系数是多少？

【解】增压泵站供水取自新区管网水，只增压而不增加流量，不计入向管网供水流量。

新区管网最高日平均时用水量为：$q_1=\frac{13200}{24}=550m^3/h$；

最高日最高时由水厂二级泵站、调蓄水库泵站和高位水池同时向管网供水量为：$q_2=500+40+60=600m^3/h$；

新区供水时变化系数为：$k_{\mathrm{h}}=\frac{600}{550}=1.09$。

【例题 1.2-16】一座小型城市原有自来水厂一座，供水规模为 6 万 m^3/d，管网漏损水量占供水规模的 6%。水厂二级泵房每天供水 23h，供水时变化系数 $k_{\mathrm{h1}}=1.2$，供水管网内没有高位水池和水塔。近年来用水量增大，在供水高峰时水厂二级泵房供水量不变，又从城外开凿的深井取水向管网连续供水 6h，每小时供水 300m^3。则该城市管网供水时变化系数变为了多少？

【解】原来泵房供水时最高日最高时供水量为：

$$q_1=\frac{60000}{24}\times1.2=2500\times1.2=3000m^3/h;$$

目前管网最高日平均时供水量为：

$$q_0=\frac{60000+300\times6}{24}=\frac{61800}{24}=2575m^3/h;$$

目前管网最高日最高时供水量为：

$$q_2 = 3000 + 300 = 3300\text{m}^3/\text{h};$$

该城市管网供水时变化系数变为：

$$k_{h2} = \frac{3300}{2575} = 1.28。$$

1.3 给水系统流量、水压关系

1.3.1 给水系统各构筑物的流量关系

(1) 阅读提示

给水系统中有关联的构筑物主要有取水构筑物、浑水输水管、输配水构筑物、水处理构筑物、水泵、输水管渠、管网、调节（调蓄）构筑物，还包括污泥处理处置构筑物。这里仅介绍一些构筑物之间的流量关系。

1）设计规模 Q_d（m^3/d）

前已述及，设计规模即自来水厂向管网或用水单位最高日供水量，或者说是水厂在设计年限内最高日供水量。设计规模包括综合生活用水量、浇洒道路和绿地用水量、管网漏损水量、未预见用水量。其中管网漏损水量包含了有长有短的输水干管漏损水量。设计规模 Q_d 是给水系统各构筑物流量计算的基础数据。

2）水厂设计（处理）水量 Q_1（m^3/h）

水厂处理构筑物指的是混凝、沉淀、过滤、除铁、除锰、除氟、调节 pH 值、消毒等一系列工艺的构筑物。非常干净的地下水，通常消毒不可缺少，其设计供水量 Q_1 等于设计规模加上水厂自用水量。假设水厂自用水量占设计规模的比例为 α，水厂处理构筑物一天内实际工作时间为 T(h)，则 $Q_1 = \frac{(1+\alpha)Q_d}{T}(m^3/h)$。如果水厂自用水量占水厂设计(处理)水量 Q_1 的比例为 α，则 $Q_1 = \frac{Q_d}{(1-\alpha)T}(m^3/h)$。这也是最高日平均时的制水量，不发涉及时变化系数问题。和用时变化系数 k_h 乘以最高日平均时供水量计算出的最高日最高时供水量不是一个概念。

水厂自用水一般用于冲洗滤池、沉淀池，也包括絮凝池、沉淀池排泥水。如果水厂生产区紧连着职工住宅区，职工住宅区用水不能算作水厂自用水。经最后一道过滤工艺后的水流入清水池前，通常投加消毒剂消毒，然后供入管网。计算出厂水消毒剂用量时，应不计入水厂自用水量，而仅按照水厂设计规模计算。

3）取水构筑物、一级取水泵站、原水输水管道设计流量 Q'_1（m^3/h）

取水构筑物、一级取水泵站、原水输水管道设计流量按照水厂处理构筑物最高日制水量（Q_1）除以实际制水时间 T（h），即平均时制水量确定，并计入原水输水管（渠）漏损水量。取原水输水管（渠）漏损水量占水厂设计水量的比例为 β_1，水厂自用水量占设计规模的比例为 α，则原水输水管道设计流量 $Q'_1 = \frac{(1+\alpha)(1+\beta_1)Q_d}{T}$；如果原水输水管（渠）漏损水量占设计规模的比例为 β，则原水输水管道设计流量 $Q'_1 = \frac{(1+\alpha+\beta)Q_d}{T}$，这里的$\beta$和上式的$\beta_1$有如下关系：$\beta=(1+\alpha)\beta_1$。

当水源地或水厂旁建造有原水调蓄、预沉或避咸水库时，从水库取水输送到水厂的构筑物、泵站、输水管设计流量Q'_1按上面的计算方法计算。从河道取水输送到水库的取水构筑物、泵站、输水管设计流量，应按照中间水库充水时间、咸潮间隔允许抢时取水时间而定。这类两级取水构筑物中的一级取水泵站构筑物设计流量较大。

4）管网设计流量Q_2（m^3/h）

城市配水管网设计流量按照最高日最高时供水量计算，即$Q_2=k_h\dfrac{Q_d}{24}$，式中的$\dfrac{Q_d}{24}$是指管网最高日平均时供水量。

5）二级泵站、清水输水管设计流量Q_3（m^3/h）

① 管网内没有设置水塔、高位水池

当城市管网内没有设置水塔、高位水池，且不考虑屋顶水箱的作用时，二级泵站及从水厂到管网的清水输水管流量按照最高日最高时供水条件下由水厂负担的供水量计算确定。

这时，二级泵站任何时间的供水量都等于管网供水量。该值即为配水管网的设计流量Q_2（m^3/h）。

② 水厂内设置网前水塔（或高位水池）

有些供水给村镇、工厂的小型水厂，二级泵房从清水池抽水提升到水塔（或高位水池），待水塔（或高位水池）充满水后停泵，或不设二级泵房，由一级泵房取水经简易处理进入水塔（或高位水池），待水塔（或高位水池）充满水后，一级泵房停止工作。二级泵房间歇工作不直接向管网供水，这是一种不经济的供水方法。二级泵房，清水输水管流量按照水塔（或高位水池）容积和充满时间计算。

③ 管网设置水塔（或高位水池）

首先应该明白设置水塔（或高位水池）的目的和经济运行方法。

管网中设置水塔（或高位水池），无论是起端（网前）、网中或网后水塔，都是用来调节二级泵房向管网供水量和管网供水量（用户用水量）之间差值的。低峰供水时，二级泵房供给管网的水量中一部分充入水塔（或高位水池），高峰供水时，水塔（或高位水池）和二级泵房同时向管网供水。二级泵房及清水输水干管的设计流量等于管网最高日最高时供水量减去水塔（或高位水池）输入管网内的流量。这是一种能耗最省、管网投资最小的供水设计方法。

二级泵房向管网中水塔（或高位水池）供水的清水输水管和管网直接相连，利用清水输水干管和配水管网中管道向水塔（或高位水池）供水，要比单独设立专用管道节约输水管投资和运行用电费。

如果管网中设置了大容量高位水池，供水低峰时，由二级泵房或重力流经管网转输供水到高位水池。供水高峰时，高位水池和重力流管道同时向管网供水。从水厂到管网的最大输水量可能不发生在最高日最高时供水时段。故认为，从水厂到管网的清水输水管道设计流量应按最高日供水条件下，由水厂负担的最大供水流量计算确定，而不一定是最高日最高时供水条件下的供水流量。

根据发展，城镇供水系统的供水时变化系数越来越小，则管网中设置的高位水池（或水塔）的调蓄作用越来越小，对二级泵房设计流量的影响越来越小。

（2）例题解析

【例题 1.3-1】在已知全年供水量 Q_a、日变化系数 k_d 和时变化系数 k_h 的前提下，下列有关泵房取（供）水量、工艺处理水量等与供水日变化系数 k_d、时变化系数 k_h 的关系说明中，不正确的是哪几项？

（A）一级取水泵房的设计取水流量 Q_1'（m^3/h）与供水日变化系数 k_d 有关、与时变化系数 k_h 无关；

（B）水厂处理构筑物设计处理流量 Q_1（m^3/h）与供水时变化系数 k_h 有关、与日变化系数 k_d 无关；

（C）配水管网的设计供水流量 Q_2（m^3/h）既与日变化系数 k_d、时变化系数 k_h 有关，又与高位水池调节容积有关；

（D）二级泵房设计供水流量 Q_3（m^3/h）与日变化系数 k_d、时变化系数 k_h、高位水池调节容积有关。

【解】答案（B）（C）

（A）由年供水量 Q_a、供水日变化系数 k_d 可以计算出最高日供水量（即设计规模），也就决定了一级取水泵房的设计取水流量 Q_1'（m^3/h）。时变化系数 k_h 是水厂向管网用户供水流量变化的系数，不影响一级取水泵房的取水流量大小，（A）项说明正确。

（B）同样，由年供水量 Q_a、供水日变化系数 k_d 可以计算出水厂处理构筑物设计处理流量 Q_1（m^3/h），与日变化系数 k_d 有关、与时变化系数 k_h 无关，（B）项说明不正确。

（C）配水管网的设计供水流量 Q_2（m^3/h）与最高日供水量（即设计规模）有关，设计规模与日变化系数 k_d 有关；设计供水流量取最高日最高时供水量，与时变化系数 k_h 有关。高位水池是调节供水流量的构筑物，不影响管网供水量，（C）项说明不正确。

（D）二级泵房设计供水流量 Q_3（m^3/h）与最高日供水量（即设计规模）有关，设计规模与日变化系数 k_d 有关。设计供水流量取最高日最高时供水量，该流量有可能是最高日最高时管网供水量或者是向高位水池最大供水流量，与时变化系数 k_h 有关，与高位水池调节容积有关，（D）项说明正确。

【例题 1.3-2】一城镇自来水厂二级泵房最高日不同时段供水量及管网供水量变化见表1-5。

二级泵房不同时段供水量及管网供水量变化表 **表 1-5**

时段	0:00～5:00	5:00～10:00	10:00～12:00	12:00～16:00	16:00～19:00	19:00～21:00	21:00～24:00
二级泵房时供水量占全天供水量比例（%）	2.5	5.0	5.0	5.0	5.0	5.0	2.5
管网时供水量占全天用水量比例（%）	2.1	4.6	7.0	4.6	6.2	4.6	2.1

目前，水厂二级泵房实施变频调速改造，完全按照管网用水情况供水。现要求解答以下问题：

1）如果管网中不设水塔，则二级泵房实施变频调速改造后水厂清水池调节容积比管网中设置水塔，二级泵房不实施变频调速改造时增加多少？

2）如果二级泵房不实施变频调速改造，管网中设置水塔，则管网中水塔容积是多少？

【解】1）清水池调节容积计算

① 设自来水厂设计规模为 Q。管网中不设置水塔，二级泵房变频调速改造后流量等于管网供水量。水厂清水池容积 W_1 等于一级泵房流量（不计浑水漏损量）与二级泵房变频调速改造后流量（管网供水流量）之差连续为正（或为负）的值乘以连续时间的最大值。取 21:00 到次日 5:00 连续时间 8h 输水到清水池的水量为：

$$W_1=(4.167\%-2.1\%)Q\times8=16.54Q\%。$$

② 管网中设置水塔，二级泵房的流量不等于管网供水量。水厂清水池容积 W_2 等于一级泵房流量（不计浑水漏损量）与二级泵房流量之差连续为正（或为负）的值乘以连续时间的最大值。取 21:00 到次日 5:00 连续时间 8h 输水到清水池的水量为：

$$W_2=(4.167\%-2.5\%)Q\times8=13.33Q\%。$$

或取 5:00 到 21:00 连续时间 16h 从清水池取水量为：

$$W_2=(5\%-4.167\%)Q\times16=13.33Q\%。$$

③ 二级泵房实施变频调速改造后水厂清水池调节容积增加值为：

$$\Delta W=W_1-W_2=16.54Q\%-13.33Q\%=3.21Q\%。$$

2）二级泵房不实施变频调速改造，管网中设置水塔容积计算

管网中设置水塔，则管网中水塔容积 W_3 等于二级泵房流量和管网供水流量之差连续为正（或为负）的值乘以连续时间的最大值。取 19:00 到次日 10:00 连续时间 15h 计算：

$$W_3=(5\%-4.6\%)Q\times7+(2.5\%-2.1\%)Q\times8=6Q\%。$$

对本题深入讨论

根据二级泵房不同时段供水量及管网供水量变化关系，将二级泵房供水量、管网供水量以及清水池容积、管网中水塔容积占全天供水量的比例逐时列在表 1-6 中。

清水池、水塔调节容积计算 **表 1-6**

时段	管网时供水量占全天用水量比例（%）	二级泵房时供水量占全天供水量比例（%）	一级泵房时供水量占全天供水量比例（%）	清水池调节容积占全天供水量比例（%）		管网中水塔调节容积占全天供水量比例（%）
				管网中无水塔	管网中有水塔	
(1)	(2)	(3)	(4)	(5)	(6)	(7)
0:00—1:00	2.1	2.5	4.17	2.07	1.67	0.40
1:00—2:00	2.1	2.5	4.17	2.07	1.67	0.40
2:00—3:00	2.1	2.5	4.16	2.06	1.66	0.40
3:00—4:00	2.1	2.5	4.17	2.07	1.67	0.40
4:00—5:00	2.1	2.5	4.17	2.07	1.67	0.40
5:00—6:00	4.6	5.0	4.16	−0.44	−0.84	0.40
6:00—7:00	4.6	5.0	4.17	−0.43	−0.83	0.40
7:00—8:00	4.6	5.0	4.17	−0.43	−0.83	0.40
8:00—9:00	4.6	5.0	4.16	−0.44	−0.84	0.40
9:00—10:00	4.6	5.0	4.17	−0.43	−0.83	0.40
10:00—11:00	7.0	5.0	4.17	−2.83	−0.83	−2.00

续表

时段	管网时供水量占全天用水量比例（%）	二级泵房时供水量占全天供水量比例（%）	一级泵房时供水量占全天供水量比例（%）	清水池调节容积占全天供水量比例（%）		管网中水塔调节容积占全天供水量比例（%）
				管网中无水塔	管网中有水塔	
11:00～12:00	7.0	5.0	4.16	−2.84	−0.84	−2.00
12:00～13:00	4.6	5.0	4.17	−0.43	−0.83	0.40
13:00～14:00	4.6	5.0	4.17	−0.43	−0.83	0.40
14:00～15:00	4.6	5.0	4.16	−0.44	−0.84	0.40
15:00～16:00	4.6	5.0	4.17	−0.43	−0.83	0.40
16:00～17:00	6.2	5.0	4.17	−2.03	−0.83	−1.20
17:00～18:00	6.2	5.0	4.16	−2.04	−0.84	−1.20
18:00～19:00	6.2	5.0	4.17	−2.03	−0.83	−1.20
19:00～20:00	4.6	5.0	4.17	−0.43	−0.83	0.40
20:00～21:00	4.6	5.0	4.16	−0.44	−0.84	0.40
21:00～22:00	2.1	2.5	4.17	2.07	1.67	0.40
22:00～23:00	2.1	2.5	4.17	2.07	1.67	0.40
23:00～24:00	2.1	2.5	4.16	2.06	1.66	0.40
连续时段累计计算值	100.00	100.00	100.00	−16.54	−13.34	6.00

由此可以看出：在任何一个时段内，管网中设有水塔的调节容积加上水厂清水池调节容积等于管网中不设水塔时水厂清水池调节容积（进出水量），即第（5）列数值等于第（6）、（7）列数值之和。各列计算值计算时需要注意以下概念：

由于（5）、（6）、（7）列连续时段为正（或为负）值的时段不能完全对应，这就出现了第（5）列连续时段累计计算值和第（6）、（7）列连续时段累计计算（绝对）值之和有一些差别。例如，在14:00～15:00，管网中水塔内累计水量（即第（7）列数据之和）为1.2Q%，而清水池内累计水量（即第（6）列数据之和）为0，管网供水量为4.16Q%，显然是不可能的。

考虑到水塔水量调度原因，即水塔内不能放空或出现负值，水塔容积应按照连续时段为正（或为负）值累计值，即第（7）列的累计计算值计算。

【例题 1.3-3】某城镇自来水厂设计供水规模为6万m^3/d，管网供水时变化系数k_h=1.6，管网中设置高位水池。供水低峰时，二级泵房向管网供水2000m^3/h，其中通过管网供给高位水池800m^3/h。供水高峰时，高位水池向管网供水1800m^3/h，则该城镇自来水厂二级泵房最高时供水量是多少？

【解】本题中管网最高日最高时供水量为$Q_1=\frac{60000}{24}\times1.6=4000m^3/h$。由二级泵房和高位水池同时供水时，高位水池供水1800m^3/h，则二级泵房最高时供水量为：Q_2=4000−1800=2200m^3/h。

【例题 1.3-4】某城镇取用地表水源作为水厂水源，每天工作22h，自用水量占最高日供水量的8%，清水输水管漏损水量占最高日供水量的9%，浑水输水管漏损水量占水厂设计处理水量的5%，则浑水输水管漏损水量占最高日供水量的比例为多少？

【解】 本例题中最高日供水量即为设计规模Q_d(m³/d)，水厂处理工艺每天处理水量为$(1+8\%)Q_d$(m³/d)，取水泵房设计流量即为浑水输水管设计流量，等于水厂处理水量+浑水输水管漏损水量。假定浑水输水管漏损水量占最高日供水量(即设计规模)的比例为β，则取水泵房取水流量计算平衡式为：

$$\frac{(1+8\%)(1+5\%)Q_d}{T}=\frac{(1+8\%+\beta)Q_d}{T};$$

$$\beta=(1+8\%)(1+5\%)-(1+8\%)=5.4\%。$$

浑水输水管设计流量按最高日水厂处理水量（等于最高日供水量加水厂自用水量、浑水漏损水量）除以实际工作时间计算。

本题目也可直接计算：$\beta=\frac{(1+8\%)5\%Q_d}{Q_d}=(1+8\%)5\%=5.4\%$。

本题目不可按下列关系式计算：$\beta=\frac{[(1+8\%)(1+5\%)-1]Q_d}{Q_d}=13.4\%$。

因为$(1+8\%)(1+5\%)Q_d$是浑水输水管的流量，包含水厂设计规模Q_d、水厂自用水量和浑水输水管漏损水量。$[(1+8\%)(1+5\%)-1]Q_d$减去了一个设计规模Q_d后还包含水厂自用水量和浑水输水管漏损水量。还应再减去8%比例的水厂自用水量。

【例题 1.3-5】 某水厂二级泵房最高日供水量变化如表1-7所示。

二级泵房供水量变化表 **表 1-7**

供水时段	0:00～5:00	5:00～9:00	9:00～17:00	17:00～21:00	21:00～24:00
供水水量(m³/h)	800	1000	1200	1000	800

城镇给水管网供水时变化系数$k_h=1.4$，内设有高位水池一座，最大供水时间出现在11:00－12:00，则最大供水时段高位水池向管网供水量是多少？

【解】 由表1-7求出该城镇最高日供水量Q_d为：

$$\begin{aligned}Q_d&=800\times5+1000\times4+1200\times8+1000\times4+800\times3\\&=4000+4000+9600+4000+2400\\&=24000\text{m}^3/\text{d}。\end{aligned}$$

管网最高日最高时供水量$q=\frac{24000}{24}\times1.4=1400\text{m}^3/\text{h}$，最高供水时，二级泵房向管网供水1200m³/h，高位水池向管网供水量1400－1200＝200m³/h。

【例题 1.3-6】 一水厂设计处理水量为108000m³/d，水厂自用水量占水厂供水规模的8%。水源取自水库，水厂建设在水库就近的高地上。该城市22:00－次日6:00为低电价时段，为此，在水厂高地建造了20000m³蓄水池一座，晚上低电价时段充满高地蓄水池，白天高电价时段蓄水池重力流供给水厂，减少水库取水量。则该水厂取水泵房设计流量应为多少？

【解】 根据题意，水厂建造的20000m³高地蓄水池应在晚上低电价时段的8h内充满，取水流量为$\frac{20000}{8}=2500\text{m}^3/\text{h}$，同时还应满足水厂晚上正常运行处理水量$\frac{108000}{24}=$

4500m³/h，则取水泵房22:00到次日6:00运行时取水流量为：4500＋2500＝7000m³/h。从6:00到22:00共16h，高位水池向水厂供水$\frac{20000}{16}$＝1250m³/h，取水泵房从水库取水流量为：4500－1250＝3250m³/h。由此可知，取水泵房分为两档流量运行，晚上低电价时段取水量为7000m³/h，白天高电价时段取水量为3250m³/h，设计最大流量为7000m³/h。

由于水厂设计处理水量为108000m³/d，已包含水厂自用水量，不需要再计算水厂自用水量值，该水厂设计规模为：$\frac{108000}{(1+8\%)}$＝100000m³/d。

【例题1.3-7】对于设有高位水池的管网，下列说法中哪几项是不正确的？

（A）二级泵房至管网的最大设计流量为最高日最高时用户用水量；

（B）夜间通过管网转输流量向高位水池充水时，二级泵房至管网的流量大于用户用水量；

（C）非转输流量时，二级泵房和高位水池供水分界线与高位水池的水压有关；

（D）配水管网的节点流量与高位水池调节容积有关。

【解】答案（A）（D）

（A）设有高位水池或水塔的管网，在最高日最高时供水时，二级泵房和高位水池同时供水，二级泵房至管网的最大流量等于最高日最高时管网供水量减去高位水池供水量，所以（A）项说法不正确。

（B）夜间通过管网转输流量向高位水池充水时，二级泵房至管网的流量等于用户用水量与转输流量之和，所以大于用户用水量，（B）项说法正确。

（C）非转输流量时，二级泵房、高位水池供水范围与其各自水压有关，在已经设计建造好的管网中，高位水池高度一定、水压一定，供水范围也就基本确定，故（C）项说法正确。

（D）配水管网的节点流量由总供水量分配确定，与高位水池容量无关，故（D）项说法不正确。

【例题1.3-8】下列有关输水管设计流量的叙述中，哪几项是不正确的？

（A）管网中不设水塔（或高位水池），从水厂至城市管网的清水输水干管设计流量等于最高日最高时设计供水量和输水干管漏损水量之和；

（B）从取水泵房至水厂的原水输水管流量等于水厂水处理构筑物处理水量、水厂自用水量和原水输水管漏损水量之和；

（C）从水厂通过城市管网转输向高位水池充水的输水管设计流量等于向高位水池输水流量和高位水池向管网供水流量之和；

（D）水厂滤池至水厂清水池之间的输水管流量等于最高日最高时供水量和水厂自用水量之和。

【解】答案（A）（B）（C）（D）

（A）管网中不设水塔（或高位水池），从水厂至城市管网的清水输水干管设计流量等于最高日最高时设计供水量，也就是等于最高日平均时供水量乘以时变化系数k_h，在计算设计规模时，该水量已包括了输水干管漏损水量，不再另外计入。（A）项叙述不正确。

(B) 从水源至水厂之间的原水输水管流量等于水厂处理构筑物设计流量和原水输水管漏损水量之和。水厂处理构筑物设计水量已包括了水厂自用水量，不应另外计入。(B) 项叙述不正确。

(C) 从水厂通过城市管网转输至管网中高位水池的连接管设计流量，应按高位水池向管网中供水量和由管网向高位水池输水量中的最大值计算。高位水池向管网供水流量与供水分界位置有关，由管网向高位水池的输水量与夜间泵房供水量、管网用水量有关，二者没有关系。(C) 项叙述不正确。

(D) 从水厂滤池至水厂清水池之间的输水管流量等于最高日平均时水厂处理水量，不是最高日最高时供水量，也不包括水厂自用水量。(D) 项叙述不正确。

1.3.2 清水池和水塔（或高位水池）的容积

(1) 阅读提示

1) 清水池、水塔（或高位水池）作用

在建设一座水厂时，取水构筑物是按照最高日平均时供水量（m^3/h）加上水厂自用水量、浑水输水管漏损水量而设计的。显然与向管网供水的二级泵房流量（m^3/h）（或认为是管网供水量）存在一定差别，那就是时变化系数的含义。二级泵房向管网的供水量（m^3/h）在供水高峰时大于一级泵房取水量，在供水低峰时小于或等于一级泵房取水量。在一天之中为调节一、二级泵房的流量差，以及储存少量生产用水、消防用水，需要设置一定容积的清水池。

设置在水厂内二级泵房之前的清水池和设置在管网起端的调蓄增压清水池具有相同的功能。

设置在管网之中的水塔（或高位水池）主要用来调节二级泵房供水量（m^3/h）和用户用水量（m^3/h）之间的差值，同时也有调节一级泵房取水量和用户用水量之间差值的作用。

对于供水时变化系数 $k_h=1$ 的工业生产用水水厂，清水池、水塔（或高位水池）的作用很小，其容积也很小，从理论上分析可以不设。

2) 清水池、水塔（或高位水池）容积

由于水厂清水池是不可缺少的构筑物，设计计算清水池容积就显得很重要了。为了简化计算，在不计算漏损水量和水厂自用水量时，通常认为二级泵房采用变频调速或设置多台水泵，力争与管网供水量（即用户用水量）基本相同，则一级泵房供水流量和二级泵房供水流量的差值就是一级泵房取水量和管网用水量之间的差值，也就是水厂清水池调节容积。再计入消防储备水量、冲洗滤池、沉淀池水量等，即为清水池设计储水量（或容积）。

这里所说的一级泵房供水流量也就是指水处理构筑物的制水流量，按实际工作时间和实际制水量计算。一级泵房供水流量大于二级泵房供水流量时段，向清水池存水。一级泵房供水流量小于二级泵房供水流量时段，从清水池中取水。取连续注入清水池时段的存水量或连续流出清水池时段的抽水量中的最大值，作为清水池的调节容积。

设置在管网中的水塔（或高位水池）容积计算，同样涉及调节容积问题。一般城市自来水厂都不希望在城市管网中建造大容量的水塔（或高位水池），所以水塔（或高位水池）的调节作用很小。水塔（或高位水池）的调节容积按照二级泵房供水流量和管网供水流量差值的连续时段中最大值计算。

3）水塔（或高位水池）和清水池的关系

水塔（或高位水池）、清水池都是调节用水量、一级泵房供水量、二级泵房供水量之间差值的构筑物，它们之间的关系概括为以下几点：

① 管网中不设水塔（或高位水池），二级泵房或变频调速，或多台水泵搭配后的逐时流量等于管网逐时供水流量。水厂清水池容积 W_1 等于一级泵房流量（不计浑水漏损量）和管网供水流量（也就是二级泵房供水流量）的差值连续为正（或为负）的数值乘以连续时数后的最大值。

② 根据地形条件管网中设有水塔（或高位水池），则二级泵房逐时流量不等于管网逐时供水流量，水厂清水池容积 W_2 等于一级泵房（不计浑水漏损量）和二级泵房供水流量的差值连续为正（或为负）的数值乘以连续时数后的最大值。

③ 当管网中不设水塔（或高位水池）时，在任何一个时段内，清水池进、出流量的差值等于设有水塔（或高位水池）时水塔（或高位水池）进、出流量差值加上清水池进、出流量差值之和，见表 1-6。第（5）列数值等于第（6）、（7）列数值之和。

④ 由于在同一个时段内，不设水塔（或高位水池）时清水池累计容积不等于设有水塔（或高位水池）时清水池累计容积加上水塔（或高位水池）累计容积之和。故设有水塔（或高位水池）的水塔（或高位水池）容积 W_3 不等于不设水塔（或高位水池）时清水池容积 W_1 减去设有水塔（或高位水池）时清水池容积 W_2 之差。如表 1-6 中第（7）列累计值不等于第（5）列累计值减去第（6）列累计值之差。

⑤ 管网中水塔（或高位水池）的容积 W_3 等于管网供水流量和二级泵房供水流量的差值连续为正（或为负）的数值乘以连续时数后的最大值。

⑥ 上述清水池或水塔（或高位水池）调节容积大小与设计规模、时变化系数有关，与日变化系数、消防用水量无关。

（2）例题解析

【例题 1.3-9】 下列有关设置管网网后水塔（或高位水池）的作用叙述中，正确的是哪几项？

（A）减小管网末端管径；

（B）减小水厂二级泵房最高时供水流量；

（C）减小水厂出厂水管管径；

（D）降低水厂晚间供水压力。

【解】 答案（B）（C）

（A）设置网后水塔（或高位水池）不影响管网末端供水流量，所以不会减小管网末端管径，（A）项叙述不正确。

（B）管网设置网中、网后水塔（或高位水池）与不设水塔（或高位水池）相比较，高峰供水时水塔（或高位水池）和二级泵房同时向管网供水，显然具有减小二级泵房最高时供水流量的作用，（B）项叙述正确。

（C）高峰供水时，水塔（或高位水池）和二级泵房同时向管网供水，具有减小二级泵房最高时供水流量的作用，也就会减小出厂水管管径，（C）项叙述正确。

（D）设置了网后水塔（或高位水池），晚上需要同时向管网和水塔（或高位水池）供水，二级泵房供水流量有时会大于不设水塔（或高位水池）时流量，而供水压力会适当升高，故（D）项叙述不正确。

【例题 1.3-10】 有一城镇水厂设有处理水量为 9600m³/d 的净水构筑物，每天生产 16h（7:00～23:00），城镇用水变化曲线如图 1-2 所示，管网内没有水塔，则该城镇水厂清水池调节容积为多少？

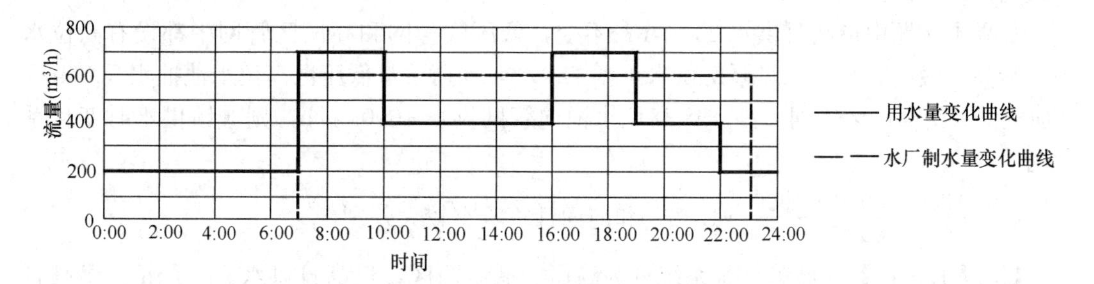

图 1-2 不设高位水池的城镇用水量、供水量变化曲线

【解】 该城镇水厂每天生产 16h，规模为 9600m³/d，每小时生产水量 9600÷16＝600（m³），把生产水量（改为二级泵房供水流量）变化曲线绘入用水量变化曲线图之中，可以得出：

从 10:00 到 16:00，用户用水量小于生产水量，连续存入清水池水量为：

$$(600-400)\times6=200\times6=1200\text{m}^3。$$

从 19:00 到 23:00，用户用水量小于生产水量，连续存入清水池水量为：

$$(600-400)\times3+(600-200)\times1=200\times3+400\times1=1000\text{m}^3。$$

从 23:00 到次日 10:00，生产水量小于用户用水量，其中 23:00 到次日 7:00 共 8h 连续取出清水池水量为：200×8＝1600m³；从 7:00 到 10:00 连续取出清水池水量为：(700－600)×3＝100×3＝300m³；则从 23:00 到次日 10:00 连续取出清水池水量为：1600＋300＝1900m³。

连续存入清水池的水量和连续取出清水池的水量中最大值为 1900m³，故清水池调节容积应为 1900m³。

【例题 1.3-11】 一城镇给水系统分为两个区，水厂出水先进入低压区管网，再从低压区管网直接用水泵加压供给高压区管网，高压区内设有高位水池一座。据统计，该城镇全年供水 7200 万 m³，最高日供水 24 万 m³，最高日最高时水厂供水 11000m³/h、加压泵站供水 5000m³/h、高位水池供水 1600m³/h，则该城镇的供水时变化系数是多少？

【解】 根据题意，按下列步骤计算：

1）低压区无网中高位水池，高峰供水时低压区用水量等于水厂二级泵房供水量减去从低压区抽水送往高压区的水量，即 11000－5000＝6000m³/h；

2）高峰供水时高压区的用水量等于加压泵站供水量加上高位水池供水量，即 5000＋1600＝6600m³/h；

该城镇最高时供水量为：6000＋6600＝12600m³/h

3）该城镇平均时供水量为 $\dfrac{240000}{24}=10000\text{m}^3/\text{h}$；

4）该城镇供水时变化系数 $k_h=\frac{12600}{10000}=1.26$；

也可以直接计算时变化系数 $k_h=\frac{11000+1600}{240000/24}=\frac{12600}{10000}=1.26$。

请读者注意：高位水池在高峰供水时也是一个供水水源，高位水池进水不发生在最高日最高时的时段。

如果本例题中最高日供水 24 万 m^3 不变，低压区管网和高压区管网中都设有高位水池。最高日最高时水厂二级泵房供水 $11000m^3/h$，加压泵从低压区高位水池抽水 $5000m^3/h$ 加压供水给高压区管网，高压区高位水池向管网供水 $1600m^3/h$，则城镇供水时变化系数为：

$k_h=\frac{11000+5000+1600}{10000}=1.76$，和前面计算具有较大差别。

【例题 1.3-12】一城镇给水系统分为高压、低压两区，最高日供水 24 万 m^3。最高日最高时水厂泵房向低压区供水 $11000m^3/h$，增压泵房从低压区管网抽水 $5000m^3/h$ 供给高压区管网、抽水 $100m^3/h$ 供给距低压区较远处的开发区。则该城镇的供水时变化系数是多少？

【解】根据题意，该城镇平均时供水量为 $\frac{240000}{24}=10000m^3/h$；增压泵房从低压区管网抽水 $5000m^3/h$ 供给高压区管网、抽水 $100m^3/h$ 供给距低压区较远处的开发区时增压不增量，供水流量未变。

可以直接计算时变化系数 $k_h=\frac{11000}{240000/24}=\frac{11000}{10000}=1.10$。

【例题 1.3-13】有一城镇水厂原设计规模为 $48000m^3/d$，水厂 24h 生产。厂内建有清水池一座，容积为 $5000m^3$，管网内设有高位水池一座，容积为 $3000m^3$。近日拟扩建水厂，新增规模 $48000m^3/d$。扩建后最高日供水量见表 1-8，则扩建水厂处理构筑物后，还应扩建清水池或高位水池的容积为多少？

水厂扩建后供水量变化表 **表 1-8**

时段	0:00～5:00	5:00～10:00	10:00～12:00	12:00～16:00	16:00～19:00	19:00～21:00	21:00～24:00
二级泵站供水量(m^3/h)	2000	4400	6800	4400	6000	4400	2000

【解】根据表 1-8 中数据绘制成图 1-3。

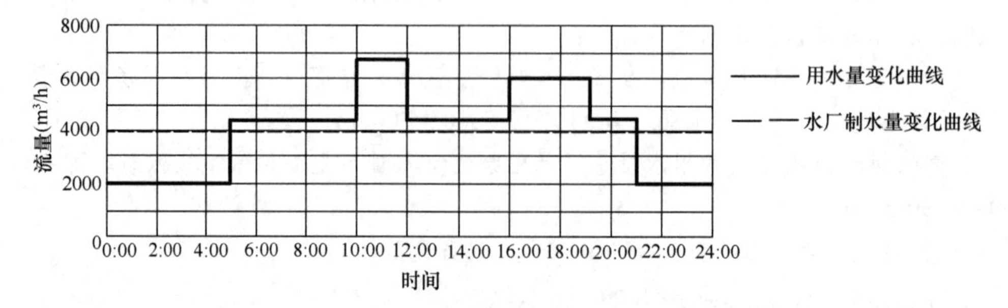

图 1-3 设置高位水池的城镇用水量、供水量变化曲线

由图1-3可知，城镇水厂最高日平均时供水量为$\frac{48000\times2}{24}=4000m^3/h$，从21:00到次日5:00共8h，供水量小于水厂处理构筑物的生产水量，要存入清水池增加的水量为：$(4000-2000)\times8=16000m^3$，水厂内已有清水池容积$5000m^3$，管网中高位水池容积$3000m^3$继续使用，还应再扩建清水池或高位水池的容积为：$16000-5000-3000=8000m^3$。

或从5:00到21:00共16h，供水量大于水厂处理构筑物的生产水量，要从清水池中抽水减少的水量为：$400\times5+2800\times2+400\times4+2000\times3+400\times2=16000m^3$。应再扩建清水池或高位水池的容积为：$16000-5000-3000=8000m^3$。

1.3.3 给水系统的水压关系

（1）阅读提示

1）节点服务水头

节点服务水头是指用水点处相对于地面而言的管网自由水压或管网水压力。按照建筑物层数确定的给水管网水压力也就是节点服务水头。在地形起伏的城镇，仅知道节点服务水头，远不能确定二级泵房的供水压力。通常从基准水平面算起，取用水点处地面标高加上节点服务水头称为用水点处的总水头或称为节点水压标高。这样就容易确定二级泵房供水压力和水塔水位标高了。

城镇基准水平面可以用国家规定的青岛高程标高，也可以自己确定某一处地面标高为0，而取用相对水压标高。

2）水泵扬程

取水泵房或二级（清水输水）泵房的扬程应满足用水点水压要求，即必须克服几何高差、输水管路水头损失和用水点节点服务水头。

对于设有网后水塔的管网，最高供水时二级泵房的扬程按照最高时用水量减去水塔供水量后的水量计算输水管的水头损失。正常情况下，最大水量供水时段在8h以下，属于高峰供水，其余较长时段的供水量一定会变小。通过管网向水塔供水最大转输时的输水流量小于最高时供水量，则最大转输时二级泵房的扬程低于最高供水时的扬程。否则，二级泵房在短时间内向水塔供水充满水塔，通过管网向水塔供水最大转输时的输水流量大于最高时供水量，二级泵房最高扬程出现在夜间非高峰供水时段。这种运行方式，使网后水塔失去了节能调蓄作用，是不经济的运行方式。

对于无水塔的管网，在进行消防时二级泵房的扬程计算时应注意，消防时管网着火点允许节点水压按不低于10m计算。消防时供水流量等于最高时供水流量加消防用水流量。由于供水节点水压减小了，满足不了节点服务水头，则最高供水时的流量一定减少。设计时仍取最高日最高时供水流量加消防用水流量来计算二级泵房的扬程是安全的。

3）水塔高度确定

在小城镇中常见的水塔设置在网前，在大、中型城市中常见的水塔设置在网中、网后。无论设在何处，其水柜底高出地面的高度均可按$H_t=H_c+h_n-(Z_t-Z_c)$计算。式中：H_c为控制点C要求的最小服务水头，m；h_n为按最高供水时供水量计算的从水塔到控制点的管网水头损失，m；Z_t为设置水塔处地面标高与清水池最低水位的高差，m；Z_c

为控制点 C 处地面标高与清水池最低水位的高差，m。

对于管网中的水塔高度计算还应明确以下几点：

① 建造水塔处的地面标高越高，水塔高出地面的高度越小。

② 水塔水柜底高出地面的高度与水塔位置有关，并非所有水塔的高度全部相同。离开水压控制节点越远，从水塔到控制点的管道水头损失越大，要求水塔的水压标高越大。

③ 建造在网后的水塔到二级泵房的距离会比网前、网中水塔到二级泵房的距离远，二级泵房向网中或网后水塔供水压力常常大于向网前水塔供水压力。

（2）例题解析

【例题 1.3-14】在描述配水管网中设置水塔和不设置水塔供水状况时，正确的是哪几项?

（A）无论设置网前水塔或网后水塔，都可以减小二级泵房设计流量；

（B）无论设置网前水塔或网后水塔，水塔高出地面的高度必须大于最不利供水点的最小服务水头；

（C）无论设置网前水塔或网后水塔，都可以降低二级泵房扬程；

（D）无论设置何种水塔都可以减小清水池的调节容积。

【解】答案（A）（D）

（A）无论设置网前水塔或网后水塔，高峰供水时都可以和二级泵房一起向管网供水，所以认为都可以减小二级泵房设计流量，（A）项描述正确。

（B）无论设置网前水塔或网后水塔，水塔水柜底的水压标高必须大于最不利点最小服务水压标高。在地面标高较高处设置水塔向地面标高较低处供水，水塔内水压标高很大，高出地面的高度可能很小，会低于最不利点最小服务水头，（B）项描述不正确。

（C）不能认为无论设置何种水塔，减小二级泵房设计流量后一定会降低二级泵房扬程，对于网前水塔，二级泵房间接运行时，与不设水塔时的扬程是相同的，所输送水量的水压标高都必须满足最不利点最小服务水压标高。设置网后水塔有时比不设置水塔会增加二级泵房扬程，（C）项描述不正确。

（D）无论设置何种水塔，水厂处理构筑物出水量和管网用水量的差值就是管网中水塔、水厂清水池的调节容积，建造了管网水塔自然可以减小清水池的调节容积，（D）项描述正确。

2 输水和配水工程

2.1 管网和输水管（渠）的布置

在给水系统中，从水源取水后输送到水厂的浑水（或原水）输水管（渠）长的有数十千米，短的仅有几米，是给水系统必不可少的。从水厂输送清水到城市管网的清水输水管也是有长有短，很短的清水输水管要算作管网，不必另外计算。

2.1.1 管网

（1）阅读提示

1）管网定义

从清水输水管接出输水到城区各用户的枝状、环状管道称为管网，包括干管、干管连接管、从干管到用户的分配管和用户接入管。

2）环状管网、枝状管网比较

从供水安全性、可靠性、减轻水锤危害方面分析，环状管网优于枝状管网，但投资偏高。

3）管网布置

一座城市的管网总是根据城市地形布置多根干管，由连接管联结成环状管网。干管间距500～800m，连接管间距800～1000m。干管延伸方向与向水塔、高位水池及大用户供水方向一致。为了安全、卫生，城镇生活饮用水管网严禁与非生活饮用水管网连接，且严禁与自备水源供水系统擅自连接。即允许经批准后间接（或用清水池）连接。

（2）例题解析

【例题 2.1-1】在正常情况下，为保证城市生活给水管网供给用户需要的水量，布置管网时，哪一项要求是必需的？

（A）必须布置成环状管网；

（B）必须布置成枝状管网；

（C）必须保证管网有足够的水压；

（D）供水水质必须符合《生活饮用水卫生标准》。

【解】答案（C）

（A）当允许间断供水时，可不必布置成环状管网，（A）项要求不正确。

（B）城市供水管网一般先布置成枝状，再逐渐发展成环状，（B）项要求不正确。

（C）必须保证管网有足够的水压，才能保证满足用户需要的水量，（C）项要求正确。

（D）既然是城市配水管网，水质应符合《生活饮用水卫生标准》，在正常情况下供水水质不是管网布置主要考虑的问题，（D）项要求没有必要。

【例题 2.1-2】为保证城市生活饮用水管网不受污染，布置管网时采用如下措施中，不正确的是哪几项？

（A）不宜与非生活饮用水管网连接；

（B）不宜与自备水源供水系统直接连接；

（C）尽量避免穿越毒物污染地区；

（D）尽量避免穿越管道腐蚀地区。

【解】 答案（A）（B）

（A）应为严禁与非生活饮用水管网连接，不是不宜与非生活饮用水管网连接，（A）项叙述不正确。

（B）应为严禁与自备水源供水系统擅自直接连接，不是不宜与自备水源供水系统直接连接，（B）项叙述不正确。

（C）尽量避免穿越毒物污染地区，必要时加强防护，（C）项叙述正确。

（D）尽量避免穿越管道腐蚀地区，以防管道腐蚀漏水污染，必要时加强防护，（D）项叙述正确。

【例题 2.1-3】 下列关于管网定线与布置要求的说明中，不正确的是哪几项？

（A）输水干管应沿城市规划道路布置，埋设在道路之下；

（B）输水干管严禁从高级路面和重要道路下通过，必要时可设管桥架管通过；

（C）从干管到用户的支管通常沿建筑物之间人行道布置，或者穿越楼房建筑物埋管布置；

（D）连接工业企业消防管网的干管必须单独设立，不得从生活用水输水干管接出。

【解】 答案（B）（C）（D）

（A）输水干管一般沿城市规划道路布置，埋设在道路或者人行道之下，这是城市自来水管普遍采用的方法，（A）项说明正确。

（B）输水干管尽量避免从高级路面和重要道路下通过，以防安装、更换时开挖路面。不是严禁从高级路面和重要道路下通过。需要跨越高级路面和重要道路时，是设管桥还是顶管或是涵洞通过，应作比较后决定，（B）项说明不正确。

（C）从干管到用户的支管不是定线规划内容，安装时一般沿人行道或绿化带。通常不采用穿越楼房建筑物埋管，因为埋入楼房建筑物以下的套管或水管常被建筑物沉降压坏，（C）项说明不正确。

（D）工业企业消防管一般从生活用水管网中接出，也可单独设立，不是必须单独设立，不是不得从生活用水输水干管接出，（D）项说明不正确。

2.1.2 输水管（渠）

（1）阅读提示

1）定义

从取水泵房（或构筑物）到自来水厂处理构筑物的管道（渠）为原水输水管（渠）。从自来水厂二级泵房（或清水池）到城区管网的管道为清水输水管。

2）浑水输水管（渠）设计流量

浑水输水管（渠）有的是重力流，有的是压力流或两者合用。浑水输水管（渠）设计流量等于水厂最高日平均时供水流量，并计入浑水输水管漏损水量和水厂自用水量（m^3/

h)。这里的平均时，是指水厂处理构筑物每天实际工作的时间，不涉及时变化系数。

3）清水输水管设计流量

从水厂到管网或经增压泵站到管网的清水输水管设计流量，按照最高日供水条件下，由水厂二级泵房（或清水重力流）负担的最大供水流量（m^3/h）确定。即认为：管网中无高位水池或水塔时，清水输水管设计流量等于管网最高日最高时供水量（m^3/h），与时变化系数有关。

管网中有高位水池或水塔时，连接管网和高位水池或水塔的专用输水管设计流量等于供水高峰时高位水池或水塔向外的供水流量，与时变化系数有关。或者等于夜间向高位水池供水最多时的流量（m^3/h），与时变化系数有关，二者取最大值。

4）设置要求

输水管不少于两条，中间加设连通管。当一条输水管发生事故时，应能保证城镇事故供水量不少于设计流量的70%。当为工业生产供水时，应按不影响生产、不损坏设备条件下的供水保证率，来设计安全水池或输水管条数及分段数。

（2）例题解析

【例题 2.1-4】下列关于设计流量和设置阀门的叙述中，不正确的是哪几项？

（A）管网最高日平均时供水量等于最高日供水量除以 24h；

（B）无论每天供水多长时间，从水源地到水厂的输水管都应按照最高日平均时供水量（$Q_d/24$）计算，并计入浑水输水管漏损水量和水厂自用水量；

（C）设有网后水塔的管网，从管网到水塔的输水管管径应按照二级泵房向水塔充水流量大小计算；

（D）配水管网上安装消火栓和阻断阀门时，两个阀门的间距不应超过1000m。

【解】答案（B）（C）（D）

（A）根据时变化系数的定义和有关规范规定，无论每天供水多长时间，管网最高日平均时供水量都等于最高日供水量除以24h，这样就能显现出时变化系数大小区别，（A）项叙述正确。

（B）从水源地到水厂的输水管的输水和水厂处理构筑物（或取水泵房）同步运行，其输水流量应按照最高日供水量（设计规模）除以取水泵房实际工作时间计算，并计入浑水输水管漏损水量和水厂自用水量，（B）项叙述不正确。

（C）设有网后水塔的管网，从管网到水塔的输水管管径应按照二级泵房向水塔充水流量和水塔向管网输水流量的最大值计算，（C）项叙述不正确。

（D）配水管网上安装消火栓和阻断阀门时，两个阀门间独立管段上的消火栓数量不宜超过5个，消火栓间距不应超过120m，则两个阀门之间的间距应不超过600m，（D）项叙述不正确。

【例题 2.1-5】根据节约投资和安全供水原则，下列有关输水管的设置说明中，不正确的是哪几项？

（A）供水系统为单一水源统一供水时，从水源取水构筑物到水厂的浑水输水管应设两条以上；

（B）当水源与水厂之间设置了一座调节水库时，从水源取水构筑物到水库再到水厂的浑水输水管可设一条；

（C）供水系统设置了两个以上水源，每个水源都可以保证城市 70%的供水量时，每个水源的浑水输水管可设一条；

（D）当水厂中设置了一座清水安全储水池时，从水厂到管网的清水输水管可设一条。

【解】答案（B）（D）

（A）供水系统为单一水源统一供水时，为保证不间断供水，从水源取水构筑物到水厂的浑水输水管应设两条以上，（A）项说明正确。

（B）当水源与水厂之间设置了一座调节水库时，从水源取水构筑物到水库的浑水输水管可设一条，为防止断水，从水库到水厂的浑水输水管应设两条以上，（B）项说明不正确。

（C）供水系统设置了两个以上水源，每个水源都可以保证城市 70%的供水量时，即可保证事故用水量，每个水源的浑水输水管可只设一条，（C）项说明正确。

（D）当水厂中设置了大型清水安全储水池时，允许水厂事故检修时仍有清水供出，从水源取水构筑物到水厂的浑水输水管可设一条。但从水厂到管网的清水输水管应设两条以上，才能保证管网不间断供水，（D）项说明不正确。

2.2　管网水力计算基础

2.2.1　管网水力计算的目标和方法

（1）阅读提示

1）管网水力计算和校核应考虑以下 3 种工况：

① 消防时的流量和水压

一般城市管网或厂区的给水系统是把生活用水和消防用水合并的管网。校核流量取最高日最高时用水量加上消防流量，由此计算输水管管径。火灾时水力最不利点处市政消火栓的出水流量不应小于 15L/s。校核水压，按照市政消火栓平时运行工作压力不应小于 0.14MPa，火灾时供水压力从地面算起不应小于 0.10MPa。在救火时刻，不要求达到灭火点处节点最小服务水头或不校核失火周围的水压大小。

② 最大转输时的流量和水压

当管网中有大用户或集中流量较大时，从二级泵房到大用户的管道的转输流量比计算的沿线流量大，应充分考虑由转输流量引起的水头损失的大小。如果无大用户集中流量点，则分段计算时仍有转输流量，只是逐渐减小。

③ 最不利管段发生故障时的流量和水压

最不利管段发生故障是指管网的干管起端发生故障。对于输水到管网的输水管，常常用连接管分成若干段，根据理论计算，任何一段发生故障对流量的影响基本相同。但从压力考虑，靠近泵房的管段压力较高、漏损水量较大。最不利管段发生故障并不一定是距水厂最远的管段发生故障。

2）管网水力计算的目的

管网水力计算的目的是选用最为经济的流速，确定最小的管径和最节约的动力能耗，确保用户的供水流量和压力。

管网水力计算不涉及管网水质问题，也不涉及管网水龄的要求。

（2）例题解析

【例题 2.2-1】 在关于城市给水管网水力计算目标和方法的表述中，正确的是哪几项？

（A）城市给水管网水力计算的最终目的是确定水塔（或高位水池）高度或水泵扬程；

（B）给水管网水力计算流量校核要求，消防时，二级泵房水泵流量和高位水池流量应按最高日最高时用水量再加上消防流量计算；

（C）给水管网水力计算水压校核要求，消防时，给水管道压力应达到灭火点处节点最小服务水头；

（D）在对原有给水管网扩建时，应保留原有主要干线、增加新建干线进行水力计算。

【解】 答案（A）（B）（D）

（A）城市给水管网水力计算的最终目的是确定水塔（或高位水池）高度和水泵扬程，（A）项叙述正确。

（B）二级泵房水泵扬程和水塔高度按最高日最高时供水量计算，消防时按最高日最高时用水量再加上消防流量计算，（B）项叙述正确。

（C）给水系统管道压力应保证灭火时最不利点处消火栓水压从地面算起不小于0.1MPa，不要求达到灭火点处节点最小服务水头，（C）项叙述不正确。

（D）在对原有给水管网扩建时，应保留原有主要干线，略去一些次要的、水力条件影响较小的管线，增加新建干线进行水力计算，（D）项叙述正确。

2.2.2 管段流量计算

（1）阅读提示

1）无论是枝状管网还是环状管网的计算都是求出管径、水泵扬程。在计算过程中先求出管段流量是必不可少的。

所谓管段流量是指经过该管段输送的流量，也就是以此流量计算管段水头损失的计算流量。

2）计算管段流量的第一步，需求出以单位管长计算的比流量，再计算出供给两侧用户的沿线流量和折算后的节点流量。

3）比流量的大小与配水干管长度及大用户集中流量大小有关。大用户集中流量指的是工厂企业用水流量，时变化系数较小。而沿线流量多为居民生活用水流量，时变化系数较大。也就是说最大转输时的流量和最大用水时的流量不是同一值。

4）沿线流量 q_l 等于比流量 q_s 乘以配水管线计算长度（即一侧配水管线长度取半计算），然后按照计算出的水头损失等于实际上沿线变化流量产生的水头损失的原则，把沿线流量折算成节点流量，最后计算出两节点之间的管段流量。对于枝状管网来说，任一管段的流量等于该管段以后（顺水流方向）所有节点流量的总和。沿线流量转换成节点流量的方法适用于枝状管网和环状管网。

5）环状管网流量分配应按拟定的水流方向，根据管径、管长适当分配。无论怎样分配，都应满足水流的连续性，即每个节点都有水量流入、流出。但从安全性、经济性考虑，就需要使能量消耗值处于最小状态。

（2）例题解析

【例题 2.2-2】当存在下列哪些因素时，按照干管长度的比流量确定沿线流量会产生较大误差？

（A）沿线存在较多广场、公园等无建筑物地区；

（B）沿线不同管段建筑物密度差异较大；

（C）沿线存在较多大用户集中用水；

（D）沿线单位管长用水人口有很大区别。

【解】答案（B）（D）

（A）计算比流量时，穿越广场、公园等无建筑物地区的管长不计算在内，存在较多广场、公园等无建筑物地区不是产生较大误差的因素，（A）项说法不正确。

（B）沿线建筑物密度较大、用水量较大的管段计算出的比流量和沿线流量比实际的流量要小些。反之，沿线建筑物密度较小、用水量较小的管段计算出的比流量和沿线流量比实际的流量要大些。故认为建筑物密度差异会使沿线流量产生较大误差，（B）项说法正确。

（C）计算比流量时，要减去大用户集中流量，所以存在较多大用户集中用水的管段，不会使沿线流量产生较大误差，（C）项说法不正确。

（D）沿线单位管长用水人口有很大区别就是用水量很不均匀，用水量较大的管段计算出的比流量和沿线流量比实际的流量要小些，会使沿线流量产生较大误差，（D）项说法正确。

2.2.3 管径计算

（1）阅读提示

本节需注意以下问题：

1）管径计算

管径计算是按照经济流速而求出的管径。管径大小对管材投资、水头损失大小、能量消耗、维护管理具有很大影响。管道的管理费包括电费（动力费）、折旧费，与管道管径及投资偿还期有关。

2）经济流速概念

经济流速除要考虑管网折算费用最低之外，还要考虑工程上要求的悬浮杂质不在管中沉积的流速以及不出现水锤危害管网安全的流速。对于重力流输配水管网，其年折算费用就是管道折旧费。显然管径越小，年折算费用越低，故认为重力流输配水管网满足供水流量和压力要求且不损坏管道的最大流速为经济流速。

3）年折算费用

年折算费用W最小值不是出现在动力费M_1和折旧费M_2各自都是最小值时，而是出现在动力费M_1和折旧费M_2交叉点处。年折算费用与管径的关系见图 2-1，与流速的关系见图 2-2。

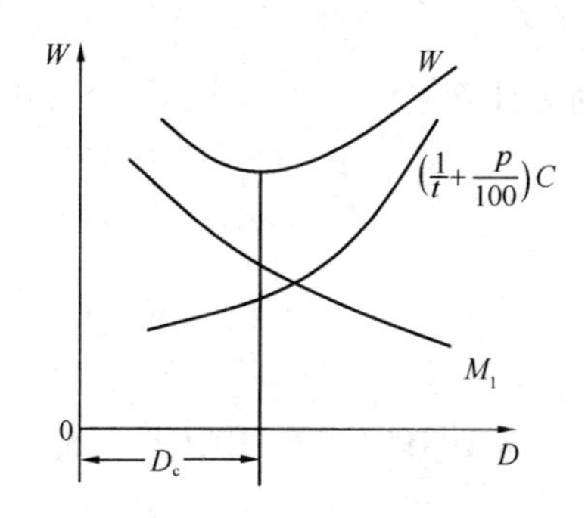

图 2-1　年折算费用与管径的关系

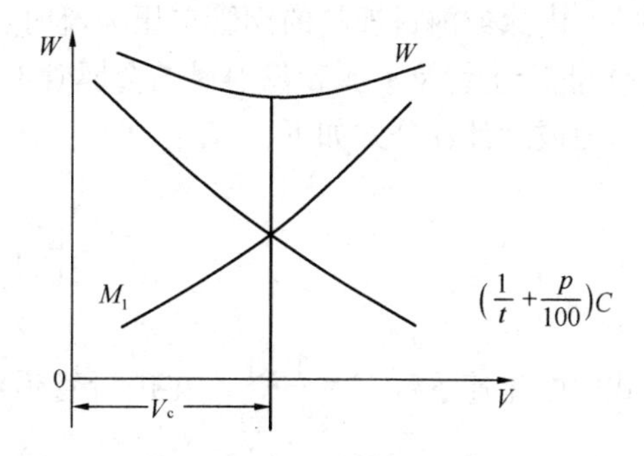

图 2-2　年折算费用与流速的关系

（2）例题解析

【例题 2.2-3】 对于一个特定规模的给水系统，且水源和水厂位置都已确定的情况下，在原水输水管道技术经济计算说明中，能改变其经济管径大小的因素是哪几项？

（A）输水流量；

（B）选用的管道材质；

（C）选用的水泵效率和取水泵站的优化设计；

（D）取水水源常年水位和水厂处理构筑物水位标高差。

【解】 答案（B）（C）

根据投资偿还期内管网造价和管理费之和为最小的经济流速计算的管径为经济管径的概念，从上述影响管网造价和管理费（主要为电费）的因素中来看：

（A）因是一个特定规模的给水系统，流量是定值，不应再考虑，（A）项说明不正确。

（B）管道材质影响管道造价，在不改变流量的条件下，对各种管材的性能、施工要求、保养要求应进行综合比较，作出正确选择，（B）项说明正确。

（C）选用的水泵效率和取水泵站的优化设计直接影响到耗用的动力费，也就影响到管理费的变化。所以认为选用的水泵效率和取水泵站的优化设计是改变经济管径大小的因素，（C）项说明正确。

（D）在水源和水厂位置都已确定的情况下，水源和水厂的高程差是基本不变的，不是改变经济管径大小的因素，（D）项说明不正确。

2.2.4　水头损失计算

（1）阅读提示

管（渠）道水头损失计算的关键在于选用哪一种计算公式，根据《室外给水设计规范》GB 50013—2006 的规定，按照不同管材、不同输水形式选用不同的计算公式。

1）塑料管沿程水头损失计算

沿程水头损失计算公式 $h_y=\lambda\cdot\frac{1}{d_j}\cdot\frac{v^2}{2g}$ 称为魏斯巴赫-达西公式，这是一个半理论半经验的水力计算公式，适用于层流和紊流的明渠。水力摩阻系数 $\lambda=\frac{0.304}{Re^{0.239}}$，一般情况下塑料管、内涂或内衬塑料的钢管在压力流时选用该公式。

2）混凝土管及水泥砂浆内衬的金属管沿程水头损失计算

水力坡度计算公式如下：

$$i=\frac{v^2}{C^2R}=\frac{n^2v^2}{R^{4/3}}$$

式中的流速系数 $C=\frac{1}{n}R^y$，在进行管道沿程水头损失计算时多采用曼宁公式 $C=\frac{1}{n}R^{\frac{1}{6}}$，属于巴甫洛夫斯基公式中 y 值的简单计算方法。国内多用该公式计算输配水干管（渠）道。对于圆形管道，水力半径 R 是直径的 $\frac{1}{4}$，用 $R=\frac{d}{4}$ 代入上式得：$i=\frac{10.293q^2n^2}{d^{5.333}}$。

沿程水头损失计算公式还可以写成 $h=\alpha Lq^2$，用公式 $C=\frac{1}{n}R^{\frac{1}{6}}$ 求出不同 n 值条件下的 C 值，再求出比阻 α 值。

3）配水管网水力平差计算

将沿程阻力系数 $\lambda=\frac{13.16gd_j^{0.13}}{C_h^{1.852}q^{0.148}}$ 代入沿程水头损失计算公式可得至海曾-威廉公式，即：

$$h=\frac{10.67q^{1.852l}}{C_h^{1.852}d_j^{4.87}}$$

目前，美国、日本广泛应用该公式进行管网设计计算。我国的管网水力平差计算软件采用的是海曾-威廉公式，所以配水管网的水力平差计算应采用海曾-威廉公式。同样，该公式也适用于流速小于 3.0m/s 的枝状管网水力计算以及粗糙度 e（或当量粗糙度 k）$\leqslant$ 0.25mm、海曾-威廉系数 $C_h\geqslant 130$ 的金属管的水力计算。在正常情况下，内涂沥青或水泥衬里的金属管的粗糙度 $e=0.05\sim0.60$mm。

4）局部水头损失计算

通常取管道局部水头损失为沿程水头损失的 5%～10%，在进行配水管网水力平差计算时，不考虑局部水头损失。而枝状管网未说明不计算局部水头损失时，应该按沿程水头损失的比例计算出局部水头损失值。

（2）例题解析

【例题 2.2-4】计算供水管道沿程水头损失时，选用的供水管道阻力系数与下列哪些因素有关？

（A）管道内壁的光滑程度及水的黏滞系数；

（B）管道的流速；

（C）管道的长度；

（D）管道的埋深。

【解】答案（A）（B）

(A)(B)塑料管水力摩阻系数$\lambda=\frac{0.304}{Re^{0.239}}$，式中雷诺数$Re$与水的黏滞系数及水流速度梯度有关。混凝土管水力摩阻系数与流速系数$C=\frac{1}{n}R^{y}$中的粗糙系数n有关，适用范围是阻力平方区。海曾-威廉公式中的威廉系数C_h与金属管粗糙度e或当量粗糙度k有关，水头损失计算公式$\frac{10.67q^{1.852}l}{C_h^{1.852}d_j^{4.87}}$包含流量和管径，说明与流速有关。所以认为，供水管道阻力系数与管道内壁的光滑程度及水的黏滞系数、管道的流速有关，(A)项、(B)项说法正确。

(C)管道的长度直接影响水头损失值，不影响管道阻力系数，(C)项说法不正确。

(D)管道的埋深影响管道抗外界压力能力和管道中水温变化，当管道埋设在冰冻线以下时，可以认为对计算管道沿程水头损失时的管道阻力系数没有影响，(D)项说法不正确。

【例题2.2-5】一根直径为D的钢筋混凝土管道，实测管道粗糙系数$n=0.012$，运行几年后流量下降，为此更换了水泵。在保证输水流量不变的条件下，不计局部水头损失，沿程水头损失值增加了25%，此时管道的粗糙系数n变为了多少？

【解】这是一个水力坡度和粗糙系数关系计算问题。因为管长L不变，假定水力半径R不变，输水流速不变，仅水力坡度i值发生变化，现在的i_2值是原来的i_1值的1.25倍。根据混凝土管道水头损失计算公式：

$$i=\frac{v^2}{C^2R}=\frac{n^2v^2}{R^{4/3}},得\frac{n_2}{n_1}=\sqrt{\frac{i_2}{i_1}},n_2=n_1\sqrt{\frac{i_2}{i_1}}=0.012\times\sqrt{1.25}=0.0134。$$

如果水力坡度不变，可根据粗糙系数变化确定流量变化值。

【例题2.2-6】有一从山顶水库重力引水到城市水厂的输水工程，一期敷设$DN1200$的钢筋混凝土管一根，引水流量为Q(m^3/d)。现因供水量增大，需要在第1根引水管旁再敷设一根钢筋混凝土管，总引水量为1.465Q(m^3/d)。如果两根输水管的粗糙系数相同，均等于0.013。则新敷设的管道直径应为多大？

【解】设两根钢筋混凝土管管径分别为d_1、d_2，输水流量分别为Q、0.465Q，根据两根输水管的粗糙系数n相同、水力坡度i相同的原则，根据公式$i=\frac{10.293q^2n^2}{d^{5.333}}$，则有如下计算式：

$$\left(\frac{q_1}{q_2}\right)^2=\left(\frac{1}{0.465}\right)^2=\left(\frac{d_1}{d_2}\right)^{5.333},得d_2=d_1(0.465)^{2/5.333}=1.20\times0.465^{0.375}=0.90$$

(m)。

也可根据公式$A_1LQ_1^2=A_2L(0.465Q_1)^2$，查表或计算得$A_1=\frac{0.001743}{1.2^{5.333}}=6.5921\times10^{-4}$，求出$A_2=\frac{A_1}{0.465^2}=0.00305$，查教材表2-4，取$d_2=900$mm。

2.3 管网水力计算

2.3.1 枝状管网水力计算

（1）阅读提示

1）枝状管网管段流量单一，应根据各用水点最小服务水头、地面标高求出节点水压标高，取最大值为控制点，通常从控制点向二级泵站推算，计算出水头损失，确定水泵扬程或水塔水位标高值。

2）枝状管网、环状管网都属于配水管道，通常使用海曾-威廉公式计算管段水头损失。

3）根据有关说明可知，消防复核时管段流量等于最高日最高时流量再加上消防流量，管道压力应保证灭火时最不利点处消火栓水压从地面算起不小于 0.1MPa。

4）关于节点水压、节点服务水头、节点水压标高概念

①“水头”概念

水力学认为：所谓“水头”，指的是单位重量液体所具有的机械能。当水面相对基准面的位置为 Z 时，Z 称为位置水头或者位能。

相对地面而言，自来水管内的压力 P 和重度 γ 之比，称为压力水头，用 $\frac{P}{\gamma}$ 表示。又称为压强水头、自由水头、测压管高度。$\frac{v^2}{2g} \approx \alpha \frac{v^2}{2g}$ 是单位液体具有的动能，称为流速水头。$Z+\frac{P}{\gamma}+\alpha \frac{v^2}{2g}$ 称为总水头。α 是动能校正系数，$\alpha=1.03 \sim 1.06$，工程上可以看作 $\alpha=1$。

② 节点水压、节点服务水头

用户在用水接管地点地面上测出的测压管水柱高度称为测压管高度、压强水头、自由水头或节点水压，是自来水管提供的地面上的自由水头，也是用水点节点服务水头。自来水管提供的节点服务水头应大于用户要求的节点服务水头，才能保证用户的水量、水压要求。建筑物的高度不同，则要求的节点服务水头不同。

③ 节点水压标高

为了比较各个用水点的水压，通常采用一个统一的基准水平面。从该基准水平面算起，当测压管接口内流速水头转化为了压力水头，量测的测压管水柱所达到的高度称为该用水点的总水头，也就是节点水压标高。

（2）例题解析

【例题 2.3-1】下列有关管网计算数据和计算方法的表述中，正确的是哪一项？

（A）管段起点处的节点服务水头减去终点处的节点服务水头，即为该管段的水头损失；

（B）节点水压标高越高表明该节点服务水头越高；

（C）管段沿程水头损失除以该管段长度等于管段水力坡度；

（D）环状管网水力平差计算是通过节点流量修正，使环状管网达到能量平衡的。

【解】答案（C）

(A) 节点服务水头是指用水点地面上建筑物需要的自由水压。两点服务水头差不代表输水管压力差或水头损失值。只有管段起点处的节点水压标高减去终点处的节点水压标高才是该管段的水头损失，(A) 项表述不正确。

(B) 用水点节点水压标高等于节点处地面标高加上最小服务水头，节点水压标高越高有可能说明该节点处地面标高很高，或者表明服务水头很高，(B) 项表述不正确。

(C) 在水力学上认为，管段沿程水头损失 h_f 除以该管段长度 L 等于 i，即为管段水力坡度，(C) 项表述正确。

(D) 环状管网水力平差计算是通过校正管段流量逐步使闭合差满足要求。节点流量是固定值，不再修正，(D) 项表述不正确。

【例题 2.3-2】一高地水池通过输水管向枝状管网恒水位供水，如果管网设计条件不变，仅在干管末端节点增加一个自由水头较低、数值较大的集中流量，则与原设计相比，下列的判断哪几项是正确的？

(A) 管网中所有支管管段的供水流量（能力）均发生变化；

(B) 管网中所有支管管段的水头损失均发生变化；

(C) 管网中所有节点处的水压标高均发生变化；

(D) 所有用户要求的节点服务水头均发生变化。

【解】答案 (A) (B) (C)

(A) 当在干管末端节点增加一个自由水头较低、数值较大的集中流量后，从高地水池到新增集中用水点之间形成一条急速下降的测压管水头线。连接干管的支管起端节点水压标高降低，与终端节点水压标高差值变小，则该支管输水流量变小，(A) 项判断正确。

(B) 由于支管管段的流量发生了变化，所以该管段的水头损失一定发生变化，(B) 项判断正确。

(C) 管网中某一节点处的水压标高是指该节点处的地面标高加上自由水压。因干管的测压管水头线下降变低，则管网中所有节点处的测压管水头均会变小，水压标高变低，(C) 项判断正确。

(D) 用户要求的服务水头是由居住位置、楼层高度而定的，不发生变化，管网提供的服务水头发生了变化，(D) 项判断不正确。

2.3.2 环状管网水力计算

(1) 阅读提示

1) 环状管网水力计算的目的

环状管网水力计算的目的是求出水源节点（泵站、水塔）的供水量，各管道中的流量、管径及各节点水压，确定水泵扬程。

2) 环状管网水力计算的原理

环状管网水力计算的原理是质量守恒和能量守恒。质量守恒是指进出任何一节点的流量相等。能量守恒是指管网任一个环中，各管段逆时针方向水头损失等于顺时针方向水头损失。

3) 环状管网水力平差计算顺序

在进行环状管网水力平差计算时，先确定水塔、水泵进水位置，标出管段水流方向。

以顺时针方向为正、逆时针方向为负，计算较为方便。

4）相邻两环公共管段流量计算

在进行相邻两环公共管段流量校正计算时，可先从公共管段流量为顺时针的那一个环开始，计算出公共管段流量（如 q_{ij}），加上顺时针方向的校正流量 Δq，即 $q_{ij1}=q_{ij}+\Delta q$，（或减去逆时针方向的校正流量 Δq，即 $q_{ij1}=q_{ij}-\Delta q$。把加上校正流量的公共管段流量 q_{ij1} 前加上负号，即 $-q_{ij1}=-(q_{ij}+\Delta q)$ 或 $-q_{ij1}=-(q_{ij}-\Delta q)$，放入另一个环中再校正计算，比较简单。

（2）例题解析

【例题 2.3-3】下列关于节点流量确定之后进行的管段流量分配的表述中，哪几项是不正确的？

（A）环状管网水力计算时的节点流量为初始拟值，需要经管网水力计算调整；

（B）管网供水的控制点必须选择距离供水设施最远的节点；

（C）管网中流向任一节点的流量应等于流离该节点的流量之和；

（D）干管之间的连接管的分配流量与干管相同。

【解】答案（A）（B）（D）

（A）环状管网水力计算时的节点流量是用户用水流量值，不需要经水力计算调整。而需要调整的是流入该节点的几根管段的流量，并以此计算出水头损失值，使水头损失闭合差减小到一定范围，（A）项表述不正确。

（B）管网供水的控制点除考虑距离供水设施最远的节点外，最重要的是要考虑控制点节点水压标高，（B）项表述不正确。

（C）管网中流向任一节点的流量应等于流离该节点的流量之和，这就是质量守恒原则，（C）项表述正确。

（D）干管之间的连接管主要用来平衡平行干管之间的流量关系，干管损坏时可转输较大流量，平时分配少量流量，（D）项表述不正确。

【例题 2.3-4】在进行环状管网水力平差计算时，关于公共管段的校正流量和相邻两环的校正流量关系的叙述中，正确的是哪几项？

（A）相邻两环的校正流量方向一致时，公共管段的校正流量是相邻两环的校正流量绝对值之差；

（B）相邻两环的校正流量方向一致时，公共管段的校正流量是相邻两环的校正流量绝对值之和；

（C）相邻两环的校正流量方向相反时，公共管段的校正流量是相邻两环的校正流量绝对值之和；

（D）相邻两环的校正流量方向相反时，公共管段的校正流量是相邻两环的校正流量绝对值之差。

【解】答案（A）（C）

（A）当相邻两环的校正流量方向一致时，因公共管段流量在相邻两环中方向相反（一个环中为正、一个环中为负），必然会出现在一个环中与校正流量方向一致，公共管段流量要加上校正流量；而在另一个环中与校正流量方向相反，公共管段流量要减去校正流量。于是有一次相加和一次相减的运算，公共管段校正流量在数值上等于相邻两环的校正流量绝对值之差，(A) 项叙述正确。

(B) 根据上面的分析可知，(B) 项叙述不正确。

(C) 当相邻两环的校正流量方向相反时，因公共管段流量在相邻两环中方向也相反，必然会出现公共管段流量方向与相邻两环中的校正流量一个方向相同、一个方向相反。也就需要公共管段流量要加上方向一致的校正流量。改变符号后放在另一环中与校正流量方向相同，再加上校正流量，公共管段校正流量在数值上等于相邻两环的校正流量绝对值之和，(C) 项叙述正确。

(D) 根据上面的分析可知，(D) 项叙述不正确。

【例题 2.3-5】下列关于枝状管网水力计算和环状管网水力平差计算的主要不同之处说明中，正确的是哪一项？

(A) 沿线流量的计算方法不同；

(B) 节点流量的计算方法不同；

(C) 管段流量的确定方法不同；

(D) 管段水头损失的计算方法不同。

【解】 答案 (C)

(A) 枝状管网水力计算和环状管网水力平差计算时沿线流量都是等于比流量乘以管长，二者计算方法相同，(A) 项说明不正确。

(B) 枝状管网水力计算和环状管网水力平差计算时都是按照沿线流量折半计入两端节点，并计入集中流量作为节点流量，二者计算方法相同，(B) 项说明不正确。

(C) 枝状管网中管段流量等于该管段以后（顺水流方向）所有节点流量之和。环状管网水力平差计算时在初步分配流量计算的管径基础上，重新分配管段流量，反复计算(即平差)，直到满足连续性方程组和能量方程组为止，(C) 项说明正确。

(D) 枝状管网和环状管网管段水头损失都是采用海曾一威廉公式进行计算，计算方法相同，(D) 项说明不正确。

【例题 2.3-6】一环状管网水力平差计算时分配流量为：$q_{12}=30$L/s、$q_{23}=15$L/s、$q_{14}=25$L/s、$q_{56}=10$L/s、$q_{25}=20$L/s，平差校正流量 $\Delta q_{\text{I}}=-3$L/s、$\Delta q_{\text{II}}=2$L/s，管网布置简图如图 2-3 所示，求公共管段和给出流量的几个管段校正后的流量。

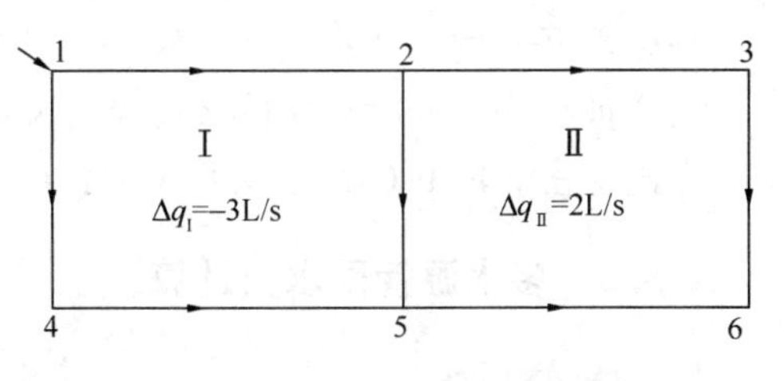

图 2-3　水力平差管网布置简图

【解】根据顺时针方向为正、逆时针方向为负的假定，凡是水流方向与校正流量 Δq 方向一致的管段，加上校正流量，水流方向与校正流量 Δq 方向相反的管段，减去校正流量，即求它们的代数和。

由此可以得出环Ⅰ中的 1-2、1-4 管段校正后的流量为：

$q_{12}=30+(-3)=27$L/s；$q_{14}=-25+(-3)=-28$L/s。

环Ⅱ中的 2-3、5-6 管段校正后的流量为：

$q_{23}=15+2=17$L/s；$q_{56}=-10+2=-8$L/s。

公共管段 2-5 在环Ⅰ中为顺时针方向，应加上校正流量，$q_{25}=20+(-3)=17$L/s。然后加上负号放入环Ⅱ中计算，得 $q_{25}=-17+2=-15$L/s。

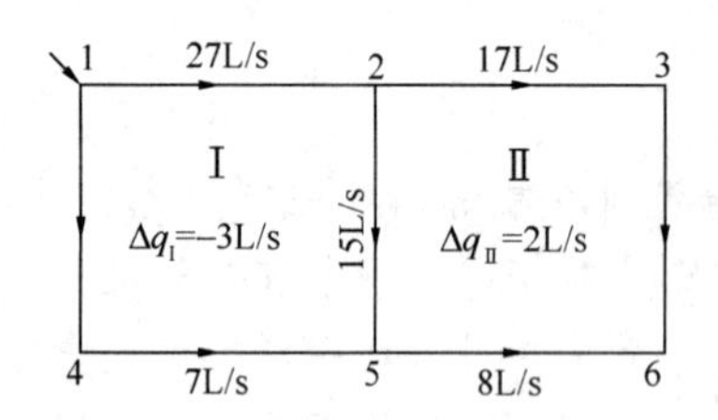

图 2-4　环状管网水力计算简图

【例题 2.3-7】 一环状管网水力计算简图如图 2-4 所示，水力平差计算时公共管段校正后的流量为 $Q_{25}=15\text{L/s}$，环Ⅰ平差校正流量 $\Delta q_{\text{Ⅰ}}=-3\text{L/s}$、环Ⅱ平差校正流量 $\Delta q_{\text{Ⅱ}}=2\text{L/s}$，求水力平差计算前公共管段 q_{25} 的分配流量是多少？

【解】 根据顺时针方向为正、逆时针方向为负的假定，凡是水流方向与校正流量 Δq 方向一致的管段，加上校正流量，水流方向与校正流量 Δq 方向相反的管段，减去校正流量，即求它们的代数和。由此可以得出公共管段 2-5 在环Ⅰ中为顺时针方向，应加上校正流量，$q_{25}+(-3)=q_{25}-3$，然后加上负号放入环Ⅱ中计算，得水力平差计算前公共管段 q_{25} 的分配流量：$-(q_{25}-3)+2=-15$，得 $q_{25}=15+5=20\text{L/s}$。

【例题 2.3-8】 假定一环状管网水力平差计算闭合差为 0，部分管段流量及水头损失如图 2-5 所示。求管段 F-G 的流量和水头损失是多少？

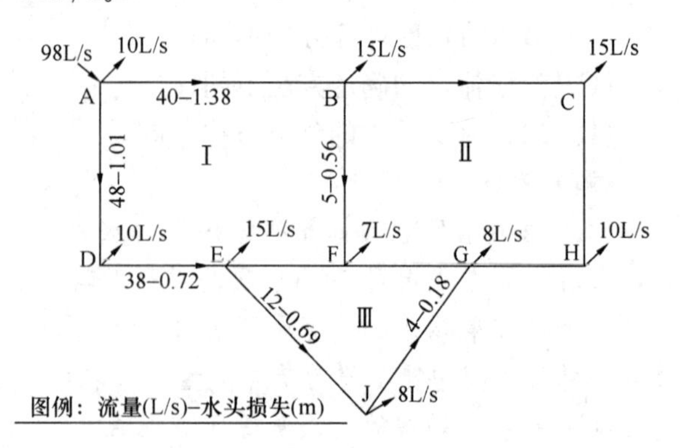

图 2-5　环状管网平差计算图

【解】 根据流向任一节点的流量应等于流离该节点的流量之和的质量守恒原则，可以知道，管段 E-F 的流量为：$q_{\text{E-F}}=38-12-15=11\text{L/s}$；管段 F-G 的流量为：$q_{\text{F-G}}=11+5-7=9\text{L/s}$。根据闭合差为 0 的假定，从环Ⅰ计算，则有：

顺时针方向水头损失为：$\sum h=1.38+0.56=1.94\text{m}$；

逆时针方向水头损失为：$\sum h=1.01+0.72=1.73\text{m}$；

得管段 E-F 的水头损失为：$h_{\text{E-F}}=1.94-1.73=0.21\text{m}$。

从环Ⅲ计算，逆时针方向水头损失为：$\sum h=0.69+0.18=0.87\text{m}$；

由此得出管段 F-G 的水头损失为：$h_{\text{F-G}}=0.87-0.21=0.66\text{m}$。

2.3.3　多水源管网水力计算

（1）阅读提示

1）虚环水力平差计算基本原则

多水源管网水力平差计算引入虚环的概念，可以使水力平差计算更为简单。虚环水力平差计算的基本原则是：从虚节点向每一水源引出一条虚线管段，标出虚流量和虚的水压力。从虚节点向每一水源连接的虚管段虚流量就是每一水源初步拟定的供水流量，记为负值。虚管段上的压力就是每一水源的供水压力，记为负值。在进行水力平差计算时管段的压力均以顺时针方向为正、逆时针方向为负，则上述虚管段水压值在已标定的条件下顺时针方向管段前加“＋”号，保留原已给定的负值“—”号。在已标定的条件下逆时针方向管段前加“—”号，改变原已给定的符号。

2）多水源管网水力平差计算步骤

在进行多水源管网水力平差计算时应首先对两水源之间的环状管网进行水力平差计算，确定水压分界线，然后再确定各自管段的流量。

（2）例题解析

【例题 2.3-9】 在多水源管网水力平差计算中，处于不同水源供水分界线上的节点具有的特征叙述中，正确的是哪几项？

（A）不同水源流向分界线节点的管段水头损失必然相同；

（B）多处水源流向分界线节点的各管段流量的代数和与分界线上节点流量相同；

（C）不同水源到达分界线节点处的水压必须相同；

（D）不同水源供水流量比例发生变化时，分界线节点的位置发生变化。

【解】 答案（B）（C）（D）

（A）不同水源到达分界线节点的距离不同，所选管段管径不同，水源水压不一定相同，不能认为流向分界线节点的管段水头损失必然相同，（A）项叙述不正确。

（B）根据管段水流“正”或“负”方向，流向分界线节点的多处水源各管段流量相加或相减计算后的流量就是分界线节点的流量，（B）项叙述正确。

（C）因为是压力分界线，分界线节点处的水压只有一个，不同水源到达分界线节点处的水压必须相同，（C）项叙述正确。

（D）不同水源供水流量比例发生变化时，流向分界线节点的管路水头损失发生变化，则分界线节点的位置发生变化，（D）项叙述正确。

2.3.4 输水管（渠）计算

（1）阅读提示

1）混凝土输水管当量摩阻计算

本节主要考虑多根并联输水管当量摩阻计算问题，两根长度相同且直径分别为 d_1、d_2 平行布置的钢筋混凝土输水管，摩阻分别为 S_1、S_2，流量分别为 q_1、q_2，改为一根直径为 D 的钢筋混凝土输水管时，流量为 $Q=q_1+q_2$，当量摩阻为 S_d，则有：$S_1 q_1^2=S_2(Q-q_1)^2$，两边同时开方得 $(\sqrt{S_1}+\sqrt{S_2})q_1=\sqrt{S_2}Q$，$q_1=\dfrac{\sqrt{S_2}Q}{\sqrt{S_1}+\sqrt{S_2}}$，两边同时平方后同乘以 S_1 得 $S_1 q_1^2=\dfrac{S_1 S_2 Q^2}{(\sqrt{S_1}+\sqrt{S_2})^2}$，因为 $S_1 q_1^2=S_d Q^2$，则得直径为 D 的钢筋混凝土输水管当量摩阻为：

$$S_d=\frac{S_1 S_2}{(\sqrt{S_1}+\sqrt{S_2})^2}$$

$$\frac{1}{\sqrt{S_d}}=\frac{1}{\sqrt{S_1}}+\frac{1}{\sqrt{S_2}}$$

由此可以求出长度相同、直径相同、摩阻为 S 的两根钢筋混凝土输水管的当量摩阻 $S_{d_2}=\dfrac{1}{4}S$，长度相同、直径相同、摩阻为 S 的 3 根钢筋混凝土输水管的当量摩阻 $S_{d_3}=\dfrac{1}{9}S$。

2）金属输水管当量摩阻计算

国内管网水力平差计算软件采用的是海曾-威廉公式，所以配水管网的管段水头损失应按照海曾-威廉公式计算。根据上述推算方法，两根长度相同且直径分别为 d_1、d_2 平行布置的金属输水管，摩阻分别为 S_1、S_2，流量分别为 q_1、q_2，改为一根直径为 D 的大口径金属输水管（或铸铁管）时，流量为 $Q=q_1+q_2$，当量摩阻为 S_d，则有：$S_1 q_1^{1.852}=S_2(Q-q_1)^{1.852}$，两边同时开 1.852 次方得 $(S_1^{\frac{1}{1.852}}+S_2^{\frac{1}{1.852}})q_1=S_2^{\frac{1}{1.852}}Q$，$q_1=\dfrac{S_2^{\frac{1}{1.852}}Q}{(S_1^{\frac{1}{1.852}}+S_2^{\frac{1}{1.852}})}$，两边同时 1.852 次方后同乘以 S_1 得 $S_1 q_1^{1.852}=\dfrac{S_1 S_2 Q^{1.852}}{(S_1^{\frac{1}{1.852}}+S_2^{\frac{1}{1.852}})^{1.852}}$，因为 $S_1 q_1^{1.852}=S_d Q^{1.852}$，则得直径为 D 的金属输水管当量摩阻为：

$$S_d=\frac{S_1 S_2}{(S_1^{\frac{1}{1.852}}+S_2^{\frac{1}{1.852}})^{1.852}}=\frac{S_1 S_2}{(S_1^{0.53996}+S_2^{0.53996})^{1.852}}$$

3）多根输水管当量摩阻计算

3 根平行并联布置的输水管，可以先按照两根平行并联布置的输水管求出当量摩阻 S_{d0}，然后再和第 3 根输水管并联求出当量摩阻 S_d。

4）钢筋混凝土管并联事故流量和分段数计算

对于长度相同且直径分别为 d_1、d_2 平行布置的两根重力满管流钢筋混凝土输水管，摩阻分别为 S_1、S_2。两根重力流输水管平均分为 n 段，设置 $n-1$ 根连通管。当管径为 d_1 的输水管中有一段损坏时，输水量 Q_a 与管段损毁前流量 Q 之比为：

$$a=\frac{Q_a}{Q}=\sqrt{\frac{nS_d}{(n-1)S_d+S_2}}$$

当供水要求输水管段损毁后流量 Q_a 与管段损毁前流量 Q 之比等于 a 时，则输水管分段数为：$n=\dfrac{(S_2-S_d)a^2}{S_d(1-a^2)}$。

5）粗糙度 $e\leqslant0.25$mm 的金属管并联事故流量和分段数计算

对于内衬防腐涂料粗糙度 $e\leqslant0.25$mm 的金属管，其水头损失应按照海曾-威廉公式 $h=ALq^{1.852}$ 计算。两根并联、平均分为 n 段的重力流输水管中有一段损坏时，输水量 Q_a 和管段损毁前流量 Q 之比为：

$$a=\frac{Q_a}{Q}=\left[\frac{nS_d}{(n-1)S_d+S_2}\right]^{0.53996}$$

当供水要求输水管段损毁后流量 Q_a 与管段损毁前流量 Q 之比等于 a 时，则输水管分段数为：$n=\dfrac{(S_2-S_d)a^{1.852}}{S_d(1-a^{1.852})}$。

（2）例题解析

【例题 2.3-10】有一城市配水管网简化为一座泵站和一座高位水池向节点 2、3、4 供水的给水系统，最高时供水流量如图 2-6 所示。高峰供水时泵站出口水压力为 63m，网后高位水池水位标高按 55m 计算，节点 2 用水节点服务水头为 24m，节点 3 用水节点服务水头为 26m。水泵出水管中心标高和其他地面标高均为 10m。当流量以 m^3/s 计、水头损失以 m 计时，管段摩阻为 $S_{[1]}=7.92$、$S_{[2]}=132.4$、$S_{[3]}=S_{[4]}=62.5$。求高峰供水时高

位水池向管网的供水量是多少？（水头损失按照海曾-威廉公式计算）

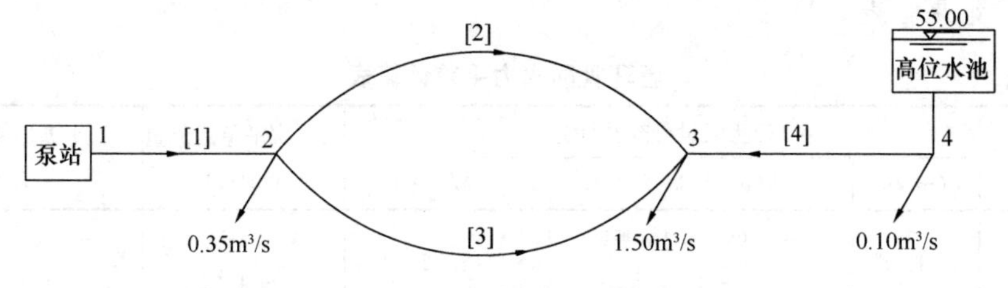

图 2-6　管网水力计算图

【解】 求出水金属输水管管段［2］、管段［3］的当量摩阻 $S_{[d]}$。

$$S_{[d]}=\frac{S_{[2]}\,S_{[3]}}{(S_{[2]}^{0.53996}+S_{[3]}^{0.53996})^{1.852}}=\frac{132.4\times 62.5}{(132.4^{0.53996}+62.5^{0.53996})^{1.852}}=\frac{8275}{(13.987+9.326)^{1.852}}$$

$$=\frac{8275}{341.03}=24.265$$ 。

假定高峰供水时高位水池向节点 3 供水流量为 q（m^3/s），因属于管网，应采用海曾-威廉公式计算，高位水池下节点 4 出水 $0.10m^3/s$ 不参与计算，则有如下水头损失平衡方程式：

$63-S_{[1]}\ (0.35+1.50-q)^{1.852}-S_{[d]}\ (1.50-q)^{1.852}-26=\ (55-10)\ -S_{[4]}\ (q)^{1.852}-26$。

由于水泵出水管中心标高和其他地面标高均为 10m，就是说水泵相对地面来说，压力为 63m。网后高位水池处地面标高是 10m，相对地面来说，高位水池出水压力应为 55－10＝45m。于是得：

$18-S_{[1]}\ (1.85-q)^{1.852}-S_{[d]}\ (1.50-q)^{1.852}+S_{[4]}q^{1.852}=0$。

对此一元 1.852 次方程无法进行简单求解，只能用试算法求出 q 的近似值。经多次试算，取 $q=0.53m^3/s$，代入上式得：

$18-7.92\times(1.85-0.53)^{1.852}-24.265\times(1.50-0.53)^{1.852}+62.5\times 0.53^{1.852}$

$=18-13.244-22.934+19.286=1.108m$，即水头损失闭合差为 1.10m。

即认为高峰供水时高位水池向管网的供水量为 $0.53+0.10=0.63m^3/s$。

按照多水源（虚环）管网水力平差计算出的 q 值更接近实际。多水源（虚环）管网水力平差计算如图 2-7 所示。

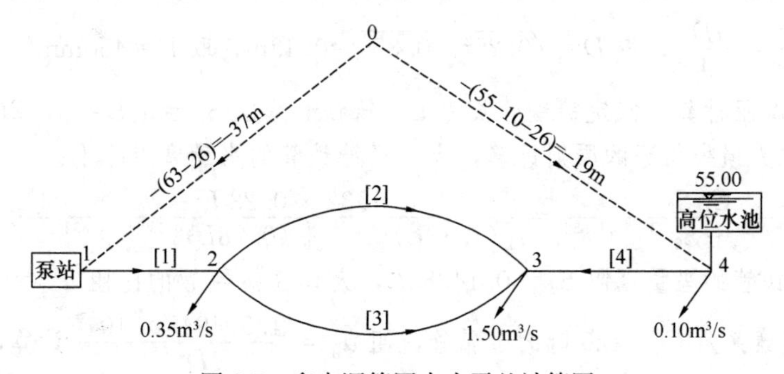

图 2-7　多水源管网水力平差计算图

以顺时针方向为正，以节点 3 为分界点，初步分配泵站向节点 3 供水 $0.80m^3/s$，水力平差计算结果见表 2-1。

虚环管网水力平差计算表 **表 2-1**

管段	摩阻 S	初步流量分配及计算			第 1 次平差后流量 (m^3/s)	平差后水头损失 h(m)
		$q(m^3/s)$	$h(m)=Sq^{1.852}$	$\mid Sq^{0.852}\mid$		
[1]	7.92	−1.15	$-7.92\times1.15^{1.852}$ $=-10.26$	8.92	$-1.15-0.172$ $=-1.322$	$-7.92\times1.322^{1.852}$ $=-13.28$
[2] [3]	24.265	−0.80	$-24.265\times0.80^{1.852}$ $=-16.05$	20.06	$-0.80-0.172$ $=-0.972$	$-24.265\times0.972^{1.852}$ $=-23.02$
[4]	62.5	0.70	$62.5\times0.70^{1.852}=32.285$	46.12	$0.70-0.172$ $=0.528$	$62.5\times0.528^{1.852}$ $=19.15$
0-1		−1.15	$-(-37)=37.00$(逆时针)		$-1.15-0.172$ $=-1.322$	37.00
0-4		0.70	$-(19)=-19.00$(顺时针)		$0.70-0.172$ $=0.528$	−19.00
		合计	$\Delta h=37.00+32.285$ $-10.26-16.05-19.00$ $=23.975$	$\sum\mid Sq^{0.852}\mid$ $=75.10$		闭合差 $\Delta h=37.00-13.28-$ $23.02+19.15-19.00$ $=0.85$
		校正流量	$\Delta q=-\dfrac{\Delta h}{1.852\sum\mid Sq^{0.852}\mid}$ $=-\dfrac{23.975}{1.852\times75.10}$ $=-0.172$			

由此求出高峰供水时高位水池向管网的供水量为 $0.528+0.10=0.628m^3/s$。

【例题 2.3-11】一输水工程由长度相同且直径分别为 d_1、d_2 平行布置的两根内衬防腐涂料的铸铁管组成，经测算，已知直径为 $d_1=250mm$ 的铸铁管比阻 $a_1=1.32$（d 以 m 计，Q 以 m^3/s 计），直径为 $d_2=350mm$ 的铸铁管比阻 $a_2=0.28$，现准备改为一根直径为 D 的内衬防腐涂料的铸铁管，取新的铸铁管海曾-威廉系数 $C_h=120$，如果输水流量不变，则按理论计算，新铸铁管的直径为多少是合理的？

【解】 简单地按照过水断面相等、水流速度相等的方法计算得：

$\dfrac{\pi d_1^2}{4}+\dfrac{\pi d_2^2}{4}=\dfrac{\pi D^2}{4}$，得 $D=\sqrt{0.25^2+0.35^2}=0.43m$，取 $D=450mm$。

根据当量摩阻计算：假定铸铁管长为 L，铸铁管摩阻 $S_1=a_1L=1.32L$，$S_2=a_2L=0.28L$。根据水头损失相等的原则计算，大口径铸铁管的当量摩阻等于：

$$S_d=\frac{S_1\ S_2}{(S_1^{0.53996}+S_2^{0.53996})^{1.852}}=\frac{1.32\times0.28\ L^2}{[(1.32L)^{0.53996}+(0.28L)^{0.53996}]^{1.852}}=0.14383L。$$

大口径铸铁管的当量摩阻 $S_d=0.14383L$，大口径铸铁管的比阻 $a_d=0.14383$，根据铸铁管海曾-威廉系数 $C_h=120$ 时的金属管比阻 $a_d=\dfrac{1.504945\times10^{-3}}{D^{4.87}}$ 计算，得：

$$D=\left(\frac{1.504945\times10^{-3}}{0.14383}\right)^{\frac{1}{4.87}}=(10.46336\times10^{-3})^{0.20534}=0.392m，取 400mm 是合理的。$$

【例题 2.3-12】一输水工程从水源地到水厂采用长 3000m 且直径分别为 D_1＝300mm、D_2＝250mm 平行布置的两根内衬水泥砂浆铸铁管重力流输水。经测算，直径为 D_1＝300mm 的铸铁管比阻 a_1＝1.07（d 以 m 计，Q 以 m^3/s 计），直径为 D_2＝250mm 的铸铁管比阻 a_2＝2.82。已知水源地最低水位标高为 120m，水厂地形标高为 75～78m，总设计输水量为 Q＝0.18 m^3/s。取输水管局部水头损失等于沿程水头损失的 10%，则水厂絮凝池起端水位标高为多少是合理的？

【解】现有（A）、（B）、（C）3 种计算方法可供选择。

（A）首先求出两根输水管的当量比阻，求出重力流输水管输水总水头损失，计算出水厂絮凝池起端水位标高。

因为摩阻 $S_1=a_1L$，$S_2=a_2L$，$S_d=a_dL$，由 $S_d=\dfrac{S_1S_2}{(\sqrt{S_1}+\sqrt{S_2})^2}=\dfrac{a_1a_2L}{(\sqrt{a_1}+\sqrt{a_2})^2}$ 得：

$$a_d=\frac{S_d}{L}=\frac{a_1a_2}{(\sqrt{a_1}+\sqrt{a_2})^2}=\frac{1.07\times2.82}{(\sqrt{1.07}+\sqrt{2.82})^2}=\frac{3.0174}{7.364}=0.4097。$$

输水管输水总水头损失为：$h=1.1\times0.4097\times3000\times0.18^2=43.81\text{m}$；

水厂絮凝池起端水位标高为：120－43.81＝76.19m。

（B）也可以按照单管流量计算出单管水头损失，设 D_1 直径管输水流量为 q_1（m^3/s）、D_2 直径管输水流量为 $0.18-q_1$（m^3/s）。则 $a_1Lq_1^2=a_2L(0.18-q_1)^2$，为避免解一元二次方程，可两边同时开方，得 $(\sqrt{a_1}+\sqrt{a_2})q_1=0.18\sqrt{a_2}$，则 $q_1=\dfrac{0.18\sqrt{a_2}}{\sqrt{a_1}+\sqrt{a_2}}=\dfrac{0.18\sqrt{2.82}}{\sqrt{1.07}+\sqrt{2.82}}=0.1114\text{m}^3/\text{s}$。

输水管输水总水头损失为：$h=1.1\times1.07\times3000\times0.1114^2=43.81\text{m}$；

水厂絮凝池起端水位标高为：120－43.81＝76.19m。

（C）如果简单地按照平均水流速度计算，则平均流速 $v=\dfrac{0.18}{\frac{\pi}{4}(D_1^2+D_2^2)}=1.50\text{m/s}$；

D_1 直径管输水流量为：$q_1=\dfrac{\pi D_1^2}{4}v=0.785\times0.3^2\times1.50=0.106\text{m}^3/\text{s}$；

输水管输水总水头损失为：$h=1.1\times1.07\times3000\times0.106^2=39.67\text{m}$；

水厂絮凝池起端水位标高为：120－39.67＝80.33m，显然是不准确的。

【例题 2.3-13】自来水公司输水工程采用 3 根平行敷设的内衬水泥砂浆重力流输水金属管，其管材、直径和长度相等，用 2 个连通管将输水管等分成 3 段（见图 2-8），每一段单根输水管的摩阻均为 S，重力流输水管两端水位差不变。当一根输水管的一段损坏时的流量称为事故流量，则输水管事故时的流量与正常工作时的流量比是多少？

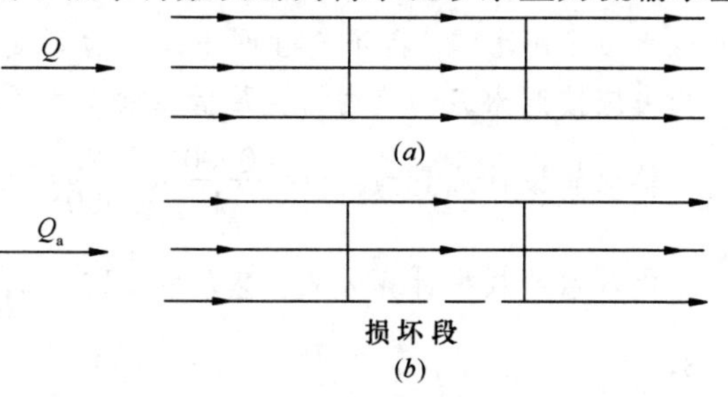

图 2-8　三根管径相同的重力流输水系统

（a）正常工作状态；（b）其中一段发生事故状态

【解】每根输水管等分成 3 段，正常

输水量为 Q (m^3/s)，每根管道工作水头损失为：

$$h=3S\left(\frac{Q}{3}\right)^2=\frac{1}{3}SQ^2。$$

其中一段管段损坏时，其输水量为 Q_a (m^3/s)。在两边两段长度内，每根管道流量为 $\frac{1}{3}Q_a$，在中间一段长度内，每根管道流量为 $\frac{1}{2}Q_a$，并联管路水头损失为：

$$h_a=2S\left(\frac{Q_a}{3}\right)^2+S\left(\frac{Q_a}{2}\right)^2=\frac{17}{36}SQ_a^2。$$

重力输水管两端水位差恒定，输水管水头损失不变，则有：$\frac{17}{36}SQ_a^2=\frac{1}{3}SQ^2$。

不计连通管长度，由上式得到事故时流量与正常工作时的流量比例为：

$$\alpha=\frac{Q_a}{Q}=\sqrt{\frac{1}{3}\times\frac{36}{17}}=\sqrt{\frac{12}{17}}=84.02\%。$$

根据上述计算方法，可以算出 4 根平行敷设的内衬水泥砂浆重力流输水金属管，用 2 个连通管分成 3 段，当一根输水管的一段损坏时的事故流量与正常工作时的流量比：

$$h=3S\left(\frac{Q}{4}\right)^2=\frac{3}{16}SQ^2；$$

$$h_a=2S\left(\frac{Q_a}{4}\right)^2+S\left(\frac{Q_a}{3}\right)^2=\frac{17}{72}SQ_a^2；$$

$$\alpha=\frac{Q_a}{Q}=\sqrt{\frac{3}{16}\times\frac{72}{17}}=\sqrt{\frac{27}{34}}=89.11\%。$$

【例题 2.3-14】一水厂供水规模为 6 万 m^3/d，全部从水厂清水池通过长 2600m 的水泥砂浆内衬钢管重力流输送到城区泵站再供给管网，每天供水 21h，供水时变化系数 $k_h=1.28$。水厂清水池和泵站吸水井水位差 8～10m，水泥砂浆内衬钢管粗糙系数 $n=0.013$，粗糙度 $e\approx0.60$mm，流速系数（谢才系数）$C=\frac{1}{n}R^{1/6}$，水厂自用水量和管网漏损水量约占供水规模的 22%。局部水头损失按沿程水头损失的 10%计，该重力流输水管直径应选多大?

【解】本题目计算时应首先明确以下几点：

设计规模 6 万 m^3/d 是水厂供给管网的最高日供水量，已包括管网漏损水量，输水流量不再计入；水厂自用水量计入构筑物处理水量，不计入规模计算；根据时变化系数概念，管网的最高日平均时流量按每天运行 24h 计算；水厂清水池和泵站吸水井水位差按照最低水位 8m 计算；因不是管网平差，也不是粗糙度 $e\approx0.25$mm 的光滑管，管道沿程水头损失应按照水泥砂浆内衬金属管（舍齐）公式计算。

输水管设计流量为：$q=\frac{60000}{24}\times\frac{1.28}{3600}=0.8889m^3/s$；

代入水头损失计算公式：$\sum h=1.1\times\frac{v^2}{C^2R}L=1.1\times\frac{v^2n^2}{R^{4/3}}L=1.1\times\frac{10.293\,q^2n^2\times2600}{d_i^{5.333}}=8$，

得 $d_i=\left(\frac{1.1\times10.293\,q^2n^2\times2600}{8}\right)^{\frac{1}{5.333}}=\left(\frac{1.1\times10.293\times0.8889^2\times0.013^2\times2600}{8}\right)^{0.1875}$

$=0.875m$。

该重力流输水管应选直径900mm的水泥砂浆内衬钢管。

【例题2.3-15】 一城市水厂供水规模为6万m^3/d，全部从水厂清水池通过长2500m、粗糙度$\Delta=0.2mm$的内涂防锈涂料的光滑钢管重力流输送到城区泵站再供给管网，每天供水23h，供水时变化系数$k_h=1.28$。水厂清水池和泵站吸水井水位差为9m，内涂防锈涂料钢管海曾—威廉系数取$C_h=120$，水厂自用水量和管网漏损水量约占供水规模的19%。不计局部水头损失，该重力流输水管直径应选多大?

【解】 根据海曾-威廉公式计算，输水管设计流量为：

$$q=\frac{60000}{24}\times\frac{1.28}{3600}=0.8889m^3/s;$$

代入沿程水头损失计算公式：

$$h=\frac{10.67\times q^{1.852}\times 2500}{C_h^{1.852}d_i^{4.87}}=9m;$$

得 $d_i=\left(\frac{10.67\times q^{1.852}\times 2500}{C_h^{1.852}\times 9}\right)^{\frac{1}{4.87}}=\left(\frac{10.67\times 0.8889^{1.852}\times 2500}{120^{1.852}\times 9}\right)^{0.20534}=0.799m$ $\approx 800mm$。

【例题2.3-16】 有一段倒虹吸跨路输水边长为a的正方形混凝土渠道，现改为直径为D的过水断面相同的内衬砂浆水泥钢管，在粗糙系数和水头损失不变的条件下，内衬砂浆水泥钢管和正方形混凝土渠道的输水流量之比是多少?

【解】 设正方形混凝土渠道边长为a，则钢管直径$D=\sqrt{\frac{4}{\pi}a^2}=1.128a$，设钢管流速为$v_1$、水力半径为$R_1$，正方形混凝土渠道流速为$v_2$、水力半径为$R_2$，根据公式$i=\frac{n^2v^2}{R^{\frac{4}{3}}}$，在粗糙系数和水头损失不变的条件下得$\frac{n^2\ v_1^2}{R_1^{\frac{4}{3}}}=\frac{n^2\ v_2^2}{R_2^{\frac{4}{3}}}$，$\frac{v_1^2}{v_2^2}=\frac{R_1^{\frac{4}{3}}}{R_2^{\frac{4}{3}}}$，$\frac{v_1}{v_2}=\frac{R_1^{\frac{2}{3}}}{R_2^{\frac{2}{3}}}$，用$R_1=\frac{D}{4}=\frac{1.128a}{4}$、$R_2=\frac{a}{4}$代入，得钢管和正方形混凝土渠道的输水流量之比为：$\frac{Q_1}{Q_2}=\frac{v_1}{v_2}=\frac{R_1^{\frac{2}{3}}}{R_2^{\frac{2}{3}}}=1.128^{\frac{2}{3}}=1.083$。

【例题2.3-17】 有3根平行敷设的长度相同、内衬水泥砂浆重力流输水的金属管道，用2个连通管将输水管等分成3段，其中d_1、d_2管段直径相同。取流量单位为m^3/s，则d_1、d_2管段单根管道的摩阻均为62.5，d_3管段单根管道的摩阻为7.92，重力输水管位置水头为定值。当d_3管道中间一段损坏时为事故流量，求输水管事故时的流量与正常工作时的流量比是多少?

【解】 由于3根管道管径不同，应先将d_1、d_2管道变成1根等当量管道，d_1、d_2两根管道的当量摩阻$S_{[d1]}=\frac{1}{4}\times 62.5=15.625$。第3根管道摩阻$S_{[3]}=7.92$。3根输水管的当量摩阻为：

$$S_{[d]}=\frac{S_{[d1]}S_{[3]}}{(\sqrt{S_{[d1]}}+\sqrt{S_{[3]}})^2}=\frac{15.625\times 7.92}{(\sqrt{15.625}+\sqrt{7.92})^2}=2.7023。$$

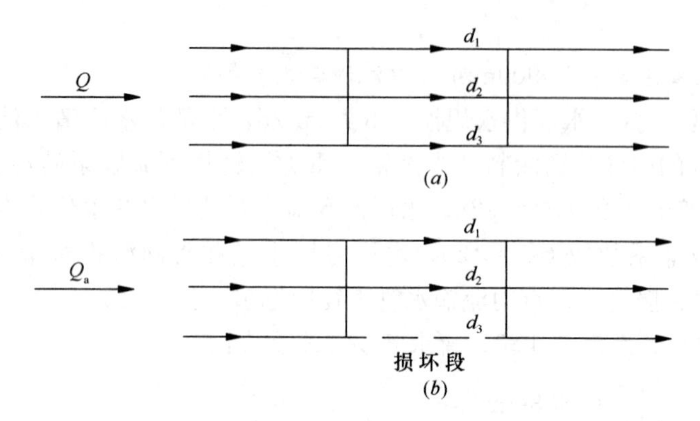

图 2-9　两根管径相同的重力流输水系统

(a) 正常工作状态；(b) 其中一段发生事故状态

事故前，3 根输水管并联，水头损失等于 $S_{[d]}Q^2$，d_3管道中间一段损坏时的事故流量为 Q_a，水头损失等于事故前水头损失 $S_{[d]}Q^2$，于是得：

$$\left(\frac{3-1}{3}S_{[d]}+\frac{1}{3}S_{[d1]}\right)Q_a^2=S_{[d]}Q^2,\frac{Q_a^2}{Q^2}=\frac{3S_{[d]}}{(3-1)S_{[d]}+S_{[d1]}}。$$

则 d_3管道中间一段损坏时的事故流量与正常工作时的流量比为：

$$a=\frac{Q_a}{Q}=\sqrt{\frac{3S_{[d]}}{(3-1)\ S_{[d]}+S_{[d1]}}}=\sqrt{\frac{3\times2.7023}{2\times2.7023+15.625}}=0.6209=62.09\%。$$

【例题 2.3-18】一座小型城市配水管网简化为一座泵站和一座高位水池向节点 2、3、4 供水的给水系统，最高时供水流量如图 2-6 所示。高峰供水时泵站出口水压力为 63m，网后高位水池水位标高按 55m 计算，水泵出水管中心标高和地面标高均为 10m。当流量以 m^3/s 计、水头损失以 m 计时，管段摩阻分别为 $S_{[1]}=7.92$、$S_{[2]}=132.4$、$S_{[3]}=S_{[4]}=62.5$。节点 4 全天供水量不变，夜间 0:00～3:00 时段节点 2、3 供水流量忽略不计，泵站向高位水池供水充满水池，则高位水池容量大约是多少?

【解】依据输水管（渠）计算方法，应采用海曾-威廉公式先求出管段［2］、［3］的当量摩阻，即：

$$S_{[d]}=\frac{S_{[2]}S_{[3]}}{(S_{[2]}^{0.53996}+S_{[3]}^{0.53996})^{1.852}}=\frac{132.4\times62.5}{(132.4^{0.53996}+62.5^{0.53996})^{1.852}}$$

$$=\frac{8275}{(13.987+9.326)^{1.852}}=\frac{48275}{341.034}=24.265。$$

假定夜间 0:00—3:00 泵站向节点 4 供水流量为 q（m^3/s），则有（$S_{[1]}+S_{[d]}+S_{[4]}$）$q^{1.852}=63-$（55－10），即（7.92＋24.265＋62.5）$q^{1.852}=18$，

$$q^{1.852}=\frac{18}{94.685}=0.1901，得\ q=0.1901^{0.53996}=0.408m^3/s。$$

向高位水池充水流量为 0.408－0.10＝0.308m^3/s，高位水池容量大约是：0.308×3600×3≈3330m^3。

【例题 2.3-19】有一网后设有水塔的管网系统，简图如图 2-10 所示。

A 点为蓄水池水泵吸水井，水位标高 3.0m，B 点地面标高 15m，节点流量 150L/s，

水压满足地面以上 3 层楼房需要。C 点水塔地面标高 2.52m，水塔水位标高 32.24m。管道摩阻分别为 $S_{[1]}=0.0026$、$S_{[2]}=0.0032$、$S_{[3]}=0.0016$（h 以 m 计，Q 以 L/s 计）。当水泵流量 $Q=0$ 时，扬程 $H=45$m。根据上述数据，写出水泵特性曲线方程；低峰供水时管段［3］最大供水量是多少？

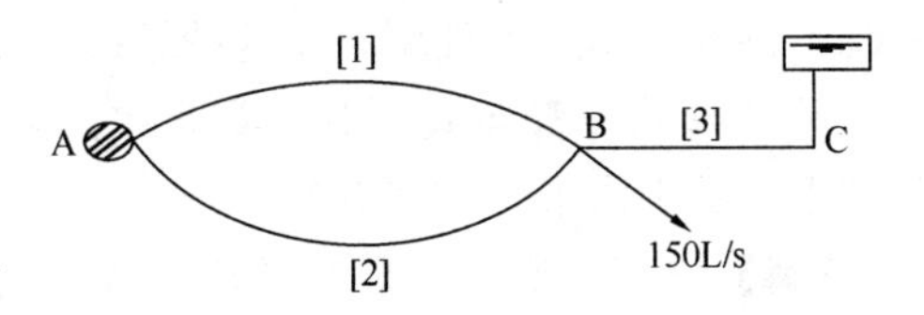

图 2-10　网后设置水塔水力计算简图

【解】1）已知 B 点是 3 层楼建筑，地面标高 15m，需要节点服务水头为 16m，因属于管网，管段水头损失应采用海曾-威廉公式计算，求出 C 点水塔向 B 点供水量 q_3，即：

$32.24-16-15=S_{[3]}q_3^{1.852}$；

得 $q_3=\left(\dfrac{32.24-16-15}{S_{[3]}}\right)^{\frac{1}{1.852}}=\left(\dfrac{32.24-16-15}{0.0016}\right)^{\frac{1}{1.852}}=775^{0.53996}=36.32\text{L/s}$。

A 点向 B 点供水量 $q=150-36.32=113.68$L/s。

计算出管段［1］、［2］的当量摩阻系数：

$$S_{[d]}=\frac{S_1\,S_2}{(S_{[1]}^{0.53996}+S_{[2]}^{0.53996})^{1.852}}=\frac{0.0026\times0.0032}{(0.0026^{0.53996}+0.0032^{0.53996})^{1.852}}$$

$$=\frac{0.832\times10^{-5}}{0.01044}=0.7969\times10^{-3}。$$

管段［1］或管段［2］水头损失允许值为：

$h=S_{[d]}q^{1.852}=0.7969\times10^{-3}\times113.68^{1.852}=5.11$m。

计入 B 点节点服务水头和地面标高，水泵供水压力 $H_b+3=48$。

以此写出水泵特性曲线方程式：$H_a=(45+3)-S_p(113.68)^{1.852}=15+16+5.11$；

求出 S_p 值，$S_p=\dfrac{48-36.11}{113.68^{1.852}}=\dfrac{11.89}{6413.969}=0.00185$，最后得到水泵特性曲线方程为：

$H_a=45-0.00185Q^{1.852}$。

2）低峰供水时管段［3］最大供水量发生在 B 点供水流量等于 0 时，即向水塔供水。假定水泵从 A 点向水塔最大供水量为 q_{max}，则有如下关系式：

$(45+3)-(0.00185\,q_{max}^{1.852}+S_d q_{max}^{1.852}+S_{[3]}q_{max}^{1.852})=32.24$；

$15.76=(0.00185+0.0007967+0.0016)q_{max}^{1.852}=0.0042469\,q_{max}^{1.852}$；

$q_{max}=\left(\dfrac{15.76}{0.0042469}\right)^{\frac{1}{1.852}}=3710.94^{0.53996}=84.60\text{L/s}$。

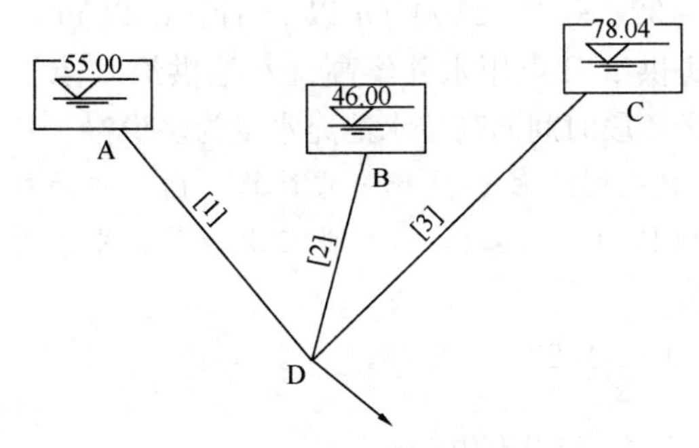

图 2-11　多水源水力计算简图

【例题 2.3-20】有一原水输送系统，城外设有 3 座水库向城区 D 点水厂深 6m 的调节水池重力供水，水厂用水泵将水从调节水池提升到有关处理构筑物。各水库水面标高如图 2-11 所示。各输水管均为水泥砂浆内衬钢管，摩阻系数分别为 $S_{[1]}=926$、$S_{[2]}=400$、$S_{[3]}=16$（管段流量 q 以 m^3/s 计）。

1）当城区 D 点用水量变化时，会出现其中一座水库供水，一座水库进水，一座水库既不供水也不进水现象。在这种情况下，城区D点的用水量是多少？

2）3座水库都向城区中心D点水厂供水时，不计局部水头损失，在充分利用能量的条件下，最小供水量是多少？

【解】 该题不属于配水管网，沿程水头损失采用水泥砂浆内衬金属管（舍齐）公式计算。

1）当城区D点处压力等于A水库水位标高55m时，则会出现B水库进水、C水库供水、A水库既不供水也不进水现象。这时，假定C水库向D点供水流量为 q_D，则有：

$S_{[3]}\, q_D^2 = 78.04 - 55 = 23.04$，即 $16\, q_D^2 = 23.04$；

得 $q_D = \left(\frac{23.04}{16}\right)^{0.5} = 1.44^{0.5} = 1.20\text{m}^3/\text{s}$。

同时经D点转向水库B供水为q_B，则有：

$S_{[2]} q_B^2 = 55 - 46 = 9$，即 $400\, q_B^2 = 9$；

得 $q_B = \left(\frac{9}{400}\right)^{0.5} = 0.0225^{0.5} = 0.15\text{m}^3/\text{s}$。

此时城区D点的用水量为 $1.20 - 0.15 = 1.05\text{m}^3/\text{s}$。

2）3座水库都向城区中心D点水厂供水时，最小供水量发生在B水库即将供水（或供水 $0.0001\text{m}^3/\text{s}$）时，D点压力水头≤46m。假定A、C水库向D点供水量分别为q_1、q_3，则有：

$$S_{[3]} q_3^2 = 78.04 - 46 = 32.04，得\ q_3 = \left(\frac{32.04}{16}\right)^{0.5} = 2.0025^{0.5} = 1.415\text{m}^3/\text{s}；$$

$$S_{[1]}\, q_1^2 = 55 - 46 = 9，得 q_1 = \left(\frac{9}{926}\right)^{0.5} = 0.00972^{0.5} = 0.0986\text{m}^3/\text{s}。$$

3座水库都向城区中心D点水厂供水时，城区D点最小用水量为：

$1.415 + 0.0986 = 1.514\text{m}^3/\text{s}$。

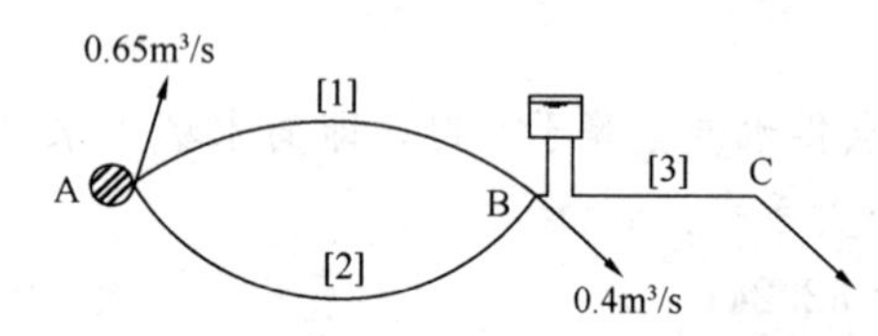

图 2-12　多管路管网水力计算简图

【例题 2.3-21】 有一城镇供水管网系统，简图如图2-12所示。

A点为供水泵房吸水池，水位标高－1.50m，水泵特性曲线方程为：$H_A = 43.255 - 29.3\, q^{1.852}$。

B点有一座高位水池，负责向B、C点供水。高位水池平均水面高出地面30.00m，地面标高3.00m，节点流量为 $0.4\text{m}^3/\text{s}$。由高位水池供水的C点地面标高11.22m，节点服务水头20.0m。管道摩阻分别为 $S_{[1]} = 16.327$、$S_{[2]} = 32$、$S_{[3]} = 2500$（h 以m计，Q 以 m^3/s 计）。22:00到次日5:00，A点不再用水，泵房供给B点用水并经高位水池供给C点用水，同时向高位水池充水补充调节容积，则每天该段时间向高位水池充水量为多少？

【解】 该题属于管网水力计算，沿程水头损失应按照海曾-威廉公式计算。由于白天水泵不能供水到高位水池，只有晚上向高位水池和B、C点供水，应按此工况计算，先求出高位水池供给节点C最大供水流量 q_3 值，则有：

$$S_{[3]}\, q_3^{1.852} = (30 + 3) - (20 + 11.22) = 1.78；$$

$$q_3 = \left(\frac{1.78}{2500}\right)^{\frac{1}{1.852}} = 0.000712^{0.53996} = 0.02\text{m}^3/\text{s}。$$

设B点高位水池处最大进水量为q_B，先求出管段［1］、［2］当量摩阻为：

$$S_{[d]}=\frac{S_{[1]}S_{[2]}}{(S_{[1]}^{0.53996}+S_{[2]}^{0.53996})^{1.852}}=\frac{16.327\times 32}{(16.327^{0.53996}+32^{0.53996})^{1.852}}=\frac{522.464}{(4.518+6.497)^{1.852}}=\frac{522.464}{85.066}=6.142。$$

根据水泵特性和B点高位水池水面标高求q_B：

$43.255-29.3q_B^{1.852}-1.50-(30.00+3.00)=S_{[d]}q_B^{1.852}$；

$(29.3+6.142)q_B^{1.852}=8.755$，即$35.442q_B^{1.852}=8.755$；

$$q_B=\left(\frac{8.755}{35.442}\right)^{\frac{1}{1.852}}=0.47\text{m}^3/\text{s}。$$

高位水池连续进出水流量差为：$0.47-0.02-0.40=0.05\text{m}^3/\text{s}$。

每天泵房向高位水池充水时间是7h，充水量$W=0.05\times 3600\times 7=1260\text{ m}^3$。

请注意：题干已有说明，高位水池除主要供给C点用水外，还会供给B点用水，不能只考虑供给C点用水量。5:00—22:00共17h高位水池供给C点用水量为：

$W=0.02\times 3600\times 17=1224\text{ m}^3$，不能代表泵房每天向高位水池的充水量。

【例题2.3-22】某城镇配水管网中有一段输水管，其节点流量、管段长度如图2-13所示。

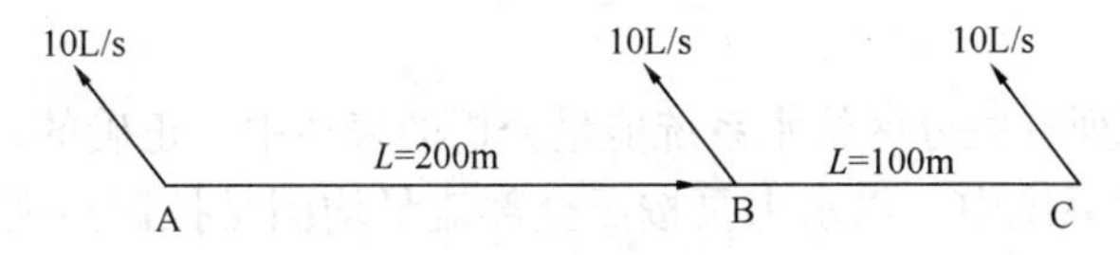

图2-13　输水管节点流量图

A点为压力控制点，A点地面标高35m，B点地面标高25m，C点地面标高20m，A点节点服务水头按供水3层楼房计算，B、C点节点服务水头按供水2层楼房计算。假定B点一处发生火灾，消防用水流量10L/s，取海曾-威廉系数$C_h=130$，验算A、B管段管径应为多少？

【解】节点A处水压标高为35+16=51m，发生火灾时B点服务水头不低10m，水压标高为25+10=35m，A、B两点水压标高差$\Delta h=51-35=16\text{m}$，A、B管段流量等于正常供水量加消防流量，共计$Q=10+10+10=30\text{L/s}=0.03\text{m}^3/\text{s}$。

代入配水管网水头损失计算式$\Delta h=\dfrac{10.67q^{1.852}L}{C_h^{1.852}d_j^{4.87}}$，得：

$$d_j=\left(\frac{10.67q^{1.852}L}{C_h^{1.852}\Delta h}\right)^{\frac{1}{4.87}}=\left(\frac{10.67\times 0.03^{1.852}\times 200}{130^{1.852}\times 16}\right)^{\frac{1}{4.87}}=\left(\frac{3.227}{131566}\right)^{0.2053}=0.113\text{m}。$$

正常通水时，A、B两点水压差标高层$\Delta h=(35+16)-(25+12)=51-37=14\text{m}$；

A、B管段流量$q=0.02\text{m}^3/\text{s}$，得：

$$d_j=\left(\frac{10.67\times 0.02^{1.852}\times 200}{130^{1.852}\times 14}\right)^{\frac{1}{4.87}}=\left(\frac{1.523}{115120}\right)^{0.2053}=0.0996\text{m}。$$

取A、B管段管径$d_j=150\text{mm}$，可以满足平时供水和消防时供水。

2.4 分区给水系统

2.4.1 分区给水系统的能量分析

（1）阅读提示

1）分区给水类型

分区给水是由于地形高差或者供水距离很远，或者供水水质要求不同而采用的分开供水方式。实际上，分区给水就是分压给水和分质给水。

2）分区给水目的

压力较高的分区给水可以减少管网中的水压力、减少漏损水量、减少能量消耗。因水质不同的分区给水可以节约优质水处理水量，从间接上考虑，也是一种节能行为。

3）分区给水和节能

分区给水能否减少能量消耗，主要看沿线有无流量分出，长距离输水管设置增压泵站或者减压水池属于分压给水，无流量分出，不能节约能量。供水水质不同的分区不直接节约能量。

并联分区或串联分区属于分压给水时，能够节约能量。

（2）例题解析

【例题 2.4-1】 下列有关分区给水系统能量分析的表述中，正确的是哪几项？

（A）在统一供水系统中，供水水泵按照全部流量均满足控制点所需水压供水，浪费了未利用的能量；

（B）增大输水管管径可以减少管网中的未利用能量的比例；

（C）对于长距离输水管，设置中途管道增压泵站有利于输水系统的安全和节能运行；

（D）管网中设置大容量高位水池，重力流供水既有利于增加供水规模，又减小二级泵房最高时供水流量，减小未利用能量的比例。

【解】 答案（A）（B）

（A）在统一供水系统中，供水水泵按照全部流量均满足控制点所需水压供水，浪费了低压区一部分不需要的压力，存在部分未利用能量现象，（A）项表述正确。

（B）增大输水管管径可以降低流速和水头损失，减小供水水泵总压力，从而减少部分水量多余能量值，也就减少了管网中的未利用能量的比例，（B）项表述正确，工程上应进行比较后确定。

（C）对于长距离输水管，设置中途管道增压泵站，可以减少输水管起端水压值，有利于输水系统的安全。如果沿途没有水量分出，则不节约能量，（C）项表述不正确。

（D）管网中设置大容量高位水池，重力流供水不能满足因流量增加而供水压力增加的工况，不利于增加供水规模。经二级泵房提升到高位水池耗用了能量，再供给节点服务水头不等的用水点，浪费了部分未利用能量，虽然可以减小二级泵房最高时供水流量，但不能减小未利用能量的比例，（D）项表述不正确。

【例题 2.4-2】 一座城市地形平坦，采用分区直接串联供水，即不设水库泵站而设立B、C两个增压泵站（见图 2-14）。Ⅰ区用水量占总用水量的 1/2，Ⅱ、Ⅲ区各占 1/4。水厂A至B点的水头损失为15m，B点至C点的水头损失为12m，C点至D点的水头损失为10m。Ⅰ区管网最小服务水头为16m，Ⅱ区管网最小服务水头为12m，Ⅲ区管网最小服务水头为18m。如果不计泵站能量损失，则设立分区供水比不分区供水节能多少？

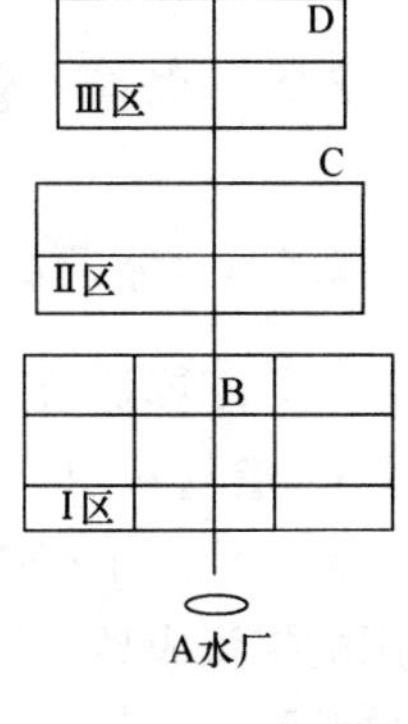

图2-14　分区供水简图

【解】设总水量为Q，按照Ⅲ区管网最小服务水头计算：

不分区时耗能$E_1=(15+12+10+18)\gamma Q=55\gamma Q$；

分区后耗能$E_2=(15+16)\gamma Q+(12+12-16)(\gamma Q/2)+(18+10-12)(\gamma Q/4)=39\gamma Q$；

设立分区供水比不分区供水节能$\eta=\dfrac{E_1-E_2}{E_1}=\dfrac{55\gamma Q-39\gamma Q}{55\gamma Q}=29.09\%$。

注意：水厂A至B点的水头损失为15m，B点至C点的水头损失为12m，C点至D点的水头损失为10m，仅是输水管水头损失，不包含节点服务水头值。

2.4.2　分区给水形式选择

（1）阅读提示

分区给水形式选择主要考虑节约能量、节约造价、管理方便。

一般说来，地形平坦的狭长形地区分区时，应首先考虑并联分区，居民居住区地形高差较大，应首先考虑串联分区。当水源靠近较高压力用水区时，应首先考虑并联分区，否则，应首先考虑串联分区。这里的水源指的是供给管网的水源，如水厂二级泵房、高位水池（水塔）等，不是指的取水水源。

（2）例题解析

【例题2.4-3】下列关于分区给水形式选择和特点的表述中，哪些是不正确的？

（A）分区给水能够节约能量，但会增加给水系统的造价；

（B）分压供水和分质供水都属于并联分区供水，可以用同一泵站取水、同一泵站供水，管理方便；

（C）长距离引水到分区供水的城市，应首先考虑串联分区供水；

（D）由于城市居住人口分布不均匀，管网供水量相差很大，可考虑分区供水方法解决。

【解】答案（B）（C）（D）

（A）分区给水能够节约能量，但会增加给水系统的造价，（A）项表述正确。

（B）分压供水和分质供水都属于并联分区供水，分质供水时水质不同，有可能水源相同，处理工艺不同，不能用同一泵站供水，（B）项表述不正确。

（C）当水源远离高压力用水区时，应首先考虑串联分区供水。这里的水源不是指取水水源，而是指自来水供水水源。所以，长距离引水到分区供水的城市，应根据水厂位置考虑如何分区供水，（C）项表述不正确。

（D）由于城市居住人口分布不均匀，管网供水量相差很大，应是在设计输水管流量上考虑，不采用分区供水方法解决，（D）项表述不正确。

2.5 水管、管网附件和附属构筑物

2.5.1 水管材料

(1) 阅读提示

1) 管材选用

目前给水工程选用较多的是球墨铸铁管、预应力钢套筒管和钢管。近年来，南方地区使用的扩张成型承插式柔性接口球墨铸铁管具有抗震、应对不均匀沉降、管道伸缩作用。其单胶圈、双胶圈及抗轴力防胀接头应用于直管、丁字管、不设支墩弯管接口，效果良好。

2) 跨越障碍物管道

跨越河道、穿越铁路、高速公路选用焊接钢管为多。其中，埋入河底冲刷层以下的跨越河道钢管，应有防腐措施。从河面架桥或拱管跨河钢管应有牢固的支撑。穿越铁路、高速公路的钢管一般选用钢管放置在套管或涵洞之内。

(2) 例题解析

【例题 2.5-1】 下列关于管材特点和安装的表述中，哪些是不正确的？

(A) 球墨铸铁管机械强度高、耐腐蚀，可采用承插接口或法兰接口；

(B) 预应力钢套筒混凝土管可采用钢管焊接接口，再用混凝土涂平；

(C) 埋设在天然地基上的承插式预应力钢筋混凝土管可不设管道基础；

(D) 玻璃钢管、塑料管内壁光滑，安装时只需内外管壁喷涂环氧树脂无毒涂料防腐即可。

【解】 答案 (B) (D)

(A) 球墨铸铁管机械强度高、耐腐蚀，可采用承插接口或法兰接口，(A) 项表述正确。

(B) 预应力钢套筒混凝土管接口为承插式，采用钢管焊接接口内外用混凝土涂平，易生锈损坏，且增加施工难度，(B) 项表述不正确。

(C) 埋设在天然地基上的承插式预应力钢筋混凝土管可不设管道基础，一般不发生不均匀沉降，(C) 项表述正确。

(D) 玻璃钢管、塑料管内壁光滑，不再进行防腐处理，(D) 项表述不正确。

2.5.2 给水管道敷设与防腐

(1) 阅读提示

1) 管顶覆土深度

管道敷设涉及管顶覆土深度、管底垫层两大问题。金属管道管顶覆土深度≥0.70m，非金属管道管顶覆土深度≥1.00m。冰冻地区埋设的管道深度根据管径大小决定，一般要求：$DN \leqslant 300$mm 时，管底埋深在冰冻线下 $DN+200$mm；300mm$<DN\leqslant$600mm 时，管底埋深在冰冻线下 0.75m；$DN>$600mm 时，管底埋深在冰冻线下 0.50m。

2) 管道基础

敷设在未扰动的天然地基上的球墨铸铁管、预应力钢筋混凝土管和钢管，一般情况下不设基础，如果遇到地基较差或含岩石地区应铺设碎石粗砂基础。

3）管道防腐

当金属管道放置在水溶液中或潮湿的土壤中时，其表面会形成一层电解质溶液的水膜，即为微电池，也称为腐蚀电池。阳极上发生氧化反应而溶解，阴极上发生还原反应（一般只起传递电子的作用）。而浸泡在这层溶液中的金属材质，大多数没有铁活泼，便形成铁为阳极、其他非铁物质为阴极的腐蚀电池，不断进行铁的腐蚀。球墨铸铁管、钢管外表面多采用涂刷沥青、油漆防腐，内表面多采用水泥砂浆或聚合物水泥砂浆衬里防腐。

在电气化铁路、有轨电车、高压电网旁，因感应、电阻等影响，或因接地装置作用，有一部分电流流入大地，形成杂散电流。该电流通常会引起金属结构中的自由电子定向移动，使金属阳离子脱离金属体而进入周围电解质中，即发生杂散电流腐蚀，又称为杂散电流干扰。

在土壤电阻率较低时，使用消耗性比钢材电位更低的铝、镁、锌材料为阳极保护阴极或通入直流电流进行阴极保护是大型给水工程减弱杂散电流腐蚀管道的方法。

（2）例题解析

【例题 2.5-2】下列关于给水管道敷设的叙述中，哪些是不正确的？

（A）水管覆土厚度应根据外部荷载、管材性能及冰冻情况加以确定，与地下水位无关；

（B）为保障露天敷设的管道整体稳定，在管段中设置管道伸缩调节措施即可；

（C）通入直流电阴极保护方法是：通入的直流电源阳极与金属管连接，阴极与辅助极块连接；

（D）高 pH 值的水可使金属管道腐蚀减缓。

【解】答案（A）（B）（C）

（A）水管覆土厚度应根据外部荷载、管材性能及冰冻情况加以确定。同时考虑地下水位高低直接影响到是否设置基础和抗浮问题，（A）项叙述不正确。

（B）为保障露天敷设的管道整体稳定，管段允许伸缩、不允许移动。管道伸缩调节措施可以伸缩不能保障露天敷设的管道整体稳定而不移动，（B）项叙述不正确。

（C）通入直流电阴极保护方法是：通入的直流电源阳极与辅助极块连接，阴极与管道连接，（C）项叙述不正确。

（D）高 pH 值的水容易生成氢氧化物保护膜，减缓腐蚀，（D）项叙述正确。

【例题 2.5-3】敷设供水管道时，以下有关阴极保护措施适用的环境条件的叙述中，哪些是正确的？

（A）金属供水管道埋设在有流沙的土中；

（B）金属供水管道埋设在混有碎石干燥的土中；

（C）金属供水管道埋设在电气化铁路附近；

（D）金属供水管道埋设在潮湿的土中。

【解】答案（C）（D）

（A）金属供水管道埋设在有流沙的土中，承载能力达不到设计要求时，应进行地基处理、加固基础，不需要阴极保护措施，（A）项叙述不正确。

(B) 金属供水管道埋设在混有碎石干燥的土中，开沟埋管应填土密实，管底平整，受力均匀。不需要阴极保护措施，(B) 项叙述不正确。

(C) 金属供水管道埋设在电气化铁路附近，由于感应、电阻或接地装置作用，有一部分电流流入大地，形成杂散电流。该电流会引起金属结构中的自由电子定向移动，使金属阳离子脱离金属体而发生杂散电流腐蚀，应设置阴极保护措施，(C) 项叙述正确。

(D) 金属供水管道埋设在潮湿的土中，其表面会形成腐蚀电池，阴极发生还原反应。需要采取阴极保护措施，(D) 项叙述正确。

【例题 2.5-4】 下列关于输水干管上安装通气设施的作用和要求的叙述中，不正确的是哪几项？

(A) 输水管道隆起点安装通气阀，排出管道中的空气；

(B) 常用的通气阀既可以排出管道中积存的气体，又可以使空气进入管中，以免出现负压；

(C) 输水渠道不设通气设施；

(D) 重力流输水管的标高顺水流方向逐渐降低，可不设通气设施。

【解】 答案 (C) (D)

(A) 输水管道隆起点安装通气阀，排出管道中积存的或从水中析出的空气，(A) 项说法正确。

(B) 常用的通气阀既可以排出管道中积存的气体，又可以使空气进入管中，以免出现负压，(B) 项说法正确。

(C) 压力式输水渠道和管道一样，密封且满管流，应设通气设施，(C) 项说法不正确。

(D) 重力流输水管的标高顺水流方向逐渐降低，同样，管中会积存气体或放空后进入气体，需要设通气设施，(D) 项说法不正确。

【例题 2.5-5】 在平原地区，长距离输水管上设置通气设施或泄水阀井的描述中，正确的是哪几项？

(A) 敷设在跨越河道的水管桥上的管道上应设置通气设施；

(B) 埋地管道的隆起点处应设置泄水阀井；

(C) 两个阀门之间的管段中部应设置泄水阀井；

(D) 长度超过 1km、平缓敷设的埋地管道宜在适当位置设置通气设施。

【解】 答案 (A) (D)

(A) 跨越河道的水管桥上的管道和输水管道隆起点一样，应安装通气阀，排出管道中的空气，(A) 项说法正确。

(B) 埋地管道的隆起点处在高处，应设置通气设施，不是泄水阀井，(B) 项说法不正确。

(C) 两个阀门之间的管段中部不需要设置泄水阀井，(C) 项说法不正确。

(D) 长度超过 1km、平缓敷设的埋地管道每隔 1000m 左右设一处通气设施，(D) 项说法正确。

2.5.3 管网附件和附属构筑物

（1）阅读提示

1）输水管中的阀门

输水管中的阀门一般安装在输水管的始点、终点、分叉处以及穿越河道、铁路、公路段的干管上，用于管道检修时阻断水流。配水管网干管上两阀门间距 600m 左右。

2）排气阀

输水管道隆起点上应设排气阀。管道平缓段，一般间隔 1000m 左右设一处通气设施。

3）市政消火栓

市政消火栓分地上式和地下式，地上式市政消火栓一般布置在交叉路口消防车可以驶近的地方。地下式市政消火栓安装在直径不小于 1.5m 的消火栓井内。

市政消火栓平时用于冲洗道路、桥面除尘降温等，运行工作压力不应小于 0.14MPa，火灾时水力最不利点处市政消火栓的出水流量不应小于 15L/s，供水压力从地面算起不应小于 0.10MPa。

（2）例题解析

【例题 2.5-6】输水管应根据检修需要设置检修阀门，下列有关检修阀门设置位置和要求的叙述中，不妥当的是哪一项？

（A）输水管分叉连接高位水池处应设置阻断阀门；

（B）输水管穿越河道、铁路处应设置阻断阀门；

（C）安装通气阀的干管上应设置阻断隔离阀门；

（D）安装消火栓的独立管道上两阻断阀门间距不宜超过 600m。

【解】答案（C）

（A）输水管分叉连接高位水池处应设置阻断阀门，以免管网检修时高位水池中的水漏入管网，（A）项叙述正确。

（B）输水管穿越河道、铁路处容易损坏，需要检修，应设置阻断阀门，（B）项叙述正确。

（C）安装通气阀的干管上不设置阻断隔离阀门，而在连接通气阀的支管上安装阻断隔离阀门，以便检修更换通气阀，（C）项叙述不正确。

（D）独立管道上的消火栓间距不应超过 120m，两阻断阀门间消火栓数量不宜超过 5 个，则两阻断阀门间距不宜超过 600m，（D）项叙述正确。

3 取 水 工 程

3.1 取水工程概论

3.1.1 水源分类

（1）阅读提示

1）水资源概念

水资源既有数量、质量的概念，又包括其实用价值（或社会效益）和经济价值（经济效益）。水资源由海洋水、地下水（泉水、承压水、潜水、土壤水）、地表水（海洋、湖泊、冰川、大气淡水）组成。根据技术水平、经济条件，人们把水资源化分为广义、狭义和工程概念。这是一个相对说法。

广义概念即为上述组成水资源的成分。狭义概念是指逐年可以得到恢复更新的那一部分淡水。目前常说的水资源指的是工程概念，即在现有条件下可以被人们取用的那一部分水源水。

2）中国水资源特点

中国水资源特点是：人均水量较少，时空分布不均匀，水源污染。

这里所说的污染，是指在人类活动的影响下，水源水质朝着水质恶化方向发展的现象。不管该现象是否使水质恶化到影响使用的程度，只要这种现象一发生，即应视为污染。在天然环境中，因干旱或地下水径流所产生的水中一些组分相对富集及贫化而使水质恶化的现象，不视为污染，而称为天然异常。

（2）例题解析

【例题 3.1-1】下列水资源中，哪一项不属于工程概念的水资源？

（A）河川径流水；

（B）土壤水；

（C）潜水；

（D）自流水。

【解】答案（B）

（B）在现有条件下，土壤水很难被人类利用后再恢复更新，所以认为土壤水不属于工程概念的水资源。（A）河川径流水、（C）潜水、（D）自流水（承压地下水），都可以取用、恢复、更新，属于工程概念的水资源。

3.1.2 给水水源

（1）阅读提示

1）从工程概念上考虑，给水水源分为：

地下水源：潜水、层间水（分为无压和有压层间水）、泉水。

地表水源：江河、湖泊、水库、山区浅水河流、海水。

2）水源选择

选择水源时，主要考虑水质、水量，在正常条件下，地下水优先用于饮用水水源。地表水用于工业用水水源。沿海地区的河流多为潮汐河流，应有“蓄淡避咸”措施。阅读这些内容时，应注意《地表水环境质量标准（分为V类）》和《地下水质量标准（分为V类）》不是同一标准。还应注意潮汐河流避咸方法的区别。

3）水源保护

地下水源保护、地表水源保护都应符合《生活饮用水集中式供水单位卫生规范》的规定。

（2）例题解析

【例题3.1-2】地表水源水能得到比地下水源水更普遍的取用，其主要原因表述如下，正确的是哪一项？

（A）地表水源水外露于地表，比地下水源水便于取用和管理；

（B）地表水源水通常径流量较大，矿化度较低；

（C）地表水源水取水系统安全可靠，比地下水源水卫生防护容易；

（D）取用地表水源水不会造成地面不均匀沉降，而取用地下水一定会造成地面沉降、房屋受损。

【解】答案（B）

（A）地表水源水外露于地表，易受污染，不便防护管理。而地下水源水便于取用和管理，（A）项表述不正确。

（B）地表水源水通常径流量较大，水量有保障，且比地下水矿化度低，（B）项表述正确。

（C）地表水源水取水系统一般设在河流、湖泊岸边，设备复杂，易受气候影响，没有地下水源水取水系统简单、安全可靠，也没有地下水源水卫生防护容易，（C）项表述不正确。

（D）取用地表水源水不会造成地面不均匀沉降，但取用地下水加强回灌、限量取用，不是一定会造成地面沉降、房屋受损，（D）项表述不正确。

【例题3.1-3】对于水质型缺水的城市，下列有关水源开发和处理方法中，可以采用的是哪几项？

（A）跨区域引取合格的水源水；

（B）强化处理工艺或增加深度处理，使出厂水符合饮用水水质标准；

（C）在河道下游设闸筑坝，截留河道径流水量；

（D）按照不同水质要求采取分质供水。

【解】答案（A）（B）（D）

（A）跨区域长距离引取合格的水源水，这是很多自来水公司采用的方法，（A）项方法可采用。

（B）强化处理工艺或增加深度处理，使出厂水符合饮用水水质标准，也是一般水源污染后的处理方法，（B）项方法可采用。

(C) 在河道下游设闸筑坝，截留河道径流水量，能满足水量要求，但截留的河水仍然是污染的水源水，不能满足水质要求，(C) 项方法不可采用。

(D) 按照不同水质要求采取分质供水，减少深度处理负荷，(D) 项方法可采用。

【例题 3.1-4】下列有关水源选择和水源利用的叙述中，正确的是哪一项？

(A) 当采用地下水为水源时，水量保证率应取 90%～99%；

(B) 当采用地表水为水源时，设计枯水期的水质保证率应大于 90%；

(C) 当同时采用地下水、地表水为水源时，宜采用地下水供生活用水、地表水供工业用水的分质供水系统；

(D) 工业企业生产用水严禁取用地下水源水。

【解】答案 (C)

(A) 当采用地下水为水源时，应保证不引起水位持续下降、水质恶化及地面沉降。不是水量保证率应取 90%～99%，(A) 项叙述不正确。

(B) 当采用地表水为水源时，应是设计枯水期的水量保证率应大于 90%，不是水质保证率应大于 90%，(B) 项叙述不正确。

(C) 当同时采用地下水、地表水为水源时，地下水受污染较轻，宜优先考虑采用地下水供生活用水、地表水供工业用水的分质供水系统，(C) 项叙述正确。

(D) 工业企业生产用水量较少，不影响当地饮用水需要时，可以取用地下水源水，(D) 项叙述不正确。

【例题 3.1-5】对于沿海感潮河段取水的城市，为避免取用含有高浓度氯化物的海水，通常采用以下方法“避咸”，正确的是哪几项？

(A) 利用现有河道容积设闸筑坝，蓄存淡水；

(B) 强化常规处理工艺或增加臭氧-活性炭工艺，使出厂水符合饮用水水质标准；

(C) 在感潮影响范围以外的上游河段取水；

(D) 在感潮河段沿河滩地修建水库，蓄存淡水。

【解】答案 (A) (C) (D)

(A) 利用现有河道容积设闸筑坝，蓄存淡水，咸潮到来时不再进来咸水，是沿海小型蓄淡工程采用的方法，(A) 项方法正确。

(B) 强化常规处理工艺或增加臭氧-活性炭工艺不能去除高浓度氯化物，无法使出厂水符合饮用水水质标准，(B) 项方法不正确。

(C) 在感潮影响范围以外的上游河段取水，取用的是淡水，这也是一些感潮影响地区常用的取水方法，(C) 项方法正确。

(D) 在感潮河段沿河滩地修建水库，蓄存淡水，这是上海地区修建水库的避咸蓄淡方法，(D) 项方法正确。

3.1.3 取水工程任务

(1) 阅读提示

取水工程的任务就是从水源取水，送至水厂处理或直接送到用户。水源水质、水源地地形不同，取水方式不完全相同。

(2) 例题解析

【例题 3.1-6】 在既有地下水源又有地表水源的条件下，选择城市给水水源时哪些观点是正确的？

（A）选择在区域水体功能区划所规定的取水水源；

（B）先进行水资源勘察；

（C）地表水的设计枯水流量的年保证率应大于 90%；

（D）取用水流量小于地下水的允许开采量时，就应该选用地下水。

【解】 答案（A）（B）（C）

（A）选择在区域水体功能区划所规定的取水水源，有利于水源保护，（A）项观点正确。

（B）无论地下水或地表水，作为取水水源时，都应该先进行水资源勘察，（B）项观点正确。

（C）地表水的设计枯水流量的年保证率应为 90%～97%，（C）项观点正确。

（D）地下水资源是珍贵的，取用水流量小于地下水的允许开采量时，可以不选用地下水源，以利保护。满足上述条件，是基本的条件，不是应该选用而是可以选用；（D）项观点不正确。

3.2 地下水取水构筑物

3.2.1 地下水取水构筑物的形式和适用条件

（1）阅读提示

1）地下水分类

埋藏在地下第一隔水层上的地下水叫潜水，依靠雨水、河流等地表水补给。两个不透水层之间的水叫层间水，层间水有自由水面时称为无压含水层，层间水无自由水面而有压力时称为承压含水层。打井时水流喷出地面的称为自流水。层间水补给源是地面水或含水层之间的越流现象。在一些标高较低的出口处涌出地面的地下水叫泉水，其补给源是潜水或层间水。

2）含水层概念

管井、大口井或渗渠均有一个适应的含水层厚度，这里的含水层厚度实际上指的是充满水的含水层厚度，不是仅指透水层砂层厚度。如果无压含水层厚度很大，但其水位很低，其出水量一定很小，也就失去了凿井的意义。

3）管井、大口井适用条件

大口井适宜的含水层厚度为 5.0m 左右，且含水层底板深度小于 15m。这一要求也适合于管井的凿井条件，只是在底板埋深＞15m 时，不建大口井，而是建管井。

4）管井备用数

大口井、渗渠、泉室等取用地下水的构筑物不设备用，因为它们流量较大，允许小范围变化抽取水量值。而管井一般出水量不大，应设备用井。备用井数量按 10%～20%的设计水量需要井数确定，且不少于 1 口。计算时，凿井口数为 $\frac{(10\%\sim20\%)\ Q}{\text{单井出水量}}$。从工程设计上考虑已能满足要求，备用井数不必另行详细计算。不采用先计算出应设置井数（取为整数）再加10%～20%备用井数（取整）。

（2）例题解析

【例题 3.2-1】以下不影响地下水取水构筑物形式选择的因素叙述中，正确的是哪几项？

（A）地下水中矿化度高低；

（B）静水位埋深；

（C）含水层岩性；

（D）与主要用水区的距离。

【解】答案（A）（D）

（A）地下水中矿化度高低主要影响水质处理方法和工艺形式的选择，不影响地下水取水构筑物形式的选择，（A）项表述正确。

（B）管井、大口井、渗渠等取水构筑物对含水层埋深（也就是静水位位置）均有各自的要求，故认为静水位埋深影响地下水取水构筑物形式的选择，（B）项表述不正确。

（C）含水层岩性构造直接影响是选用管井还是大口井，也就是影响地下水取水构筑物形式的选择，（C）项表述不正确。

（D）与主要用水区的距离关系到输水管的设置，不影响地下水取水构筑物形式的选择，（D）项表述正确。

【例题 3.2-2】下列关于管井、大口井和渗渠取水适用条件的叙述中，正确的是哪一项？

（A）渗渠只适用于取用河床渗透水；

（B）大口井只适用于取用潜水和无压含水层的水；

（C）管井既适用于取用承压和无压含水层的水，也适用于取用潜水；

（D）泉室仅适用于取用覆盖层厚度小于5.0m的潜水。

【解】答案（C）

（A）渗渠适宜取用河床渗透水，也可用于取用浅层地下水，（A）项叙述不正确。

（B）大口井既适用于取用潜水，也适用于取用承压和无压含水层的水，（B）项叙述不正确。

（C）管井既适用于取用承压和无压含水层的水，也适用于取用潜水，（C）项叙述正确。

（D）泉室既适用于取用覆盖层厚度小于5.0m的潜水，也适用于取用覆盖层厚度小于5.0m的承压水，（D）项叙述不正确。

【例题 3.2-3】某城市给水系统采用管井取用地下水，原设计供水规模3.0万m^3/d，开凿管井19口，每口管井取水量均为0.2万m^3/d。现因发展，需要增加供水2.0万m^3/d，仍开凿管井取用地下水，管网相互连接，水厂自用水量占设计规模的1%，不计管网漏损水量，则需要至少再布置同样取水量的管井多少口？

【解】扩建后供水规模为：3.0＋2.0＝5.0万m^3/d。

计入水厂自用水量后的取用水量为：5.0×（1.0＋1%）＝5.05万m^3/d。

按照至少10%的设计水量作为备用井取水量，取水量应为：5.05×（1＋10%）＝

5.555 万 m^3/d；

扩建后需要的管井数量至少应为：$n=\frac{5.555}{0.2}=27.775$ 口，取整数后为 28 口；

扩建后需要至少再布置同样取水量的管井数为：28－19＝9 口。

如果把备用井数分开计算，则求出的再布置同样取水量的管井数不是最小值。

备用井取水量为：5.05×10%＝0.505 万 m^3/d；

扩建管井数为：$n_1=\frac{5.05}{0.2}=25.25$ 口，取整数后为 26 口；

备用井数：$n_2=\frac{0.505}{0.2}=2.525$ 口，取整数后为 3 口；

扩建后需要至少再布置同样取水量的管井数为：26＋3－19＝10 口。

二者的差别是把备用井数分开计算，两处计算值均不是整数，取整后增加了 1 口。

【例题 3.2-4】一座小型城市按照最少备用井数在东区已建造管井 30 口，单井出水量 0.18 万 m^3/d。现在西区新发现水源地，抽水试验单井出水稳定流量 0.25 万 m^3/d。城市规划近期供水规模为 7.4 万 m^3/d，东区管井供给城区用水，西区管井供给开发区用水，两区管网不连接。不计水厂自用水量和管网漏损水量，则需要在西区最少增设管井多少口？

【解】根据题意理解，两区管网不相互连接，属于两个独立的给水系统，备用井不能互为备用。城市规划近期总供水量 7.4 万 m^3/d，东区已建管井最小供水规模为：$Q_1=\frac{0.18\times30}{1+10\%}=4.909$ 万 m^3/d；

新增供水规模为：$Q_2=7.4-4.909=2.491$ 万 m^3/d。

按照至少 10%的设计规模作为备用水量，需要增加的管井数为：

$n=\frac{2.491\times(1+10\%)}{0.25}=10.96$ 口，取整数后为 11 口。

3.2.2 管井

(1) 阅读提示

1) 管井构造

管井直径为 50～1000mm，大多在 500mm 以下。管井取用地下水埋深不受限制，只要取水深井泵能够抽出水来，就可建造管井。

在非岩石地层中开凿管井，需在进口建造井室，保持井口免受污染和安装水泵等电气设备。同时安装井壁管、过滤器、沉淀管。在稳定的裂隙和岩溶地层中建造管井，可以不装井壁管和过滤器，可在井底留出部分长度作为沉淀管之用。

在地震多发地区，无论何种地层，都需要安装坚固的井壁管和过滤器，管井过滤器长度与穿越的地层结构有关，应设在含水层中，一般设计成 20～40m 长度，较大出水量的管井过滤器长度为 40～50m。

2) 管井出水量

管井出水量按照有压、无压含水层中的完整井和非完整井计算，是根据地下水运动理论推算出来的经验公式。计算时应分清适用的条件。由于管井直径较小，非完整井井底面积很小，不是管井主要的集水面积。

3）井群互阻

当多口管井抽取同一个含水层中的水时，不可避免地会出现井群互阻影响。主要表现在出水量减少的影响。井群互阻干扰时共同工作的各井出水量允许小于各单井单独工作时30％以下出水量。

（2）例题解析

【例题 3.2-5】下列有关管井设计的论述中，不正确的是哪几项？

（A）同时从井壁、井底进水的管井为非完整井；

（B）从岩溶裂隙含水层取水时一律不设井壁管；

（C）从静水位相差不大的几个含水层取水时，可设计多层过滤器取水；

（D）含水层渗透系数 K 值越大，井群抽水时互阻影响范围越小。

【解】答案（A）（B）（D）

（A）管井井底安装沉砂管，不考虑井底进水，不能以此判断完整井和非完整井。而应以井管是否穿越含水层到达含水层底为准判断，（A）项论述不正确。

（B）从地震多发地区的岩溶裂隙含水层取水时需要设坚固的井壁管和过滤器，（B）项论述不正确。

（C）从静水位相差不大的几个含水层取水时，可设计多层过滤器取水，（C）项论述正确。

（D）从渗透系数 K 值经验数据和抽水影响半径 R 值经验数据关系中可以看出，渗透系数 K 值越大的地层，抽水影响半径 R 值越大。即渗透系数 K 值增大，可以抽取较大半径范围内的地下水。由此判断含水层渗透系数 K 值越大，井群抽水时互阻影响范围越大，（D）项论述不正确。

【例题 3.2-6】一座城市地下水源地地质勘察表明：地面以下 14～30m 之间有一承压含水层，其静水位到含水层底板的距离为 27.0m。经过滤器直径为 200mm 的完整井抽水试验得知，当抽水量稳定在 80 m^3/h 时，测得井壁外动水位在地面以下 13.0m，影响半径为 50.0m，按此推算，该水源地地下含水层渗透系数 K 值大约为多少？

【解】根据抽水试验数据可知：单井水量 $Q=80\times24=1920\ m^3/d$，影响半径 $R=50.0m$，过滤器半径 $r_0=0.1m$，承压含水层厚度 $m=30-14=16m$，根据静水位到含水层底板的距离为 27.0m 推算出静水位在地面以下 30－27＝3m，水位降落值 $S_0=13-3=10m$。

代入承压完整井出水量计算公式 $Q=\dfrac{2.73KmS_0}{\lg\dfrac{R}{r_0}}$，得 $K=\dfrac{Q\lg\dfrac{R}{r_0}}{2.73mS_0}=\dfrac{1920\times\lg\dfrac{50}{0.1}}{2.73\times16\times10}$

$=11.86m/d$。

计算时请注意：井壁外动水位在地面以下 13.0m，不是水位降落 13.0m；静水位到含水层底板的距离为 27.0m，不是含水层厚度为 27.0m。

【例题 3.2-7】一座直径为 0.30m 的完整式地下水抽水试验管井，地面以下 5～33m 之间有一含水层，含水层中粒径 0.5～1.0mm 的沙粒占所有沙粒的 50％，抽水试验前，含水层中静水位在地面以下 8m，当抽水量稳定后测得井壁外动水位在地面以下 11m。按此推算，该抽水试验最小抽水量是多少？

【解】根据题意可以知道，抽水试验前含水层厚度 $H=33-8=25$m，水位降落值 $S_0=11-8=3$m。静水位低于含水层顶部，属于无压含水层管井抽水试验。由 0.5～1.0mm 的沙粒占所有沙粒的 50%推算，含水层渗透系数 $K=25$m/d，影响半径 $R=300$m。代入无压含水层完整井出水量计算公式，得抽水试验最小抽水量为：

$$Q=\frac{1.37K(2HS_0-S_0^2)}{\lg\frac{R}{r_0}}=\frac{1.37\times25(2\times25\times3-9)}{\lg\frac{300}{0.15}}=\frac{4829.25}{\lg2000}$$

$$=1462.95\ \mathrm{m^3/d}=61\ \mathrm{m^3/h}。$$

3.2.3 大口井、辐射井和复合井

（1）阅读提示

1）大口井构造

大口井直径 5～8m，最大不超过 10m，井深<15m。含水层厚度为 5～8m 时，设计成仅井壁进水的完整式大口井；含水层厚度大于 10m 时，设计成井壁、井底同时进水的非完整井。井壁进水的大口井堵塞严重，而井底进水的大口井不易堵塞，所以应尽可能采用井底进水的大口井。

大口井井壁上的进水口设置在动水位以下，其总面积是井壁部分面积的 15%～20%，由无砂混凝土预制的透水井壁设在动水位以下，刃脚以上，开孔率为 15%～25%。

2）辐射井布置

辐射井是集取地下水、地表渗透水、河流渗透水及岩溶裂隙水的构筑物。由集水井和辐射管组成。当含水层厚度为 5～10m 时，可采用井底和辐射管同时进水；当含水层厚度<5m 时，集水井井底封闭，辐射管进水。辐射井上部集水井类似大口井，其直径略小于大口井，辐射井出水量按单根辐射管出水量计量。

3）复合井

复合井是大口井和管井组合的构筑物，适用于含水层厚度较大、地下水位较高、含水层透水性能较差地段。一般含水层厚度与大口井半径之比等于 3～6。

（2）例题解析

【例题 3.2-8】 以下关于大口井构造的叙述中，不正确的是哪几项？

（A）当含水层厚度为 10m 左右时，大口井应尽量建成完整式大口井；

（B）为防止地表污水流入井内，井口应高出地面 0.50m 以上，井口周围填入优质黏土或水泥砂浆等不透水材料封闭，同时设不透水散水坡；

（C）井壁进水斜孔由井壁外向井内倾斜，以利于大口井进水；

（D）井底为裂隙含水层时，可不铺设反滤层。

【解】 答案（A）（C）

（A）当含水层厚度为 10m 左右时，大口井应尽量建成非完整式大口井。井壁进水的完整式大口井堵塞严重，而井底进水的非完整式大口井不易堵塞，应尽可能采用，（A）项叙述不正确。

（B）为防止地表污水流入井内，井口应高出地面 0.50m 以上，同时设不透水散水坡，

并在井口周围填入优质黏土或水泥砂浆等不透水材料封闭，(B) 项叙述正确。

(C) 井壁进水斜孔由井内向井壁外倾斜，防止泥沙顺流进入井内，(C) 项叙述不正确。

(D) 井底为裂隙含水层或大颗粒岩层时，可不铺设反滤层，(D) 项叙述正确。

【例题 3.2-9】 一地下水源地地质勘察表明：地面以下 4～20m 之间为结构稳定的石灰岩层，含丰富的承压水，其静水位在地面以下 5.0m。最适宜采用的地下水取水构筑物是哪种？

(A) 非完整式大口井；

(B) 完整式大口井；

(C) 辐射井；

(D) 不设过滤器和井壁管的管井。

【解】 答案 (D)

(A) 非完整式大口井适用于含水层底板埋深一般小于 15m 的地域，这里底板埋深 20m，(A) 项选择不正确。

(B) 完整式大口井也是适用于含水层底板埋深一般小于 15m 的地域，(B) 项选择不正确。

(C) 辐射井适合的含水层厚度为 5.0～10.0m，上部集水井也是大口井，含水层底板埋深应小于 15m，本例题含水层底板埋深 20m，且不便施工辐射管，(C) 项选择不正确。

(D) 因为地层是结构稳定的石灰岩层，含丰富的承压水，应选择不设过滤器和井壁管的管井，(D) 项选择正确。

【例题 3.2-10】 一地区地质勘察资料分析结果见表 3-1，根据勘察结果判断，该水源区不宜采用的地下水源水取水构筑物是哪种？

水文地质勘察表 **表 3-1**

地面标高 (m)		26.00
含水层	顶板下缘标高 (m)	20.00
	静水位标高 (m)	17.00
	抽水达到设计流量时动水位标高 (m)	15.50
	含水层底板标高 (m)	12.00

(A) 大口井；(B) 管井；(C) 复合井；(D) 辐射井。

【解】 答案 (C)

根据该水源区地质勘察结果可知，该地下水静水位标高低于含水层顶板标高，为无压含水层。其中：透水沙层厚 20.00－12.00＝8.00m，充满水的含水层厚 17.00－12.00＝5.00m，含水层底板埋深 26.00－12.00＝14.00m。由此可知：

(A) 大口井适合的含水层厚为 5.0～8.0m，井深不大于 15m。该处含水层厚 5.00m，建大口井埋深 14.00m，可以采用。

(B) 管井适合的含水层厚大于 4m，底板埋深大于 8m。该处含水层厚 5.00m，底板埋深 14.00m，符合要求，可以采用。

(C) 根据大口井半径 r_0＝2.5～4m 计算，而复合井含水层厚度与大口井半径 r_0 之比要求等于3～6，即要求含水层厚度≥3×2.5＝7.50m。这里充满水的含水层厚度仅为5.00m，不能满足复合井要求，不适合采用。

(D) 辐射井适合的含水层厚度为5.0～10.0m，上部集水井也是大口井，含水层底板埋深应小于15m，本例题含水层底板埋深14.00m，可以采用。

3.2.4 渗渠

(1) 阅读提示

1) 渗渠构造

渗渠是集取河水、水库渗透水、河床潜流水、潜水、无压层间水的取水构筑物。通常设有水平集水管、集水井、检查井和取水泵站。渗渠埋深4～7m，渗渠内水流充满度0.4～0.8，流速0.5～0.8m/s，渠壁开进水孔，水流通过渗渠孔眼流速不大于0.01m/s。

2) 渗渠集水井

渗渠集水井是取水的重要构筑物，其容积按不小于渗渠30min出水量计算，并按照最大一台水泵5min抽水量校核。

3) 渗渠形式

渗渠有完整式和不完整式之分，一般根据含水层厚度、地层透水性能考虑。

(2) 例题解析

【例题3.2-11】下列关于各种形式的地下水取水构筑物进水部分的描述中，正确的是哪一项?

(A) 在结构稳定的石灰岩层建造的不设过滤器和井壁管的管井，无法划分完整式和非完整式管井;

(B) 在一般沙土地层建造的非完整式管井的进水部分包括井壁过滤器和井底反滤层;

(C) 完整式大口井的进水部分包括井壁进水孔和井底反滤层;

(D) 渗渠进水部分可以是穿孔管，也可以是带缝隙的暗渠，过孔流速不大于0.01m/s。

【解】答案 (D)

(A) 在结构稳定的石灰岩层建造的不设过滤器和井壁管的管井，有的开凿到含水层底部称为完整式管井，有的开凿到含水层中间称为不完整式管井，按此划分，(A) 项描述不正确。

(B) 在一般沙土地层建造的非完整式管井底部设有沉淀管，不考虑井底进水，不设井底反滤层，(B) 项描述不正确。

(C) 完整式大口井井筒到达含水层底板，其进水部分是井壁进水孔或透水井壁，不设井底反滤层，(C) 项描述不正确。

(D) 渗渠进水部分可以是穿孔管，也可以是带缝隙的暗渠，过孔流速不大于0.01m/s，(D) 项描述正确。

【例题3.2-12】某水厂准备在一条河床下设置渗渠取用河床潜流水，下列关于设计说明中，不正确的是哪几项?

(A) 渗渠采用完整式，由钢筋混凝土集水井、检查井、集水管、泵房、反滤层组成;

(B) 出水水质较清，出水流量计算淤塞系数取α＝0.3;

(C) 集水管内径 800mm，管底坡度 $i=0.2\%$，坡向集水井；

(D) 集水管上设孔径 20mm 的进水孔，上铺 3 层反滤层，每层厚 250mm，滤料粒径：外层 80mm，内层 18mm。

【解】 答案 (B)(D)

(A) 取用河床潜流水的渗渠可采用完整式，应设钢筋混凝土集水井、检查井、集水管、泵房、反滤层，(A) 项说明正确。

(B) 出水水质较清，出水流量计算淤塞系数应取大值 $\alpha=0.8$，不是 $\alpha=0.3$，(B) 项说明不正确。

(C) 集水管内径 800mm，管底坡度 $i=0.2\%$，坡向集水井，(C) 项说明正确。

(D) 集水管上设孔径 20mm 的进水孔，上铺 3 层反滤层，每层厚 250mm。最内层滤料粒径应略大于孔径 20mm 的进水孔，选内层滤料粒径 18mm 是错误的，(D) 项说明不正确。

【例题 3.2-13】 有一座取水量为 $5000\text{m}^3/\text{d}$ 的渗渠，泵房内安装取水泵 3 台，2 台流量 $Q=100\text{m}^3/\text{h}$、扬程 $H=50.0\text{m}$，1 台流量 $Q=300\text{m}^3/\text{h}$、杨程 $H=50.0\text{m}$。则渗渠集水井容积应该多大？

【解】 渗渠集水井容积应不小于渗渠 30min 出水量，得渗渠集水井容积：

$W_1=\frac{5000}{24}\times0.5=104\ \text{m}^3$。按照最大一台水泵 5min 抽水量校核，得：

$W_2=\frac{300}{60}\times5=25\ \text{m}^3$，取渗渠集水井容积为 $W_1=104\ \text{m}^3$。

3.3 地表水取水构筑物

3.3.1 影响地表水取水构筑物设计的主要因素

(1) 阅读提示

1) 江河径流特征参数

江河径流特征参数主要指江河流量、水位、流速等。设计要求取水河道枯水位保证率 90%～99%，枯水流量保证率 90%～97%。设计最高水位不高于百年一遇洪水位，并不低于城市防洪标准。这里的保证率即为频率 P，与重现期 T 有如下关系：当频率 $P<50\%$时，重现期 $T=\frac{1}{P}$，如频率为 1%的洪水位，重现期 $T=\frac{1}{0.01}=100$ 年；当频率 $P>50\%$时，重现期 $T=\frac{1}{1-P}$，如保证率为 95%的枯水位，重现期 $T=\frac{1}{1-0.95}=20$ 年，即 20 年一遇的水位。

2) 泥沙运动

河流泥沙运动主要考虑河流泥沙含量和泥沙粒径大小。泥沙含量直接影响到输水管流速，根据泥沙粒径可以计算出不淤流速。所以这两点决定了输水管管径的取值。

3) 河床演变

河床演变主要影响取水构筑物是否冲刷或淤积。由于河道水流流速不同，其挟沙能力不同，就会出现水流输沙不平衡现象，导致河床冲刷或淤积的河床演变。取水构筑物应建在远离淤积的地方。在弯曲的河道上，大多建在凹岸下游，宁冲勿淤的地方。

4）冰凌影响

冰凌影响主要考虑水中浮冰容易堵塞格栅，或积聚在凸岸浅滩，或冲击取水构筑物，影响结构稳定。

（2）例题解析

【例题 3.3-1】地表水取水构筑物工程设计时需要收集和掌握有关河道的多种特征指标，下面有关水文特征指标对取水构筑物工程设计影响的叙述中，正确的是哪几项？

（A）江河中的泥沙含量和泥沙粒径直接影响到取水管管径大小；

（B）江河中的泥沙和悬浮物含量多少直接影响到取水水质；

（C）冬天河水中流冰直接影响取水构筑物的稳定性和取水水质；

（D）在水流作用下，沿河底滚动、滑动前进的泥沙运动和冰凌运动，是河床演变的根本原因。

【解】答案（A）（B）

（A）河床式取水构筑物的进水管根据流量大小、泥沙含量高低，合理取用流速大小，防止管道中淤积。江河中泥沙粒径决定了泥沙的止动流速，也即不淤流速，取水管道应根据泥沙的止动流速合理选用管径。所以，泥沙含量和泥沙粒径直接影响到取水管管径大小的选定，（A）项叙述正确。

（B）江河中的泥沙和悬浮物含量多少及种类直接影响到水的色度、浑浊度、藻类滋生情况，也就是影响到取水水质，（B）项叙述正确。

（C）春天的春季流冰具有冲击力（不是冬天流冰），直接影响取水构筑物的稳定性，但对取水水质影响不大，（C）项叙述不正确。

（D）在水流作用下，沿河底滚动、滑动前进的泥沙（推移质）运动时水流输沙（包括推移质和悬移质）不平衡是河床演变的根本原因，冰凌不会引起大面积的淤积或冲刷而使河床演变，（D）项叙述不正确。

【例题 3.3-2】下列关于弯曲河段的横向环流造成河床演变的说法中，正确的是哪几项？

（A）凸岸形成深槽；

（B）河床纵向（比降）发生变化；

（C）凹岸受冲刷；

（D）悬浮在水中的冰块积聚在凸岸浅滩形成冰坝。

【解】答案（C）（D）

（A）凸岸淤积，形成浅滩，不是形成深槽，（A）项叙述不正确。

（B）这里指的是横向环流，主要引起河床横向演变，不会引起河床纵向（比降）发生明显变化，（B）项叙述不正确。

（C）凹岸受冲刷，形成深槽，（C）项叙述正确。

（D）寒冷季节，悬浮在水中的冰块受环向水流影响，常常积聚在凸岸浅滩形成冰坝，（D）项叙述正确。

3.3.2 江河取水构筑物位置选择

(1) 阅读提示

1) 取水点选择要求

江河取水构筑物位置选择时应注意水质良好等多方面的问题，尽量兼顾水质、水量，安全运行，河床稳定，不淤不冲。

2) 取水构筑物位置

取水构筑物距丁坝前浅滩起点不小于150m，即≥150m；取水构筑物距同岸支流汇入处大于400m以上，并不包括等于400m；取水构筑物距离河中沙洲500m以上，也不包括等于500m。

(2) 例题解析

【例题3.3-3】在进行地表水取水构筑物设计时，需要收集河床历史演变和泥沙运动情况进行分析，其主要目的的叙述中，正确的是哪几项？

(A) 合理选择取水构筑物建设位置；

(B) 确定取水泵房吸水井布置在堤坝背水面的位置，避免吸水井发生沉降或浮起；

(C) 采取工程措施保护取水河段河床稳定；

(D) 利用拦河坝建造取水口可行性。

【解】答案 (A) (C) (D)

(A) 合理选择取水构筑物建设位置，以防止淤积或冲刷，(A) 项叙述正确。

(B) 布置在堤坝背水面的取水泵房吸水井的重力或浮力大小与河道内水位有关，受泥沙运动情况影响较小，(B) 项叙述不正确。

(C) 河床历史演变和泥沙运动危及河床稳定，应注意采取工程措施保护取水河段河床稳定，(C) 项叙述正确。

(D) 利用拦河坝建造取水口，可以增加取水处水深并节约投资，但要分析坝前泥沙淤积情况，泄洪排沙时水位降低的影响，取水构筑物应离开水坝蓄水排洪影响范围多大距离等，(D) 项叙述正确。

【例题3.3-4】下列有关地表水取水构筑物设置的叙述中，正确的是哪一项？

(A) 建设在江河堤坝背水面的取水泵房进口地坪设计标高与河流水位标高无关；

(B) 在寒冷地区河道上设置的取水构筑物应设在不结冰的河段；

(C) 在通航河道上取水时，应首先选用浮船式取水构筑物，可随时避开航行船只；

(D) 为保持江河河床稳定，在岸边设置取水构筑物时，不得开挖河床，不得穿越堤坝。

【解】答案 (A)

(A) 建设在江河堤坝背水面的取水泵房进口地坪设计标高不受河流洪水影响，应按照所在位置防洪水位要求设计，(A) 项叙述正确。

(B) 在寒冷地区河道上不存在不结冰的河段，取水构筑物应设在冰水分层河段，(B) 项叙述不正确。

(C) 在通航河道上取水时，取水构筑物应设置航标。即使选用浮船式取水构筑物，也不能大范围移动避开航行船只，(C) 项叙述不正确。

(D) 为保持江河河床稳定，在岸边设置取水构筑物时，应考虑不引起河道冲刷和淤积。允许不影响防洪要求的穿越堤坝，(D) 项叙述不正确。

【例题 3.3-5】下列关于河床演变成因和对河流影响的叙述中，不正确的是哪几项？

(A) 河床演变的根本原因是河流输水量不平衡所致；

(B) 河流河床纵向变形有的是由于河道修建拦河坝造成的；

(C) 河流河床横向变形有的是由于河道开挖引水支流河渠造成的；

(D) 河流河床变形常引起河岸淤积、形成浅滩、抬高水位。

【解】答案 (A)(C)

(A) 河床演变的根本原因是河流输沙量不平衡所致，不是输水量不平衡，(A) 项叙述不正确。

(B) 河道修建拦河坝抬高水位、阻滞上游水流泥沙，容易引起河流河床纵向变形，(B) 项叙述正确。

(C) 河流河床横向变形是横向环流引起输沙量不平衡所致，不是河道开挖引水支流河渠造成的，(C) 项叙述不正确。

(D) 河流河床变形常因冲刷和淤积，引起河岸淤积、形成浅滩、抬高水位，(D) 项叙述正确。

【例题 3.3-6】有一座城市水厂准备在通过市区的单一流向的河道上修建取水构筑物，初步选定 4 处取水位置，最为合适的是哪一处？

(A) 在市区范围河道转弯段的凹岸处，同岸上游 500m 处有一座长 300m 的散装货物码头和作业区；

(B) 在城市上游河道平直段处，对岸 150m 处有一支流河道汇入，下游 500m 处有一沙洲；

(C) 在城市上游河道平直段处，取水位置距上游桥梁 800m；

(D) 在河道转弯段的凹岸下游 1500m 有深槽处。

【解】答案 (D)

(A) 在市区范围河道转弯段的凹岸处，上游有散装货物码头和作业区将会影响取水水质，虽无定量要求，但通常认为阻滞水流、引起淤积、污染水源，(A) 项位置不合适。

(B) 在城市上游河道平直段处，对岸 150m 处有一支流河道汇入，下游 500m 处有一沙洲，不能满足对岸大于 150m 处有支流河道汇入，下游大于 500m 处有沙洲要求，(B) 项位置不合适。

(C) 在城市上游河道平直段处，取水位置距上游桥梁 800m，不能满足大于 1000m 以外的距离，(C) 项位置不合适。

(D) 在河道转弯段的凹岸下游 1500m 有深槽处，深槽主流近岸，需要设置以后凹岸下移防冲措施，(D) 项位置较为合适。

3.3.3 江河固定式取水构筑物

(1) 阅读提示

1) 取水构筑物分类

江河固定式取水构筑物分为岸边式、河床式和斗槽式取水构筑物，其主要差别在于从江河中集取优质水量的形式。

2）岸边式取水构筑物特点

无论取水构筑物建在岸边还是江河之中，只要江河水经进水孔直接进入进水间或进水室，就是岸边式取水构筑物。这里涉及进水孔设计高度问题，进水孔下缘高出河床 0.5m 以上，上缘淹没在最低水位 0.30m 以下。为防止漂浮物进入水泵吸水室，通常在进水孔安装格栅或格网。读者应知道进水孔过栅流速的大小和适用条件。

3）取水泵房防洪要求

岸边式取水构筑物泵房设计时应注意防洪要求，泵房门窗地坪标高都与最高洪水位、浪爬高度有关。计算时取最高洪水位加上浪爬高度，还应再加上 0.5m 的安全高度。

4）河床式取水构筑物特点

河床式取水构筑物包括从取水头部直接用自流管、虹吸管引水到集水间或水泵直接插入到取水头部的直接取水式取水构筑物，以及进水间、泵房均建在江中的桥墩式取水构筑物。这里需要注意的是：取水头部一般设置格栅，从侧面进水或从侧面、顶面同时进水。侧面进水时，进水孔上缘枯水淹没高度不小于 0.3m，进水孔下缘应高出河床 0.3～0.5m；顶面进水，顶面进水孔枯水淹没高度不小于 0.5m，顶面进水孔高出河床 1.0m。

5）虹吸管、自流管取水

虹吸管、自流管流速不小于 0.6m/s，多选 1.0～1.5m/s，计算两端（进出口）水面标高差时应计入流速水头 $\frac{v^2}{2g}$ 值，虹吸管、自流管水头损失值与流量的平方成正比，可以此推算不同流量下的水头损失值，或不同水头损失条件下的流量值。

6）斗槽式取水构筑物特点

斗槽式取水构筑物适用于洪水时泥沙含量高、冬天悬浮冰凌较多的河流。斗槽式取水构筑物利用斗槽泥沙沉淀或浮冰上浮作用，有效减少进入取水口的泥沙、浮冰含量，是一种动能、位能转换改变水力挟沙能力的过程。

（2）例题解析

【例题 3.3-7】 下列关于地表水源取水位置的叙述中，正确的是哪几项？

（A）为避免取用污染水源水，在潮汐影响双向流动的河道上的取水口位置应设置在污水排放口上游、下游 150m 以外；

（B）为避免河床演变影响取水构筑物安全，在潮汐影响双向流动的河道上的取水口位置应设置在桥梁上游、下游 1000m 以外；

（C）在有沙洲的河道上的取水口位置应设置在沙洲起滩点前 500m 以外；

（D）在有丁坝的河道上取水，取水口与丁坝同岸时，原水直接流入进水间的取水构筑物位置应设置在距丁坝前起滩点 150m 左右。

【解】 答案（B）（C）

（A）为避免取用污染水源水，在一般的河道上的取水位置应设置在污水排放口上游 100～150m 以外。在潮汐影响的河道上的取水位置相当于在污水排放口下游，保护范围相应扩大，另行研究确定，（A）项叙述不正确。

（B）为避免河床演变影响取水构筑物安全，在潮汐影响双向流动的河道上的取水口位置均按照设置在桥梁后 1000m 以外位置考虑，（B）项叙述正确。

(C) 在有沙洲的河道上的取水口位置应设置在沙洲起滩点前 500m 以外，(C) 项叙述正确。

(D) 原水直接流入进水间的取水构筑物属于岸边式取水构筑物，在有丁坝的河道上取水，取水口与丁坝同岸时，岸边式取水构筑物的位置应设置在距丁坝前起滩点 150m 以外，不是 150m 左右，(D) 项叙述不正确。

【例题 3.3-8】 经计算，一座小型城市河流不同频率的洪水位标高见表 3-2。其中测得最高水位标高为 26.80m，河流水面浪高 1.50m。如果在河流岸边建造岸边式取水泵房，则泵房进口处地坪标高至少应为多少？

河流不同频率的洪水位标高 **表 3-2**

序号	频率 (%)	设计最高水位标高 (m)
1	0.1	28.10
2	1.0	27.30
3	2.0	26.50
4	3.0	25.90
5	5.0	24.50

【解】 小型城市防洪标准（即流域堤防水位标高）有可能小于 100 年一遇标准，但取水工程防洪水位标高应不小于 100 年一遇标准。取岸边式取水泵房洪水位为百年一遇水位，重现期 $T=100$ 年，则频率为 $P=1\%$，设计最高水位标高为 27.30m。则泵房进口处地坪标高至少应为：

27.30＋1.50（浪高）＋0.5（保护高度）＝29.30m。

【例题 3.3-9】 一座非寒冷地区城市的河流河床底标高为 4.90m，最低枯水位标高为 8.05m，设计建造岸边式取水构筑物，侧面进水间 2 个，进水孔安装格栅，栅条直径 $s=10mm$、净距 $b=60mm$，假定格栅阻塞系数 $K_2=0.75$，取水流量 1.0 万 m^3/h，则格栅最小宽度应为多少？

【解】 栅条引起的面积减少系数 $K_1=\frac{b}{b+s}=\frac{60}{60+10}=0.857$。设计流量 $Q=1.0$ 万 $m^3/h=2.78m^3/s$，无冰絮岸边式取水构筑物进水孔过栅流速 $v_0=0.4\sim1.0m/s$，取 $v_0=1.0m/s$，则每块格栅进水面积 $F=\frac{2.78}{2\times0.875\times0.75\times1.0}=2.12m^2$，根据河床构造，进水孔下缘高出河底至少 0.50m，标高为 4.90＋0.50＝5.40m。进水孔上缘淹没高度至少 0.30m，标高为 8.05 － 0.30＝7.75m。

格栅最小宽度 $B=\frac{2.12}{7.75-5.40}=\frac{2.12}{2.35}=0.902m\approx0.91m$。

【例题 3.3-10】 一岸边式取水工程共安装 3 台水泵（2 用 1 备），每台水泵流量 $Q=2016m^3/h$，扬程 $H=12m$，直接从分为两格的侧面进水的进水间取水。进水间进水孔安装厚 10mm 的扁钢格栅，假定栅条引起的面积减少系数 $K_1=0.90$，格栅阻塞系数 $K_2=0.75$。该取水河流为无冰絮河絮，则取水构筑物格栅总面积最少是多少？

【解】 正常情况下，只有 2 台水泵工作，简单的计算是：

取水构筑物格栅总面积为：$F_0=2\times\frac{Q}{3600K_1K_2v_0}$；

根据无冰絮岸边式取水构筑物进水孔过栅流速 $v_0=0.4\sim1.0$m/s 的规定，取 $v_0=1.0$m/s，则取水格栅总面积为：$F_0=2\times\frac{Q}{3600K_1K_2v_0}=2\times\frac{2016}{3600\times0.90\times0.75\times1.0}=1.66m^2$。

实际上，上述计算是不正确的。因为3台水泵的吸水管安装在两格进水间中，必然是其中1台水泵的吸水管安装在一格，另外2台水泵的吸水管安装在一格。正常工作时，有可能每格开启1台水泵，或者同时开启一格中的2台水泵，故两格进水间格栅总面积应按照3台水泵同时工作计算。

根据无冰絮岸边式取水构筑物进水孔过栅流速 $v_0=0.4\sim1.0$m/s 的规定，取 $v_0=1.0$m/s，则取水格栅总面积为：$F_0=3\times\frac{Q}{3600K_1K_2v_0}=3\times\frac{2016}{3600\times0.90\times0.75\times1.0}=2.49m^2$。

【例题 3.3-11】某水厂采用河床式取水构筑物从无冰河道取水，取水头部为箱式，侧面进水。河流不同频率的枯水位标高见表 3-3。河底标高为 22.00m。设计枯水位保证率取 95%，则：最底层进水孔上缘标高不得高于多少？最底层进水孔下缘标高不得低于多少？

不同频率的枯水位标高 **表 3-3**

序号	枯水位出现几率	枯水位标高（m）
1	10年一遇	28.00
2	20年一遇	27.00
3	50年一遇	26.00
4	历史最低	24.80

【解】取河床式取水构筑物设计枯水位保证率 $P=95\%$，重现期 $T=\frac{1}{1-0.95}=20$ 年，设计最低枯水位为 27.00m。最底层进水孔上缘淹没高度不得小于 0.30m，则最底层进水孔上缘标高不得高于 27.00－0.30＝26.70m；最底层进水孔下缘至少高出河底 0.50m，则最底层进水孔下缘标高不得低于 22.00＋0.50＝22.50m。

【例题 3.3-12】一座河床式取水构筑物采用虹吸管引水到吸水井（见图 3-1），虹吸管直径为 $DN1200$，取水流量 $1.36m^3/s$，河道最低水位标高为 6.00m。各管段水头损失为：A—B 段 0.80m（包括进水格栅损失），B—C 段 0.50m，C—D 段 0.20m，D—E 段

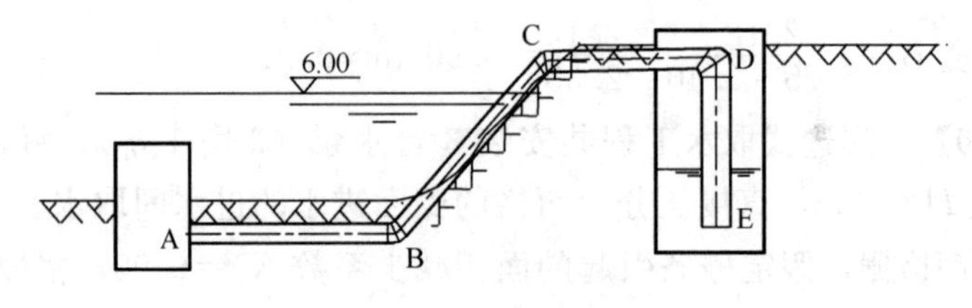

图 3-1 虹吸管取水

0.60m；局部水头损失系数：A处进口$\zeta_{进口}=0.75$，E处出口$\zeta_{出口}=1.0$，B、C处45°弯管$\zeta_{45°}=0.5$，D处90°弯管$\zeta_{90°}=1.1$。设计要求虹吸管最高点真空度为5.0m，则D点管中心标高应为多少？

【解】 虹吸管最高点真空度为$H_s=5.0m$，等于以水面标高6.0m为基准的安装高度Z_s+流速水头+水头损失，即$H_s=Z_s+\frac{v^2}{2g}+\sum h$，$Z_s=H_s-\frac{v^2}{2g}-\sum h$。

已知$DN1200$钢管，取水流量$1.36m^3/s$，流速$v=\frac{1.36}{\frac{\pi}{4}\times 1.2^2}=1.2m/s$；

流速水头$\frac{v^2}{2g}=\frac{1.2^2}{2g}=0.0734m$；

沿程水头损失$\sum h_y=0.80+0.50+0.20+0.60=2.10m$；

局部水头损失$\sum h_j=(0.75+1.0+0.5\times 2+1.1)\times\frac{1.2^2}{2g}=3.85\times 0.0734=0.283m$；

虹吸管最高点标高为：$6+Z_s=6+5-\frac{v^2}{2g}-\sum h=11-0.0734-2.10-0.283$ $=8.544m$；

D点管中心标高=虹吸管最高点标高－虹吸管半径=8.544－0.60=7.944m。

注意，该类题目不能忘记流速水头需要消耗一定能量。

【例题3.3-13】 一城市水厂河床式取水构筑物采用2根内衬水泥砂浆的钢制自流管取水，如图3-2所示。原设计取水能力为15.00万m^3/d，当河道枯水位标高为9.20m时，按设计取水量70%作为事故取水量，以此校核吸水井最低水位标高为5.40m。按此推算，夏天取水量达25.00万m^3/d时要求河道最低水位标高为多少？

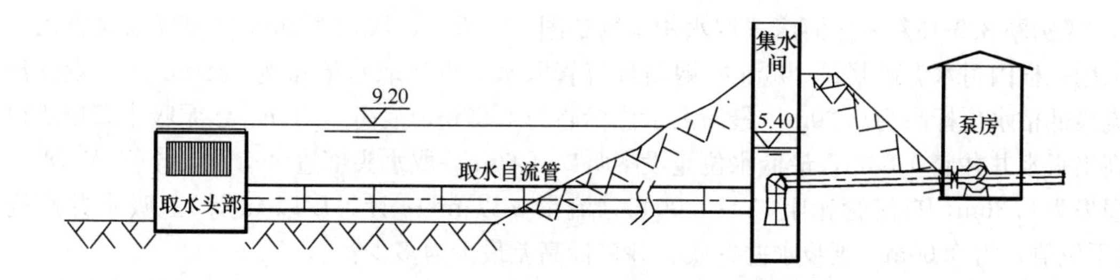

图3-2 集水间与泵房分建自流管取水

【解】 原设计取水能力为15.00万m^3/d，一根取水管损坏，70%事故取水量为：$Q_1=15.00\times 0.7=10.50$万$m^3/d$，输水管水头损失$h_1=9.20-5.40=3.80m$，

即$ALQ_1^2=3.80$，得$AL=\frac{3.8}{Q_1^2}$。

夏天取水量达25.00万m^3/d，每根钢管输水量为25.00/2=12.50万m^3/d。

则夏天取水量达25.00万m^3/d时输水管水头损失为：

$h_2=ALQ_2^2=\frac{3.8}{Q_1^2}Q_2^2=3.8\times\left(\frac{12.50}{10.50}\right)^2=5.39m$；

要求河道最低水位标高为：5.40＋5.39＝10.79m≈10.80m。

注意，该类题目不要忘记事故时工作的管道为1根。

【例题3.3-14】 一座集水间与泵房合建的自流管取水构筑物如图3-3所示，采用一根内衬水泥砂浆长266m的钢制自流管取水。设计取水流量为2880m^3/h。设计河流最低枯水位标高为0.20m，最高洪水位标高为4.57m，浪高0.40m。水泵吸水管喇叭口高出集水间底0.80m，最低水位淹没喇叭口0.60m。取水头部进水口及自流管局部水头损失为0.36m，自流管比阻A＝0.0045（流量q以m^3/s计、L以m计）。则泵房进口平台与集水间底标高差最少为多少？

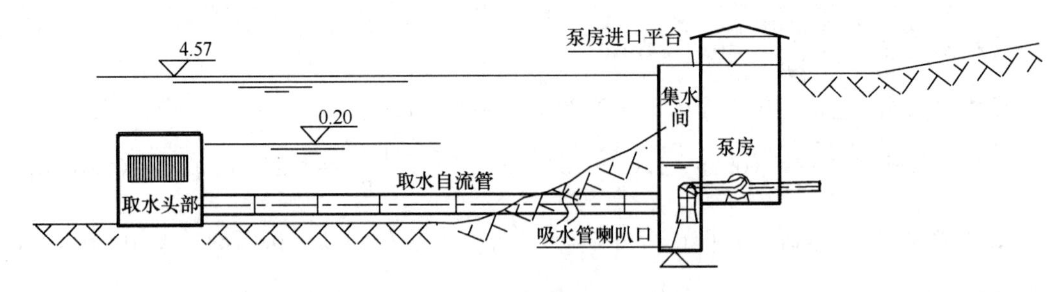

图3-3 集水间与泵房合建自流管取水

【解】 自流管取水流量q＝2880m^3/h＝0.8m^3/s，沿程水头损失$h=ALq^2$＝0.0045×266×0.8^2＝0.766m，计入进水口及局部水头损失的总损失为$\sum h$＝0.766＋0.36＝1.126m。

集水间底标高为：0.20－1.126－0.60－0.80＝－2.326m；计入0.40m的浪高和0.50m的安全高度，泵房进口平台标高为：4.57＋0.40＋0.50＝5.47m；

泵房进口平台与集水间底标高差为：5.47－(－2.326)＝7.796m。

【例题3.3-15】 一座河床式取水构筑物如图3-4所示，取水头部到大坝背水面吸水井采用一根内衬水泥砂浆长266m的钢制自流管取水。设计取水流量为2880m^3/h。设计河流最低枯水位标高为0.20m，最高洪水位标高为4.57m，浪高0.40m。水泵吸水管喇叭口高出吸水井井底0.80m，最低水位淹没喇叭口0.60m。取水头部进水口及自流管局部水头损失为0.36m，自流管比阻A＝0.0045（流量q以m^3/s计、L以m计）。吸水井超高（干舷值）为0.60m，则吸水井井底、井口标高差最少为多少？

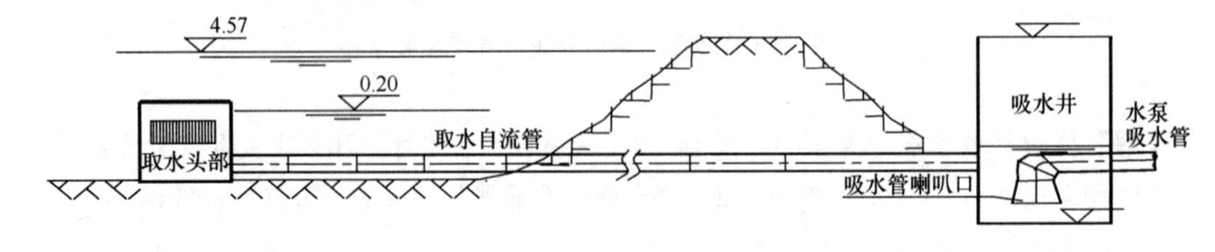

图3-4 自流管取水

【解】 自流管取水流量q＝2880m^3/h＝0.8m^3/s，沿程水头损失$h=ALq^2$＝0.0045×266×0.8^2＝0.766m，计入进水口及局部水头损失的总损失为$\sum h$＝0.766＋0.36＝1.126m。

吸水井井底标高为：

0.20－1.126－0.60－0.80＝－2.326m。

由于取水自流管（或虹吸管）不采用阀门控制，吸水井顶部不能溢水，其标高应按照设置渠道边上取水泵房进口平台的标高方法确定。

不计浪高，计入0.50m的安全高度和0.60m的超高，则吸水井井口标高为：4.57＋0.50＋0.60＝5.67m；

吸水井井底、井口标高差为：5.67－(－2.326)＝7.996m。

【例题 3.3-16】下列关于斗槽式取水构筑物特性的叙述中，正确的是哪几项？

(A) 斗槽式取水构筑物是为了沉降泥沙、排除浮冰减少取水中泥沙、冰凌的取水方式；

(B) 顺流式斗槽是为了防止浮冰进入取水口的取水方式；

(C) 双流式斗槽是为了洪水时防止泥沙、冬天防止浮冰进入取水口的取水方式；

(D) 因斗槽式取水构筑物水流停留时间较长，泥沙、冰凌表面滋生菌落，具有生物净化作用。

【解】答案 (A)(C)

(A) 斗槽式取水构筑物是为了沉降泥沙、排除浮冰减少取水中泥沙、冰凌进入取水口的取水方式，(A) 项叙述正确。

(B) 顺流式斗槽是为了减少取水中泥沙含量的取水方式，不是防止浮冰进入取水口的取水方式，(B) 项叙述不正确。

(C) 双流式斗槽是为了洪水时防止泥沙、冬天防止浮冰进入取水口的取水方式，(C) 项叙述正确。

(D) 因斗槽式取水构筑物水流处于运动状态，水中没有滋生生物的载体，冬天的浮冰温度较低，泥沙、冰凌不具有营养物质，即使停留时间稍长，表面也不会滋生菌落，不具有生物净化作用，(D) 项叙述不正确。

3.3.4 江河活动式取水构筑物

(1) 阅读提示

1) 浮船式取水构筑物特点

浮船式取水构筑物由浮船联络管、输水管、平衡稳定和锚固构件组成，适用于水位变化10～35m、涨落速度＜2m/h，枯水水深＞1.5m，河岸较陡，河床稳定，风浪较小、水流平缓，且无冰凌的河段。浮船联络管上下转动最大夹角不大于70°。

浮船式取水构筑物一般适用于临时性取水，也可作为允许短时间断水的永久性取水构筑物。

2) 缆车式取水构筑物特点

缆车式取水构筑物由泵车、坡道、输水管、牵引装置组成，其适用条件（除河岸坡度不同外）与固定式取水构筑物基本相同。要求岸坡10°～28°，岸边枯水水深＞1.20m。与浮船式取水构筑物相比，其最大特点在于缆车可以升高躲避水流冲击，因而具有抗击河流水深流急、风大浪高的功能。缆车输水管上的叉管高差与水泵吸上高度及河流水位涨落速度有关。

(2) 例题解析

【例题 3.3-17】在一条河流上是否选择移动式取水构筑物，主要考虑的河道条件有下列几种，正确的是哪几项？

(A) 取水量大小；

(B) 河床及岸边地形情况；

(C) 水位变化幅度；

(D) 河道整治规划。

【解】答案 (B) (C)

(A) 题干已说明移动式取水构筑物考虑的河道条件，不考虑取水量大小，(A) 项考虑不正确。

(B) 河床及岸边地形情况关系到移动式取水构筑物的形式和建设位置，应是主要考虑的内容，(B) 项考虑正确。

(C) 水位变化幅度是移动式取水构筑物设置的重要条件，(C) 项考虑正确。

(D) 河道整治规划不是近期完成的工作，建设临时性的移动式取水构筑物时可不考虑河道整治规划，(D) 项考虑不正确。

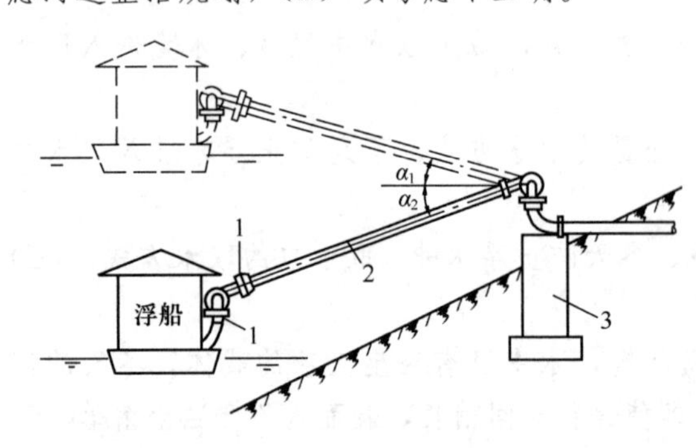

图 3-5 摇臂联络管

1—套筒接头；2—摇臂联络管；3—岸边支墩

【例题 3.3-18】一艘 5 个套筒组成摇臂联络管的浮船式取水构筑物，如图 3-5 所示。河岸坡度 30°，设计洪水位标高 142.00m，枯水位标高 122.00m，取洪水期联络管上仰角 α_1 等于枯水期的下俯角 α_2，则摇臂联络管总长度至少应为多少？

【解】因为洪水期联络管上仰角α_1 等于枯水期的下俯角α_2，则联络管岸边支墩接口管中心标高应为$\frac{122+142}{2}=132\text{m}$。

从浮船和联络管岸边支墩接口管中心连接成的三角形可知，在顶角为 α_1 的直角三角形中，摇臂联络管长度 $L=\frac{142-132}{\sin\alpha_1}$。

根据摇臂联络管上下转动不宜超过 70°的要求，洪水期联络管上仰角等于枯水期的下俯角，即 $\alpha_1=\alpha_2=35°$，则摇臂联络管最小长度 $L=\frac{142-132}{\sin 35°}=\frac{10}{0.5736}=17.43\text{m}$。

【例题 3.3-19】下列关于缆车式取水构筑物特点的叙述中，正确的是哪几项？

(A) 与浮船式取水构筑物相比，缆车式取水构筑物具有抵抗河道水深流急、风大浪高的特点；

(B) 缆车式取水构筑物泵车上水泵的允许吸上高度越高、河流水位涨落速度越快，输水管上的叉管高差越大；

(C) 由于泵车每次移动都需要装拆输水管，停止供水，故要求无论取水量大小，都应设置两部泵车；

(D) 考虑到较大取水量时泵车移动装拆输水管不便（不是机械牵引原因），每部泵车取水量不大于 10 万 m^3/d。

【解】答案 (A) (B)

(A) 根据缆车式取水构筑物的适用条件可知，缆车可以升高躲避水流冲击，与浮船式取水构筑物相比，缆车式取水构筑物具有抵抗河道水深流急、风大浪高的特点，(A) 项叙述正确。

(B) 缆车式取水构筑物泵车上水泵的允许吸上高度越高，越能适应河流水位快速涨落，在1～2h内水位差仍能取水，则输水管上的叉管高差允许有较大值，(B) 项叙述正确。

(C) 设置多少部泵车应根据供水量大小、供水安全性要求和备用储水池来定，泵车移动装拆输水管停止供水影响可以避免，(C) 项叙述不正确。

(D) 考虑到牵引设备限制，不是装拆输水管不便原因，目前每部泵车取水量不大于10万m^3/d，(D) 项叙述不正确。

3.3.5 湖泊与水库取水构筑物

(1) 阅读提示

1) 湖泊、水库水质特点

湖泊是天然形成的水体，水库是人工形成的湖泊。水库分为湖泊式水库和河床式水库。湖泊式水库中的水来源于河水、地下水和降水径流。水中杂质与补充水流域中地层中的元素有关，在一定时间内处于相对平衡保持一定比例关系。河床式水库具有河流的水文特征。

因湖泊和湖泊式水库水流速度缓慢，单元水流保持了较长的阳光连续照射时间而滋生水生物，具有生物净化作用。河床式水库与河道相似，水流忽上忽下，相对位置瞬息变化。

2) 湖泊、水库取水位置选择

湖泊、水库取水位置选择的出发点是避开含泥沙较多的水域，远离支流汇入口区，靠近支流出口附近区；远离浮游生物聚集区，尽量避开水流冲刷、淤积区，选择基础稳定、水质优良的位置取水。

当水库水深较大（一般10m以上）时，可考虑分层取水。大多数湖泊水深较浅，多采用自流管、虹吸管取水，或栈桥联络湖心泵房取水。

(2) 例题解析

【例题3.3-20】 下列关于湖泊、水库取水构筑物建造位置的论述中，不正确的是哪几项?

(A) 取水口应尽量远离支流的汇入口，以免扰动的泥沙进入取水口；

(B) 取水口不要设在冬季主导风向的向风面，防止腐烂水生物污染取水水质；

(C) 建造岸边式取水泵房的地坪设计标高为最高水位加上0.50m；

(D) 必须采用分层取水，可根据季节不同、水质不同而取得较好水质。

【解】 答案 (B)(C)(D)

(A) 取水口应尽量远离支流的汇入口，以免扰动的泥沙进入取水口，(A) 项论述正确。

(B) 取水口不要设在夏季主导风向的向风面的凹岸处，以防止腐烂水生物污染取水水质，不是指冬季主导风向的向风面，(B) 项论述不正确。

(C) 建造岸边式取水泵房的地坪设计标高为最高水位加浪高再加上0.50m，(C) 项论述不正确。

(D) 是否分层取水要根据湖泊、水库水的深浅而定，不是必须采用分层取水，(D) 项论述不正确。

【例题 3.3-21】 湖泊取水构筑物位置选择，应尽量避开下列哪些地段？

(A) 支流的汇入口附近；

(B) 夏季主导风向的上风向；

(C) 湖底平缓浅滩地段；

(D) 水质易受污染水域。

【解】 答案 (A) (C) (D)

(A) 支流的汇入口，易扰动泥沙进入取水口，应予避开，(A) 项论述正确。

(B) 夏季主导风向的上风向即是主导风的背风面，腐烂水生物不会顺风吹入取水头部，不应避开，(B) 项论述不正确。

(C) 湖底平缓浅滩地段易扰动湖泥，应予避开，(C) 项论述正确。

(D) 水质易受污染水域，应予避开，(D) 项论述正确。

3.3.6 山区浅水河流取水构筑物

(1) 阅读提示

1) 山区浅水河流特点

山区浅水河流的主要特点是水量、水位变化幅度大，河床上推移质多且随水流运动。寒冷地区河流潜冰期较长。对于这些山区河流不宜再建大拦河坝蓄水或水库，而采用分散取水的方法。山区浅水河流取水水深不足，需要用低坝抬高水位，或采取底部取水方式，同时考虑推移质多，修坝时应有排除推移质的措施。

2) 低坝式取水构筑物

低坝式取水构筑物是用固定式低坝或活动式低坝拦截河水的取水构筑物。坝体高1～2m，设置有引水渠和冲沙闸。低坝式取水构筑物取水量有的几百m^3/d，有的超过百万m^3/d，主要与河水流量有关。

3) 底栏栅式取水构筑物

底栏栅式取水构筑物是利用拦河坝抬高水位，溢流经过设有栏栅取水口的堤坝式取水构筑物。由拦河低坝、底栏栅、引水廊道、沉淀池、取水泵房组成。与低坝式取水构筑物不同的是坝顶栏栅集水后经栏栅下的引水廊道引入取水泵房，而低坝取水是低坝抬高水位促使含沙量少的部分水流流入取水泵房。

(2) 例题解析

【例题 3.3-22】 设计山区浅水河流取水构筑物时，下列说明中不正确的是哪几项？

(A) 河流水中推移质不多时宜采用低坝式取水构筑物，大颗粒推移质较多时宜采用底栏栅式取水构筑物；

(B) 在河床为基岩的平坦地段采用渗渠集取河床渗流水；

(C) 底栏栅式取水构筑物宜建在河流出口处以下冲积扇河段；

(D) 低坝式取水构筑物和底栏栅式取水构筑物既适用于小型取水工程，也适用于大型取水工程。

【解】答案（B）（C）

（A）河流水中推移质不多时宜采用低坝式取水构筑物，大颗粒推移质较多时宜采用底栏栅式取水构筑物，符合低坝式取水构筑物和底栏栅式取水构筑物的适用条件，（A）项说明正确。

（B）河床为基岩的平坦地段没有一定深度的含水层，不能采用渗渠集取河床渗流水，（B）项说明不正确。

（C）底栏栅式取水构筑物宜建在山溪河流出口处或出口以上的峡谷河段，不是建在河流出口处以下便于收集水量的冲积扇河段，（C）项说明不正确。

（D）低坝式取水构筑物取水量可大可小，既适用于小型取水工程，也适用于取水量超过百万 m^3/d 的大型取水工程，底栏栅式取水构筑物取水量一般稍小些，（D）项说明正确。

【例题 3.3-23】下列关于低坝式取水构筑物设计低坝主要作用的叙述中，正确的是哪一项？

（A）增加上游拦储水量；

（B）拦截上游泥沙；

（C）调节洪峰流量；

（D）增加取水深度。

【解】答案（D）

（A）修筑低坝前的河流可以满足取水流量要求，但不能满足取水深度要求，修筑低坝后可以拦储一部分水量，但与增大取水深度相比，是第二位的，故（A）项叙述不正确。

（B）修筑低坝河道的上游是取水水源，拦截少量泥沙由冲沙闸排出，修筑低坝主要是蓄水抬高水位，（B）项叙述不正确。

（C）低坝高度一般很低，仅靠修筑的低坝调节洪峰流量是不够的，（C）项叙述不正确。

（D）增加取水深度是修筑低坝的主要目的，（D）项叙述正确。

【例题 3.3-24】有关山区浅水河流底栏栅式取水构筑物的以下几种说法中，哪一项是正确的？

（A）进水栏栅的栅面应向下游倾斜设置；

（B）进水栏栅应为整块形式；

（C）沉淀池应设在引水廊道前；

（D）冲沙闸底高程应与河床相同。

【解】答案（A）

（A）为了排除大颗粒推移质，栅面应向下游倾斜，底坡为 0.1～0.2，（A）项说法正确。

（B）为便于清理更换栏栅，底栏栅式取水构筑物的栏栅宜组成活动分块形式，（B）项说法不正确。

（C）引水廊道指的是栏栅下面的引水渠道，设置沉淀池可以去除进入廊道的小颗粒推移质，避免集水井淤积，说明沉淀池应设在引水廊道和集水井之间，（C）项说法不正确。

（D）底栏栅式取水构筑物的冲沙闸底应高出河床0.5～1.5m，防止闸板被淤积，（D）项说法不正确。

3.3.7 海水取水构筑物

（1）阅读提示

1）海水特点

容易产生海水腐蚀、海洋生物堵塞格栅和取水管道；潮汐波浪冲刷撞击取水构筑物，海水中泥沙随潮汐流动淤积取水口。

2）海水取水构筑物

海水取水构筑物分为引水管或自流管取水。而引水管、自流管伸入海水较深处，引水到泵房进水井，又称为海床式取水。同时还有岸边式取水构筑物、潮汐式取水构筑物。

（2）例题解析

【例题3.3-25】下列关于海水取水构筑物特点和选用要求的叙述中，正确的是哪一项?

（A）潮汐式取水构筑物是涨潮时开泵取水，落潮时停泵不取水；

（B）海洋岸边式取水构筑物和河流岸边式取水构筑物都要求深水近岸，高低水位相差不能太大；

（C）为了取到优质海水可采用分层取水；

（D）在潮汐水位变化较大的海岸，可采用移动式取水构筑物。

【解】答案（B）

（A）潮汐式取水构筑物是涨潮时水流进入蓄水池，同时开泵取水，落潮时继续取用蓄水池中的水，不是停泵不取水，（A）项叙述不正确。

（B）根据取水泵房水泵允许吸上高度要求，海洋岸边式取水构筑物和河流岸边式取水构筑物都要求深水近岸，高低水位相差不能太大，（B）项叙述正确。

（C）海水取水口处的水深一般不超过10m，不符合分层取水要求，（C）项叙述不正确。

（D）在潮汐水位变化较大的海岸，潮起潮落水位变化幅度一般为2～3m，很少超过5.0m，且变化速度大于2.0m/h，而移动式取水构筑物适用条件是水位变化幅度10.0～35.0m，变化速度不大于2.0m/h，（D）项叙述不正确。

【例题3.3-26】下面关于地表水取水构筑物设置的说明中，不正确的是哪一项?

（A）当水源水位变幅大，水位涨落速度小于2.0m/h，且水流不急、要求施工周期短和建造固定式取水构筑物有困难时，可考虑采用缆车式取水构筑物或浮船等活动式取水构筑物；

（B）浮船式取水构筑物的位置，应选择在河岸较陡和停泊条件良好的地段；浮船应有可靠的锚固设施；浮船上的出水管与输水管间的连接管段，应根据具体情况，采用摇臂式或阶梯式等；

（C）山区浅水河流的取水构筑物可采用低坝式（活动坝或固定坝）或底栏栅式，低坝式取水构筑物一般适用于大颗粒推移质较多的山区浅水河流；底栏栅式取水构筑物一般适用于推移质不多的山区浅水河流；

(D) 海水取水构筑物主要分为引水管取水、岸边式取水和潮汐式取水三种形式。

【解】 答案 (C)

根据本章所学内容，可以看出：

(A) 当水源水位变幅大，水位涨落速度小于 2.0m/h，且水流不急、要求施工周期短和建造固定式取水构筑物有困难时，可考虑采用缆车式取水构筑物或浮船等活动式取水构筑物，(A) 项说明正确。

(B) 浮船式取水构筑物的位置，应选择在河岸较陡和停泊条件良好的地段，浮船应有可靠的锚固设施，(B) 项说明正确。

(C) 山区浅水河流的取水构筑物可采用低坝式或底栏栅式。低坝式取水构筑物一般适用于推移质不多的山区浅水河流；底栏栅式取水构筑物一般适用于大颗粒推移质较多的山区浅水河流，(C) 项说明不正确。

(D) 海水取水构筑物主要分为引水管取水、岸边式取水和潮汐式取水三种形式，(D) 项说明正确。

4 给 水 泵 房

4.1 水泵选择

4.1.1 水泵分类

（1）阅读提示

本节主要介绍水泵分类及提升液体的原理。

叶片式水泵包括离心泵、轴流泵、混流泵三类。而潜水泵属于叶片式水泵，可以是离心泵、轴流泵或混流泵式潜水泵，要求具有严密的水封条件，连同电机一并潜入水中。各种水泵都是把机械能转化为液体的势能或动能的设备。

深井泵属于叶片式水泵，相当于立式单吸多段式多级离心泵。

（2）例题解析

【例题 4.1-1】下列关于水泵分类和特性的叙述中，正确的是哪一项？

（A）离心泵是叶轮旋转挤出重力流充满泵壳的水体从出水管流出；

（B）轴流泵、混流泵工作时泵体淹没在水中，也算是一种潜水泵；

（C）深井泵是立式轴流泵的一种形式，属于叶片式水泵；

（D）污泥螺旋泵是由旋转的连续螺片把污泥从低处提升到高处的污泥运输设备。

【解】答案（D）

（A）离心泵是在大气压作用下进入叶轮进口负压区的水流，被高速旋转的叶轮甩向边缘，汇集于泵壳内从出水管流出，不是重力流充满泵壳的水体从出水管流出，（A）项叙述不正确。

（B）轴流泵、混流泵工作时泵体淹没在水中，但驱动电机不在水中，不能算是潜水泵，（B）项叙述不正确。

（C）深井泵相当于立式单吸多段式多级离心泵，属于叶片式水泵。不能看作立式轴流泵的一种形式，（C）项叙述不正确。

（D）在污水处理厂，常用的污泥螺旋泵是由旋转的连续螺片把污泥从低处提升到高处的污泥运输设备，（D）项叙述正确。

【例题 4.1-2】下列有关潜水泵的定义和使用要求的表述中，不正确的是哪一项？

（A）潜水泵是水泵、电机一并潜入水中的扬水设备；

（B）潜水泵可用于干式泵房或湿式泵房；

（C）潜水泵所配用的电机电压等级宜为低压；

（D）潜水泵均为立式安装。

【解】答案（D）

（A）潜水泵是水泵、电机一并潜入水中工作，由此而得名，（A）项表述正确。

(B) 潜水泵可用于干式泵房或湿式泵房，(B) 项表述正确。但如果安装在干式泵房，就失去了选用潜水泵的意义。

(C) 为绝缘保护，潜水泵所配用的电机电压等级多为低压，(C) 项表述正确。

(D) 潜水泵可立式、斜式和卧式安装，故 (D) 项表述不正确。

【例题 4.1-3】 下列有关水泵分类、安装、应用范围的说明中，哪些项是不正确的？

(A) 采用非自灌式引水的离心泵，其引水时间不宜超过 5min；

(B) 离心式潜水泵可用于供水泵房输送滤后水；

(C) 由于进入水射器的水流在喉管处收缩，水射器是一种容积式水泵；

(D) 安装轴流泵的泵房，运行时，轴流泵叶轮的表面最低标高可与吸水室最低水位齐平。

【解】 答案 (C)(D)

(A) 采用非自灌式引水的离心泵，其引水时间一般不宜超过 5min，(A) 项说明正确。

(B) 当离心式潜水泵采用干式安装时，即可避免泵及电机设置于滤后清水中所导致的污染，当湿式安装在滤后投加过氯气的水中时，容易腐蚀水泵电机，污染水质，故认为在特别情况下，离心式潜水泵可用于供水泵房输送滤后水，(B) 项说明正确。

(C) 水射器水流在喉管处收缩，压力降低抽吸被抽提的液体，不是抽吸一定容积再压出，水射器作为射流泵，不是容积式水泵，(C) 项说明不正确。

(D) 根据轴流泵的特点，启动时叶轮必须淹没在吸水室最低水位以下，在正水头下工作，不能仅保持与吸水室最低水位齐平。否则，有空气卷入，不能抽出水来，故认为 (D) 项说明不正确。

4.1.2 水泵特性

(1) 阅读提示

1) 常用水泵安装启动要求

叶片式离心泵依靠叶轮旋转离心作用力提升液体，出水管上安装阻断阀门以防止压力水倒流。启动水泵时，出水阀门关闭，水泵启动后，慢慢开启出水阀门。停运水泵时，先关闭出水阀门，再关停水泵。

轴流泵的叶轮有一定弯曲角度，对液体具有提升作用，出水管上的阻断阀门在开启条件下启动水泵，防止关闭阀门，出水回流重复获得能量，浪费动能。

混流泵可以是长轴立式如同轴流泵，也可以是卧式涡壳状如同离心泵，具有大流量、中低扬程的功能。

大型轴流泵、混流泵采用正向进水，前池扩散角不宜大于 40°，以免存在不流动死水区。

潜水泵是电机、水泵一并潜入到水中的扬水设备。

管井用的深井泵是一种立式单吸多段式多级离心泵。其叶轮旋转时，甩向周边的水流经多级提升，具有较高的扬程。

2) 水泵基本性能参数

水泵基本性能参数中需要注意的是：水泵轴功率计算方法、单位换算关系以及比转数概念。与离心泵相比，由于轴流泵流量较大，扬程较低，而转数多为离心泵的$\frac{1}{2}\sim\frac{1}{4}$，所以比转数很大。

气蚀余量或允许吸上真空高度是水泵的重要参数，应予重视。在水泵样本中，有些水泵样本标出允许吸上真空高度 H_s，则水泵安装高度和水泵允许吸上真空高度有如下关系：

$$Z_s = [H_s] - \frac{v_1^2}{2g} - \sum h_s$$

有些水泵样本标出气蚀余量 $NPSH$，它与允许吸上真空高度 H_s 的关系如下：

$$H_s = (H_g - H_z) + \frac{v_1^2}{2g} - NPSH$$

于是水泵安装高度和气蚀余量的关系式为：

$$Z_s \leqslant (H_g - H_z) - \sum h_s - NPSH$$

求出的安装高度 Z_s应乘以 0.9～0.95 的安全系数后作为实际安装高度值。同时还应注意轴流泵、混流泵、深井泵、潜水泵的安装高度要求。

3）多台水泵并联工作

多台扬程相同的水泵并联工作是在输水管经济流速范围内水头损失较小条件下运行的，一旦增加或减少水泵开启台数，必然引起管路水头损失变化，直接影响到水泵流量变化。如果并联工作水泵流量在输水管流量设计范围之内，减少并联工作水泵台数，总流量减少，管道水头损失减少，每台水泵流量就会增加；相反，增加并联工作水泵台数，总流量增加，管道水头损失增加，每台水泵流量就会减少到小于设计的单台工作时的流量值。

（2）例题解析

【例题 4.1-4】下列有关水泵安装、启动等特点的表述中，正确的是哪几项？

（A）水泵叶轮必须位于吸水池最低水位以下或泵壳内充满水的条件下方能启动和运行；

（B）在所有水泵出水管上安装阻断阀门，防止压力水倒流，在水泵启动后打开；

（C）离心泵的泵轴标高可以低于吸水池最低水位标高或者高于最低水位标高以上都能正常运行；

（D）一台轴流泵流量是离心泵的 5 倍，扬程是离心泵的 1/5，转速是离心泵的 1/2，则轴流泵的比转数是离心泵的 2 倍。

【解】答案（A）（C）

（A）轴流泵（或长轴立式混流泵）叶轮必须位于吸水池最低水位以下，离心泵（或卧式蜗壳混流泵）必须在泵壳内充满水的条件下方能启动和运行，（A）项表述正确。

（B）在水泵出水管上设置阻断阀门，以防止压力水倒流。离心泵出水管上的阻断阀门在水泵启动时关闭，水泵启动后开启。轴流泵是在阀门全部开启情况下启动，称为开阀启动，不能说在所有水泵出水管上安装的阻断阀门都是水泵启动时关闭，水泵启动后开启，（B）项表述不正确。

（C）因为离心泵有一定的允许吸上真空高度，泵轴标高在吸水池最低水位标高以下或者最低水位标高以上都能正常运行，（C）项表述正确。

（D）设离心泵的流量为 Q、扬程为 H、转速为 n，则轴流泵的比转数为：

$$n_{2s}=(0.5\times\sqrt{5}\times5^{\frac{3}{4}})\times\frac{3.65n\sqrt{Q}}{H^{\frac{3}{4}}}=3.74\times\frac{3.65n\sqrt{Q}}{H^{\frac{3}{4}}}。$$

是离心泵的 3.74 倍，(D) 项表述不正确。

【例题 4.1-5】在计算离心泵的安装高度时，下列哪些说法是不正确的？

(A) 当选用水泵确定后，其允许吸上真空高度为一固定值；

(B) 水泵的实际安装高度可以等于水泵最大允许吸上真空高度值；

(C) 水泵安装高度计算式中流速水头 $\frac{v_1^2}{2g}$ 的 v_1 指的是水泵吸水管中的流速；

(D) 影响水泵安装高度的主要因素是当地海拔高度、水温和抽送液体的泥沙含量。

【解】答案 (A) (B) (C)

(A) 当选用水泵确定后，其允许吸上真空高度 (H_s) 或气蚀余量 ($NPSH$) 与流量有关，即 Q-H_s或 Q-$NPSH$ 关系线为曲线，不是固定值，(A) 项说法不正确。

(B) 因存在水头损失和流速水头影响，水泵的实际安装高度应小于水泵最大允许吸上真空高度值，(B) 项说法不正确。

(C) 水泵安装高度计算式中流速水头 $\frac{v_1^2}{2g}$ 的 v_1 指的是水泵吸水口处流速，由于水泵吸水管直径一般大于水泵吸水口直径 1～2 档 (即 50～100mm)，故水泵吸水管中的流速要比水泵吸水口处流速小，取水泵吸水口处流速水头计算水泵安装高度是安全的，(C) 项说法不正确。

(D) 影响水泵安装高度的主要因素是当地海拔高度 (即大气压力)、水温 (即饱和蒸汽压力) 和抽送液体的泥沙含量，(D) 项说法正确。

【例题 4.1-6】有一座取水泵房，共安装 4 台 (3 用 1 备) 同型号水泵并联工作向絮凝池供水，下列分析中，哪些表述是正确的？

(A) 在 3 台水泵并联工作的 Q-H 特性曲线中，任意扬程点对应的流量是单泵特性曲线中该扬程点对应流量的 3 倍；

(B) 当启动 4 台水泵并联工作时，单台水泵出水流量小于原设计的水泵流量；

(C) 当启动 2 台水泵并联工作时，单台水泵出水流量大于原设计的水泵流量；

(D) 并联水泵的工作点取决于水泵性能、管道特性，同时与水泵的立式或卧式安装形式有关。

【解】答案 (A) (B) (C)

(A) 在 3 台水泵并联工作的 Q-H 特性曲线中，扬程不变，总流量等于单泵设计流量之和，(A) 项表述正确。

(B) 当启动 4 台水泵并联工作时，总输水量增加，输水管水头损失增加，单台水泵扬程提高，单台水泵出水流量小于原设计的水泵流量，(B) 项表述正确。

(C) 同样，当启动 2 台水泵并联工作时，总输水量减少，输水管水头损失减少，单台水泵扬程降低，单台水泵出水流量大于原设计的水泵流量，(C) 项表述正确。

(D) 并联水泵的工作点即高效区范围取决于水泵性能、管道特性、水泵扬程，与立式、卧式安装形式无关，(D) 项表述不正确。

【例题 4.1-7】设计一座选用相同型号水泵的泵房，样本提供的水泵气蚀余量 $NPSH$

$=4.50$m，当地大气压 $H_g=10.30$m 水柱，饱和蒸气压 $H_z=0.30$m 水柱。根据设计流量推算，水泵进口流速 $v=2.80$m/s，吸水管路总水头损失 $\Sigma h_s=2.50$m，设计吸水井最低水位标高为 75.00m，水泵泵轴中心高出地坪 0.45m，则该泵房设计地坪标高最高是多少？

【解】 先求出水泵安装高度：

$Z_s \leqslant (H_g - H_z) - \Sigma h_s - NPSH = (10.30 - 0.30) - 2.50 - 4.50 = 3.00$m。

水泵泵轴中心标高最高值为：$75.00+3.00=78.00$m。

泵房设计地坪标高最高值为：$78.00-0.45=77.55$m。

【例题 4.1-8】 水厂取水选用 2 台同型号水泵，1 用 1 备，设计流量为 4250m³/h，扬程为 32.1m，选用的水泵转速 $n_0=990$r/min，性能见表 4-1。为适应水量、水压变化，水泵采用变频调速，当取水量为 3400 m³/h 时要求的扬程为 26.0m，则此时的水泵转速应为多少？

取水泵房水泵工况表 **表 4-1**

水泵工况点	流量（m³/h）	扬程（m）
A	4000	36.00
B	4250	32.10
C	4530	26.00

【解】 根据水泵流量、扬程和转速变化的关系，得：

$\dfrac{Q_1}{Q_0}=\dfrac{n_1}{n_0}$，$\dfrac{H_1}{H_0}=\left(\dfrac{n_1}{n_0}\right)^2$，代入各工况点，A 工况点符合上述关系，即：

$$\frac{Q_1}{Q_0}=\frac{3400}{4000}=0.85,\ \sqrt{\frac{H_1}{H_0}}=\sqrt{\frac{26}{36}}=0.85,\ 即\frac{n_1}{n_0}=0.85。$$

由此可知，变频调速后水泵转速为：$n_1=990\times0.85=842$r/min。

【例题 4.1-9】 一台配有变频调速装置的高扬程水泵，额定流量 1700m³/h，扬程 80m，水泵效率 $\eta_1=0.88$，电机效率 $\eta_2=0.95$。水泵配用电机安全系数 $k=1.08$，切削水泵叶轮后水泵、电机效率不变，则切削叶轮 5%后配用的电机功率应为多少？

【解】 本题目意在复习水泵有效功率 N_y、轴功率 N、拖动水泵动力（电机）功率 N_j、水泵配用电机功率 N_p 的概念。

切削叶轮 5%后的水泵轴功率与切削叶轮前的水泵轴功率之比为：$B=\dfrac{N_1}{N_0}=\left(\dfrac{D_1}{D_0}\right)^3=\left(\dfrac{0.95}{1}\right)^3=0.857$；

切削叶轮前水泵轴功率为：$N_0=\dfrac{N_y}{\eta_1}=9.8\times\dfrac{1700}{3600}\times\dfrac{80}{0.88}=421\text{kW}$；

切削叶轮后水泵轴功率为：$N_1=421\times0.857=361$kW；

切削叶轮后拖动水泵动力（电机）功率为：$N_j=\dfrac{N_1}{\eta_2}=\dfrac{361}{0.95}=380\text{kW}$；

切削叶轮后水泵配用电机功率为：$N_p=kN_j=1.08\times380=410\text{kW}$。

4.1.3 管网计算时的水泵特性方程

（1）阅读提示

1）水泵工作特性方程

单台水泵工作时扬程和流量的关系式即为水泵工作特性方程。对于任何一台水泵，其扬程和流量都存在一定的数学关系，用简单方法求出，即 $H_1 = H_b - S_1 q_1^n$，$H_2 = H_b - S_1 q_2^n$，二式相减即可求出 S_1 和 H_b。因为 H_1、H_2 是水泵不同流量时的扬程，是样本中给出的数据，直接代入即可。H_b 也可从上式中求出。

2）多台同型号的水泵工作特性方程

多台同型号的水泵，流量、扬程相同时，水泵特性方程相同，并联时，只要知道流量即可求出扬程，一般用单台水泵工作特性方程求解。

3）多台不同型号的水泵工作特性方程

多台不同型号的水泵，各自流量不同，工作特性方程也不同，应根据共同工作时流量、扬程求出泵站水力特性方程，然后求解不同流量下的扬程。

（2）例题解析

【例题 4.1-10】下面关于水泵特点和有关特性方程的说明中，不正确的是哪几项？

（A）离心泵按照叶轮叶片弯度方式通常分为单吸泵和双吸泵；

（B）从对离心泵特性曲线的理论分析中可以看出，每一台水泵都有它固定的特性曲线，这种曲线反映了该水泵的基本工作原理；

（C）离心泵特性方程 $H_p = H_b - S_i q_i^n$ 表示水泵流量、扬程和输水管道水头损失的关系方程式；

（D）反映流量与输水管路中水头损失之间关系的曲线方程，称为流量与管路阻力方程。

【解】答案（A）（B）（C）

（A）离心泵按照进水方式（即相对旋转叶轮是单边进水还是两边进水）分为单吸离心泵和双吸离心泵，不是按照叶轮叶片弯度方式来划分的，（A）项说明不正确。

（B）从对离心泵特性曲线的理论分析中可以看出，每一台水泵都有它固定的特性曲线，这种曲线反映了该水泵本身的潜在工作能力，不是基本工作原理，（B）项说明不正确。

（C）离心泵特性方程 $H_p = H_b - S_i q_i^n$ 表示水泵流量和扬程关系的方程式，不包含输水管道水头损失，（C）项说明不正确。

（D）反映流量与输水管路中水头损失之间关系的曲线方程，称为输水管路特性曲线方程，或称为流量与管路阻力方程，或流量与管路水头损失方程。管路水头损失不仅是管道沿程阻力，还包括管道局部阻力，（D）项说明正确。

【例题 4.1-11】下列有关离心泵扬程、水泵效率特点的叙述中，正确的是哪几项？

（A）在实际工程中，水泵将水由吸水井提升到高位水池所需提升的高度 H_0 值是水泵流量为零时的扬程；

（B）所需提升的高度 H_0 值加上输水管路水头损失称为水泵的总扬程；

（C）离心泵效率和流量关系 ηQ 曲线是一条有极大值的曲线，它在最高效率点向两侧陡峻下降；

（D）有些离心泵的 ηQ 曲线是一条有极小值的曲线，它在最低效率点向两侧平缓上升。

【解】答案（B）（C）

（A）在实际工程中，水泵将水由吸水井提升到高位水池时的管路特性曲线方程为：$H' = H_0 + sq^n$，所需提升的高度 H_0 值为水泵的静扬程。水泵的特性方程 $H_p = H_b - S_i q_i^n$ 中的 $H_p = H'$，可以满足实际工程的需要。H_b 值是水泵流量为零时的扬程，H_0 和 H_b 不是同一值，（A）项叙述不正确。

（B）所需要提升的高度 H_0 值加上输水管路水头损失 sq^n 后的 H' 值称为水泵的总扬程，（B）项叙述正确。

（C）离心泵效率和流量关系 ηQ 曲线是一条有极大值的曲线，它在最高效率点或高效范围向两侧陡峻下降，（C）项叙述正确。

（D）根据离心泵工作原理，ηQ 曲线不会是一条有极小值的曲线、在最低效率点向两侧平缓上升变化，（D）项叙述不正确。

【例题 4.1-12】 水厂供水泵房选用的同型号水泵性能见表 4-2。按照水泵工作特性方程 $H_p = H_b - sq^{1.852}$ 求解 3 台该种水泵并联工作总流量为 $Q = 3960\text{m}^3/\text{h}$ 时水泵扬程是多少？

供水泵房水泵工况表 **表 4-2**

水泵工况点	流量（m^3/h）	扬程（m）
A	900	45.00
B	1260	35.00
C	1550	25.00

【解】取 $q_1 = 900\text{m}^3/\text{h} = 0.25\text{m}^3/\text{s}$、$H_1 = 45\text{m}$，$q_2 = 1260\text{m}^3/\text{h} = 0.35\text{m}^3/\text{s}$，$H_2 = 35\text{m}$ 代入水泵工作特性方程，得：

$$s_1 = \frac{H_1 - H_2}{q_2^{1.852} - q_1^{1.852}} = \frac{45\text{-}35}{0.35^{1.852} - 0.25^{1.852}} = \frac{10}{0.06636} = 150.693。$$

代入求解 H_b 值的关系式，得：$H_b = H_1 + s_1 q_1^{1.852} = 45 + 150.693 \times 0.25^{1.852} = 56.564\text{m}$；

则单台水泵工作特性方程为：$H_p = 56.564 - 150.693 q^{1.852}$。

3 台同型号水泵并联工作时每台水泵流量为：$q = \frac{3960}{3 \times 3600} = 0.3667\ \text{m}^3/\text{s}$；

代入单台水泵工作特性方程，得 3 台该种水泵并联工作时的扬程为：

$$H_p = 56.564 - 150.693 \times 0.3667^{1.852} = 33.06\text{m}。$$

或按照 $H_p = H_b - \frac{s_1}{3^{1.852}} \cdot Q^{1.852}$ 计算，代入数据得：

$$\begin{aligned} H_p &= 56.564 - \frac{150.693}{3^{1.852}} \times \left(\frac{3960}{3600}\right)^{1.852} \\ &= 56.564 - 19.70 \times 1.1^{1.852} \\ &= 56.564 - 23.503 = 33.06\text{m}。\end{aligned}$$

【例题 4.1-13】 水厂泵站共有 3 台不同型号的水泵并联工作，它们是 300S58 型水泵 1 台，500S59 型水泵 2 台，其中 1 台以 90%转速工作。在高效率范围内分别取扬程 65m、60m、55m 时求得每台水泵流量及总流量见表 4-3，根据该表求出 3 台不同型号的水泵并联工作的泵站水力特性方程。

300S58 与 500S59 水泵并联流量表 **表 4-3**

泵站扬程 (m)	300S58 型水泵流量 (m^3/s)	500S59 型水泵流量 (m^3/s)	500S59 型水泵 (90%转速) 流量 (m^3/s)	泵站流量 Σq (m^3/s)
65.00	0.139	0.486	0.252	0.877
60.00	0.192	0.538	0.340	1.070
55.00	0.234	0.582	0.409	1.225

【解】 取 $(\Sigma q)_1=0.877m^3/s$、$H_1=65m$，$(\Sigma q)_2=1.070m^3/s$、$H_2=60m$ 代入水泵工作特性方程，得：

$$s_1=\frac{H_1-H_2}{(\Sigma q)_2^{1.852}-(\Sigma q)_1^{1.852}}=\frac{65-60}{1.070^{1.852}-0.877^{1.852}}=14.315。$$

代入求解 H_b 值的关系式，得：$H_b=H_1+s_1q_1^{1.852}=65+14.315\times0.877^{1.852}=76.226m$。

3 台不同型号的水泵并联工作的泵站水力特性方程为：

$$H_p=76.226-14.315(\Sigma q)^{1.852}。$$

【例题 4.1-14】 一座新建小型水厂供水规模为 4.8 万 m^3/d，时变化系数 $k_h=1.25$。供水泵站选用 3 台相同型号的 KQSN350 水泵，单台水泵工作特性方程为：$H_p=55.83-98.61q^{1.852}$。从水厂到最不利供水点管网的当量摩阻系数 $S_d=50.80$（Q 以 m^3/s 计，L 以 m 计）。当供水高峰开启两台水泵并联工作时，最不利供水点的供水压力是多少？

【解】 高峰供水时的供水量为：$Q=\frac{48000}{24}\times\frac{1.25}{3600}=0.6944\ m^3/s$；

两台水泵并联工作时每台水泵供水流量为：$Q/2=0.3472\ m^3/s$；

最不利供水点的供水压力为：

$$\begin{aligned}H_p&=55.83-98.61\times\left(\frac{Q}{2}\right)^{1.852}-S_dQ^{1.852}\\&=55.83-98.61\times0.3472^{1.852}-50.80\times0.6944^{1.852}\\&=55.83-13.90-25.85=16.08m。\end{aligned}$$

【例题 4.1-15】 上述城镇非高峰供水流量为 $Q'=2300m^3/h$，准备把选用的 3 台 KQSN350 水泵改为一台备用、一台定速运行、一台变频调速运行并联工作。单台水泵工作特性方程为：$H_p=55.83-98.61q^{1.852}$。从水厂到最不利供水点管网的当量摩阻系数 $S_d=50.80$（Q 以 m^3/s 计，L 以 m 计）。当最不利供水点的供水压力需要满足 3 层楼房供水要求时，变频调速运行水泵的转速为多少？（KQSN350 水泵额定转速 $r_0=1480r/min$）

【解】 由于低峰供水总流量减小，管网的水头损失减小，在一台定速运行、一台变频调速运行并联工作条件下，保持管网最不利点供水压力（满足 3 层楼房供水）16m 以上时，定速运行水泵的流量必然增加。假定定速运行水泵的流量为 q_1（m^3/s），低峰供水流量为 $Q'=2300m^3/h=0.64m^3/s$，代入单台水泵工作特性方程，得如下方程式：

$H_p=55.83-98.61q_1^{1.852}-S_d(Q')^{1.852}=16$，整理计算后得：

$H_p=55.83-98.61q_1^{1.852}-50.80\times0.64^{1.852}=16$。

由此求出定速运行水泵的流量 $q_1=\left(\frac{55.83-22.23-16}{98.61}\right)^{\frac{1}{1.852}}=\left(\frac{17.60}{98.61}\right)^{0.53996}=$

0.3944m³/s。

变频调速运行水泵流量为 $q_2 = Q' - q_1 = 0.64 - 0.3944 = 0.2456$m³/s，连同变频调速运行水泵的转速 r 一并代入调速水泵水压计算式，得：

$\left(\frac{r}{r_0}\right)^2 \times 55.83 - 98.61\, q_2^{1.852} - S_d(Q')^{1.852} = 16$，代入有关数据得：

$\left(\frac{r}{r_0}\right)^2 \times 55.83 = 98.61 \times 0.2456^{1.852} + 50.80 \times 0.64^{1.852} + 16$；

$$\left(\frac{r}{r_0}\right)^2 = \frac{7.32 + 22.23 + 16}{55.83} = \frac{45.55}{55.83} = 0.816;$$

$$\frac{r}{r_0} = \sqrt{0.816} = 0.903,\ r = 1480 \times 0.903 \approx 1340\text{r/min}。$$

变频调速运行水泵转速还可以按照下式计算：

由于管网接入口压力相同，两台水泵出口压力相同，故有：

$$55.83 - 98.61\, q_1^{1.852} = \left(\frac{r}{r_0}\right)^2 \times 55.83 - 98.61 q_2^{1.852}。$$

代入分配的流量得：

$$55.83 - 98.61 \times 0.3944^{1.852} = \left(\frac{r}{r_0}\right)^2 \times 55.83 - 98.61 \times 0.2456^{1.852};$$

$$\left(\frac{r}{r_0}\right)^2 = \frac{55.83 - 17.60 + 7.32}{55.83} = \frac{45.55}{55.83} = 0.816;$$

$$\frac{r}{r_0} = \sqrt{0.816} = 0.903,\ r = 1480 \times 0.903 \approx 1340\text{r/min}。$$

【例题 4.1-16】 为适应城镇低峰供水，上述城镇供水设计同时提出选用两台不同型号水泵并联运行方案，即选用 1 台 KQ-390 水泵和 1 台 KQ-257 水泵并联工作。在高效率范围内分别取扬程 42m、34m 时求得每台水泵流量及总流量见表 4-4，从水厂到最不利供水点管网的当量摩阻系数 $S_d = 50.80$（Q 以 m³/s 计，L 以 m 计）。当最不利供水点的供水压力需要满足 3 层楼房供水要求时，泵站供水流量可以达到多少？

KQ-390 与 KQ-257 水泵并联流量表 **表 4-4**

泵站扬程（m）	KQ-390 型水泵流量（m³/h）（m³/s）	KQ-257 型水泵流量（m³/h）（m³/s）	泵站流量（m³/h）（m³/s）
42.00	1210（0.336）	665（0.185）	1875（0.521）
34.00	1452（0.403）	1109（0.308）	2561（0.711）

【解】 取 $(\Sigma q)_1 = 0.521$m³/s、$H_1 = 42$m，$(\Sigma q)_2 = 0.711$m³/s、$H_2 = 34$m 代入水泵工作特性方程，得：

$$s_1 = \frac{H_1 - H_2}{(\Sigma q)_2^{1.852} - (\Sigma q)_1^{1.852}} = \frac{42 - 34}{0.711^{1.852} - 0.521^{1.852}} = 34.37。$$

代入求解 H_b 的关系式，得：

$$H_b = H_1 + s_1 q_1^{1.852} = 42 + 34.37 \times 0.521^{1.852} = 52.275。$$

于是可知 2 台不同型号的水泵并联工作的泵站水力特性方程为：

$$H_p = 52.275 - 34.37(\Sigma q)^{1.852}。$$

假定 2 台不同型号的水泵并联工作的泵站流量为 $\Sigma q = Q$，按照最不利供水点的供水压力为（3 层楼房）16m 的要求，代入管网水头损失计算公式，有如下关系式：

$$H_p = 52.275 - 34.37Q^{1.852} - S_d Q^{1.852} = 16。$$

在水泵高效供水区范围内，泵站供水流量可以达到：

$$Q = \left(\frac{52.275 - 16}{34.37 + 50.80}\right)^{\frac{1}{1.852}} = \left(\frac{36.275}{85.17}\right)^{0.53996} = 0.631\text{m}^3/\text{s} \approx 2270\text{m}^3/\text{h}。$$

【例题 4.1-17】上述城镇冬季低峰供水流量为 $Q' = 1765\text{m}^3/\text{h}$，设计方同时提出选用两台不同型号水泵并联减速运行方案。即选用 1 台 KQ-390 水泵定速运行、1 台 KQ-257 水泵变频调速运行并联工作。KQ-390 水泵单台水泵工作特性方程为：$H_{p1} = 61.98 - 150.61q_1^{1.852}$。KQ-257 水泵单台定速工作特性方程为：$H_{p2} = 46.458 - 101.46q_2^{1.852}$。从水厂到最不利供水点管网的当量摩阻系数 $S_d = 50.80$（Q 以 m^3/s 计，L 以 m 计）。当最不利供水点的水压需要满足 3 层楼房供水要求时，变频调速运行水泵的转速为多少？（KQ-257 水泵额定转速 $r_0 = 1480\text{r/min}$）

【解】这是两台不同型号水泵调速并联运行问题。由于低峰供水总流量减小，管网的水头损失减小，在一台定速运行、一台变频调速运行并联工作条件下，保持管网最不利点供水压力在 16m 以上时，定速运行水泵的流量必然增加。水泵特性方程是这两种水泵并联工作时的特性方程，适用于高效工作区间。

根据 KQ-390 水泵定速运行工作特性方程，按照 $Q' = 1765\text{m}^3/\text{h} = 0.49\text{m}^3/\text{s}$、最不利供水点的供水压力为 16m 计算出 KQ-390 水泵流量 q_1，即：

$$H_{p1} = 61.98 - 150.61q_1^{1.852} - S_d(Q')^{1.852} = 16;$$

$$150.61q_1^{1.852} = 61.98 - 50.80 \times 0.49^{1.852} - 16;$$

$$q_1 = \left(\frac{61.98 - 13.555 - 16}{150.61}\right)^{\frac{1}{1.852}} = \left(\frac{32.425}{150.61}\right)^{0.53996} = 0.436\text{m}^3/\text{s}。$$

低峰供水流量为 $0.49\text{m}^3/\text{s}$ 时，变频调速运行的水泵流量为：

$$q_2 = Q' - q_1 = 0.49 - 0.436 = 0.054\text{m}^3/\text{s};$$

连同变频调速运行水泵的转速 r 一并代入调速水泵水压计算式，得：

$$\left(\frac{r}{r_0}\right)^2 \times 46.458 - 101.46q_2^{1.852} - S_d(Q')^{1.852} = 16;$$

$$\left(\frac{r}{r_0}\right)^2 \times 46.458 = 101.46 \times 0.054^{1.852} + 50.80 \times 0.49^{1.852} + 16;$$

$$\left(\frac{r}{r_0}\right)^2 = \frac{0.456 + 13.555 + 16}{46.458} = \frac{30.011}{46.458} = 0.646;$$

$$\frac{r}{r_0} = \sqrt{0.646} = 0.804,\ r = 1480 \times 0.804 \approx 1190\text{r/min}。$$

4.1.4 水泵选用原则

（1）阅读提示

根据手册、教材中给出的水泵选择原则选用的台数是基本的设计要求，阅读时要理解水泵大小流量搭配，备用水泵台数、性能要求和抽送高含沙量水泵的备用选泵原则。

（2）例题解析

【例题 4.1-18】下列关于给水水泵设计选择的说法中，不正确的是哪一项?

(A) 当每天供水量变化较大时，可选择大、小流量水泵搭配；

(B) 备用水泵型号宜与工作中大流量水泵一致；

(C) 当抽送水中含有较多泥沙时，应选择较高转速水泵；

(D) 当供水量阶段性变化时，可采用更换叶轮方法使水泵在高效率范围运行。

【解】答案 (C)

(A) 当每天供水量都有较大变化时，可选择大、小流量水泵搭配，根据管网用水量要求，不同时段开启不同流量水泵，(A) 项说法正确。

(B) 备用水泵型号宜与工作中大流量水泵一致，以便大流量水泵故障时启动备用水泵，不影响供水，(B) 项说法正确。

(C) 当抽送水中含有较多泥沙时，应选择较低转速的水泵，以减少摩擦损坏水泵，不宜选用高转速水泵，(C) 项说法不正确。

(D) 当供水量冬、夏阶段性变化时，可采用更换叶轮方法使水泵在高效率范围运行，(D) 项说法正确。

【例题 4.1-19】一座取水泵房设计流量 8000m^3/h，扬程 22.50m，水源含沙量较高，方案设计选用同型号的水泵，单台水泵流量 2000m^3/h，则该泵房最少选用几台水泵是合适的?

【解】根据取用含沙量较高的水源水的取水泵选择原则，通常按照供水量的 30%～50%设置备用水泵，最少选用水泵台数为：$\frac{8000\times1.3}{2000}=5.2$ 台。

如果选用 5 台水泵，4 用 1 备设置，备用率占 25%，小于 30%要求；

选用 6 台水泵，4 用 2 备设置，备用率占 50%，符合要求。

根据《高浊度水给水设计规范》规定：取水泵房的泵组备用率应达到 50%～100%。

则该泵房最少选用 6 台水泵是合适的。

4.2 给水泵房设计

4.2.1 泵房分类

(1) 阅读提示

1) 取水泵房

取水泵房是大多数自来水厂必需的取水构筑物。有少数水厂只建取水构筑物不建取水泵房，重力流输送原水到水厂。各种取水方式适用条件和取水泵房布置均有一定差别。取水泵房设计取水量按其实际工作时间计算。

2) 送水泵房

送水泵房即为二级泵房，当管网中无高位水池、水塔时，送水泵房最大设计流量等于管网最高日最高时的供水量。当管网中有高位水池或水塔时，送水泵房最高时向管网供水量等于最高时管网供水量减去高位水池或水塔供水量。二级泵房最大设计流量等于最高日用水条件下的供水量，这一情况可能发生在最高日最高时，也可能发生在最高日向高位水池、水塔充水时段。

3）加压泵房

加压泵房分为两类，一类是管道直接串联增压，加压泵房和送水泵房同步运行，该种加压泵房对管网只增压不增量；另一类为调节加压泵房，设有调节水库和水泵，对给水管网既增压又增量，代替水厂的二级泵房作用。

（2）例题解析

【例题 4.2-1】当河流的水位常年变化较大时，从节约能耗考虑，取水水泵采用的以下措施，正确的是哪几项？

（A）设置机组调速；

（B）定期更换叶轮；

（C）调节轴流泵叶片角度；

（D）调节出水阀门开启度。

【解】答案（A）（B）（C）

（A）根据河流的水位变化规律，可以设置机组调速，水位高时减速运行，（A）项措施正确。

（B）如果河流水位是夏天高、冬天低，也可以夏天调换为小一号叶轮，降低水泵功率，（B）项措施正确。

（C）对于轴流泵而言，可以根据所需要的流量大小编程控制调节叶轮角度，节约能耗，（C）项措施正确。

（D）调节出水阀门开启度是增大输水阻力提高水泵扬程方法来减少流量，不能节约能耗，（D）项措施不正确。

【例题 4.2-2】一地形平坦的小型城市给水管网中设置了一座高位水池和加压泵房，如图 4-1 所示。高位水池底高出地面 12.00m，池内最大水深为 4.0m。加压泵房内安装 4

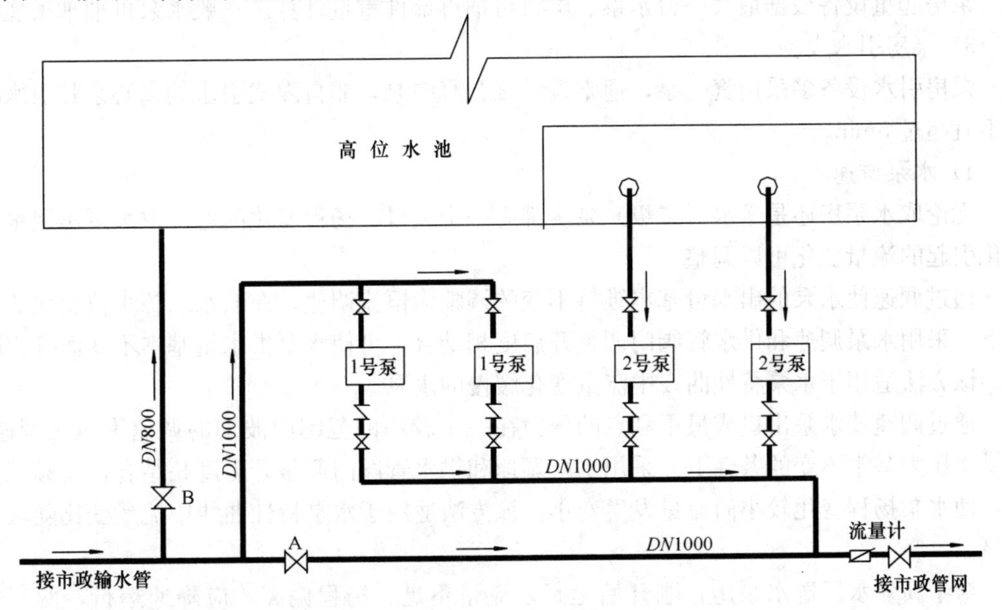

图 4-1 高位水池、加压泵房布置示意图

台水泵，用水低峰时，开启A、B阀门，市政输水管直接供水到城区管网，同时向加压泵房水库充水。用水高峰时，关闭A、B阀门，同时启动4台水泵一并向城区管网供水。这时，连接高位水池加压水泵的市政输水管（安装阀门A前的管道，中心标高同地面标高）的管内水压力最少为0.16MPa。当4台水泵出口压力相同时，则设计的1、2号水泵总扬程最多相差多少?

【解】假定高峰供水时水泵出口压力为H（m）。根据题意可知，1号水泵吸水管内压力同安装阀门A前的管道内压力，启动时水泵进口压力最少为0.16MPa=16m，1号水泵总扬程最少为$H-16$（m）。

2号水泵启动时吸水管内压力同高位水池内水的最低压力，即水泵进口最小压力为12m，2号水泵总扬程最少为$H-12$（m）。

当4台水泵出口压力相同时，设计1、2号水泵总扬程最多相差值为：

$$(H-12)-(H-16)=16-12=4\text{m}。$$

4.2.2 泵房设计

（1）阅读提示

1）水泵电机基础间距

泵房安装卧式离心泵时，机组净距按照电机容量确定，一般机组通常和水泵电机基础长度相当，有时按照基础间距计算。当安装立式离心泵时，通常取进出水管间距0.6m以上。取水泵房和净水构筑物同步运行，按每天实际工作时间计算流量。

无论取水泵房还是送水泵房，安装水泵地坪标高均以吸水井中最低水位为基准，根据水泵允许吸上高度（或气蚀余量）计算确定。同时考虑水泵进出水管尽量减少转弯，最好水平进出泵房，管顶覆土厚度不小于0.70m。

2）泵房起重设备

泵房起重设备根据最大一台水泵、电机可抽拆部件重量计算。一般水泵可抽轴吊装。

3）泵房引水设备

泵房引水设备多采用真空泵，通常设计2台真空泵，非自灌式引水的离心泵其引水时间不宜超过5min。

4）水泵调速

无论取水泵房还是送水（二级）泵房都有一个流量、扬程变化问题。取水泵房因水位变化引起的流量变化可以调整。

通过调速使水泵的出水量基本维持不变的调整为恒流调速。在取水水源水位变化的条件下，采用水泵调速和供水管阀门调整开启度相结合，可使水泵供水量基本不变而扬程降低。该方法适用于水泵特性曲线中流量变化缓慢的水泵。

通过调速使水泵出口或最不利点的压力在一个较小的范围内波动的调速为恒压调速。在供水压力基本不变的条件下，采用水泵调速和供水管阀门调整开启度相结合，变频调速后可使水泵扬程变化较小而流量发生变小。该方法适用于水泵特性曲线中流量变化陡峻的水泵。

对于新建水厂送水泵房，刚开始运行，流量不足、扬程偏高，应降速运行，两三年后，供水量增加，水泵扬程按照水量增加倍数的1.852次方增加，水泵不再降速运行。

水泵电机变频调速只能降速不能增速，调速范围一般为水泵额定转速的 100%～75%，最大不超过 50%，超出此范围时，水泵效率下降较多。

（2）例题解析

【例题 4.2-3】 下列有关泵房设计事项的说明中，正确的是哪一项？

（A）设计泵房安装配电设备、控制设备的地坪标高与取水水源最低水位标高有关；

（B）水泵变频调速设备可使水泵的流量、扬程变大或变小，可任意变化；

（C）泵房起吊设备按照可抽出部件最大重量计算确定；

（D）大型轴流泵启动前可用小型离心泵向水泵叶轮室充水，然后启动。

【解】 答案（C）

（A）设计泵房安装配电设备、控制设备的地坪就是进门后的泵房地坪，一般高出室外地面 0.30m，以防室外积水流入泵房，该标高与取水水源最低水位标高无关，（A）项说明不正确。

（B）水泵变频调速设备只能减速不能增速，可以使水泵的流量减小、扬程降低，不能任意变化，（B）项说明不正确。

（C）泵房起吊设备按照可抽出部件最大重量计算确定，（C）项说明正确。

（D）大型轴流泵启动时吸水井内水位必须淹没叶轮。由于吸水井和河水或水池水相通，小型离心泵向轴流泵叶轮室充水不能达到淹没叶轮的水位，（D）项说明不正确。

【例题 4.2-4】 图 4-2 为一座半地下式泵房平面布置图，安装 3 台同型号水泵，流量 $q=720\text{m}^3/\text{h}$、扬程 $H=26\text{m}$，水泵效率 80%。根据该泵房平面布置图找出基础间距、进出水管布置中存在哪些不合适的地方？（水的重度 $\gamma'=9800\text{N/m}^3$）

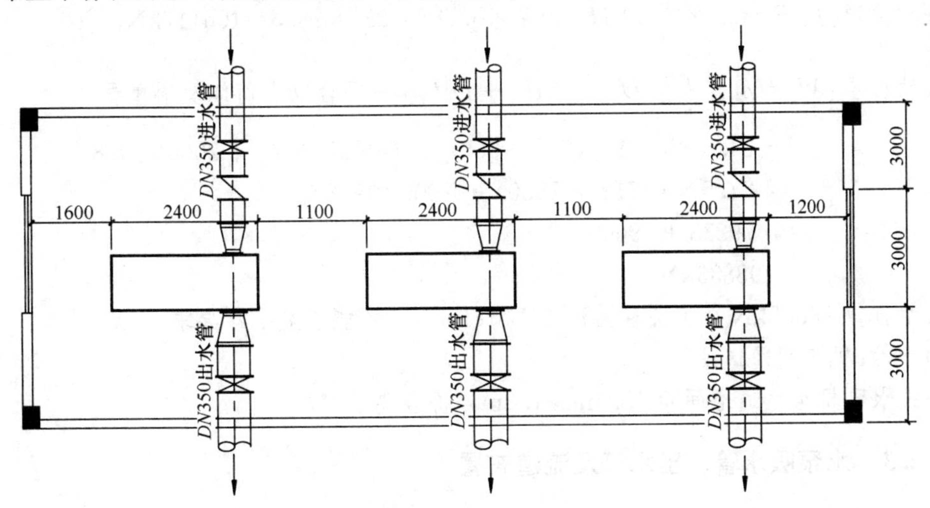

图 4-2　水泵安装简图

【解】 1）根据安装水泵的性能参数，可以计算出水泵轴功率 $N=\dfrac{\gamma' Qm}{\eta}=\dfrac{9800\times720\times26}{3600\times0.80}=63700\text{W}=63.7\text{kW}$，当电机功率大于 55kW 时，相邻两机组距离应大于 1200mm，本题目电机功率至少为 63.7kW，相邻两机组距离为 1100mm 是不合适的。

2）进水管流速 $v=\dfrac{720/3600}{\dfrac{\pi}{4}0.35^2}=2.08\text{m/s}$，超出水泵 $DN250$～$DN1000$ 吸水管流速为 1.2～1.6m/s 的要求，进水管管径选用 $DN350$ 偏小，是不合适的。

3）泵房平面布置图中出水管上应安装止回阀，止回阀安装在进水管上是不合适的。

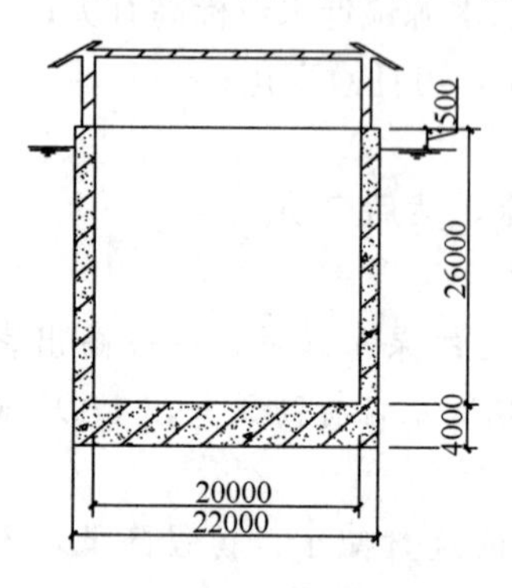

图 4-3　地表水取水泵房计算简图

【例题 4.2-5】某圆形地表水取水泵房（见图 4-3），其内底板厚 $h_2=4\text{m}$；室内平台顶面距内底板顶面距离为 $h_1=26\text{m}$，且高于设计洪水位 1.5m；室内平台以上筒体及顶质量按 2000t 计；取水泵房内直径为 $d=20\text{m}$，筒体壁厚按 1.0m 计；为节约成本，上下交通只设置楼梯。水的重度按 $\rho_1=9.8\text{kN/m}^3$ 计，泵站混凝土重度按 $\rho_2=24.5\text{kN/m}^3$ 计。采用卧式水泵机组，主通道间距 1.25m。取水泵房内底板挑出筒体壁外的尺寸忽略不计，底板不与河床基岩锚接。试根据所给条件评估该取水泵房可否满足上下交通、抗浮及机组间距等设计要求？（计算简图尺寸单位：mm）

【解】1）上下交通设计

根据泵房设计要求，该取水泵房设计室内平台顶面距内底板顶面 26m＞25m，上下交通除设置楼梯外，还应设置电梯。本工程只设置楼梯，不符合要求。

2）筒体抗浮核算

淹没在水中高度 $H=26+4-1.5=28.5\text{m}$，圆柱筒外直径 $D=20+2=22\text{m}$；

圆柱筒浮力：$F=\rho_1\times\dfrac{\pi}{4}D^2H=9.8\times0.785\times22^2\times28.5=106117\text{kN}$；

$$
\begin{aligned}
\text{泵站自重：}W&=\rho_2\times\frac{\pi}{4}[(D^2-d^2)h_1+D^2h_2]+\text{平台以上筒体及顶重量}\\
&=24.5\times0.785[(22^2-20^2)\times26+22^2\times4]+2000\times9.8\\
&=24.5\times(1714+1520)+2000\times9.8\\
&=79233+19600\\
&=98833\text{kN。}
\end{aligned}
$$

泵站自重 98833kN 小于圆柱筒浮力 106117kN，不能满足抗浮要求。

3）水泵机组间通道设计

卧式水泵机组主通道间距 1.25m＞1.2m，符合要求。

4.2.3　水泵吸水管、出水管及流道布置

（1）阅读提示

1）水泵吸水管

水泵吸水管、出水管的流速设计不完全相同，吸水管管径比水泵进水口大 100mm 以上，流速适当降低，尽量减少水头损失，提高水泵安装高度，节约泵房挖深造价。每台水泵最好设置一根吸水管，当吸水管很长时，可多台泵使用 2 根以上吸水管，并注意水流干扰。

吸水管到水泵之间水平段留有不断上升的坡度，吸水管中空气要积聚到泵壳中，由真

空泵抽出。

2）水泵吸水井

水泵吸水井按照所有水泵吸水管喇叭口直径 D 的大小布置，一般吸水井水下部分容积应大于共用该吸水井水泵的30倍秒流量体积。

3）水泵出水管

水泵出水管管径比水泵出水口大50～100mm，并安装止回阀及阻断阀。

（2）例题解析

【例题4.2-6】下列关于水泵吸水管设计的说明中，正确的是哪一项？

（A）每台水泵必须设置单独的吸水管从吸水井中取水；

（B）吸水管应有向水泵方向不断下降的坡度，一般不小于0.005；

（C）水泵吸水口断面应大于吸水管断面，可使水泵吸水口流速小于吸水管中流速；

（D）当卧式离心泵水平吸水管管底标高始终高于吸水井最高水位时，吸水管上可不装阀门。

【解】答案（D）

（A）每台水泵最好设置单独的吸水管从吸水井中取水，以免水流干扰。当吸水管较长时，也有多台水泵合用两根以上吸水管的，（A）项说法不正确。

（B）吸水管应有向水泵方向不断上升的坡度（一般不小于0.005），应使管中空气积聚在泵壳顶点由真空泵抽去，（B）项说法不正确。

（C）一般情况下，水泵吸水管断面大于水泵吸水口断面，可以减小吸水管水头损失，增加水泵安装高度，（C）项说法不正确。

（D）当卧式离心泵水平吸水管管底标高始终高于吸水井最高水位时，可不装阀门，吸水井中水也不会淹没水泵，或当水泵检修时原水不会进入泵房，（D）项说法正确。

【例题4.2-7】下列有关泵站设计的描述中，哪一项是正确的？

（A）水泵吸水管中，流经阀门、止回阀的水流速度一般与吸水管中流速相同；

（B）水泵吸水管通常采用同心大小头与水泵轴向水平连接；

（C）泵房中吸水管间净距离和进水喇叭口之间的净距离大小有关；

（D）水泵出水管上安装缓闭止回阀有助于消除停泵水锤。

【解】答案（D）

（A）吸水管上的阀门和吸水管直径相同，流经阀门的流速与吸水管中流速相同，但止回阀是安装在出水管上防止压力水回流的装置，与吸水管中流速无关，故（A）项说法不正确。

（B）吸水管通常采用偏心大小头（又称异径管）与水泵进口水平连接，吸水管顶部上升坡向泵壳，不积聚气囊，（B）项说法不正确。

（C）泵房中吸水管间净距离应根据水泵机组间距确定，进水喇叭口之间的净距离是水流不相互干扰的最小距离。水泵吸水管伸出泵房后，通常用不同角度的弯管和吸水井中喇叭口上的管道连接。二者没有因果关系，（C）项说法不正确。

（D）水泵出水管上安装缓闭止回阀，有利于减少回流水对水泵的冲击，有助于消除停泵水锤，（D）项说法正确。

5　给水处理概论

5.1　水的自然循环和社会循环

（1）阅读提示

1）水的自然循环

水的自然循环是指在太阳辐射和地球引力作用下，大气水、地表水、生物水和浅层地下水之间，以蒸发、降水、渗透和径流方式相互交换更新的过程。深层地下水循环缓慢，不认为参与自然循环之中。

2）水的形态变化和大小循环

地球上水以液态、固态（冰、雪、雹）和气态形式存在，相互置换，是自然循环过程中的变化。根据水的自然循环范围，由海洋蒸发的水气降落到陆地又流入海洋称为海陆大循环。而由海洋蒸发的水气直接降落到海洋或陆地上的降水在流入海洋之前又直接蒸发进入大气层均称为小循环。

3）水的水量循环和水质循环

在自然循环中，从海洋向陆地补充淡水，促进河流、湖泊水更新交换是水的自然循环中的水量循环。水流从陆地流向河流、湖泊、海洋水体，不可避免地带入大量杂质，有的溶解在水中，有的沉淀析出，实际上也涉及水质循环。

4）水的社会循环

从水源取水，供给人类生活、工业生产、农业灌溉使用，使用过程中溶入了大量杂质，又流回天然水体或重复使用的过程称为水的社会循环。

5）自然循环和社会循环互为影响

水的自然循环和社会循环相互依赖、互为影响。例如，某些地区降雨少、蒸发多，直接影响了当地的发展和人类生存，也就影响了社会循环。同样，在一些地区修筑水坝、建造湿地、保护水土、植树绿化，有助于促进当地气候湿润、降水量增加。在日常生活中，水的自然循环受人类活动影响有限，无法全面控制，而社会循环受人类活动影响较大。

6）良性循环和恶性循环

在水的社会循环中，排出的水中所含有的污染物总量在受纳水体自净能力范围之内，天然水体水质不会恶化，构成了水的良性循环；否则，将构成水的非良性循环或恶性循环。

（2）例题解析

【例题 5.1-1】下列关于水的自然循环特点的叙述中，正确的是哪一项？

(A) 仅在大气水和江河地表水之间进行；

(B) 自然循环和社会循环是相对独立进行的，相互之间没有影响；

(C) 既发生水量循环又发生水质循环；

(D) 在自然循环过程中，容易滋生自然灾害，对人类生存有害无益。

【解】答案（C）

（A）水的自然循环在大气水、地表水、生物水、浅层地下水之间进行，大气水和江河地表水之间仅是自然循环的一部分内容，（A）项叙述不正确。

（B）自然循环影响人类对水的开发利用，社会循环（如建立生态湿地，调节气候影响）有时影响自然循环，（B）项叙述不正确。

（C）水的自然循环促使陆地河流、湖泊水量更新交换，而在径流过程中，又把一些杂质带入水体，流入河流的杂质有可能在出海口淤积沉淀又成了陆地，故水的自然循环既是水量循环又是水质循环，（C）项叙述正确。

（D）自然循环给人类带来大量淡水，滋润土地，改善气候条件，人类不能离开水的自然循环，（D）项叙述不正确。

【例题 5.1-2】下列关于水循环影响水体水质的叙述中，正确的是哪一项？

（A）为了保持水的良性循环而不恶化水质，排入水体的废水应不含任何污染物质；

（B）工厂企业的生产废水经处理后循环使用，不排放污水属于工厂内部良性循环，与水体良性循环无关；

（C）深层地下水中的铁、锰、钙、镁等矿化物质是水体自然循环过程中溶入的杂质；

（D）水的自然循环只会带入水体黏土类无机物杂质，不含溶入水体有机污染物。

【解】答案（C）

（A）排入水体的污水、废水含有的污染物总量在受纳水体自净能力范围之内，就不会恶化水质，不能要求排入水体的废水不含任何污染物质，（A）项叙述不正确。

（B）工厂企业的生产废水循环使用是保护水源的措施，工厂内部用水良性循环，排放处理后的污水或不排放污水，也是水体良性循环内容，（B）项叙述不正确。

（C）深层地下水中的铁、锰、钙、镁等矿物质是水流渗滤、径流时溶入的杂质。虽然地下水的渗透、蒸发过程缓慢，参与更新交换的水量较少，但也是水体自然循环的结果，（C）项叙述正确。

（D）水的自然循环不仅带入水体无机物杂质，也会溶入土壤中的腐殖质、垃圾渗出液等有机污染物，（D）项叙述不正确。

【例题 5.1-3】下列关于水的自然循环和社会循环概念的叙述中，正确的是哪几项？

（A）水的自然循环过程，是指发生水体以液态、固态、气态相互转换过程；

（B）水从海洋上蒸发到大气层中又变成雨水降落在海洋上的小循环不会发生水质循环；

（C）人类社会活动常常影响水的自然循环；

（D）维护水环境生态平衡能够很好地维持水体良性循环。

【解】答案（A）（C）（D）

（A）水的自然循环是指在太阳辐射和地球引力作用下，大气水、地表水等以蒸发、降水等形式相互交换更新的过程。在此过程中会发生液态、固态、气态相互转换的过程，（A）项叙述正确。

（B）水从海洋上蒸发到大气层中又变成雨水降落在海洋上的小循环会吸收空气中的杂质，也有水质循环的现象，（B）项叙述不正确。

（C）人类社会活动如修筑水坝、建立湿地，可改善气候条件，影响水的自然循环，

(C) 项叙述正确。

(D) 维护水环境生态平衡，控制水质不发生恶化现象，是维持水体良性循环的举措，(D) 项叙述正确。

5.2 水源水质和水质标准

(1) 阅读提示

1) 天然水体中的杂质

天然水体中含有的杂质分为：溶解杂质和不溶解杂质。不溶解杂质是泥土矿物形成的胶体杂质和悬浮物。不溶解杂质容易影响人的感官视觉，如产生浑浊度、色度、气味等。胶体杂质和细小悬浮物在水中产生光散射现象，显示浑浊度。浑浊度的高低取决于悬浮物、胶体杂质的含量和在水中的分散程度，即浑浊度与水中胶体杂质、悬浮物粒度分布函数有关。

2) 水体中的溶解杂质

水体中的溶解杂质主要是气体和盐溶解后的离子及酸根或碱度。其中氧气（O_2）、二氧化碳（CO_2）是常见的溶解气体。

空气中氧气（O_2）所占的质量比为23.13%，在常压下，20℃水中可溶解10.26mg/L氧气。一般水体中溶解氧浓度小于该值，可以认为水体中的溶解氧是空气中氧气溶解的结果。空气中二氧化碳（CO_2）所占的质量比为0.046%，20℃水中可溶解0.798mg/L二氧化碳。一般水体中溶解的CO_2浓度大于该值，所以认为水体中的CO_2主要来源于地层中化学反应及有关杂质分解产生的CO_2。

水中含有有机物或大量无机物时都会产生色度、臭味。如腐殖质及藻类会造成水的色度、臭味增加。当水中含有铁、锰、硫化氢、NH_3-N时，会有铁腥味和恶臭味。

3) 受污染水体中常见污染物

① 无论自然循环还是社会循环都会带入水体污染物。自然循环过程中带入水体泥沙、矿物质较多，有机物（腐殖质）较少，而社会循环容易带入水体较多有机污染物。

② 对身体健康有直接毒害作用的无机物主要是氰化物、砷化物以及汞、镉、铬、铅、铜、铊、镍、铍等重金属离子，有非直接毒害作用的无机物是来自矿物质的溶解物如铁、锰、氟等。

③水体中的有机物按来源化分，可以是外界排入的外源性有机物或是水中生物群体在生长过程中的代谢产物等内源性有机物。还可以分为有毒有机物和无毒有机物。

还应指出的是水中有机物成分极其复杂，定性检测和定量测定非常困难，通常用替代参数表示。例如，BOD是水中有机物在需氧细菌生长过程中所必须吸取的氧气量，称为生物耗氧量，间接代表水中可生物氧化降解的含碳有机物浓度。COD是通过氧化剂$K_2Cr_2O_7$或$KMnO_4$在短时间内对有机物氧化所需要的氧气量，间接代表水中有机物含量。一般水体中既有耗氧的有机物也有耗氧的无机物，以及不易生物氧化降解的有机物。所以水的COD值常常高于BOD值。

4) 关于水质标准的几个问题

① 水质是水的使用性质，凡是反映水使用性质的量度都可以称为水质参数。水质参

数代表使用水质的优良程度。在水质参数中，不代表任何成分的是水的温度。代表具体成分的有很多，如 Ca^{2+} 、Mg^{2+} 、Fe^{2+} 、Mn^{2+} 等。代表一类物质的某一共性作用的为替代参数或集体参数，如总溶解固体（TDS），或化学成分清楚不需要全部列举出来的，如硬度、碱度。或有一些比较模糊，无需深入研究的概念，如色度、浑浊度、嗅、味等都是替代参数。

② 目前普遍认为饮用水、生活饮用水、城镇自来水均为一个标准，即《生活饮用水卫生标准》。该标准要求生活饮用水必须卫生，且感官良好。

与生活饮用水处理有关的《地表水环境质量标准》共分为Ⅴ类水体，分别适用于不同的使用要求。该标准与《生活饮用水卫生标准》相比较，其主要区别在于对一些感官性状指标要求不同。因为目前的自来水厂主要去除水的浑浊度，而对于溶解的金属离子、人工合成有机物的去除率有限，所以两个标准对溶解杂质限定标准相差很少。还必须说明，作为城镇的自来水，无论取用了何种水源水，都必须达到《生活饮用水卫生标准》。

（2）例题解析

【例题 5.2-1】下列有关《生活饮用水卫生标准》内容的叙述中，正确的是哪几项？

（A）《生活饮用水卫生标准》要求饮用水中不应含有对人体有毒有害的物质，近期或远期对人体都不能有毒害作用；

（B）为预防疾病流行，《生活饮用水卫生标准》要求水中不得含有细菌、大肠杆菌；

（C）感官性状指标要求使人感觉良好，不能说明流行病学上是否安全；

（D）化学指标中所列化学物质的水质参数，有的受感官性状参数影响。

【解】答案（C）（D）

（A）饮用水中存在的有毒有害物质一部分是天然存在的，一部分是人为污染的。没有达到对人体有害程度，如果将其全部去除，则会增大处理成本。故要求对人体有毒有害物质的浓度限制在不产生毒害作用的很小范围内，（A）项叙述不正确。

（B）《生活饮用水卫生标准》要求饮用水不得检出大肠杆菌，允许检出细菌菌落＜100CPU/L，从流行病上考虑是安全的，（B）项叙述不正确。

（C）感官性状指标要求饮用水无臭无味、浑浊度＜1NTU 等，也就限制了大量细菌、病毒附着在浊度颗粒上的可能性。感官性状指标良好，不能认为水中无传染疾病的菌类或流行病学上是安全的，故认为感官性状指标不能代表流行病上是否安全，（C）项叙述正确。

（D）《生活饮用水卫生标准》中所列化学指标是考虑人类用水时使用方便，对工业产品不产生不良影响而制定的标准，不是以感官影响为准。有的杂质在达到有毒有害浓度之前，在感官性状指标中已被限制，故认为（D）项叙述正确。

【例题 5.2-2】下列有关水源水中杂质来源及其性质的叙述中，哪几项正确？

（A）水中 O_2、N_2、CO_2 是空气中 O_2、N_2、CO_2 溶解的结果；

（B）水中含有的有机物会使水的色、臭、味增加；

（C）水中含有的无机物不会使水的色、臭、味增加；

（D）水中杂质的粒径在 1nm（10^{-9}m）以下，水的外观浊度很低。

【解】答案（B）（D）

（A）水中 O_2、N_2 是空气中 O_2、N_2 溶解的结果，而 CO_2 是地层中化学变化和有关物质分解产生的CO_2溶于水的结果，(A) 项叙述不正确。

(B) 水中的有机物如腐殖质、蛋白质类发酵后都会引起水的色、臭、味增加，(B) 项叙述正确。

(C) 水中的无机物如铁、锰、硫化氢、氨氮会使水的色、臭、味增加，(C) 项叙述不正确。

(D) 水中杂质的粒径在1nm (10^{-9}m) 以下，属于分子、离子状态，不产生光散射现象，水的外观浊度很低，(D) 项叙述正确。

【例题 5.2-3】 下列有关再生水利用的叙述中，哪一项正确？

(A) 为了节约水源，工业用水大户可将其单位废水排入河道稀释后再取出作为再生水使用；

(B) 再生水可用于冲洗道路、灌溉农田，还可以作为游泳池补充水；

(C) 再生水不仅要满足卫生要求，还应满足人们感官要求；

(D) 利用工业废水处理成再生水，冲洗道路、灌溉绿地可以计为工业生产重复利用水量。

【解】 答案 (C)

(A) 工业废水、城市污水经处理达到一定水质标准，满足某些使用要求的水称为再生水（或中水）。当直接处理污水成为再生水可以使用，而不是排入河道稀释、生物氧化后的间接使用，(A) 项叙述不正确。

(B) 竞赛用游泳池、宾馆俱乐部、会所游泳池充水、重新换水和补充水应采用城市生活饮用水。公共游泳池充水、重新换水和补充水应采用城市生活饮用水，也可采用井水、泉水、水库水，而不能采用再生水，(B) 项叙述不正确。

(C) 再生水首要条件是满足卫生要求，同时满足人们感官要求，让人看到后无不愉快的感觉，(C) 项叙述正确。

(D) 利用工业废水处理成再生水，冲洗道路、灌溉绿地不是工业生产重复使用水，不能计为工业生产重复利用水量，(D) 项叙述不正确。

【例题 5.2-4】 下列有关水源水中污染物特性的叙述中，正确的是哪一项？

(A) 水源水中污染物主要是水的自然循环中排入的有机物和无机物；

(B) 排入水体的有机物或无机物，无论是否有直接毒害作用或间接毒害作用，都称为污染物；

(C) 排入水体的腐殖质主要成分是蛋白质及其衍生物，容易生物降解；

(D) 含有可生物氧化有机物的水体发生生物氧化反应，可增加水中溶解氧、净化水体。

【解】 答案 (B)

(A) 水源水中污染物既有水的社会循环排入水体的有机物和无机物，也有自然循环中排入的有机物和无机物，(A) 项叙述不正确。

(B) 排入水体的有机物或无机物，无论是否有直接毒害作用或间接毒害作用，都会影响水的使用功能，都称为污染物，(B) 项叙述正确。

(C) 排入水体的腐殖质主要成分（50%～60%）是碳水化合物和关联物，可以降解。蛋白质及其衍生物容易降解，但不是主要成分，仅占1%～3%，(C) 项叙述不正确。

(D) 含有可生物氧化有机物的水体发生生物氧化反应，可降解部分有机物，但消耗溶解氧，恶化水质，(D) 项叙述不正确。

【例题 5.2-5】 下列关于水中溶入的杂质对水质处理影响的叙述中，正确的是哪一项？

(A) 水体中混入泥沙颗粒越多，微生物营养物质越多，生物氧化作用越好；

(B) 水中溶入的 N_2、CO_2 气体，可以增加水的碱度，有利于提高混凝和化学氧化效果；

(C) 天然水中所含钙、镁硬度离子，大多来源于工业污水污染的结果；

(D) 水中含有无机物或有机物杂质，都会引起水的色、嗅、味感官性状指标变化。

【解】 答案 (D)

(A) 水体中混入大量泥沙颗粒只有少量的营养成分，不能给微生物提供丰富的营养物质，对于发挥生物氧化作用很小，只能增加水处理难度，(A) 项叙述不正确。

(B) 水中溶入大量 N_2、CO_2 气体，提高了酸度，不利于提高混凝效果，N_2、CO_2 没有化学氧化作用，(B) 项叙述不正确。

(C) 天然水中所含钙、镁硬度离子，大多来源于矿物质溶解，(C) 项叙述不正确。

(D) 水中含有无机物杂质，如铁、锰也会引起水的色、嗅、味感官性状指标变化。含有有机物杂质发酵发臭，(D) 项叙述正确。

5.3 给水处理基本方法

(1) 阅读提示

本节概要介绍了水处理单元的作用和适用条件，在以后几章中都会读到。是本专业的学生应当理解的内容，这里不作详细讨论。

(2) 例题解析

【例题 5.3-1】 给水处理方法有多种多样，下列有关处理方法的特点和作用的叙述中，正确的是哪一项？

(A) 多孔滤层的过滤不仅可以去除水中的悬浮物，还能够去除部分溶解杂质和菌落；

(B) 混凝可以使不易沉淀的胶体颗粒聚结成容易沉淀的絮凝体沉淀在絮凝池中；

(C) 以压力差为推动力的微滤、超滤膜分离法可以去除水中的固体微粒和大部分溶解的分子、离子杂质；

(D) 活性炭吸附水中产生臭、味的溶解杂质时，是固相和气相之间的吸附。

【解】 答案 (A)

(A) 多孔滤层的过滤在去除水中的悬浮物时，能够去除水中部分附着在悬浮物上的溶解杂质和菌落，(A) 项叙述正确。

(B) 混凝可以使不易沉淀的胶体颗粒聚结成容易沉淀的絮凝体沉淀到沉淀池中，而不是沉淀在絮凝池中，(B) 项叙述不正确。

(C) 以压力差为推动力的微滤、超滤膜分离法主要分离悬浮固体，可以去除水中的固体微粒，不能去除大部分溶解的分子、离子杂质，(C) 项叙述不正确。

(D) 水中产生臭、味的杂质是溶解在水中，不是积聚在上部空间的气体。活性炭吸附这些溶解杂质时，仍是固相和液相之间的吸附，(D) 项叙述不正确。

5.4　反应器概念及在水处理中的应用

（1）阅读提示

1）化学反应器理论

化学反应器是化工生产过程中的反应设备。研究反应器中原料变化速率、催化条件、反应时间、影响因素等方面的理论称为反应器理论。水处理工程中投加混凝剂、絮凝搅拌等构筑物单元与化学反应器有相似之处。把反应器原理引入到水处理工程中有助于促进水处理理论的发展。

2）化学反应原理

把复杂的化学反应过程简化为：变化量＝输入量－输出量＋反应量，把多种多样的反应器归纳为3种基本形式。从事水处理设计的工程师应了解3种反应器的工艺流程、反应时间、物料浓度变化计算方法。物料浓度随时间变化速率与反应物浓度的α次方成正比，也就是与反应级数成正比。反应级数可能是整数或小数，为便于计算，通常取1、2、3（整数）级反应。物料浓度减少一半的时间为半衰期。反应级数不同，原始浓度C_0变为$\frac{1}{2}C_0$再变为$\frac{1}{4}C_0$的时间（半衰期）不同。

（2）例题解析

【例题5.4-1】在消毒过程中，水中存活的细菌菌落个数随时间的变化速率符合一级反应，从消毒开始到灭活99％细菌菌落的时间为1.842min，则灭活一半细菌菌落所需要的最少接触时间是多少？

【解】由于细菌菌落个数随时间的变化速率符合一级反应，其反应方程式为：

$$\frac{\mathrm{d}C_0}{\mathrm{d}t}=-KC_i，t=\int_{C_0}^{C_i}\frac{\mathrm{d}C}{-KC_i}=\frac{1}{K}\ln\frac{C_0}{C_i}。$$

当$C_i=0.01C_0$时，$t=1.842\mathrm{min}$，

则$1.842=\frac{1}{K}\ln\frac{C_0}{0.01C_0}=\frac{1}{K}\times 4.605$，得$K=\frac{4.605}{1.842}=2.5\mathrm{min}^{-1}$。

取$C_i=0.5C_0$代入半衰期计算式得：$T=\frac{1}{2.5}\ln\frac{C_0}{0.5C_0}=0.277\mathrm{min}$。

即该消毒方法灭活一半细菌菌落至少需要0.277min。

【例题5.4-2】有一物料组分$C_0=500\mathrm{mg/L}$，进水流量$Q=3\mathrm{m^3/h}$，一级反应，反应速度系数$K=0.4024\mathrm{h}^{-1}$。如果设计反应物料组分浓度减少80％，则比较选用CMB反应器和CSTR反应器的体积和组合情况，确定最佳方案。

【解】1）选用完全混合间歇式反应器（CMB）

物料组分浓度减少80％的反应时间为：

$$T=\frac{1}{K}\ln\frac{C_0}{0.2C_0}=\frac{1}{0.4024}\times 1.609=4\mathrm{h}；$$

CMB反应器容积$V=3\times 4=12\mathrm{m^3}$。

正常运行时，进水4h、反应4h、排空1h，工作周期9h，每天运转24h，需要该反应器3台，即第1台反应时，第2台进水、第3台放空，3台反应器总容量为$3\times 12=36\mathrm{m^3}$。

2）选用完全混合连续式反应器（CSTR）

选用 3 台体积相同的反应器串联，则全流程使物料组分浓度减少 80%时，每台反应时间为：

$$t=\frac{1}{K}\left[\left(\frac{C_0}{C_i}\right)^{\frac{1}{3}}-1\right]=\frac{1}{0.4024}\left[\left(\frac{C_0}{0.2C_0}\right)^{\frac{1}{3}}-1\right]=1.764\text{h};$$

3 台反应器反应时为 $T=3t=1.764\times3=5.292\approx5.3\text{h}$。

每台反应器体积 $V=3\times1.764=5.292\approx5.30\text{m}^3$；

3 台反应器体积 $W=3V=3\times5.30=15.90\text{m}^3$。

由此可见，多个 CSTR 反应器串联要比采用多个 CMB 反应器更节约容积。

【例题 5.4-3】消毒试验设备采用 CSTR 反应器。在消毒过程中，水中细菌个数随着消毒剂与水接触时间的延长逐步减少。假设存活的细菌个数密度随时间的变化速率符合一级反应，当接触时间为 12min 时，细菌灭活 92%。如果把该试验设备分成为 3 个体积相同的 CSTR 反应器串联，则分格后细菌灭活率比不分格提高多少？

【解】这是一个 CSTR 反应器串联和不串联比较计算问题。首先按照不分格计算，求出反应速度常数 K 值。由 $\frac{C_i}{C_0}=\frac{1}{1+KT}$，代入相关数据得 $\frac{(1-0.92)C_0}{C_0}=\frac{1}{1+12K}$，即 $(1+12K)\times0.08=1$，得 $K=\frac{1-0.08}{12\times0.08}=0.958\text{min}^{-1}$。

代入 CSTR 反应器串联计算式，取 $t=\frac{T}{3}=4\text{min}$，$\frac{C_i}{C_0}=\left(\frac{1}{1+Kt}\right)^3=\frac{1}{(1+0.958\times4)^3}=\frac{1}{112.82}=0.886\%$。

分格后去除率为 100%−0.886%=99.11%，比不分格提高去除率为 99.11%−92%=7.11%。

6 水 的 混 凝

6.1 混凝机理

（1）阅读提示

1）混凝定义

混凝包括凝聚和絮凝的全过程。广义上认为，通过投加电解质或搅拌、加热、冷冻水体或施加电场、磁场促使水中胶体颗粒和细小悬浮颗粒相互聚结的过程。在水处理过程中，混凝指的是投加电解质促使水中胶体颗粒和细小悬浮颗粒相互聚结的过程。

2）水分散系概念

由于水的自然循环和社会循环，不可避免地把一部分黏土、泥沙、腐殖质带入水体。均匀分散在水中的黏土胶体、腐殖质等和水构成了稳定的水分散系。其中，水是分散介质、连续相，而杂质是分散相。水分散系的性质取决于分散在水中的杂质的粒度分布函数。

3）胶体颗粒的稳定性

在水分散系中，黏土胶体颗粒和细小悬浮颗粒长期处于分散悬浮状态而不聚结沉淀的性能称为稳定性，反之称为不稳定性。稳定性又分为长期处于分散状态而不聚结的聚集稳定性以及长期处于悬浮状态而不沉淀的动力学稳定性。细小颗粒是否很好地聚结成大粒径颗粒与其亲水、憎水（又称溶剂化）性质有关，同时还与所带电荷的电斥力大小以及布朗运动有关。也就是说与粒径大小、水的温度有关。不稳定因素与范德华引力及布朗运动有关。

4）胶体颗粒双电层结构

憎水的黏土胶体颗粒胶核表面带有电荷称为 Φ 电位，与外圈的吸附层、扩散层中的负离子电位总量相同，符号相反。Φ 电位层又称为电位离子层，而吸附层、扩散层称为反离子层。电位离子层和反离子层构成了双电层结构。当扩散层中的反离子电位等于 0 时，吸附层表面的 ζ 电位等于 0，称为等电状态。

5）混凝原理

常用的混凝方法是投加电解质（混凝剂）发挥吸附电中和作用及混凝剂形成高分子发挥吸附架桥作用。从带正电荷的反离子和胶体颗粒中和过程分析可知，投加低价反离子进入胶体颗粒扩散层，扩散层厚度减小。如果投加高价反离子，不仅可以进入扩散层使胶体颗粒扩散层厚度减小，还可以涌入到吸附层，置换出低价反离子。由此可知，增加和总电位符号相反的离子（反离子）的浓度或（化合价较高的）反离子强度，都可以压缩扩散层，以至于降低负电位。当投加过量电解质时，大量高价反离子涌入到吸附层，有可能出现吸附层表面电位符号反逆再稳现象。

（2）例题解析

【例题 6.1-1】天然水体中胶体颗粒的稳定性分为“动力学稳定性”和“聚集稳定性”

两类。对于憎水胶体而言，“聚集稳定性”的大小决定于哪一项？

（A）细小颗粒的布朗运动作用；

（B）颗粒表面的水化膜作用；

（C）颗粒表面同性电荷电斥力作用；

（D）水溶液的 pH 值高低。

【解】 答案（C）

（A）无论是憎水胶体还是亲水胶体，所有细小颗粒的布朗运动都具有“聚集稳定”和“聚集不稳定”作用。绝大部分的颗粒在布朗运动作用下不能克服排斥势能和水化膜作用的影响，具有动力学稳定性，不是憎水胶体聚集稳定性大小的决定因素，（A）项不正确。

（B）一般黏土胶体属于无机类憎水颗粒，水化作用很弱，对聚集稳定性影响较小，不是聚集稳定性大小的决定因素，（B）项不正确。

（C）憎水颗粒表面带有较强的电荷，又称为ζ电位，具有同性电荷电斥力作用，是憎水胶体聚集稳定性大小的决定因素，（C）项正确。

（D）水溶液的 pH 值高低对水中正负离子的多少有一定影响，一般天然水体的 pH 值接近中性，不是憎水胶体聚集稳定性大小的决定因素，（D）项不正确。

由此还可以看出，对于亲水胶体而言，因双电层结构不明显，电斥力作用较弱，故认为“聚集稳定性”的大小决定于颗粒表面的水化膜作用。

【例题 6.1-2】 下列关于胶体颗粒在自来水厂静水中短时间存在状态的描述中，正确的是哪一项？

（A）悬浮在水面；

（B）选择吸附水中其他离子后，相互聚结；

（C）随水流一起运动；

（D）在水中发生布朗运动，表面带有电荷。

【解】 答案（D）

（A）颗粒运动扩散分布在整个水体中，不会悬浮在水面，（A）项描述不正确。

（B）天然水体中胶体颗粒有时会选择吸附水中少量其他离子，但仍然带有相同符号的电荷，在投加混凝剂前，很少相互聚结，（B）项描述不正确。

（C）因是静水，不存在随水流一起运动，（C）项描述不正确。

（D）在水中会不可避免地发生布朗运动，其表面带有ζ电位电荷，（D）项描述正确。

【例题 6.1-3】 胶体颗粒表面的ζ电位高低对胶体颗粒的稳定性具有重要作用，下面关于ζ电位值的叙述中，正确的是哪一项？

（A）ζ电位值在数值上等于胶核表面的总电位；

（B）ζ电位值在数值上等于吸附层中电荷离子所带电荷总和；

（C）ζ电位值在数值上等于胶团扩散层中电荷离子所带电荷总和；

（D）ζ电位值在数值上等于吸附层、扩散层中电荷离子所带电荷总和。

【解】 答案（C）

（A）胶核表面的总电位为Φ电位，与胶粒表面的ζ电位值不等，（A）项观点不正确。

(B) 总电位（Φ电位）中和吸附层中电荷离子电荷后的剩余值是胶粒表面的ζ电位值，吸附层中电荷离子已被Φ电位屏蔽，不便显示，(B) 项观点不正确。

(C) 总电位（Φ电位）中和吸附层中电荷离子电荷后的剩余值是用来中和扩散层中电荷离子所带电荷，也就是胶粒表面的ζ电位值等于扩散层中电荷总数，(C) 项观点正确。

(D) 总电位（Φ电位）在数值上等于吸附层、扩散层中电荷离子所带电荷总和，胶粒表面的ζ电位值在数值上不等于吸附层、扩散层中电荷离子所带电荷总和，(D) 项观点不正确。

【例题 6.1-4】 下列有关胶体颗粒特性的叙述中，正确的是哪一项？

(A) 同一种胶体颗粒在不同的水体中表现出的ζ电位一定相同；

(B) 不同的胶体颗粒在同一水体中表现出的ζ电位一定相同；

(C) 同一类胶体颗粒在同一水体中表现出的ζ电位完全相同；

(D) 胶体颗粒表面的ζ电位值越高，越不容易聚结。

【解】 答案 (D)

(A) 因为不同水体中所含杂质分子、离子不同，胶体吸附的反离子不同，表现出的ζ电位不一定相同，(A) 项叙述不正确。

(B) 不同胶体颗粒的总电位不同，吸附的反离子数量不同，在同一水体中表现出的ζ电位不一定相同，(B) 项叙述不正确。

(C) 同一类胶体颗粒有的吸附着细菌，ζ电位就高；有的吸附着金属离子，ζ电位就低。所以，同一类胶体颗粒在同一水体中表现出的ζ电位基本相同，不能公认为完全相同，(C) 项叙述不正确。

(D) 无论是亲水胶体还是憎水胶体，胶体表面ζ电位越高，斥力越大，越不容易聚结，(D) 项叙述正确。

【例题 6.1-5】 向水中投加混凝剂后，发生下列现象，不能认为是混凝作用的是哪一项？

(A) 混凝剂水解、聚合形成无机高分子聚合物；

(B) 形成带正电荷的聚合物中和胶体颗粒的电荷；

(C) 形成带长链节的聚合物黏附其他脱稳后的胶体颗粒；

(D) 形成氢氧化铝、氢氧化铁沉淀物黏附其他脱稳后的胶体颗粒。

【解】 答案 (A)

(A) 混凝剂水解、聚合形成无机高分子聚合物是混凝剂在水中反应过程，没有接触到水中的杂质颗粒，不能认为是混凝作用，故 (A) 项是本例题答案。

(B) 形成带正电荷的聚合物中和胶体颗粒的电荷，是发挥吸附电中和作用，(B) 项是混凝作用。

(C) 形成带长链节的聚合物黏附其他脱稳后的胶体颗粒，是发挥吸附架桥作用，(C) 项是混凝作用。

(D) 形成金属氢氧化物沉淀物黏附其他脱稳后的胶体颗粒，是发挥网捕作用，(D) 项是混凝作用。

【例题 6.1-6】 向水中投加硫酸铝($Al_2(SO_4)_3 \cdot 18H_2O$)混凝剂时，将发生不同的混凝作用，下列有关混凝作用的说法中，不正确的是哪几项？

(A) 天然水体的pH值多在6.5～8.5之间，投加硫酸铝混凝剂具有很好的压缩扩散层、降低ζ电位作用；

(B) 硫酸铝混凝剂在水中会形成无机高分子聚合氯化铝，具有很好的吸附架桥作用；

(C) 当水的pH值较低时（pH值<3），硫酸铝水解形成带正电荷的络合铝离子有可能涌入吸附层，置换出另一些带正电荷的离子，出现胶体颗粒电荷符号反逆现象；

(D) 投加过量的硫酸铝混凝剂时，能够很好地发挥吸附架桥作用。

【解】 答案（A）（B）（D）

(A) 投加硫酸铝混凝剂，只有在水的pH值<5时才会降低胶体颗粒的ζ电位，正常情况下，水的pH值在6.5～8.5之间，主要发挥吸附架桥作用，不能发挥很好的压缩扩散层、降低ζ电位作用，（A）项说法不正确。

(B) 目前，聚合氯化铝是盐酸和氢氧化铝反应而生成的混凝剂，硫酸铝混凝剂在水中不会形成无机高分子聚合氯化铝，（B）项说法不正确。

(C) 当水的pH值较低时（pH值<3），硫酸铝水解形成带有正电荷、高化合价的络合铝离子有可能涌入吸附层，置换出另一些低化合价的（如H^+、K^+、Na^+）正电荷离子，出现胶体颗粒电荷符号反逆现象，（C）项说法正确。

(D) 投加过量的硫酸铝混凝剂时，最后变成氢氧化铝的数量超过其溶解度时，有可能发挥网捕作用或者形成$Al(OH)_4^-$而恶化水质，不能很好发挥吸附架桥作用，（D）项说法不正确。

【例题6.1-7】 下列关于不同混凝剂（电解质）混凝作用的叙述中，正确的是哪几项？

(A) 分子量不同的两种电解质同时投加到水中，分子量大的先被吸附在胶体颗粒表面；

(B) 吸附在胶体颗粒表面分子量小的电解质会被分子量大的电解质置换出来；

(C) 吸附在胶体颗粒表面分子量大的电解质会被多个分子量小的电解质置换出来；

(D) 当水的pH值很高或投加碱性物质很多时，硫酸铝混凝剂越容易形成高分子发挥吸附架桥作用。

【解】 答案（A）（B）

(A) 分子量大、化合价高的电解质容易和带有相反电荷的胶体颗粒发生“吸附—电性中和”作用，所以，分子量不同的两种电解质同时投加到水中，分子量大的会优先被吸附在胶体颗粒表面，（A）项叙述正确。

(B) 根据“吸附—电性中和”作用机理，吸附在胶体颗粒表面分子量小的电解质吸附作用力较小，会被分子量大的电解质置换出来，（B）项叙述正确。

(C) 吸附在胶体颗粒表面分子量大的电解质和胶体颗粒具有较强的“吸附—电性中和”作用，不会被多个分子量小的电解质置换出来，（C）项叙述不正确。

(D) 当水的pH值很高或投加碱性物质很多时，无机盐硫酸铝混凝剂不能形成高分子，而会形成$Al(OH)_4^-$恶化水质，不是发挥吸附架桥作用，（D）项叙述不正确。

【例题6.1-8】 广义絮凝认为：分子运动、水力搅拌、电场磁场等作用促使颗粒碰撞聚结的都是絮凝。根据广义絮凝概念，下列水中细小杂质颗粒聚结破碎过程中，不是絮凝作用的是哪一项？

(A) 天然河流中的黏土颗粒随水流流动时相互聚结成大颗粒沉淀到河底；

(B) 过滤时细小絮体颗粒聚结在滤料表面被拦截下来；

(C) 澄清池中泥渣和水中细小絮体颗粒聚结；

(D) 滤池冲洗时把滤料表面污泥冲出池外。

【解】 答案 (D)

(A) 天然河流中的黏土颗粒随水流流动时相互碰撞聚结成大粒径颗粒沉淀到河底，属于外力作用下的絮凝作用，(A) 项叙述是絮凝作用。

(B) 过滤时细小絮体颗粒聚结在滤料表面被拦截下来，属于以滤料为介质的吸附接触絮凝作用，(B) 项叙述是絮凝作用。

(C) 澄清池中泥渣和水中细小絮体颗粒相互吸附、聚结，属于混凝过程中的网捕或接触絮凝作用，(C) 项叙述是絮凝作用。

(D) 滤池冲洗时依靠水流的剪切冲刷作用力把滤料表面污泥冲出池外不是相互聚结的絮凝作用，(D) 项叙述不是絮凝作用。

6.2 混凝动力学及混凝控制指标

(1) 阅读提示

1) 异向絮凝

引起水中细小颗粒相互碰撞聚结的途径有三条：一是水分子和水中溶解杂质的分子、离子热运动撞击细小颗粒和胶体颗粒；二是搅动水体或水平流速差异产生相邻水层速度差；三是颗粒之间的沉速差。

水分子或溶解杂质的分子、离子无规则运动称为布朗运动，撞击水中悬浮颗粒或胶体颗粒使之获得一定的能量，再相互碰撞聚结成大颗粒的过程称为异向絮凝。异向絮凝的速度用公式

$v_p = \frac{dn}{dt} = -\frac{N_p}{2} = -\frac{4}{3\nu\rho}KTn^2$ 计算。该公式表面上来看，不包含颗粒粒径，或者说与颗粒粒径无关。而实际上是发生在粒径小于 1μm 的颗粒之间，所以应该说，在粒径小于 1μm 之内的异向絮凝不再考虑粒径大小的影响。

2) 同向絮凝

搅动水体产生相邻水层速度差，引起的颗粒碰撞聚结成大颗粒的过程称为同向絮凝。用公式 $v_0 = \frac{dn}{dt} = -\frac{2}{3}\eta Gd^3n^2$ 计算。引入体积浓度（单位水体中杂质体积）概念，设某一种溶液中的胶体颗粒体积浓度为 ϕ，$\phi = \frac{\pi}{6}d^3n$。则同向絮凝速度变为 $v_0 = -\frac{4}{\pi}\eta G\phi n$。体积浓度 ϕ 通常用水中胶体颗粒和细小悬浮颗粒的质量浓度（以 mg/L 表示）及悬浮颗粒的重度或密度（以 mg/cm^3 表示）求出。这样，由二级反应式变成了一级反应式。

3) 混凝控制指标

这里还应该注意：

① 混凝过程：在混合阶段，分散混凝剂，发挥异向絮凝，属于凝聚阶段。絮凝阶段

是在外力作用下，颗粒相互碰撞、聚结，发挥同向絮凝。

② 控制指标：混合时间<2min，搅拌水体时，水流速度梯度 700～1000s^{-1}。絮凝时间 30min 左右，速度梯度 70～20s^{-1}。

③ 平衡粒径概念：水中絮凝体颗粒粒径大小与施加在水体上的功率大小有关，如果在整个絮凝过程中，只用一种搅拌速度搅动水体，则絮凝体颗粒就会不断均匀化、球形化而处于一种粒径大小基本不变的平衡状态。

(2) 例题解析

【例题 6.2-1】 下列关于异向絮凝、同向絮凝理论的叙述中，正确的是哪几项?

(A) 异向絮凝是水分子和杂质分子热运动撞击的结果，异向絮凝速度与水温及胶体颗粒粒径大小有关；

(B) 异向絮凝是布朗运动引起颗粒碰撞聚结，仅发生在未脱稳的细小胶体颗粒之间；

(C) 同向絮凝是外界扰动水体，产生速度差，引起颗粒碰撞、聚结的絮凝，絮凝速度与水的温度有关；

(D) 搅拌水体和消耗水体自身能量的机械混合、水力混合构筑物改变水体流态后主要发挥同向絮凝作用。

【解】 答案 (A)(C)

(A) 异向絮凝是水分子及溶解杂质分子、离子布朗运动撞击的结果，使得水中胶体及细小颗粒具有一定的动能，动能大小与水的温度有关。当胶体颗粒粒径小于 1μm 时，才有异向絮凝发生。当胶体颗粒粒径大于 5μm 时，这些颗粒受水分子撞击后，受力处于平衡，只能摆动而不能移动，也就无法聚结，故 (A) 项叙述是正确的。

(B) 对于任何细小颗粒，无论是否脱稳，只要受到水分子及溶解杂质分子、离子的撞击，都有可能碰撞聚结，所以 (B) 项叙述不正确。

(C) 同向絮凝速度与扰动水体产生的速度梯度 G 值有关，而 G 值大小受与水温有关的黏滞系数的影响，(C) 项认为同向絮凝速度与水的温度有关是正确的。

(D) 该项叙述发挥同向絮凝作用的结论是对的。但题干中所说机械搅拌、水力搅拌水体认为改变水体流态是错误的，因为水流流态只有层流和紊流两种状态，通常条件下，流动的液体均为紊流，不可能再改变为层流，只是不断改变水的相对位置，故认为 (D) 项叙述不正确。

【例题 6.2-2】 下列异向絮凝、同向絮凝速度有关影响因素的叙述中，正确的是哪几项?

(A) 异向絮凝的速度与是否投加混凝剂、颗粒是否脱稳无关；

(B) 引入杂质体积浓度 ϕ 值计算，同向絮凝的速度与絮凝颗粒粒径大小无关；

(C) 异向絮凝的速度与外界对水体搅拌速度梯度 G 值大小无关；

(D) 同向絮凝的速度大小与杂质颗粒密度大小有关。

【解】 答案 (C)(D)

(A) 异向絮凝主要发生在颗粒粒径小于 1μm (10^{-3}mm) 的细小悬浮杂质之间，投加混凝剂，颗粒粒径迅速增大脱稳，异向絮凝作用减弱，故认为与是否投加混凝剂有关，(A) 项叙述不正确。

(B) 引入杂质体积浓度 ϕ 值计算时，同向絮凝的速度与絮凝颗粒个数 n 值一次方成正比，而颗粒个数 n 值与颗粒粒径大小成反比，所以认为与粒径大小有关，(B) 项叙述不正确。

(C) 异向絮凝是水中溶解杂质的分子、离子以及水分子布朗运动引起的絮凝，从理论上分析，异向絮凝的速度与外界对水体搅拌速度梯度 G 值大小无关，(C) 项叙述正确。

(D) 同向絮凝的速度大小与杂质体积浓度 ϕ 值成正比，体积浓度 ϕ 值与杂质颗粒密度成反比，故认为同向絮凝的速度大小与杂质颗粒密度大小有关，(D) 项叙述正确。

【例题 6.2-3】 在微污染水源水处理中，有时在混凝工艺之前增加生物预处理工艺，其主要作用是什么？

(A) 发挥生物絮凝作用，提高混凝效果；

(B) 发挥生物光合作用，增加水中溶解氧含量；

(C) 增加水的活性，防止后续工艺中水体变质；

(D) 发挥生物氧化作用，去除水中氨氮、有机物等污染物。

【解】 答案 (D)

(A) 生物絮凝作用有限，提高混凝效果主要依靠改变混凝条件、投加助凝剂，(A) 项观点不正确。

(B) 室外露天生物氧化池固然有生物光合作用，能增加水中溶解氧含量，但这一作用比较缓慢，自来水厂处理构筑物内水流停留时间很短，不能充分利用光合作用增加溶解氧，(B) 项观点不正确。

(C) 在投加消毒剂、混凝剂之前，水的活性（指水的 pH 值、离子活性、生物活性、藻类生长势等）基本不变。微污染水源水处理中的曝气充氧有助于散除有害气体，增加微生物活性，发挥生物氧化作用，不是为了防止后续工艺中水体变质，(C) 项观点不正确。

(D) 发挥生物氧化作用，氧化水中氨氮变成 NO_3^-，氧化降解有机物等污染物变成 CO_2 和 H_2O 是生物预处理工艺的作用，(D) 项观点正确。

【例题 6.2-4】 下列有关混凝过程和设计要求的叙述中，不正确的是哪几项？

(A) 混合过程是分散混凝剂阶段，搅拌时间越长，混凝越均匀，设计时取混合时间为 2～5min；

(B) 絮凝是分散的絮凝体相互聚结的过程，当水流速度梯度 G 值大小不变时，絮凝时间越长，聚结后的颗粒粒径越大；

(C) 为防止絮凝颗粒破碎，絮凝池出口速度梯度 G 值取 $20s^{-1}$ 左右为宜；

(D) 混合、絮凝可以在一个构筑物内完成，两个阶段相互补充。

【解】 答案 (A) (B) (D)

(A) 混合过程是分散混凝剂阶段，搅拌时间过长，容易使聚结的絮凝体破碎，设计时取混合时间为 10～30s，最长不超过 2min，(A) 项叙述不正确。

(B) 絮凝是分散的絮凝体相互聚结的过程，不同的水力条件下会聚结成与之相对应的"平衡粒径"。当水流速度梯度 G 值大小不变时，絮凝时间增加，絮凝体不断均匀化、球形化，聚结后的颗粒粒径不会更大，(B) 项叙述不正确。

(C) 为防止絮凝颗粒破碎，设计时，絮凝池出口速度梯度 G 值取 $20s^{-1}$ 左右，(C) 项叙述正确。

(D) 混合、絮凝是混凝的两个阶段，先混合分散混凝剂，再进行絮凝。混合、絮凝可以在一个澄清池构筑物内完成，但不能省略任一过程。直接过滤时的微絮凝混合在管道、絮凝在滤池，(D) 项叙述不正确。

【例题 6.2-5】 设天然河水中细小黏土颗粒的个数浓度为 3×10^6 个/cm^3，在布朗运动作用下发生异向絮凝，有效碰撞系数 $\eta=0.5$，取水的密度 $\rho=1.0g/cm^3$，20℃时水的运动黏度 $\nu=0.01cm^2/s$，波兹曼常数 $K=1.38\times10^{-16}g\cdot cm^2/(s^2\cdot K)$，求在水温 20℃条件下水中胶体颗粒个数减少一半的时间。

【解】 根据教材公式（6-1）得：

$$\frac{dn}{dt}=-\frac{4}{3\nu\rho}KT\eta n^2;\ \frac{dn}{n^2}=-\frac{4}{3\nu\rho}KT\eta dt;\ \frac{1}{n}-\frac{1}{n_0}=\frac{4}{3\nu\rho}KT\eta t。$$

取 $n=\frac{1}{2}n_0$，得 $t=\frac{1}{n_0}\cdot\frac{3\nu\rho}{4KT\eta}=\frac{1\times3\times0.01\times1}{3\times10^6\times4\times1.38\times10^{-16}\times(273+20)\times0.5}$

$=123658.3s=34.35h$。

这里必须注意运动黏度 ν 和动力黏度 μ 之间单位换算问题。当 20℃水的运动黏度以 $\nu=0.01\ cm^2/s(10^{-2}\ cm^2/s)$、水的密度 $\rho=1g/cm^3$ 计算时，动力黏度 μ 值为：

$$\mu=\rho\nu=\frac{g}{cm^3}\cdot\frac{0.01cm^2}{s}=\frac{0.01g}{cm\cdot s}=\frac{0.01kg}{1000}\cdot\frac{100}{m\cdot s}=\frac{0.001kg\cdot m}{m^2}\frac{s}{s^2}=\frac{0.001N}{m^2}\cdot s$$

$$=1\times10^{-3}Pa\cdot s。$$

当 20℃水的运动黏度以 $\nu=1\times10^{-6}m^2/s$、水的密度 $\rho=1000kg/m^3$ 计算时，动力黏度 μ 值为：

$$\mu=\rho\nu=\frac{1000kg}{m^3}\cdot\frac{1\times10^{-6}m^2}{s}=\frac{1000kg\cdot m}{m^2}\cdot\frac{1\times10^{-6}s}{s^2}=\frac{1000N}{m^2}\cdot1\times10^{-6}s$$

$$=1\times10^{-3}Pa\cdot s。$$

水的密度 $\rho=1000kg/m^3$ 不是 $1000kgf/m^3$，不能等同 $9800N/m^3$。

【例题 6.2-6】 在混合阶段，假定水中胶体颗粒为球形，粒径均匀且粒径 $d=100nm=10^{-7}m$，这时主要发挥异向絮凝。如果水温是 15℃，胶体颗粒粒径相同，采用机械搅拌水体发生同向絮凝的速率等于异向絮凝的速率，则机械搅拌时耗散在每 m^3 水体上的功率为多少？

【解】 15℃时水的动力黏度 $\mu=1.14\times10^{-3}Pa\cdot s$，波兹曼常数 $K=1.38\times10^{-23}J/K$，绝对温度 $T=273+15=288$。根据教材公式（6-1）和公式（6-2）计算：

令 $\frac{4}{3\mu}KT\eta n^2=\frac{2}{3}\eta Gd^3n^2$，得：$G=\frac{2KT}{\mu d^3}=\frac{2\times1.38\times10^{-23}\times288}{1.14\times10^{-3}\times(10^{-7})^3}=6972.63s^{-1}$。

因为 $G=\sqrt{\frac{p}{\mu V}}$，则单位水体耗散的功率为：

$$\frac{P}{V}=\mu G_2=1.14\times10^{-3}\times6972.63^2=55424W/m^3。$$

由此可以看出，当水中杂质颗粒粒径小于 $1\mu m$ 时，布朗运动引起的异向絮凝作用远远大于高速搅拌水体的同向絮凝作用。如果脱稳后的颗粒粒径大于 $1\mu m$（设 $d=10^{-6}m$），则异向絮凝作用大幅度降低。在 15℃时，仅需 $G=\frac{2KT}{\mu d^3}=\frac{2\times1.38\times10^{-23}\times288}{1.14\times10^{-3}\times(10^{-6})^3}=6.97s^{-1}$，每 m^3 水体耗散的功率为 $P=1.14\times10^{-3}\times6.97^2=0.055W$，两种絮凝速率相

接近。

【例题 6.2-7】有一座折板絮凝池，水流停留时间 15min、水头损失 0.30m。已知原水中含有悬浮颗粒杂质 40.20mg/L，杂质（含有毛细水）的密度为 1.005g/cm³，水的动力黏度 $\mu=1.14\times10^{-3}$Pa·s，颗粒碰撞聚结有效系数 $\eta=0.5$。则经折板絮凝池后水中悬浮颗粒个数减少率是多少？

【解】水中杂质的体积浓度（L/L）为：$\phi=\dfrac{40.20}{1.005\times1000\times1000}=4\times10^{-5}$；

水流速度梯度 $G=\sqrt{\dfrac{\gamma H}{\mu T}}=\sqrt{\dfrac{9800\times0.30}{1.14\times10^{-3}\times15\times60}}=53.53\mathrm{s}^{-1}$。

根据教材公式（6-3），令 $K=\dfrac{4}{\pi}\eta G\phi=\dfrac{4}{3.14}\times0.5\times53.53\times4\times10^{-5}=1.36\times10^{-3}$，

代入教材公式（5-10），得 $\dfrac{n_i}{n_0}=\dfrac{1}{1+Kt}=\dfrac{1}{1+1.36\times10^{-3}\times15\times60}=0.4496$。

经折板絮凝池后水中悬浮颗粒个数减少率为 $1-0.4496=0.5504=55.04\%$。

【例题 6.2-8】上题中的折板絮凝池，准备改为两格体积相同串联的机械搅拌絮凝池，水流停留时间不变，第 1 格搅拌机功率是第 2 格的 2 倍，总功率同原来的折板絮凝池耗散的功率，则分格后的悬浮颗粒个数减少率是多少？

【解】水中杂质的体积浓度（L/L）为：$\phi=\dfrac{40.20}{1.005\times1000\times1000}=4\times10^{-5}$。

分格前，折板絮凝池耗散的功率 $P=\gamma QH=0.3\gamma Q$。

分格后，各格机械搅拌功率为 $p_1=\gamma QH_1=0.2\gamma Q$，$p_2=\gamma QH_2=0.1\gamma Q$，每格水流停留时间为 7.5min，水流速度梯度分别为：

$$G_1=\sqrt{\frac{0.2\gamma Q}{\mu V}}=\sqrt{\frac{0.2\gamma}{\mu T}}=\sqrt{\frac{0.2\times9800}{1.14\times10^{-3}\times7.5\times60}}=61.81\mathrm{s}^{-1};$$

$$G_2=\sqrt{\frac{0.1\gamma Q}{\mu V}}=\sqrt{\frac{0.1\gamma}{\mu T}}=\sqrt{\frac{0.1\times9800}{1.14\times10^{-3}\times7.5\times60}}=43.71\mathrm{s}^{-1}。$$

令 $K=\dfrac{4}{\pi}\eta G\phi$，则：

$$K_1=\frac{4}{3.14}\times0.5\times61.81\times4\times10^{-5}=1.574\times10^{-3};$$

$$K_2=\frac{4}{3.14}\times0.5\times43.71\times4\times10^{-5}=1.113\times10^{-3}。$$

代入教材公式（5-10），得：

$$\frac{n_1}{n_0}=\frac{1}{1+K_1t}=\frac{1}{1+1.574\times10^{-3}\times7.5\times60}=0.585;$$

$$\frac{n_2}{n_1}=\frac{1}{1+K_2t}=\frac{1}{1+1.113\times10^{-3}\times7.5\times60}=0.666;$$

$$\frac{n_1}{n_0}\times\frac{n_2}{n_1}=\frac{n_2}{n_0}=0.585\times0.666=0.3896。$$

经机械搅拌絮凝池后水中悬浮颗粒个数减少率为1－0.3896＝0.6104＝61.04％。

6.3 混凝剂和助凝剂

（1）阅读提示

1）无机混凝剂

无机混凝剂包括无机盐混凝剂、无机高分子混凝剂和复合无机高分子混凝剂。常用的无机盐混凝剂是硫酸铝，当作 $Al_2O_3+3H_2SO_4$ 反应而生成的 $Al_2(SO_4)_3$。一般含有结晶水。

$Al_2(SO_4)_3 \cdot 18H_2O$ 中，Al_2O_3 占 $\frac{102}{666}=15.32\%$；

$Al_2(SO_4)_3 \cdot 14H_2O$ 中，Al_2O_3 占 $\frac{102}{594}=17.17\%$。

硫酸铝（$Al_2(SO_4)_3 \cdot 18H_2O$）在混凝过程中水解、聚合，最后形成 $[Al(OH)_3]_\infty$。

无机高分子混凝剂主要有聚合氯化铝（又名碱式氯化铝）、聚合氯化铁、聚合硫酸铁。

复合无机高分子混凝剂是含铁、硅、铝成分的聚合物。复合不同于聚合，复合是多种具有混凝作用的成分和特性互补，集中于一种混凝剂中。

2）有机高分子混凝剂

有机高分子混凝剂性质和功能已有说明。这里应该注意的是投加量问题。《高浊度水给水设计规范》指出：聚丙烯酰胺投加量应通过试验或参照相似条件的运行经验确定，当含沙量相同时，聚丙烯酰胺的投加量与泥沙粒度有关。可对泥沙进行颗粒组成与投药量的相关性试验确定最佳投药量。当无实际资料可用时，可参照下列数值计算以聚丙烯酰胺纯量计的投加量。

① 高浓度水混凝沉淀（澄清），聚丙烯酰胺平均投加量为0.015～1.5mg/L；

② 当原水含沙量为10～40kg/m³ 时，投加量宜为1～2mg/L；

③ 当原水含沙量为40～60kg/m³ 时，投加量宜为2～4mg/L；

④ 当原水含沙量为60～100kg/m³ 时，投加量宜为4～10mg/L。

当投加聚丙烯酰胺进行生活饮用水处理时，出厂水中丙烯酰胺单体的残留浓度必须符合现行《生活饮用水卫生标准》的规定。

《水处理剂　阴离子和非离子型聚丙烯酰胺》规定，用于饮用水处理的Ⅰ类产品，丙烯酰胺单体含量应≤0.025％。生活饮用水丙烯酰胺单体含量的限值是0.0005mg/L。

假定投入水中的聚丙烯酰胺中所含丙烯酰胺单体全部溶解并随水逸出，则聚丙烯酰胺最大投加量应不大于2mg/L，对生活饮用水是安全的。

（2）例题解析

【例题6.3-1】下列关于不同的混凝剂混凝作用的叙述中，正确的是哪几项？

（A）$Al_2(SO_4)_3 \cdot 18H_2O$ 具有凝聚、絮凝作用；

（B）当水的pH值较低时，$FeSO_4 \cdot 7H_2O$ 主要发挥絮凝作用；

（C）碱化度较高的碱式氯化铝具有很好的絮凝作用；

（D）带有负电荷的有机高分子混凝剂只能发挥凝聚作用。

【解】答案（A）（C）（D）

（A）投加 $Al_2(SO_4)_3 \cdot 18H_2O$ 后，未水解的水合铝离子及单核羟基配合物发挥凝聚作用，多核多羟基聚合物及氢氧化铝沉淀物发挥絮凝作用，（A）项叙述正确。

（B）当水的 pH 值较低时，$FeSO_4 \cdot 7H_2O$ 不容易聚合成高分子，主要发挥凝聚作用而不是絮凝作用，（B）项叙述不正确。

（C）碱化度较高的碱式氯化铝是含有较多羟基的无机高分子，具有很好的吸附架桥作用，也即是发挥絮凝作用，（C）项叙述正确。

（D）带有负电荷的有机高分子混凝剂和黏土胶体所带电荷相同，只能发挥黏附作用，也就是凝聚作用，（D）项叙述正确。

【例题 6.3-2】下列有关水中的絮凝颗粒相互聚结成大颗粒的变化叙述中，正确的是哪几项？

（A）不加混凝剂时，胶体颗粒在外力作用下相互聚结成大颗粒后，其表面电荷增加；

（B）絮凝颗粒相互聚结，其颗粒个数浓度不变；

（C）絮凝体颗粒相互聚结，其质量浓度减少；

（D）絮凝体颗粒相互聚结，其体积浓度不变。

【解】答案（A）（D）

（A）既然说的是胶体颗粒，并未有脱稳，仍然带有电荷，在布朗运动或者外界搅拌作用下，相互聚结成球状、片状大颗粒，其表面电荷可能增加，（A）项叙述正确。

注意：向水中投加的无机盐混凝剂发生水解、聚合后，一般带有正电荷，中和胶体颗粒表面的 ζ 电位，使其脱稳，变为絮凝体，相互聚结成表面电荷很低或者不带电荷具有良好沉淀性能的絮凝颗粒，虽然絮凝颗粒表面电荷也会增加，但不再具有胶体颗粒性质。

（B）多个细小絮凝颗粒相互聚结成大粒径颗粒，单位体积水中所含有的颗粒个数减少，（B）项叙述不正确。

（C）在混凝过程中，认为絮凝颗粒不发生沉淀，所以，小颗粒聚结成大颗粒的过程中，单位体积水中所含有的絮凝颗粒质量基本不变，（C）项叙述不正确。

（D）在混凝过程中，小颗粒聚结成大颗粒后单位体积水中所含有的颗粒体积不变，（D）项叙述正确。

【例题 6.3-3】使用硫酸亚铁作为混凝剂时常同时投加氯气，下列关于投加氯气的主要作用和投加量的叙述中，正确的是哪几项？

（A）氧化水中有机物、消毒杀菌、氧化水中氨氮；

（B）氧化水中硫酸亚铁中的 Fe^{2+}，使之变为 Fe^{3+}，发挥较好的絮凝作用；

（C）氯气投加量为 $FeSO_4 \cdot 7H_2O$ 投加量的 1/8，再加上 1.5～2.0mg/L 的余量；

（D）氯气投加量为 $FeSO_4$ 投加量的 1/4.3，再加上 1.5～2.0mg/L 的余量。

【解】答案（B）（C）（D）

（A）氯气具有氧化水中有机物、消毒杀菌、氧化水中氨氮的功能，但配合硫酸亚铁混凝时的作用主要是助凝，（A）项叙述不正确。

（B）氧化硫酸亚铁中的 Fe^{2+}，使之变为 Fe^{3+}，水解聚合生成无机高分子，发挥较好的絮凝作用，（B）项叙述正确。

（C）氯气和硫酸亚铁的反应式为：

$$6FeSO_4 \cdot 7H_2O + 3Cl_2 = 2Fe_2(SO_4)_3 + 2FeCl_3 + 42H_2O$$

理论加氯量和硫酸亚铁量之比为1∶7.83≈1∶8。

取氯气投加量为$FeSO_4 \cdot 7H_2O$投加量的1/8，再加上1.5～2.0mg/L的余量，(C)项叙述正确。

(D) 不计$7H_2O$结晶水，理论加氯量和硫酸亚铁量之比为1∶4.28≈1∶4.3。

取氯气投加量为$FeSO_4$投加量的1/4.3，再加上1.5～2.0mg/L的余量，(D) 项叙述正确。

【例题6.3-4】自来水厂常常使用Cl_2、CaO助凝剂，对其作用原理有不同的描述，不正确的观点是哪几项?

(A) 预加Cl_2氧化有机物，减少水化膜干扰，促进混凝作用；

(B) 预加Cl_2氧化水源水中Fe^{2+}变成Fe^{3+}，提高铁的混凝效果；

(C) 投加CaO以中和混凝剂在水解过程中产生的氢离子，有利于混凝剂水解聚合；

(D) 同时投加Cl_2、CaO生成漂白粉，发挥消毒、氧化有机物作用。

【解】答案 (B) (D)

(A) 当水中含有亲水有机物时，预加Cl_2有助于减少水化膜干扰，促进混凝作用，(A) 项观点正确。

(B) 水源水中不一定含有铁离子，不需要除铁。即使水源水中含铁，因含量有限，也不采用氯氧化后再作为混凝剂发挥混凝作用，(B) 项观点不正确。

(C) 投加CaO提高水的碱度，中和混凝剂在水解过程中产生的氢离子，有利于混凝剂水解聚合，(C) 项观点正确。

(D) 向水中投加Cl_2具有消毒、氧化有机物作用。同时投加Cl_2、CaO，因反应条件限制，不会生成漂白粉来发挥消毒、氧化有机物作用，(D) 项观点不正确。

【例题6.3-5】为了提高混凝效果，有时需要投加助凝剂。下列有关几种助凝剂作用的叙述中，正确的是哪几项?

(A) 聚丙烯酰胺助凝剂既有助凝作用又有混凝作用；

(B) 石灰、氢氧化钠促进混凝剂水解聚合，既有助凝作用又有混凝作用；

(C) 投加氯气破坏有机物干扰，既有助凝作用又有混凝作用；

(D) 投加黏土提高颗粒碰撞速率、增加混凝剂水解产物凝结中心，主要发挥助凝作用。

【解】答案 (A) (D)

(A) 聚丙烯酰胺有机高分子混凝剂可以架桥连接絮凝体，帮助提高其他混凝剂的混凝效果，又可以作为混凝剂处理高浊度水发挥絮凝作用，(A) 项叙述正确。

(B) 石灰、氢氧化钠可以中和混凝剂水解产生的酸度，促进混凝剂水解聚合，一般不影响天然黏土胶体颗粒的双电层结构，也不会生成高分子聚合物，没有絮凝作用，(B) 项叙述不正确。

(C) 投加氯气的主要目的是破坏有机物干扰，有助凝作用。由于不影响天然黏土胶体颗粒的双电层结构，不会生成高分子聚合物，没有絮凝作用，(C) 项叙述不正确。

(D) 投加黏土提高颗粒碰撞速率、增加混凝剂水解产物凝结中心，发挥助凝作用，不能发挥颗粒间吸附、电中和机理，没有混凝作用，(D) 项叙述正确。

【例题 6.3-6】下列有关混凝剂混凝原理及投加浓度的叙述中，正确的是哪几项？

（A）非离子型有机高分子混凝剂聚丙烯酰胺在碱性条件下部分水解，生成阳离子型水解聚合物，发挥电中和及吸附架桥作用；

（B）有机高分子混凝剂投加浓度为1%～2%，当用水射器投加时，药剂投加浓度应为水射器后的混合液浓度；

（C）无机高分子混凝剂聚合氯化铝溶于水后生成的阳离子水解聚合物能够发挥电中和及吸附架桥作用；

（D）复合型混凝剂是几种混凝剂经复合反应而成的无机高分子混凝剂，具有混凝作用和特性互补的功能。

【解】答案（C）（D）

（A）非离子型有机高分子混凝剂聚丙烯酰胺在碱性条件下部分水解，生成阴离子型水解聚合物，发挥黏附、吸附架桥作用，（A）项叙述不正确。

（B）有机高分子混凝剂投加浓度为0.1%～0.2%，当用水射器投加时，药剂投加浓度应为水射器后的混合液浓度，（B）项叙述不正确。

（C）无机高分子混凝剂聚合氯化铝溶于水后生成的阳离子水解聚合物能够发挥电中和作用，进一步聚合生成弱阳性或中性聚合物能够发挥吸附架桥作用，（C）项叙述正确。

（D）复合型混凝剂是几种混凝剂经复合反应而成的无机高分子混凝剂，具有混凝作用和抗干扰特性互补的功能，（D）项叙述正确。

【例题 6.3-7】一座处理水量为10.5万m^3/d的自来水厂，水厂自用水量占设计规模的5%，投加硫酸铝混凝剂，以Al_2O_3计，投加量为3mg/L。根据理论计算水厂每天投加硫酸铝多少千克？

【解】处理水量105000m^3/d已包含水厂自用水量。$Al_2(SO_4)_3 \cdot 18H_2O$分子量为666，$Al_2O_3$分子量为102。$Al_2O_3$投加量3mg/L，相当于投加硫酸铝$\frac{3}{102} \times 666 = 19.59$mg/L。

每天需要投硫酸铝（$Al_2(SO_4)_3 \cdot 18H_2O$）量为：

$19.59 \times 10^{-3} \times 105000 = 2057$kg。

【例题 6.3-8】某水厂夏季取用河水为高浊度水，投加含有丙烯酰胺单体为0.025%的聚丙烯酰胺3mg/L。经试验，投加的聚丙烯酰胺中所含单体丙烯酰胺有65%左右溶解在水中，并随出水逸出时，满足《生活饮用水卫生标准》的要求。现又购进一批聚丙烯酰胺，所含单体丙烯酰胺溶解在水中并随出水逸出的比例下降10个百分点，试验投加量为4mg/L，则新购聚丙烯酰胺中丙烯酰胺单体含量应不大于多少是安全的？

【解】《生活饮用水卫生标准》规定，丙烯酰胺含量<0.0005mg/L。

设投加含有丙烯酰胺单体为0.025%的聚丙烯酰胺随出水逸出残留在水中的丙烯酰胺的最大比例为x，则$3 \times 0.025\% x < 0.0005$是安全的，得$x < \frac{0.0005}{3 \times 0.025\%} = 66.67\%$。

新购聚丙烯酰胺随出水逸出的丙烯酰胺的比例为$66.67\% - 10\% = 56.67\%$；

新购聚丙烯酰胺中丙烯酰胺单体含量应为$y < \frac{0.0005}{4 \times 56.67\%} = 0.022\%$。

【例题 6.3-9】某水厂夏季取用河水含沙量为60kg/m^3，投加含有丙烯酰胺单体为

0.024%的聚丙烯酰胺4mg/L。经试验，投加的聚丙烯酰胺中所含单体丙烯酰胺有50%左右溶解在水中，并随出水逸出时，残留在水中的丙烯酰胺含量满足《生活饮用水卫生标准》的要求。现又购进含有丙烯酰胺单体为0.023%的聚丙烯酰胺，所含单体丙烯酰胺溶解在水中并随出水逸出残留在水中的丙烯酰胺含量比例下降5个百分点，则新购聚丙烯酰胺最大投加量为多少是安全的?

【解】《生活饮用水卫生标准》规定，丙烯酰胺含量<0.0005mg/L。

设投加含有丙烯酰胺单体为0.024%的聚丙烯酰胺随出水逸出残留在水中的丙烯酰胺的最大比例为x，则$4\times 0.024\% x < 0.0005$是安全的，得$x < \frac{0.0005}{4\times 0.024\%} = 52\%$。

新购聚丙烯酰胺随出水逸出的丙烯酰胺残留在水中的比例为$52\% - 5\% = 47\%$；

新购聚丙烯酰胺允许投加量应为$W < \frac{0.0005}{0.023\% \times 47\%} = 4.625\text{mg/L}$。

6.4 影响混凝效果的主要因素

(1) 阅读提示

1) 水温影响

水温影响主要讨论水温降低的影响。从定性上分析，水温降低后，混凝剂水解困难，胶体颗粒水化作用增强，影响了絮凝作用。同时考虑低温水的黏滞系数增大，水温为20℃的水动力黏滞系数$\mu_1 = 1.0\times 10^{-3}\text{Pa}\cdot\text{s}$，水温为4℃的水动力黏滞系数$\mu_2 = 1.57\times 10^{-3}\text{Pa}\cdot\text{s}$，扰动水流的流速减慢或水流剪切力增大，或水中杂质颗粒布朗运动减弱等现象均会阻止杂质颗粒的碰撞聚结，也就直接影响了混凝效果。水温降低后，水中的电解质电离作用减弱了，如HCO_3^-电离成$H^+ + CO_3^{2-}$的数量减少，或$H^+ + CO_3^{2-}$生成HCO_3^-的数量增加，使得水的pH值升高。水温为25℃的纯水pH值=7.00，水温为10℃的纯水pH值=7.27，这一影响有助于提高混凝效果。

从定量上分析，水温降低后，水的黏滞系数增大，直接影响到扰动水体的速度梯度G值，使之变小。为保持水流速度梯度不变，则应增大搅拌功率或增大水头损失。

2) 水的pH值和碱度影响

这里主要讨论水的pH值和碱度对混凝的影响。水的pH值和碱度不是同一个概念。pH值升高时，说明水中H^+减少而OH^-增多。这时水中的HCO_3^-和OH^-发生反应，$HCO_3^- + OH^- = H_2O + CO_3^{2-}$，形成$OH^-$、$CO_3^{2-}$共存的状态。如果水的pH值降低，说明水中有大量$H^+$，水中的$HCO_3^-$和$H^+$发生反应，$HCO_3^- + H^+ = H_2O + CO_2$，形成$HCO_3^-$和$H^+$共存的状态。由此可以看出，$HCO_3^-$碱度既能和$OH^-$反应也可以中和$H^+$。水的pH值和碱度对混凝的影响，主要表现在无机盐混凝剂水解时所生成的产物状态、性质，也就影响了后续的混凝效果。在正常情况下，水的pH值为7～8时，混凝效果较好。当水的pH值大于9时，$Al_2(SO_4)_3$混凝剂有时会生成带负电荷的聚合物$Al(OH)_4^-$。水的pH值高低对高分子混凝剂混凝效果影响较小，一般不加碱助凝。

有关调节水的pH值、投加碱性物质的定量计算，可用教材公式(6-12)计算，也可以根据教材公式(6-10)、公式(6-11)按质量比例计算。

3）水中悬浮物浓度影响

水中悬浮物浓度很高时，属于高浓度水，需要经预沉处理后再进行混凝、沉淀、过滤常规处理。不经预沉的浊度较高的水源水混凝时通常投加骨胶、有机高分子助凝剂。

水中悬浮物浓度较低的水源水，混凝时碰撞聚结速率降低。根据异向絮凝、同向絮凝的理论计算式可知，悬浮物颗粒个数直接影响絮凝聚结速度。这里特别指出，异向絮凝速度是颗粒个数变化的二级反应。细小絮凝颗粒聚结成大粒径颗粒的时间，也是细小絮凝颗粒减少的时间，与水中原有颗粒个数的平方成反比。絮凝颗粒个数浓度 n_0（个/mL）变化到 $n_0/2$ 的时间为 T_1，是 $n_0/2$ 变化到 $n_0/4$ 时间 T_2 的 1/2。

4）同向絮凝速度计算

同向絮凝速度计算时，引入了体积浓度（单位水体中杂质体积）的概念，体积浓度 $\phi=\frac{\pi}{6}d^3n$，包含了颗粒个数 n。ϕ 值是一个不变化的常数，则同向絮凝速率也变成了颗粒个数变化的一级反应。颗粒个数由 n_0 个变化到 $n_0/2$ 个再变化到 $n_0/4$ 个的时间相同。

（2）例题解析

【例题 6.4-1】水温低时对混凝效果有明显的影响，其原因是多方面的，下列叙述中，正确的是哪几项？

（A）水温低时，胶体颗粒水化膜增厚，妨碍相互聚结；

（B）水温低时，水的黏度增大，布朗运动减弱，颗粒碰撞几率减小；

（C）水温低时，混凝剂水解困难，不便形成高效聚合物；

（D）水温低时，水的黏度增大，有利于混凝剂和颗粒之间的黏结。

【解】答案（A）（B）（C）

（A）对亲水胶体来说，水温低时水的黏度增大，水化膜内的水分子不易被挤压出来，影响了颗粒之间的黏附作用。对无机混凝剂的影响主要是水解困难，也会使不明显的水化膜变厚，妨碍相互聚结，（A）项叙述正确。

（B）水的黏度增大，布朗运动强度减弱，颗粒迁移运动减弱，碰撞几率减小，（B）项叙述正确。

（C）水温低时，混凝剂水解困难，不便形成高效聚合物，吸附架桥作用减弱，（C）项叙述正确。

（D）水温低时，水的黏度增大，主要表现在水的内聚力增大，对于浓度较低的混凝剂和颗粒之间的吸附黏结作用影响可以忽略，（D）项叙述不正确。

【例题 6.4-2】下列有关水的 pH 值、碱度变化对水质影响的叙述中，不正确的是哪几项？

（A）在通常情况下，水温降低后，水的 pH 值相应降低，呈酸性水；

（B）《生活饮用水卫生标准》规定：水的 pH 值不小于 6.5 且不大于 8.5，也就是说，应以此要求自来水水温不能过高过低；

（C）在正常 pH 值范围内，水中的碱度主要指的是 OH^- 碱度，呈碱性水；

（D）在水处理过程中，碱性物质可以中和混凝产生的 H^+ 而不过多降低 pH 值。

【解】答案（A）（B）（C）

（A）在通常情况下，水温降低后，水的 pH 值相应提高而不是降低，不呈现酸性水，

(A) 项叙述不正确。

(B)《生活饮用水卫生标准》规定：水的 pH 值不小于 6.5 且不大于 8.5。并不是限定自来水水温的依据。《地表水环境质量标准》规定，人为造成的环境水温变化应限制在周平均最大温升≤1℃，周平均最大温降≤2℃，说明自来水水温应是天然环境水温，(B) 项叙述不正确。

(C) 根据水中 CO_2 平衡原理可知，pH 值高于 8.5 时，OH^-、CO_3^{2-} 共存，pH 值低于 6.5 时，HCO_3^- 和 H^+ 共存，pH 值为 6.5～8.5 时，水中碱度主要指的是 HCO_3^- 碱度，不是 OH^- 碱度，不会呈碱性水，(C) 项叙述不正确。

(D) 在水处理过程中，呈现的碱度物质是 OH^- 碱度、HCO_3^- 碱度、CO_3^{2-} 碱度，都能够中和混凝产生的 H^+，而不过多降低 pH 值，(D) 项叙述正确。

【例题 6.4-3】 下面关于提高混凝效果的几种方法中，不正确的说法是哪几项？

(A) 增加混凝剂投加量、投加助凝剂可以提高低温水的混凝效果；

(B) 把非离子型聚丙烯酰胺在碱性条件下部分水解，生成阳离子型水解聚合物，发挥电中和作用，有利于提高聚丙烯酰胺混凝剂混凝效果；

(C) 在混合池中投加适量的黏土、煤粉有助于提高低浊度水的混凝效果；

(D) 采用硫酸铝混凝剂时，投加大量石灰等碱性物质，不仅能中和混凝剂水解产生的 H^+，而且能聚合成铝的高分子聚合物，克服碱度过低对混凝的影响。

【解】 答案 (B)(D)

(A) 增加混凝剂投加量或投加助凝剂等可以提高低温水的混凝效果，是目前使用的基本方法，(A) 项方法正确。

(B) 目前，是把非离子型聚丙烯酰胺在碱性条件下部分水解，不是生成阳离子型水解聚合物，发挥电中和作用，而是生成阴离子型水解聚合物，发挥黏附架桥作用，(B) 项说法不正确。

(C) 在混合池中投加适量的黏土、煤粉形成凝结中心，有助于提高低浊度水的混凝效果，(C) 项方法正确。

(D) 采用硫酸铝混凝剂时，投加过量石灰等碱性物质，会使硫酸铝的水解聚合物 $Al(OH)_3$ 溶解为带有负电荷的离子 $Al(OH)_4^-$，恶化混凝效果，(D) 项方法不正确。

【例题 6.4-4】 有一座处理水量为 3 万 m^3/d 的小型自来水厂，水源水碱度为 0.2mmol/L，投加硫酸铝（以无结晶水 $Al_2(SO_4)_3$ 计，Al_2O_3 占 29.825%）28mg/L，同时投加少量氢氧化钠（NaOH）调节水的 pH 值，取剩余碱度 $[\delta]=0.1$mmol/L，则每天至少投加 30%浓度的 NaOH 多少千克？（NaOH 分子量为 40，$Al_2(SO_4)_3$ 分子量为 342）

【解】 根据反应式 $Al_2(SO_4)_3+6NaOH=2Al(OH)_3+3Na_2SO_4$ 可知，每投加 1mmol/L 的 $Al_2(SO_4)_3$ 需要投加 6mmol/L 的 NaOH，计入水源水中的碱度 0.2mmol/L，则氢氧化钠投加量计算为：

$$[NaOH]=\left(6\times\frac{28}{342}-0.2+0.1\right)\times\frac{40}{30\%}=52.16mg/L=52.16g/m^3;$$

每天至少投加 NaOH 的数量为：$30000\times52.16\times10^{-3}=1565$kg。

该例题也可以按照 Al_2O_3 含量计算，Al_2O_3 分子量为 102，则氢氧化钠用量为：

$$[NaOH]=\left(6\times\frac{28\times29.825\%}{102}-0.2+0.1\right)\times\frac{40}{30\%}=52.16mg/L=52.16g/m^3;$$

每天至少投加 NaOH 的数量为：30000×52.16×10^{-3}=1565kg。

还要提请读者注意的是，$Al_2(SO_4)_3$ 中含 Al_2O_3 的比例为 29.825%，$Al_2(SO_4)_3 \cdot 18H_2O$ 中含 Al_2O_3 的比例为 15.315%。如果例题中告诉大家纯 $Al_2(SO_4)_3$ 含有 Al_2O_3 的比例为 29.825%或者说 $Al_2(SO_4)_3 \cdot 18H_2O$ 含有 Al_2O_3 的比例为 15.315%，即认为是精制品。直接用 $Al_2(SO_4)_3$(分子量为 342)或 $Al_2(SO_4)_3 \cdot 18H_2O$(分子量为 666)浓度计算即可。否则，应按照含有的 Al_2O_3 浓度计算。

【例题 6.4-5】钢筋混凝土隔板絮凝池总水头损失为 h（m），池壁面粗糙系数 n=0.013，夏天水源水水温 20℃，动力黏滞系数 $\mu_1=1.0\times10^{-3}$Pa·s，冬天水源水水温 4℃，动力黏滞系数 $\mu_2=1.57\times10^{-3}$Pa·s。如果保持水流速度梯度不变，则夏天运行时，絮凝池内水流水头损失应比冬天增加多少？

【解】考虑到钢筋混凝土絮凝池水头损失是按照阻力平方区的公式计算的，与水温有关的雷诺数 Re 对沿程水头损失影响极小，水的重度变化很小，均忽略不计，则 20℃水温时絮凝池水流速度梯度 $G_1=\sqrt{\dfrac{\gamma h_1}{\mu_1 T}}$，4℃水温时絮凝池水流速度梯度 $G_2=\sqrt{\dfrac{\gamma h_2}{\mu_2 T}}$。

如果保持水流速度梯度不变，则 $G_2=G_1$，$\dfrac{h_1}{h_2}=\dfrac{\mu_1}{\mu_2}=\dfrac{1.0\times10^{-3}}{1.57\times10^{-3}}$，$h_1=0.6369h_2$。

水温 20℃时絮凝池水头损失 h_2 值比水温 4℃时增加值为：

$$\frac{h_2-h_1}{h_2}=\frac{h_2-0.6369h_2}{h_2}=36.31\%。$$

【例题 6.4-6】一地表水源总碱度 5mg/L（以 CaO 计），混凝时投加 $Al_2(SO_4)_3 \cdot 18H_2O$ 剂量为 35mg/L，试估算投加石灰（市售品纯度为 30%）最少量是多少？

【解】根据教材公式（6-10）可以写出如下反应式：

$$Al_2(SO_4)_3 \cdot 18H_2O + 3CaO = 2Al(OH)_3 + 3CaSO_4 + 15H_2O$$

投加的石灰和硫酸铝质量比为：3×56/666=168/666；

市售纯度为 30%的石灰用量是：$[CaO]=\dfrac{\dfrac{35\times168}{666}-5}{30\%}=\dfrac{3.83}{0.3}$=12.76mg/L。

【例题 6.4-7】下列关于水中杂质颗粒个数浓度影响颗粒絮凝聚结速度的叙述中，正确的是哪几项？

（A）在异向絮凝中，颗粒个数减少的絮凝时间与颗粒个数浓度的平方成反比；

（B）在同向絮凝中，颗粒个数减少的絮凝速度与颗粒个数浓度的一次方成反比；

（C）在异向絮凝中，颗粒个数由 n_0 变化到 $n_0/2$ 的时间是从 $n_0/2$ 变化到 $n_0/4$ 时间的 2 倍；

（D）在同向絮凝中，颗粒个数由 n_0 变化到 $n_0/2$ 的时间与从 $n_0/2$ 变化到 $n_0/4$ 的时间相同。

【解】答案（A）（B）（D）

（A）从教材公式（6-1）可以看出，异向絮凝过程中，颗粒个数减少的絮凝时间表达式为 $dt=\dfrac{3DP}{4KTy}\dfrac{dn}{n^2}$，$dt$ 的变化（絮凝时间）与颗粒个数浓度 n 的平方成反比，（A）项叙述正确。

(B) 在同向絮凝中，水中颗粒个数减少的絮凝速度用教材公式（6-3）计算，悬浮物体积浓度 ϕ 值包含了颗粒个数浓度 n，是一个常数，$\frac{dn}{dt}=-\frac{4}{\pi}G\phi n$，与 n 的一次方成正比，(B) 项叙述正确。

(C) 参考教材公式（6-1）或例题 6-1，可写出絮凝时间 t 的表达式：$t=\left(\frac{1}{n_1}-\frac{1}{n_2}\right)\frac{3v\rho}{4}$，用 $n_1=\frac{1}{2}n_0$、$n_2=n_0$ 代入，求出第 1 个半衰期 $t_1=\frac{1}{n_0}\cdot\frac{3v\rho}{4}$，再用 $n_1=\frac{1}{4}n_0$、$n_2=\frac{n_0}{2}$ 代入，求出第 2 个半衰期 $t_2=\frac{2}{n_0}\cdot\frac{3v\rho}{4}$，得 $t_1:t_2=1:2$，二级反应时的半衰期成倍增加，(C) 项叙述不正确。

(D) 根据教材公式（6-3），得出 $t=\frac{\pi}{4\eta G\phi}\ln\frac{n_0}{n}$ 的计算式，一级反应，经验算，从 n_0 变化 $n_0/2$ 的时间是 $t_1=\frac{\pi}{4\eta G\phi}\ln 2=\frac{0.693\pi}{4\eta G\phi}$，从 $n_0/2$ 变化到 $n_0/4$ 的时间是 $t_2=-\frac{\pi}{4\eta G\phi}\ln 2=\frac{0.693\pi}{4\eta G\phi}$。一级反应时的半衰期相同，(D) 项叙述正确。

6.5 混凝剂储存与投加

(1) 阅读提示

1) 混凝剂储存

①固体混凝剂如硫酸铝、三氯化铁、碱式氯化铝，多以固体包装成袋存放，采取先存先用的原则。个别地方硫酸亚铁混凝剂也有采用散装运输的。袋装混凝剂每袋重 20～25kg，便于人工装卸。碱式氯化铝、三氯化铁、硫酸铝等液体混凝剂使用较广，多用槽车、专用船只运输到水厂储液池。

计算固体混凝剂储存面积时，应根据全年最大投加量计算。其中设计处理水量按照设计规模再加上水厂自用水量计算。混凝剂投加量通常用 mg/L 单位，相当于 g/m^3 或 kg/km^3。计算混凝剂投加量时应注意投加量和设计处理水量的计算单位应一致，必要时进行换算一下。还应注意，处理构筑物处理水量包括水厂自用水量。晚上用水低峰时，水厂清水池已储满，这时的处理流量小于构筑物设计处理能力。高峰供水时，处理流量短时间大于构筑物设计处理能力，应按设计处理水量计算。

②当自来水厂距离混凝剂厂家较近，便于用槽车或船只或桶装运输时，可使用液态混凝剂。大多数水厂的液态混凝剂储存在加药间地面下或靠近加药间的道路旁。储液池人孔或进料口应高出地面或路面 300mm 以上，以免雨水或冲洗地面水流入储液池。

液体混凝剂纯度按厂家提供的数据计算，根据生产或试验投加量计算每天用量和存放 7～10d 用量，设计储液池容积。

固体混凝剂应溶解后配成较低浓度再行投加。一般不采用混合不均匀的干粉投加方法。溶解搅拌方法根据混凝剂溶解难易程度而定。无机盐混凝剂、无机高分子混凝剂用水力搅拌、压缩空气搅拌或机械搅拌进行溶解，有机高分子混凝剂多用机械搅拌进行溶解。无论何种形式的搅拌都必须耗用动力或能量。

溶解池容积按照溶液（调配）池容积估算，主要适用于无机盐混凝剂、无机高分子混凝剂，因为这些混凝剂都是易溶解于水的化合物，溶解时间小于30min。按照溶液池估算的溶解池容积可以满足调配投加需要。同时还要考虑安装搅拌设备、清洗及施工需要。钢筋混凝土溶解池平面尺寸多在1.0m×1.0m以上，所以没有必要进行准确计算设计。

对于有机高分子混凝剂的溶解池容积应根据投加量最高时段混凝剂用量计算。还要考虑有机高分子混凝剂快速搅拌时间。如采用二次水解呈白色或微黄色颗粒或粉末状的聚丙烯酰胺产品，搅拌溶解时间取90min；使用胶状聚丙烯酰胺时，搅拌溶解时间取120min。

溶解调配池容积按照教材公式（6-16）计算，能够满足使用要求。从该公式可以看出，溶液池中调配后的混凝剂浓度有一个变化范围，直接影响了溶液池容积大小。设计取值主要考虑以下因素：

溶解的混凝剂不能因浓度过高发热，致使钢筋混凝土池体开裂或因pH值偏低腐蚀严重。$FeCl_3 \cdot 6H_2O$混凝剂溶解浓度在20%以上时会出现上述现象，一般控制其溶液浓度在10%以下。

投加方式不同，选用的混凝剂配制浓度不同，$Al_2(SO_4)_3 \cdot 18H_2O$和碱式氯化铝混凝剂采用苗咀或水射器（配转子流量计）投加时，常因堵塞或水压变化使得投加量发生变化，多配制成浓度为5%～10%的溶液，以免溶液投加量变化引起混凝剂加注量有较大偏差。

如果采用计量泵投加，溶液池水位变化不会引起计量泵投加量有较大误差，可配制成浓度为20%左右的溶液。如果是液体混凝剂可省去溶解池，用液体混凝剂配制成合适浓度的溶液。

有机高分子混凝剂溶解后通常制配成浓度为1%～2%的溶液存放在溶液池中，用计量泵投加时，还应适当稀释控制其浓度在0.1%～0.2%；如用水射器投加，则控制水射器后的混合液中PAM浓度为0.1%～0.2%。

从混凝效果分析，无论是哪一种混凝剂，较低的浓度要比较高的浓度效果好一些，为不增大溶液池容积，通常按上述要求配制是可行的。

2）混凝剂投加

混凝剂投加方法分为重力投加和压力投加。实际上，重力投加的混凝剂溶液也需要一定位能或水压力，只不过仅有2～3m的水头而已。压力投加多用计量泵、耐腐蚀泵，水射器抽吸溶液加入到压力水管中，无论何种形式的投加方法都需要耗用能量。

①泵前投加。药液投加在水泵吸水管或吸水喇叭口处，安全可靠，操作简单，一般适用于取水泵房到水厂距离较近的中、小型水厂。

②高位溶液池重力投加。当取水泵房距水厂较远时，应建造高架溶液池，利用重力流将药液投入水泵压水管上，或者投加在混合池入口处。

③水射器投加。利用高压水通过水射器喷嘴和喉管之间真空抽吸作用将药液吸入，同时注入原水管中。

④计量泵投加。一般为柱塞式计量泵和隔膜式计量泵，不另配备计量装置。

根据水质不同，混凝过程中有时需要投加碱性药剂（NaOH或$Ca(OH)_2$），有时为氧化有机物助凝需要投加高锰酸钾（$KMnO_4$）或预加氯气。有时投加下列混凝剂：$Al_2(SO_4)_3 \cdot 18H_2O$或$FeCl_3 \cdot 6H_2O$，或$Al_n(OH)_mCl_{3n-m}$及有机高分子（PAM）。有的水厂还要投加粉末活性炭。其投加顺序直接影响了混凝效果和除污效果。根据混凝原理可知，调节 pH 值、氧化有机物的药剂应投加在前面，混凝剂投加在后面。为了发挥对胶体的脱稳凝聚作用和絮凝作用，无机盐混凝剂应投加在高分子混凝剂之前，粉末活性炭可投加在絮凝池中后部而不使水中絮凝体和粉末活性炭发生竞争吸附。对于使用高分子混凝剂去除高浊度、泥沙、黏土的高浓度水处理，可先投加有机高分子混凝剂充分发挥絮凝作用，再经 30～60s 后投加其他混凝剂具有较好的混凝效果。

不同混凝剂的组合使用可能有不同的加成作用，应通过试验确定投加顺序和投加量。投加聚丙烯酰胺混凝剂的计量设备必须采用聚丙烯酰胺药液进行流量标定，而不能用清水流量标定来替代。

（2）例题解析

【例题 6.5-1】下列关于混凝剂存放、投加量、配制浓度、计量标定的叙述中，正确的是哪一项？

（A）混凝剂存放量应根据水厂平均日供水量计算确定；

（B）自来水厂投加混凝剂采用自动控制后，可直接投加固体干粉混凝剂，使投加系统更为简便，投加更为均匀高效；

（C）相比之下，投加的混凝剂配制成较低浓度的溶液比配制成较高浓度的溶液投加更为均匀高效；

（D）有机高分子混凝剂和无机高分子混凝剂具有相似性质，可以互为标定投加设备的流量。

【解】答案（C）

（A）混凝剂存放量应根据构筑物处理水量计算确定。就是在构筑物使用年限内最高日供水量并计入水厂自用水量的处理水量。（A）项叙述中未说明最大供水量并计入水厂自用水量，是不正确的。

（B）采用直接投加固体干粉混凝剂可使投加系统简便，但不均匀，需要设置防尘措施，不能发挥高效混凝作用，（B）项叙述不正确。

（C）配制较低浓度的混凝剂投加均匀，投加误差较小，能够发挥高效混凝作用，（C）项叙述正确。

（D）有机高分子混凝剂和无机高分子混凝剂流变特性不同，溶液流动阻力不同，不能互为标定投加设备的流量，（D）项叙述不正确。

【例题 6.5-2】设计规模为 5 万 m^3/d 的水厂（自用水量占 5%），选用袋装固体硫酸铝混凝剂，每袋体积约 $0.5\times0.4\times0.2=0.04m^3$，内装固体硫酸铝 40kg。混凝试验投加量：夏天投加 24.85～26mg/L，冬天投加 28～30mg/L，存放时间 30d，按堆高 1.6m、堆放空隙率 30%设计，则混凝剂存放间面积最少应为多少？

【解】按照冬天投加 30mg/L 计算，$30mg/L=30\times10^{-3}kg/m^3$，30d 需投加的硫酸铝袋数为：

$$N=\frac{50000(1+5\%)\times30\times10^{-3}\times30}{40}=1182\text{ 袋；}$$

有效堆放面积：$F=\dfrac{1182\times0.04}{1.6\ (1-0.3)}=42.2m^2$。

考虑到运输通道和水厂扩建，该水厂混凝剂存放间和溶解池、投加设备间建在一起，应设计成跨度 4.50m、进深 10.24m，至少五开间。一开间设溶液池，一开间设溶解池，一开间作为汽车进出，两开间存放混凝剂。

【例题 6.5-3】 有一地表水源的水厂，混凝试验得出 $Al_2(SO_4)_3$ 最大投加量为 14mg/L。现设计一条规模为 10 万 m^3/d 的生产线，水厂自用水量占 10%。选用 $Al_2(SO_4)_3 \cdot 18H_2O$ 混凝剂，混凝剂调配浓度取 20%，每日调配一次，则溶液池容积为多大比较合适？($Al_2(SO_4)_3$ 分子量 342、$Al_2(SO_4)_3 \cdot 18H_2O$ 分子量 666)

【解】 已知无结晶水 $Al_2(SO_4)_3$ 混凝剂分子量为 342，最大投加量为 14mg/L，折算成分子量为 666 的 $Al_2(SO_4)_3 \cdot 18H_2O$ 最大投加量是 $\frac{14}{342} \times 666 = 27.26$mg/L。混凝构筑物设计处理水量 $Q = \frac{100000 \times 1.1}{24} = 4583m^3/h$，溶液池容积 $W_2 = \frac{27.26 \times 4583}{417 \times 20 \times 1} = 15m^3$。

考虑到一座溶液池正在使用时，需要将固体硫酸铝溶解后提升到另一座溶液池进行调配。因此本工程需要设计两座容积为 $15m^3$ 的溶液池。

6.6 混凝设备与构筑物

(1) 阅读提示

本节所述混凝设备与构筑物是指在混合、絮凝阶段发生“凝聚、絮凝”过程的设备与构筑物。

1) 混合设备

泛指搅拌水体分散混凝剂的设备和构筑物。混合的目的是分散混凝剂，使其均匀迅速分散到水流中。在这一阶段混凝剂水解、聚合致使水中胶体颗粒脱稳改变性质，并发生异向絮凝。常用的混合方法有以下几种：

①水泵混合。混凝剂投加在水泵吸水管上，经水泵高速旋转的叶轮搅动水体分散开来。投加混凝剂时，应注意水封，不使空气进入，以免泵壳积聚气囊，流量减少。水泵混合的水流在浑水管中流动时间应小于 2min，流动距离最好在 120m 以内，避免絮凝体沉淀在浑水管中。

②管式混合。在进水管上加设扰流部件或改变管道尺寸，改变水流速度、水流方向的混合。该类形式的混合装有转动叶片的属于水流扰动的水力混合。

③机械搅拌混合。利用搅拌设备扰动水体进行的混合。即利用搅拌桨板迎水面和背水面压力差产生的涡流进行的混合。

④水力混合。有足够的水流流速变化或水流方向变化进行的混合。

从混合的基本原理分析，上述 4 种混合方法大同小异。首先都必须搅动水体，使水流形成特定方式的运动，具有瞬间的水流速度差和剪切流形成一系列尺度不等的涡旋迭加而成的涡旋运动。这种涡旋运动可使两种以上物料均匀分布，消除均相物料系统中的浓度差或温度差，即为混合。同时也能够促使物料之间发生碰撞、吸附反应。混合可以看作是水流紊动作用与混凝剂反应相结合的过程。目前还不能准确地定量描述。通常用搅拌水体而产生的速度梯度 G 值和混合时间 T 值作为设计的综合参数。

2）絮凝构筑物

①絮凝与混合的共同点

絮凝原理与混合原理基本相同，都是通过水流紊动产生速度差或搅动水体产生不同尺度涡旋迭加的涡旋运动，促使脱稳后的悬浮颗粒相互碰撞聚结成具有良好沉淀性能的大颗粒。

②近壁紊流型絮凝构筑物

由絮凝构筑物的隔板、壁板引起的壁面附近紊流和壁面边界层紊流向断面传播，产生速度梯度，引起颗粒碰撞聚结的絮凝构筑物。典型的近壁紊流型絮凝构筑物是折板絮凝池或波纹板絮凝池。过去使用较多的隔板絮凝池也可看作是近壁紊流型絮凝构筑物。

③自由紊流型絮凝构筑物

不受絮凝构筑物壁面影响的紊流型絮凝设备或构筑物。典型的自由紊流是静态混合器，其他网格絮凝池、栅条絮凝池、机械搅拌絮凝池属于自由紊流型絮凝构筑物。还有一些絮凝构筑物具有近壁紊流和自由紊流的性能。

④折板絮凝池

目前，自来水厂使用折板絮凝池、机械搅拌絮凝池最多。折板絮凝池是不断改变水流方向和水流速度曲折流动引起紊流的构筑物。

单通道折板安装后的同波折板仅改变水流方向，异波折板同时改变水流方向和水流速度。两块折板间的夹角 $\theta=90°\sim120°$。在工程设计中，折板夹角大小直接影响安装折板的缩放次数、折板块数及异波折板絮凝池波谷速度大小，也就影响了全流程的水头损失大小。

⑤絮凝池水头损失值

对于水力搅拌的絮凝池来说，水头损失至关重要，教材中已有计算方式。从实际工程上来看，折板竖流絮凝池、直板竖流絮凝池起端末端水面之间连线呈现连续的直线时，则絮凝池起端末端水面标高差即为该絮凝池的水头损失值。如果絮凝池起端末端水面之间连线呈现很多段折线时，则认为水流经过中间淹没的隔板时出现水流跌落，起端末端水位标高差不能代表絮凝池的水头损失值。

⑥絮凝池流速和絮凝时间

水力搅拌的隔板絮凝池、折板絮凝池从起端到末端的水流常设计成 3～6 档流速，如 $v_1=0.5$m/s，$v_2=0.4$m/s，$v_3=0.3$m/s，$v_4=0.25$m/s，$v_5=0.2$m/s。如果每一档流速区水流停留时间相同，则每档流速廊道的体积（$W=QT$）相同，而用隔板分格的廊道宽度不同，廊道总长度不同。

⑦机械搅拌絮凝池

安装搅拌桨板绕旋转轴旋转扰动水体产生速度差、引起颗粒碰撞聚结的絮凝池为机械搅拌絮凝池。该絮凝池既有近壁紊流特点，又有自由紊流功能。每根搅拌轴上可能安装一层或多层搅拌叶轮，每层叶轮可能在一个或两个旋转半径上安装桨板，每个旋转半径上可能安装两块或多块桨板。教材公式（6-21）是一根旋转轴上所有桨板旋转时所耗散的功率计算式。

搅拌叶轮上的桨板旋转时，搅动水体，把桨板当作固定叶片，被推动的水体当作流向桨板的水流，在搅拌桨板面积允许范围内，单块桨板面积越大，搅拌越不均匀。

教材公式（6-21）桨板旋转时所耗散的功率计算式，表面上看来与水温无关，实际上，低温水黏度大耗散功率多，计算式多乘以温度修正系数。考虑到雷诺数 Re 在 $10^2 \sim 2 \times 10^4$ 范围内，温度影响系数较小，也就不再另外考虑 Re 的影响了。但应知道，水温不同，水的动力黏度不同，水流阻力系数 C_D 值不同，耗散的功率不同，所产生的流速梯度不同。

（2）例题解析

【例题 6.6-1】 混凝剂投入水中后需迅速混合，不同的混合方法具有不同的特点。下列几种混合方式、特点的叙述中，不正确的是哪几项？

（A）水泵混合迅速均匀，不必另行增加设备和能量；

（B）管式静态混合是管道阻流部件扰动水体发生湍流的混合，不耗用能量；

（C）机械搅拌混合迅速均匀，需要另行增加设备，耗用能量；

（D）利用水流跌落产生水跃的混合，不耗用能量。

【解】 答案（B）（D）

（A）水泵混合迅速均匀，利用其提升水量时加入混凝剂，不另行增加设备和能量，（A）项叙述正确。

（B）管式静态混合是管道阻流部件扰动水体发生湍流的混合，具有一定的水头损失，耗用能量，（B）项叙述不正确。

（C）机械搅拌混合迅速均匀，需要搅拌设备、动力设备，耗用能量，（C）项叙述正确。

（D）水流跌落产生水跃的混合具有一定的水头损失，耗用能量，（D）项叙述不正确。

【例题 6.6-2】 混凝剂投入水中需扰动水体迅速混合，下列关于混合阶段扰动水体作用的叙述中，正确的是哪一项？

（A）扰动水体，产生速度差，促使水中絮凝体颗粒碰撞聚结成大颗粒；

（B）迅速扰动水体，具有促使混凝剂水解产生大量氢气顺利外溢排出的作用；

（C）扰动水体，防止混凝剂水解放热，局部水体温度偏高；

（D）扰动水体，分散混凝剂，有利于生成均匀的聚合物。

【解】 答案（D）

（A）投加的混凝剂在混合阶段主要是分散混凝剂，促使水解产物均一。到絮凝阶段再和水中颗粒碰撞，产生速度差，促使水中絮凝体颗粒碰撞聚结成大颗粒，（A）项叙述不正确。

（B）混凝剂水解产生氢离子（H^+）会降低水的 pH 值，不会产生大量氢气，故（B）项叙述不正确。

（C）铁盐混凝剂溶解时会放热提高水温，扰动水体有助于排出混凝剂水解产生的热量，防止局部水体温度偏高。一般铁盐混凝剂浓度较低，尽量减少放热影响。这里搅拌不是为扰动水体散热之用，（C）项叙述不正确。

（D）在混合阶段扰动水体的主要作用是分散混凝剂，有利于生成均匀的聚合物，（D）项叙述正确。

【例题 6.6-3】 下列有关混合设备特点的叙述中，正确的是哪一项？

（A）水泵混合和其他机械混合方法相同，必须有专门的混合池；

（B）依靠管道固定阻流部件扰动水体达到混合目的的管式混合也属于水力混合；

（C）机械搅拌混合是外加动力搅拌水体，产生水位差达到混合目的；

（D）水力混合是高速水流冲击动能扰动水体产生压力差达到混合目的。

【解】 答案（B）

（A）从混合特点划分，水泵混合是高速旋转的叶轮代替搅拌桨板扰动水体进行的混合，不设专门的混合池，属于单独的一种形式。而机械混合是指需要设置专门的混合池，并设计搅拌速度梯度、控制混合时间的混合，（A）项叙述不正确。

（B）依靠管道固定阻流部件扰动水体的管式混合，是静态固定阻流部件切割水流，属于水力混合，不是机械混合，（B）项叙述正确。

（C）机械搅拌混合是外加动力搅拌水体，桨板前后压力差产生漩涡，水流急速流动，达到混合目的。不是产生水位差达到混合目的，（C）项叙述不正确。

（D）水力混合是高速水流产生湍流或改变水流方向和水流速度大小进行的混合，不是扰动水体产生压力差达到混合目的，（D）项叙述不正确。

【例题 6.6-4】 在机械搅拌絮凝池中，机械搅拌促使颗粒相互碰撞聚结的主要原因是什么？

（A）桨板搅动水体，水流和池壁间发生摩擦，产生速度差；

（B）桨板搅动水体，水流和桨板间发生摩擦，产生速度差；

（C）桨板搅动水体，水中细小颗粒加速布朗运动；

（D）桨板前后产生压力差，水流改变速度和方向，产生速度差。

【解】 答案（D）

（A）机械搅拌水体时，运动的水流和池壁会发生摩擦，产生速度差，但机械搅拌絮凝池尺寸较大，池壁间距远，所产生的速度梯度 G 较小，不足以引起全池水流中絮凝颗粒碰撞聚结，（A）项答案不正确。

（B）桨板旋转时，与水流的摩擦力很小，所产生的速度梯度 G 不足以引起絮凝颗粒碰撞聚结，不是絮凝的原因，（B）项答案不正确。

（C）水中细小颗粒的布朗运动不受机械搅拌的影响，所以（C）答案不正确。

（D）桨板前后压力差，使水流改变速度和方向引起颗粒碰撞聚结。桨板前后压力差也是产生绕流阻力、耗散机械功率的主要原因，（D）项答案正确。

【例题 6.6-5】 竖流式折板絮凝池通常设计成异波、同波和平行直板三段形式，其絮凝原理除水流和折板壁面近壁紊流外，还有如下特点的叙述，正确的是哪几项？

（A）异波折板主要依靠改变水流速度大小促使絮凝体碰撞聚结，发挥絮凝作用；

（B）同波折板主要依靠改变水流方向促使絮凝体碰撞聚结，发挥絮凝作用；

（C）平行直板既不改变水流速度又不改变水流方向，不起絮凝作用；

（D）竖流式折板絮凝池与水平流隔板絮凝池相比较，水流速度梯度变化更加缓慢。

【解】 答案（B）（D）

（A）异波折板既改变水流速度又改变水流方向，增大水流速度梯度和紊动性，较好地促使絮凝体碰撞聚结，发挥絮凝作用，（A）项叙述不正确。

（B）同波折板主要依靠改变水流方向和上下端转弯促使絮凝体碰撞聚结，（B）项叙述正确。

（C）平行直板主要依靠水流和壁面近壁紊流及上下端转弯促使絮凝体缓慢碰撞聚结，不能认为不起絮凝作用，（C）项叙述不正确。

（D）与水平流隔板絮凝池相比较，竖流式折板絮凝池中水流转弯次数增多，转弯角度减小，两次转弯间隔时间较短，水流速度梯度变化缓慢，（D）项叙述正确。

【例题 6.6-6】 下列关于折板絮凝池构造设计的叙述中，正确的是哪几项？

（A）从起端到末端，分为三档流速的折板絮凝池，如果每档流速的水流停留时间相同，则每档流速的絮凝池体积相同；

（B）不管水流如何流过中间折板，絮凝池起端末端水面标高差都可以代表絮凝池的水头损失值；

（C）两道相对异波折板的间距确定后，折板夹角大小不影响波峰间流速大小；

（D）在折板絮凝池中，如果池底设计成起端高末端低的斜坡代替水面的水力坡降，则絮凝池起端、末端水面标高相同。

【解】 答案（A）（C）

（A）分为多档流速的折板絮凝池，当进水流量为 Q（m^3/s）、每档流速的水流停留时间 T（s）相同时，则每档流速的絮凝池体积 $W=QT$（m^3）相同。各档流速大小的设定由隔墙间距离大小决定，（A）项叙述正确。

（B）从起端到末端，有的水厂设计水流经过中间折板上端出现跌落，水面不是均匀下降，则絮凝池起端末端水面标高差不能代表絮凝池的水头损失值，（B）项叙述不正确。

（C）当两道相对异波折板的间距确定后（如图 6-1 间距为 400mm），即确定了折板波峰的间距，也就确定了波峰间流速大小。折板夹角大小直接影响折板安装块数，不影响波峰间流速大小，（C）项叙述正确。

（D）在折板絮凝池中，如果池底设计成起端高末端低的斜坡有利于排泥放空，因安装折板，水面的水力坡降不等于池底坡度，絮凝池起端、末端水面标高不会相同，仍有水力坡降，（D）项叙述不正确。

【例题 6.6-7】 下列关于折板絮凝池构造特点的叙述中，不正确的是哪几项？

（A）异波折板絮凝池折板间的水流多次转弯曲折流动，既改变水流方向又改变流速大小，故有较好的絮凝效果；

（B）在折板絮凝池中，如果池底设计成平底无坡度，则絮凝池起端末端水位标高差即为折板絮凝池的水头损失值；

（C）竖流式折板絮凝池和机械搅拌絮凝池絮凝原理相同，均需要较短的絮凝时间；

（D）所有絮凝池絮凝时间越长、水流速度梯度越大，絮凝效果越好。

【解】 答案（B）（C）（D）

（A）异波折板絮凝池折板间的水流多次转弯曲折流动，既改变水流方向又改变流速大小，具有较好的絮凝效果，（A）项叙述正确。

（B）竖流式折板絮凝池起端末端水面之间连线呈现连续的直线时，则絮凝池起端末端水面标高差即为该絮凝池的水头损失值。如果絮凝池起端末端水面之间连线呈现很多段折线时，则说明水流经过中间淹没的隔板时出现水流跌落，起端和末端水位标高差不能代表絮凝池的水头损失值，（B）项叙述不正确。

（C）折板絮凝池的絮凝原理是近壁紊流，机械搅拌絮凝池的絮凝原理是自由紊流，二者虽然均需要较短的絮凝时间，但絮凝原理不同，(C) 项叙述不正确。

(D) 絮凝池絮凝时间较长时，水中杂质会形成与之相对应的平衡粒径，而不能继续增大，不能提高絮凝效果。水流速度梯度大，聚结成大颗粒的絮凝体容易破碎，也是最终形成与之相对应的平衡粒径，不再继续增大，不能提高絮凝效果，(D) 项叙述不正确。

【例题 6.6-8】下列关于调节机械搅拌混合池中水流速度梯度方法的叙述中，正确的是哪几项？

(A) 调节机械搅拌器旋转速度；

(B) 调节机械搅拌混合池中水流进出速度；

(C) 调节机械搅拌混合池中的水位；

(D) 调节机械搅拌器在混合池中的位置。

【解】 答案 (A) (C)

(A) 调节机械搅拌器旋转速度，即调节了搅拌器功率，也就调节了水流速度梯度，(A) 项叙述正确。

(B) 调节机械搅拌混合池水流进出速度，仅调节了单元水流停留时间，不能改变搅拌器功率或混合池容积，不能调节水流速度梯度，(B) 项叙述不正确。

(C) 调节机械搅拌混合池中的水位，即调节混合池容积 V，从速度梯度计算式 $G=\sqrt{\frac{P}{\mu V}}$ 来看，把混合池中水位调高或调低，有助于调节水流速度梯度，(C) 项叙述正确。

(D) 机械搅拌器只要一直浸没在水中，调节搅拌器高低位置，不能改变搅拌器功率或混合池容积，不能调节水流速度梯度，(D) 项叙述不正确。

【例题 6.6-9】一座折板絮凝池共分 3 格，每格 150m³，当流量 $Q=0.5\text{m}^3/\text{s}$ 时，第 1 格絮凝池平均速度梯度 $G_1=72.30\text{s}^{-1}$，第 2 格絮凝池平均速度梯度 $G_2=57.16\text{s}^{-1}$，第 3 格絮凝池平均速度梯度 $G_3=44.28\text{s}^{-1}$。则该絮凝池平均速度梯度等于多少？

【解】 每格水流停留时间 $T=\frac{150}{0.5}=300$ (s)，由絮凝池速度梯度计算式可知 $G=\sqrt{\frac{\gamma h}{\mu T}}$，则水头损失 h 值可表示为：$h_1=\frac{\mu T G_1^2}{\gamma}, h_2=\frac{\mu T G_2^2}{\gamma}, h_3=\frac{\mu T G_3^2}{\gamma}, \sum h=\frac{\mu T(G_1^2+G_2^2+G_3^2)}{\gamma}$；絮凝池平均速度梯度 $G=\sqrt{\frac{\gamma\sum h}{3\mu T}}=\sqrt{\frac{G_1^2+G_2^2+G_3^2}{3}}=\sqrt{\frac{72.30^2+57.16^2+44.28^2}{3}}=59.03\text{s}^{-1}$。

【例题 6.6-10】一座单通道异波折板絮凝池，折板构造如图 6-1所示，折板宽 500mm、长 2500mm，间距 400mm。根据理论计算，一个渐缩和渐放的水头损失与波峰流速 v_1、波谷流速 v_2 的关系表示为：$h=\frac{1.6v_1^2-1.5v_2^2}{2g}$。如果上述构造折板波峰流速 $v_1=0.4\text{m/s}$，则一个渐缩和渐放的水头损失大约是多少？

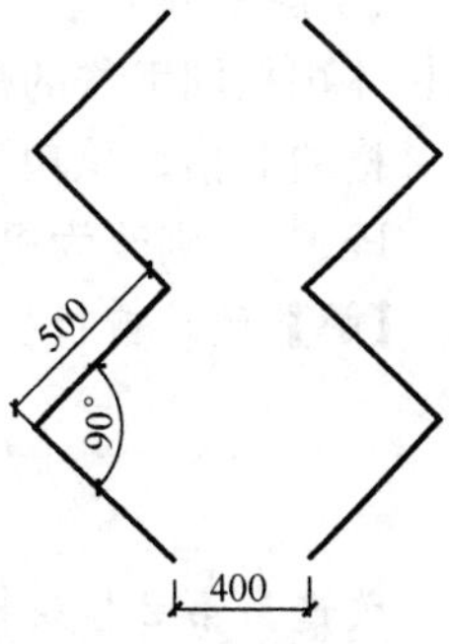

图 6-1　单通道折板构造图

【解】 由图 6-1 可知，折板波峰宽 400mm，波谷宽 $2\times500\times\cos45°+400=1107\text{mm}=1.107\text{m}$，波谷流速 $v_2=\frac{0.4\times0.4}{1.107}=$

0.145m/s，一个渐缩和渐放的水头损失是：$h=\frac{1.6\times0.4^2-1.5\times0.145^2}{2g}=0.011\text{m}$。

【例题 6.6-11】 一座竖流式机械搅拌絮凝池共分为 3 格，每格有效容积 32m³，各安装 1 台构造相同的搅拌设备。第 1 格搅拌机功率 $P_1=180\text{W}$，叶轮相对水流旋转角速度 $\omega_1=0.64\text{rad/s}$，第 2 格叶轮相对水流旋转角速度 $\omega_2=0.45\text{rad/s}$，第 3 格叶轮相对水流旋转角速度 $\omega_3=0.28\text{rad/s}$。当水的动力黏度系数 $\mu=1.0\times10^{-3}\text{Pa}\cdot\text{s}$，水的重度 $\gamma=9800\text{N/m}^3$ 时，求该絮凝池平均速度梯度等于多少？

【解】 根据机械搅拌絮凝池搅拌机功率计算式 $P=\sum_{i=1}^{n}\frac{mC_D\rho}{8}L\omega^3\ (r_{i+1}^4-r_i^4)$ 可知，构造相同的搅拌设备，功率大小与叶轮相对水流旋转角速度 ω 的 3 次方成正比，即 $P_1/P_2=\omega_1^3/\omega_2^3$、$P_1/P_3=\omega_1^3/\omega_3^3$，由 $P_1=180\text{W}$

得：$P_2=\frac{P_1}{\omega_1^3}\omega_2^3=\frac{180\times0.45^3}{0.64^3}=62.57\text{W}$，$P_3=\frac{P_1}{\omega_1^3}\omega_3^3=\frac{180\times0.28^3}{0.64^3}=15.07\text{W}$；

平均速度梯度 $\overline{G}=\sqrt{\frac{P_1+P_2+P_3}{3\mu V}}=\sqrt{\frac{180+62.57+15.07}{3\times32\times10^{-3}}}=51.80\text{s}^{-1}$。

【例题 6.6-12】 有一座流量 $Q=5$ 万 m³/d 的水力旋流絮凝池共分为 3 格，每格水流停留时间均为 8min，在 15℃时计算出平均速度梯度 $\overline{G}=50\text{s}^{-1}$，又知各格速度梯度的关系为：$G_1:G_2:G_3=3:2:1$，求第 1 格水力旋流絮凝池的水头损失 h_1 是多少？（15℃时水的动力黏度 $\mu=1.14\times10^{-3}\text{Pa}\cdot\text{s}$，水的重度 $\gamma=9800\text{N/m}^3$）

【解】 由絮凝池速度梯度计算式可知 $G=\sqrt{\frac{\gamma h}{\mu T}}$，得水头损失 h 值表示为：

$$h_1=\frac{\mu TG_1^2}{\gamma},h_2=\frac{\mu TG_2^2}{\gamma},h_3=\frac{\mu TG_3^2}{\gamma},\Sigma h=\frac{\mu T(G_1^2+G_2^2+G_3^2)}{\gamma},$$

$$\text{平均值 }\overline{G}=\sqrt{\frac{\gamma\Sigma h}{3\mu T}}=\sqrt{\frac{G_1^2+G_2^2+G_3^2}{3}},$$

即 $$\overline{G}=\sqrt{\frac{(3G_3)^2+(2G_3)^2+{G_3}^2}{3}}=50,3\times50^2=14G_3^2,G_3=23.15\text{s}^{-1},$$

得 $G_1=3G_3=3\times23.15=69.45\text{s}^{-1}$，由此求出第 1 格水力旋流絮凝池的水头损失为：$h_1=\frac{\mu TG_1^2}{\gamma}=\frac{1.14\times10^{-3}\times8\times60\times69.45^2}{9800}=0.27\text{m}$。

【例题 6.6-13】 一座折板絮凝池，水流停留时间 15min、水头损失 0.30m。准备改为两格体积相同串联的机械搅拌絮凝池，水流停留时间不变，第 1 格絮凝池水流速度梯度是第 2 格的 3 倍，总功率同原来的折板絮凝池耗散的功率，如果水的动力黏度 $\mu=1.14\times10^{-3}\text{Pa}\cdot\text{s}$，则改为机械搅拌絮凝池后第 1 格絮凝池水流速度梯度是多少？

【解】 改造前折板絮凝池水流速度梯度

$$G_A=\sqrt{\frac{\gamma H}{\mu T}}=\sqrt{\frac{9800\times0.30}{1.14\times10^{-3}\times15\times60}}=53.53\text{s}^{-1}。$$

改造后第 2 格机械搅拌絮凝池水流速度梯度 $G_2=\sqrt{\frac{P_2}{\mu V}}$，则 $P_2=\mu VG_2^2$。

改造后第 1 格机械搅拌絮凝池水流速度梯度 $G_1=\sqrt{\frac{P_1}{\mu V}}$，则 $P_1=\mu V(3G_2)^2$。

改造后第 1、2 格机械搅拌絮凝池总功率同原来的折板絮凝池耗散的功率，平均水流速度梯度同原来的折板絮凝池，得：

$$G_B=\sqrt{\frac{P_1+P_2}{2\mu V}}=\sqrt{\frac{(3G_2)^2+G_2^2}{2}}=\sqrt{\frac{10G_2^2}{2}}=G_A=53.53;$$

得 $G_2=\sqrt{\frac{2\times 53.53^2}{10}}=23.94s^{-1}, G_1=3G_2=3\times 23.94=71.82s^{-1}$。

也可以按照 $\frac{G_1}{G_2}=\sqrt{\frac{P_1}{P_2}}=3$ 求解，即 $P_1=9P_2, P_1+P_2=10P_2=0.3\gamma Q, P_2=0.03\gamma Q$，$P_1=0.27\gamma Q$，代入 $G_1=\sqrt{\frac{P_1}{\mu V}}=\sqrt{\frac{0.27\gamma Q}{\mu V}}=\sqrt{\frac{0.27\gamma}{\mu T}}=\sqrt{\frac{0.27\times 9800}{1.14\times 10^{-3}\times 7.5\times 60}}=71.82s^{-1}$。

【例题 6.6-14】 一座机械搅拌混合池容积 $V=40m^3$，搅拌桨板两叶片中心直径 $D=1.20m$。经测试搅拌机旋转 25V/min 时，搅拌机总功率 $P=33590W$。据此设计的桨板旋转线速度 $v=1.50m/s$，水的动力黏度 $\mu=1.14\times 10^{-3}Pa\cdot s$，则混合池水流速度梯度 G 值是多少？

【解】 $25r/min=2\pi\times 25/60=2.618rad/s$，搅拌机功率 33590W，

据此求出 $v=1.50m/s$、$\omega=\frac{1.5}{D/2}=\frac{1.5}{0.6}=2.5rad/s$ 时搅拌机功率为：

$$P=\frac{33590}{2.618^3}\times 2.5^3=29250W, G=\sqrt{\frac{P}{\mu V}}=\sqrt{\frac{29250}{1.14\times 10^{-3}\times 40}}=801s^{-1}。$$

【例题 6.6-15】 一水厂处理水量 12 万 m^3/d，水厂自用水量占 5%，采用 2 格机械搅拌混合池进行混合。根据试验，混合池混合时间取 1min，混合池水流速度梯度 $G=800s^{-1}$，当水温为 15℃时，水的动力黏度 $\mu=1.14\times 10^{-3}Pa\cdot s$。按理论计算，则每格混合池搅拌机功率是多少？

【解】 水厂处理水量 $120000m^3/d$，已包括水厂自用水量，每格混合池流量

$q=\frac{120000}{2\times 86400}=0.694m^3/s$，混合池体积 $V=0.694\times 60=41.64m^3$。

根据 $G=\sqrt{\frac{P}{\mu V}}$，即 $800=\sqrt{\frac{P}{1.14\times 10^{-3}\times 41.64}}$，

得 $P=800^2\times 1.14\times 10^{-3}\times 41.64=30380W=30.38kW$。

【例题 6.6-16】 一座供水规模为 5 万 m^3/d、水厂自用水量占供水规模 5%的自来水厂，投加混凝剂后采用一段长为 L（m）、内壁粗糙的钢管进行混合，钢管计算内径 $D=800mm$，水源水水温为 15℃、水的重度 $\gamma=9800N/m^3$，水的动力黏度 $\mu=1.14\times 10^{-3}Pa\cdot s$，钢管水力坡降 $i=15‰$。则该段钢管内水流速度梯度值是多少？

【解】 钢管内设计流量 $Q=50000\times 1.05=52500m^3/d=0.608m^3/s$。钢管内水流速度

$v=\frac{0.608}{0.785\times 0.8^2}=1.21m/s$，$L$（m）长度钢管水头损失 $h=0.015L$，

水流停留时间 $T=\frac{L}{1.21}=0.826L(s)$，$G=\sqrt{\frac{\gamma h}{\mu T}}=\sqrt{\frac{9800\times 0.015L}{1.14\times 10^{-3}\times 0.826L}}=395s^{-1}$。

【例题 6.6-17】 一座机械搅拌混合池设有一层 2 叶片搅拌桨板，两叶片中心直径 $D=$

1.30m。搅拌桨板长 L_1=1.50m，经测试搅拌桨板旋转线速度 v=0.845m/s 时，搅拌机总功率 P=35kW。为了使混合更加均匀，决定把搅拌机改为 2 层 4 叶片桨板，每层搅拌桨板长 L_2=1.00m，宽度不变，叶片中心直径 D 仍为 1.30m。如果要求混合池水流速度梯度 G 值不变，则该搅拌机每分钟旋转转数为多少？

【解】 两叶片中心半径为 $r=1.30/2=0.65$m。混合池水流速度梯度 G 值不变，则搅拌机改造前后耗散的功率相同。由于叶片中心半径 r_i 相同、单片桨板宽度相同，即扰流阻力系数 C_D 相同，根据搅拌机功率计算式 $P=\sum_{i=1}^{n}\frac{mC_D\rho}{8}L\omega^3\ (r_{i+1}^4-r_i^4)$ 得：

$$m_1L_1\omega_1^3=m_2L_2\omega_2^3, m_1=2、m_2=4,$$

即 $2L_1\omega_1^3=4L_2\omega_2^3, L_1=1.50\text{m}、L_2=1.00\text{m}、\omega_1=\frac{v}{r}=\frac{0.845}{0.65}=1.30\text{rad/s}$。

则 $\omega_2=\left(\frac{2\times1.5}{4\times1}\right)^{\frac{1}{3}}\omega_1=\sqrt[3]{0.75}\omega_1=0.91\times1.30=1.183\text{rad/s}$。

由此求出桨板每分钟旋转转数 $n=\frac{\omega_2}{2\pi}\times60=\frac{1.183}{2\times3.14}\times60=11.30\text{r/min}$。

7　沉淀、澄清和气浮

7.1　沉淀原理

（1）阅读提示

1）4 种沉淀基本形式

①自由沉淀：颗粒在沉淀过程中不受池壁影响，颗粒之间互不干扰的沉淀。沉淀颗粒在水中的重力等于沉淀过程中水流阻力而等速下沉。

②絮凝沉淀：指投加混凝剂，胶体颗粒脱稳后成为絮凝体相互聚结的沉淀，与自然沉淀（即不聚结的沉淀）相对应。

③拥挤沉淀：相对自由沉淀而言，悬浮颗粒浓度较大，池壁影响颗粒沉速，颗粒之间相互干扰的沉淀。

④压缩沉淀：沉淀层挤出清水，不断浓缩的沉淀。沉淀层组成与水中杂质成分（即泥沙或有机污染物或腐殖质）有关，不再按照粒径大小分层。

这 4 种沉淀相对独立，又相互关联。例如絮凝沉淀可以是拥挤沉淀，也可以是自由沉淀，但不是自然沉淀。

2）天然悬浮颗粒在静水中自由沉淀

①沉淀影响条件

这里所说的是天然悬浮颗粒，不具有相互聚结性能，又不受池壁和其他颗粒沉淀影响。根据其在水中的重力、沉淀阻力推导出了不同雷诺数条件下的沉淀速度计算公式。其中的斯托克斯公式和阿兰公式明确显示，颗粒在静水中的沉淀速度与颗粒粒径大小成正比，与水的动力黏度成反比。而牛顿公式中不显示水温的影响，实际上这是一个在雷诺数很高的特定条件下的沉速计算公式，也与水温、颗粒粒径有关。

②关于绕流阻力系数

上面所说的不同雷诺数条件下的颗粒沉淀速度不同，其主要原因是球体颗粒绕流阻力系数 C_D 值不同。雷诺数 Re 越大，绕流阻力系数 C_D 值越小，相应的颗粒沉速 u 越大。这也是大粒径颗粒比小粒径颗粒沉速加快的一个原因。沉淀颗粒周围的雷诺数是大或者是小，也说明沉淀颗粒周围的水流流态紊动程度。但不能由此得出悬浮颗粒在紊流水体中沉速加快或搅拌水体紊动后沉速加快的结论。在实际工程中，流动的水体雷诺数增大，其中的悬浮颗粒具有一定动能，沉速变小，更不容易沉淀。

③絮凝颗粒的沉速

非絮凝的单体颗粒在静水中下沉时，总是以最小阻力（最小投影面积）、最大沉速下沉。如果由多个颗粒相互聚结，并非所有组成的颗粒都能保持最小投影面积，有可能沉速减慢，如絮凝体沉淀计算式。这是一个经验公式，絮凝体呈现片状，是球形度系数 $\varphi<1$ 的非球形体。假如单体颗粒和群体絮凝状物沉淀时周围雷诺数相同，则二者的沉速之比为

$\frac{45}{Re}/\frac{24}{Re}=1.875$。如果絮凝体颗粒较为密实，且逐渐形成球形体，则因为比表面积减小，在水中的投影面积减小，绕流阻力减小，其在水中的重力和所受到的阻力之比逐渐增大，沉速加快。这一现象也可用絮凝体沉淀计算式进行说明。密实球形颗粒在水中的沉速大小与颗粒粒径大小的0.5次方成正比。

（2）例题解析

【例题7.1-1】下列有关悬浮颗粒沉淀类别的说明中，正确的是哪一项？

（A）天然水体中的悬浮颗粒沉淀一定是分散颗粒的自由沉淀；

（B）投加混凝剂后水中絮凝颗粒自由沉淀时，颗粒沉速不发生变化；

（C）投加混凝剂后水中絮凝颗粒相互聚结的沉淀一定是拥挤沉淀；

（D）不投加混凝剂的水体中的沉淀多数属于自然沉淀。

【解】答案（D）

（A）天然水体中的悬浮颗粒沉淀可以是自由沉淀，也可以是拥挤沉淀，（A）项说明不正确。

（B）投加混凝剂后水中絮凝颗粒自由沉淀时，颗粒相互聚结增大，沉速发生变化。与理想沉淀池中假定理想条件下的沉淀不完全相同，（B）项说明不正确。

（C）投加混凝剂后水中絮凝颗粒都会相互聚结，絮凝颗粒粒径增大。如果沉淀时相互干扰就算是拥挤沉淀。絮凝颗粒相互聚结的沉淀不能认为一定是相互干扰、拥挤的沉淀，（C）项说明不正确。

（D）不投加混凝剂的沉淀多数属于自然沉淀，少量属于生物絮凝沉淀，（D）项说明正确。

【例题7.1-2】下列关于杂质颗粒发生拥挤沉淀的叙述中，不正确的是哪几项？

（A）流动水体中天然微小颗粒相互碰撞干扰的沉淀，一定属于拥挤沉淀；

（B）沉淀后的水体流经下向流滤池过滤时，水中细小颗粒沉积到滤料表面的沉淀，属于拥挤沉淀；

（C）高浊度水流经上向流澄清池时，水中颗粒拦截在悬浮泥渣层中的沉淀，属于拥挤沉淀；

（D）滤池冲洗水和沉淀池排泥水在污泥浓缩池中的沉淀，属于拥挤沉淀和压缩沉淀。

【解】答案（A）（B）（C）

（A）流动水体中天然杂质颗粒相互碰撞干扰的沉淀，是沉淀颗粒获得动能后不容易沉淀现象，和沉淀颗粒浓度干扰不是一种概念，不一定属于拥挤沉淀，（A）项叙述不正确。

（B）沉淀后的水体下向流过滤时，水中细小颗粒沉积到滤料表面的迁移过程中没有互相干扰，一般是自由沉淀，（B）项叙述不正确。

（C）高浊度水流经上向流澄清池时，水中颗粒停留在悬浮泥渣层中是悬浮泥渣层机械拦截、吸附的结果，不是沉淀，（C）项叙述不正确。

（D）滤池冲洗水和沉淀池排泥水在污泥浓缩池中的上部颗粒相互干扰，属于拥挤沉淀，下部污泥浓度增大后属于压缩沉淀，（D）项叙述正确。

【例题 7.1-3】 下列关于天然颗粒在静水中自由沉淀时受到的重力和阻力大小的叙述中，正确的是哪几项？

（A）粒径大的颗粒在水中沉淀时，容易克服绕流阻力的影响，沉速较大；

（B）密度、粒径相同的颗粒在同一海拔高度的水体中沉淀时，重力加速度大小不同，沉速不同；

（C）沉淀颗粒淹没在水中的深度越大，沉淀时受到的压力阻力影响越大，沉速越小；

（D）小粒径颗粒和水的接触面积增大，受到的水流摩擦阻力增大，沉速减小。

【解】 答案（A）（D）

（A）球体颗粒沉淀时绕流阻力和在水中的重力之比为 $\dfrac{\frac{1}{2}C_D\rho\left(\frac{\pi}{4}d^2\right)u^2}{\frac{\pi}{6}d^3\ (\rho_s-\rho)\ g}=\dfrac{3C_D\rho u^2}{4\ (\rho_s-\rho)\ gd}$，粒径越大，重力作用影响越大，也就是克服绕流阻力影响的作用越大，沉速越大，（A）项叙述正确。

（B）密度、粒径相同的颗粒在同一海拔高度的水中沉淀时，重力加速度大小相同，沉速相同，（B）项叙述不正确。

（C）沉淀颗粒在水中沉淀时受到的压力阻力与水深无关，不影响颗粒沉速变化，（C）项叙述不正确。

（D）单体球形颗粒单位质量的表面积（质量比表面积）可以写成 $\dfrac{\pi d^2}{\frac{\pi}{6}d^3\rho_s}=\dfrac{6}{d\rho_s}$，小粒径颗粒 d 变小，比表面积增大，与水的接触面积增大，受到的水流摩擦阻力增大，沉速减小，（D）项叙述正确。

【例题 7.1-4】 当大粒径颗粒分散成小粒径颗粒后，小粒径颗粒在静水中自由沉淀的速度会变得很小的原因说明中，正确的是哪一项？

（A）小粒径颗粒浸水后密度变小，沉淀重力变小，沉淀速度减慢；

（B）小粒径颗粒浸水后浮力增大，沉淀重力变小，沉淀速度减慢；

（C）小粒径颗粒引起绕过圆球的水流雷诺数增大，绕流阻力增大，沉淀速度减慢；

（D）小粒径颗粒竖直方向的投影面积增大，受到的绕流阻力增大，沉淀速度减慢。

【解】 答案（D）

（A）大粒径颗粒分散成小粒径颗粒后应认为密度不发生变化，沉淀重力不变，（A）项说明不正确。

（B）小粒径颗粒浸水后密度不发生变化，总的体积未发生变化，浮力不会增大，（B）项说明不正确。

（C）因为是自由沉淀不受干扰，且绕过小粒径颗粒圆球的水流雷诺数因 d 变小而变小，绕流阻力系数增大。不是雷诺数因 d 变小而增大，（C）项说明不正确。

（D）球体颗粒沉淀时绕流阻力和在水中的重力之比为 $\dfrac{3C_D\rho u^2}{4\ (\rho_s-\rho)\ gd}$，粒径越小，绕流阻力影响越大，沉淀速度越易减慢，（D）项说明正确。

【例题 7.1-5】悬浮颗粒在静水中沉淀时，在不同条件下沉淀速度变化的叙述中，正确的是哪几项？

(A) 当沉淀颗粒粒径、形状不变时，水温变低，沉速加快；

(B) 当沉淀颗粒粒径、水温不变时，颗粒接近球状，沉速加快；

(C) 当沉淀颗粒形状、水温不变时，颗粒粒径增大，沉速加快；

(D) 当沉淀颗粒粒径、水温不变时，水的 pH 值升高，沉速加快。

【解】答案 (B) (C)

(A) 当沉淀颗粒粒径、形状不变时，水温变低，水的黏滞系数 μ 值增大，沉淀阻力增大，沉速变小，(A) 项叙述不正确。

(B) 当沉淀颗粒粒径、水温不变时，颗粒接近球状，比表面积减小，沉淀阻力减小。根据过滤章节，滤料球形度系数 φ 值增大，过滤阻力系数减小的原理可知，沉淀颗粒接近球状，沉速加快，(B) 项叙述正确。

(C) 当沉淀颗粒形状、水温不变时，颗粒粒径增大，比表面积减小，沉淀阻力减小，沉淀颗粒在水中的重力比例增大，沉速加快，(C) 项叙述正确。

(D) 当沉淀颗粒粒径、水温不变时，水的 pH 值升高，对水的黏滞性、沉淀时绕圆球水流雷诺数影响极小，不影响颗粒沉速，(D) 项叙述不正确。

【例题 7.1-6】沉淀试验时测得天然水源水中粒径为 d 的颗粒在静水中自由沉淀时雷诺数 $Re<1$，计算沉淀速度约为 1.875mm/s。投加混凝剂后，经计算得上述天然颗粒聚结形成絮凝体颗粒的形状系数 $\varphi=0.8$，絮凝体颗粒沉淀时周围水流雷诺数 $Re<0.6$，绕流阻力系数 $C_D=\frac{45}{Re}$。按理论推算，絮凝体颗粒的沉淀速度大约是多少？

【解】本例题中单颗粒沉淀和絮凝体群体颗粒沉淀时周围的雷诺数都小于 1，仅绕流阻力系数不同。可以按照下式求解：

粒径为 d 的颗粒在静水中自由沉速为 $\frac{1}{18\mu}(\rho_s-\rho)gd^2$，代入教材公式 (7-14) 得：

$$u=\frac{4}{135\mu}(\rho_s-\rho)gd^2=\frac{1}{1.875\times18\mu}(\rho_s-\rho)gd^2=\frac{1}{1.875}\times1.875=1.0\text{mm/s}。$$

【例题 7.1-7】有一直径 $d=0.05$mm、高 $h=0.1$mm 的圆柱形颗粒在静水中自由沉淀，假定颗粒表面绕流雷诺数 $Re=0.2$，求其最大沉速可能是多少？(圆柱形颗粒密度 $\rho_s=2650\text{kg/m}^3$，水的密度 $\rho_1=1000\text{kg/m}^3$，水的动力黏度 $\mu=1.14\times10^{-3}\text{Pa}\cdot\text{s}$)

【解】圆柱形颗粒沉速计算基本公式为：$\frac{\pi}{4}d^2h\ (\rho_s-\rho_1)\ g=\frac{1}{2}C_D\rho_1Au^2$，因 $Re<1$，其绕流阻力系数 $C_D=\frac{24}{Re}=\frac{24}{0.2}=120$，$A$ 为沉淀投影面积。圆柱形颗粒横向下沉，投影面积 $A=dH=0.005\text{mm}^2$；圆柱形颗粒竖向下沉，投影面积 $A=\frac{\pi}{4}d^2=0.00196\text{mm}^2$，按竖向下沉投影面积最小，沉速最大；代入基本计算公式 $\frac{\pi}{4}d^2h\ (\rho_s-\rho_1)\ g=\frac{1}{2}C_D\rho_1\ \frac{\pi}{4}d^2u^2$，得最大沉淀速度为：

$$u=\sqrt{\frac{2(\rho_s-\rho_1)gh}{C_D\rho_1}}=\sqrt{\frac{2\times(2650-1000)\times9.8\times0.0001}{120\times1000}}=5.19\times10^{-3}\text{m/s}。$$

如果用 $C_D=120$，$d=0.05mm=0.00005m$ 代入球形颗粒沉速计算公式得：

$$u=\sqrt{\frac{4(\rho_s-\rho_1)gd}{3C_D\rho_1}}=3.0\times10^{-3}m/s。$$

折算成同体积球的直径，即 $\frac{\pi}{6}d_0^3=\frac{\pi}{4}d^2h$，得 $d_0=\left(\frac{3}{2}d^2h\right)^{\frac{1}{3}}=\left(\frac{3}{2}\times0.05^2\times0.1\right)^{\frac{1}{3}}=0.072mm$。代入斯托克斯公式计算求出的沉速是 $u=\frac{\rho_s-\rho_1}{18\mu}gd_0^2=4.09\times10^{-3}m/s$，小于 $5.19\times10^{-3}m/s$。该颗粒最大沉速应是竖向下沉速度 $u=5.19\times10^{-3}m/s=5.19mm/s$。

7.2 平流沉淀池

（1）阅读提示

1）沉淀池作用和分类

在重力作用下，悬浮颗粒从水中分离出来的构筑物是沉淀池。按水流方向分为竖流式（包括竖流沉淀池、斜管沉淀池）、平流式、辐流式。辐流沉淀池和平流沉淀池构造不同，但就水流方向而言，也是水平流的沉淀池。

按悬浮颗粒沉降高度划分，竖流沉淀池、平流沉淀池、辐流沉淀池属于深池沉淀，而斜管（板）沉淀池属于浅池沉淀。

常用的沉淀池都设有清水区、沉淀（泥水分离）区、积泥区。横向进水的斜管（板）沉淀池在泥水分离区和积泥区之间还要留出一定高度作为进水配水区。

2）平流沉淀池内颗粒沉淀过程分析

①理想沉淀池概念

理想沉淀池的基本假定条件是：水中悬浮颗粒在沉淀池中自由沉淀，不絮凝聚结，互不干扰，沉速不变；水平流速均匀，不短流、无滞水区；悬浮颗粒沉到池底即被去除，未沉淀到池底的不被去除，不返混。这样就可以根据沉淀池容积、处理水量，计算出沉淀时间、沉淀速度和沉淀去除率。

②临界沉速和表面负荷

从最不利点进入沉淀池的沉速为 u_0 的颗粒，在理论沉淀时间内，恰好沉到终端池底，沉速大于 u_0 的颗粒全部去除，沉速小于 u_0 的颗粒部分去除。这段话说的就是平流沉淀池沉淀原理。u_0 被称为“临界沉速”或截留速度。还可以知道，如果一座平流沉淀池的临界沉速为 u_{01}，则 u_{01} 是可以全部去除的颗粒中最小的沉速，沉速$\geqslant u_{01}$ 的颗粒无论从沉淀池哪一高度进入都能去除。临界沉速（截留速度）u_0 和单位沉淀面积上产水量（又称为表面负荷）在数值上相同，但概念不同。

临界沉速的大小只与单位沉淀面积上的产水量（表面负荷）有关，与悬浮颗粒去除率大小无关。相反，悬浮颗粒去除率大小与沉淀池临界沉速有关。临界沉速相同的两座沉淀池，因处理的原水中各种沉速颗粒所占比例不同，总去除率不同。

③悬浮颗粒沉淀去除率

单一颗粒的沉淀去除率 $E_i=\frac{u_i}{u_0}$，也称为 u_i 颗粒的去除比。仅与本身沉速及沉淀池表面负荷（$u_0=Q/A$）有关。该单一颗粒的重量占所有颗粒的重量比为 $d_p=100\%$，也就不再计算 dp_i 值了。

众多颗粒沉淀去除率等于各种沉速颗粒沉淀去除率的总和。沉淀去除率计算式是一种简便的计算总去除率的公式。应用该公式计算总去除率时必须知道每一种沉速的颗粒占所有颗粒的重量比 dp_i，进行分段计算。

如果已绘出进入沉淀池的各种颗粒累计分布曲线图，应从图中先求出 u_i、dp_i 值，即根据题意中 u_i 的分布情况确定 u_1、u_2、u_3……的大小查出 dp_1、dp_2、dp_3……

如果题意中已知各种沉速 u_1、u_2、u_3……的大小及大于（或小于）u_1、u_2、u_3……的颗粒占所有颗粒的重量比 p_1、p_2、p_3……，则必须求出 u_1、u_2、u_3……颗粒占所有颗粒的重量比 dp_i，$dp_1=p_2-p_1$。还应注意，大于（>）某一种沉速的颗粒的比例和大于等于（≥）某一种沉速的颗粒的比例有一定差别。如果≥0.2mm/s 沉速的颗粒占所有颗粒的重量比为 85%，≥0.3mm/s 沉速的颗粒占所有颗粒的重量比为 82%，则沉速等于 0.2mm/s 的颗粒的占所有颗粒的重量比为 85%－82%＝3%。如果是>0.2mm/s 沉速的颗粒占所有颗粒的重量比为 85%，>0.3mm/s 沉速的颗粒占所有颗粒的重量比为 82%，则沉速等于 0.3mm/s 的颗粒占所有颗粒的重量比为 85%－82%＝3%。

同理，≤0.3mm/s 沉速的颗粒占所有颗粒的重量比为 18%，≤0.2mm/s 沉速的颗粒占所有颗粒的重量比为 15%，则沉速等于 0.3mm/s 的颗粒占所有颗粒的重量比为 18%－15%＝3%。如果是<0.3mm/s 沉速的颗粒占所有颗粒的重量比为 18%，<0.2mm/s 沉速的颗粒占所有颗粒的重量比为 15%，则沉速等于 0.2mm/s 的颗粒占所有颗粒的重量比为占 18%－15%＝3%。

这就是说，$\geq u_i$ 沉速的颗粒比例中包括 u_i 沉速颗粒，仅 $>u_i$ 沉速的颗粒比例中不包括 u_i 沉速颗粒。而 $\leq u_i$ 沉速的颗粒比例中包括 u_i 沉速颗粒，仅 $<u_i$ 沉速的颗粒比例中不包括 u_i 沉速颗粒。

沉淀池临界沉速 $u_0=Q/A$，代表沉淀池的基本性能。无论水质资料中有无明确沉速为 u_0 的颗粒所占的比例，在计算总去除率时，u_0 值大小不变。

3）沉淀效果影响

短流出现的原因有进水不均匀、风吹表层水体等外部原因，还有出水抽吸或因布置位置关系出现背太阳面和向太阳面的温度差异以及池壁导流墙摩擦、刮泥机扰动等沉淀池本身原因，偏离了理想沉淀的基本假定条件。

关于雷诺数和弗劳德数的影响及计算方法已有证明，读者可以在保持沉淀面积不变的条件下，改变长宽比、长深比复核雷诺数和弗劳德数的变化，以此判断对沉淀效果的影响。

从雷诺数 $Re=\frac{v_R}{\nu}=\frac{\rho v R}{\mu}$ 和弗劳德数 $Fr=\frac{v^2}{Rg}$ 的表达式中可以看出，水平流速 v 增大后，既能增大雷诺数又能增大弗劳德数，减小水力半径 R 可以减小雷诺数同时增大弗劳德数，是平流沉淀池从构造上首先考虑采用的措施。

4）平流沉淀池构造与设计计算

①平流沉淀池构造

进水区的功能是均匀布水不产生短流，不扰动沉淀，不破碎絮体。进水区穿孔墙过孔流速等于絮凝池末端流速。由沉淀颗粒累计分布曲线图可以看出，平流沉淀池进水区指的是穿孔墙前面的一段明渠，也可以说是絮凝池最后一条廊道。该进水区和沉淀区相通，沉泥可从底部滑向沉淀区，由吸泥机排出，或设专门的排泥管道排出。沉淀区是最主要的泥水分离区，为了保证有较大的水平流速，通常设计长深比$\frac{L}{H}\geqslant 10$，即表示水平流速v是截留速度u_0的10倍以上。长深比$\frac{L}{H}$的大小，直接影响到水平流速和水力半径的大小，也就是影响沉淀效果。

出水区设有不同类型的集水槽（渠），理想平流沉淀池示意图中指出水区分隔在D点以外，实际的平流沉淀池集水槽（渠）在沉淀区之中。在集水时同样发挥沉淀作用，这就是大多选用指形集水槽中途集水的原因。出水集水管槽孔口出流、堰口出流单孔、单宽流量计算公式有一定差别，不同的集水方式对于沉淀池能否发挥因水量突然增大而不冲击滤池有决定作用。无论何种集水系统单边堰口溢流率不宜超过250m^3/（m·d），防止出水抽吸带出沉泥。

②平流沉淀池设计计算

教材中给出的设计计算方法应相互补充校核。其中集水槽（渠）内水流自由跌落出水时，槽（渠）起端水深h_1用自由跌落出水终端水深h_2乘以$\sqrt{3}$计算。槽（渠）终端水深可以按公式$h_2=\sqrt[3]{\frac{q^2}{gb^2}}$计算。沉淀池放水或排空时间根据孔口非恒定流出流计算，即$T'=\frac{2BL(\sqrt{H_1}-\sqrt{H_2})}{\mu\omega\sqrt{2g}}$，假定放水管直径为$d$，放水管出流孔口流量系数$\mu=0.82$，则上式为：$T'=\frac{2BL(\sqrt{H_1}-\sqrt{H_2})}{0.82\times\frac{\pi}{4}d_2\sqrt{2\times 9.81}}=\frac{0.7BL(\sqrt{H_1}-\sqrt{H_2})}{d^2}$。当$H_2=0$时，即为放空时间，即$T'=\frac{0.7BLH^{0.5}}{d^2}$，这是一个理论计算公式，由此导出了放空管管径计算公式。

如果沉淀池水深为H（m），排出一半水量的时间可以用$H/2$水位定为H_2代入上式，也可以用水位为H时的排空时间T'减去水位为$H/2$时的排空时间计算。

（2）例题解析

【例题7.2-1】下列关于平流沉淀池中雷诺数Re、弗劳德数Fr的大小对沉淀效果影响的叙述中，正确的是哪一项？

（A）雷诺数Re较大的水流可以促使絮凝体颗粒相互碰撞聚结，故认为沉淀池中的水流雷诺数Re越大越好；

（B）弗劳德数Fr较小的水流流速较慢，沉淀时间增长，杂质去除率提高，故认为沉淀池中水流的弗劳德数Fr越小越好；

（C）增大过水断面湿周，可同时增大雷诺数、减小弗劳德数，提高杂质沉淀效果；

（D）增大水平流速有助于减小温差、密度差异重流的影响。

【解】答案（D）

（A）雷诺数Re较大的水流可以促使絮凝体颗粒相互碰撞聚结，但沉淀池不是以絮凝聚结为主的构筑物，由于水流紊动，扰动沉泥，干扰絮凝体颗粒沉淀，（A）项叙述不正确。

(B) 弗劳德数 Fr 较小的水流流速较慢时，有时沉淀时间增长。但是水流不稳定，容易受风吹、温差变化、密度变化、异重流影响，(B) 项叙述不正确。

(C) 增大过水断面湿周，可以减小水力半径 R 值，同时减小雷诺数、增大弗劳德数，提高杂质沉淀效果。而不是增大雷诺数、减小弗劳德数来提高杂质沉淀效果，(C) 项叙述不正确。

(D) 适当增大水平流速，增大水流惯性力，虽增大雷诺数，但影响有限。增加弗劳德数，减小温差、密度差异重流的影响作用较大，(D) 项叙述正确。

【例题 7.2-2】下列关于影响平流沉淀池沉淀效果因素及克服措施的叙述中，正确的是哪几项?

(A) 为了克服水流紊动影响，取沉淀池水平流速低限值可以减小雷诺数，使之处于层流状态；

(B) 短流是部分水流流程过短现象，为避免短流影响，可尽量减小沉淀池长度；

(C) 水流紊动具有促使悬浮颗粒絮凝聚结和干扰沉淀作用；

(D) 在正常运行的沉淀池中，降低水流雷诺数，不一定会降低弗劳德数。

【解】答案 (C) (D)

(A) 取沉淀池水平流速低限值可以减小雷诺数，减小水流紊动影响，但不能使之处于层流状态。例如下降到 0.01m/s，水力半径 $R=\frac{BH}{2B+H}$，取 $B=8\text{m}$，$H=4\text{m}$，$R=1.6$。$Re=\frac{\rho vR}{\mu}=\frac{1000\times0.01\times1.6}{1\times10^{-3}}=16000$，仍为紊流，如果水平流速过小，稳定性降低，故认为 (A) 项叙述不正确。

(B) 短流是部分水流流速过快现象，不是流程过短现象。减小沉淀池长度，仍有一些水流流速较快而不能避免短流影响，(B) 项叙述不正确。

(C) 在实际工程中，水流紊动具有促使悬浮颗粒絮凝聚结作用，同时具有干扰沉淀作用，(C) 项叙述正确。

(D) 在正常运行的沉淀池中，构造一定，不能变化水力半径。降低水流雷诺数的方法一是减小水平流速，同时也降低弗劳德数。如果水温变化，动力黏度系数 μ 值变大，可降低水流雷诺数，但不降低弗劳德数，(D) 项叙述正确。

【例题 7.2-3】根据沉淀池中悬浮颗粒沉淀过程分析，得出如下结论中，正确的是哪几项?

(A) 从进水断面最不利点进入沉淀池，在理论沉淀时间内正好沉到终端池底的颗粒沉速 u_0 称为沉淀池临界沉速；

(B) 沉速等于 u_0 的颗粒无论从进水断面何处进入沉淀池，都能够去除；

(C) 沉速大于 u_0 的颗粒，从进水断面最不利点以上进入沉淀池也能够去除；

(D) 沉速小于 u_0 的颗粒从进水断面最不利点进入沉淀池，只能部分去除。

【解】答案 (A) (B)

(A) 从进水断面最不利点进入沉淀池，在理论沉淀时间内正好沉到终端池底的颗粒沉速 u_0 称为沉淀池临界沉速，(A) 项结论正确。

(B) 从 (A) 项结论可以知道，沉速等于 u_0 的颗粒无论从进水断面何处进入沉淀池，都能够去除，(B) 项结论正确。

(C) 沉速大于 u_0 的颗粒，从进水断面任何点进入沉淀池都能够去除，不存在最不利点以上进水点，(C) 项结论不正确。

(D) 沉速小于 u_0 的颗粒只有从进水断面最不利点以下某一高度进入沉淀池才能够部分去除。从进水断面最不利点处进入沉淀池，不能去除，(D) 项结论不正确。

【例题 7.2-4】在表面负荷一定的条件下，平流沉淀池设计尺寸对沉淀效果影响的叙述中，正确的是哪几项？

(A) 深度不变，长宽比增大，水平流速增大，可以减少短流的影响；

(B) 深度不变，长深比增大，水平流速增大，可以减少短流的影响；

(C) 长宽比不变，水深减少，水平流速增大，可以减小风吹泛起沉泥的影响；

(D) 长宽比不变，在垂直水流方向加设隔墙，有助于减小雷诺数提高弗劳德数。

【解】 答案 (A)(B)

(A) 在表面负荷一定的条件下，深度不变，长度增加、宽度减少，水平流速增大，可以减少短流的影响，(A) 项叙述正确。

(B) 在表面负荷一定的条件下，深度不变，长深比增大，等于增大长宽比例，水平流速增大，可以减少短流的影响，(B) 项叙述正确。

(C) 长宽比不变，水深减少，虽水平流速增大，但风吹泛起沉泥影响增大，(C) 项叙述不正确。

(D) 长宽比不变，在垂直水流方向加设隔墙，阻挡水流或增大水平流速，有害无益。在平行水流方向加设隔墙，有助于减小雷诺数提高弗劳德数，(D) 项叙述不正确。

【例题 7.2-5】根据理想沉淀池理论，下列提高悬浮颗粒去除率方法的叙述中，不正确的是哪几项？

(A) 促使颗粒相互聚结增大颗粒粒径，有助于提高去除率；

(B) 增大沉淀面积减少表面负荷，有助于提高去除率；

(C) 增大沉淀池水深，增大沉淀时间，有助于提高去除率；

(D) 增大沉淀池长宽比，增大水平流速，有助于增大处理水量。

【解】 答案 (C)(D)

(A) 球体颗粒沉淀时绕流阻力和在水中的重力之比为 $\frac{C_D \rho u^2}{(\rho_s-\rho)\ g}\cdot\frac{3}{4d}$，促使颗粒相互聚结增大颗粒粒径后，绕流阻力影响变小，也就是克服绕流阻力的作用，沉速变大，有助于提高去除率，(A) 项叙述正确。

(B) 增大沉淀面积如加设斜管等，减少表面负荷，则大于等于“临界沉速”的颗粒增多，有助于提高去除率，(B) 项叙述正确。

(C) 增大沉淀池水深，水平流速按照沉淀池深度变大的比例而等比例的减小，从最不利点进入沉淀池临界沉速为 u_0 的颗粒在理论停留时间内正好沉到终端池底。从理论上分析，增大沉淀池水深，增大沉淀时间不能提高去除率，(C) 项叙述不正确。但实际的沉淀池有助于提高去除率。

(D) 增大沉淀池长宽比，水平流速按照沉淀池宽度减小的比例而等比例的增大，从最不利点进入沉淀池临界沉速为 u_0 的颗粒在理论停留时间内正好沉到终端池底，从理论上分析，和不增加长宽比一样，不能提高去除率，(D) 项叙述不正确。

【例题 7.2-6】某自来水公司先后建造了两座处理水量相同、沉淀面积相同的平流沉淀池，分别处理水库水源水和江河水源水。下列有关这两座平流沉淀池的特征说明中，正确的是哪一项？

(A) 两座沉淀池的表面负荷（Q/A）或截留速度（u_0）一定相同；

(B) 两座沉淀池去除水中悬浮颗粒的总去除率一定相同；

(C) 两座沉淀池的雷诺数一定相同；

(D) 两座沉淀池的长宽比一定相同。

【解】答案 (A)

(A) 因处理水量和沉淀面积相同，则两座沉淀池的表面负荷（Q/A）一定相同，或截留速度（u_0）一定相同，(A) 项说明正确。

(B) 由于两座沉淀池处理的水源水质不同，水中悬浮颗粒占所有颗粒的重量比不同，去除水中悬浮颗粒的总去除率不一定相同，(B) 项说明不正确。

(C) 因沉淀时间不一定相同，则两座沉淀池的有效水深不一定相同，雷诺数也不一定相同，(C) 项说明不正确。

(D) 设计要求都满足长宽比大于 4 即可，则沉淀面积相同的两座沉淀池的长宽比不一定相同，(D) 项说明不正确。

【例题 7.2-7】进入沉淀池的颗粒沉速为 u_i，沉淀池截留速度为 u_0，下列关于水中单颗粒杂质去除率和总去除率的叙述中，正确的是哪一项？

(A) 当 $u_i=1.2u_0$ 时，则 u_i 颗粒去除率为 $E_i=\frac{u_i}{u_0}=120\%$；

(B) 当 u_i 颗粒去除率 $E_i=\frac{u_i}{u_0}=100\%$时，则 u_i 一定$\geqslant u_0$；

(C) 沉淀池截留速度为 $u_0=0.3\text{mm/s}$ 时的杂质总去除率一定是 $u_0=0.6\text{mm/s}$ 时的 2 倍；

(D) 沉淀池对所有杂质的总去除率可以表示为 $P=\frac{1}{u_0}\sum_{i=1}^{\infty}u_i\mathrm{d}p_i$。

【解】答案 (B)

(A) 当 $u_i=1.2u_0$ 时，则 u_i 颗粒去除率仍为 $E_i=\frac{u_i}{u_0}=100\%$，(A) 项叙述不正确。

(B) 当 u_i 颗粒去除率 $E_i=\frac{u_i}{u_0}=100\%$时，表示所有沉速$\geqslant u_0$ 的颗粒的去除率，最多为 100%，(B) 项叙述正确。

(C) $\geqslant 0.3\text{mm/s}$ 颗粒总量不一定是$\geqslant 0.6\text{mm/s}$ 颗粒总量的 2 倍，且$< 0.6\text{mm/s}$ 沉速颗粒总量大于 0.3mm/s 沉速以下颗粒总量，故沉淀池截留速度为 $u_0=0.3\text{mm/s}$ 时的杂质总去除率不一定是 $u_0=0.6\text{mm/s}$ 时的 2 倍，(C) 项叙述不正确。

(D) 因为沉速$\geqslant u_0$ 的颗粒的去除率最多为 100%，不能按照$\frac{u_i}{u_0}$的实际计算值计入。

$P=\frac{1}{u_0}\sum_{i=1}^{\infty}u_i\mathrm{d}p_i$ 公式应写为 $P=\frac{1}{u_0}\sum_{i=1}^{n}u_i\mathrm{d}p_i$ 为妥，只是表示$< u_0$ 沉速的颗粒总去除

率，不能表示沉淀池对沉速$\geqslant u_0$的颗粒杂质去除率，(D) 项叙述不正确。

【例题 7.2-8】 一座平流预沉池，截留速度 $u_{01}=1.0$mm/s。进入预沉池的原水沉降试验简化结果见表 7-1。

原水沉降试验表 **表 7-1**

颗粒沉速 u_i (mm/s)	0.10	0.40	0.80	1.00	1.50	1.70	2.00
$\geqslant u_i$ 颗粒占所有颗粒的重量比 (%)	100	84	72	59	51	40	30

经平流预沉池后，再进入截留速度 $u_{02}=0.60$mm/s 的斜管沉淀池，根据理论计算，经两级沉淀后总去除率为多少？

【解】 首先求出不同沉速颗粒占所有颗粒的重量比，见表 7-2。

不同沉速颗粒累计值和不同沉速颗粒占所有颗粒的重量比 **表 7-2**

颗粒沉速 u_i (mm/s)	0.10	0.40	0.60	1.00	1.50	1.70	2.0
$\geqslant u_i$ 颗粒占所有颗粒的重量比 (%)	100	84	72	59	51	40	30
u_i 颗粒占所有颗粒的重量比 (%)	16	12	13	8	11	10	30

经截留速度为 $u_{01}=1.0$mm/s 的平流预沉池沉淀后再进入截留速度为 $u_{02}=0.60$mm/s 的斜管沉淀池，占所有颗粒重量比为 72%的沉速$\geqslant 0.60$mm/s 的颗粒全部去除。以下仅计算<0.60mm/s 颗粒的去除率即可。

首先求出 $u_{01}=1.0$mm/s 平流预沉池对<0.60mm/s 颗粒的去除率：

$$p_1=\frac{0.1\times16\%+0.4\times12\%}{1.0}=6.40\%;$$

再进入截留速度为 $u_{02}=0.60$mm/s 的斜管沉淀池后，对剩余颗粒的去除率为：

$$p_2=\frac{0.1\times\left(16\%-\dfrac{0.1\times16\%}{1.0}\right)+0.4\times\left(12\%-\dfrac{0.4\times12\%}{1.0}\right)}{0.6}=7.20\%;$$

经两级沉淀后总去除率为 72.0%+6.40%+7.20%=85.60%。

也可以先求出截留速度 1.0mm/s 的平流预沉池对<1.0mm/s 颗粒的去除率，再求出截留速度 0.60mm/s 的斜管沉淀池对剩余颗粒的去除率。

【例题 7.2-9】 如图 7-1 所示的沉淀柱，直径 $d=200$mm，水深 $H=2500$mm，从底部定时取样试验。已知沉淀柱内水样初始浓度 $C_0=400$mg/L，经 t_i 时间从取样口取出沉泥水样 $V=2000$mL (2.0L)，并测得沉泥水样中悬浮物浓度为 $C_i=9800$mg/L。则经 t_i 时间沉淀后沉淀去除率大约是多少？

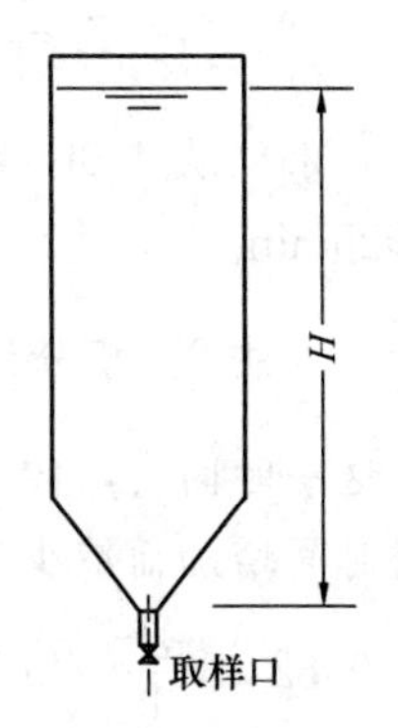

图 7-1 底部取样沉淀柱

【解】 该种底部定时取样的沉淀试验柱不同于侧面取样的沉淀试验柱。侧面定时所取水样中的含泥量代表经 t_i 时间沉淀后剩余的泥量。而底部定时所取水样中的含泥量即为沉淀去除的泥量。

进入沉淀柱的水样体积 $W=\frac{\pi}{4}d^2H=0.785\times0.2^2\times2.5=0.0785\text{m}^3=78.5\text{L}$；

经 t_i 时间沉淀后沉淀去除率是：$\eta=\dfrac{C_iV_i}{C_0W}=\dfrac{9800\times2.0}{400\times78.54}=62.4\%$。

【例题 7.2-10】一水源水经混凝后测定出沉速为 0.3mm/s、0.4mm/s、0.5mm/s 的颗粒占所有颗粒的重量比为 40%左右。沉速大于 0.3mm/s 的颗粒占所有颗粒的重量比为 46%，沉速等于 0.4mm/s 的颗粒占所有颗粒的重量比为 13%。根据理论计算，以表面负荷为 $0.0004m^3/(m^2\cdot s)$ 的平流沉淀池对上述水质的总去除率为 82%。如果增大流量，使沉淀池表面负荷达到 $0.0005m^3/(m^2\cdot s)$，则沉淀池对上述水质的总去除率大约为多少？

【解】表面负荷为 $0.0004m^3/(m^2\cdot s)$ =0.4mm/s 时总去除率为 82%，沉速大于 0.3mm/s 的颗粒指的是沉速大于等于 0.4mm/s 的颗粒占所有颗粒的重量比为 46%，则有：

$$82\% = 46\% + \frac{1}{0.4}(u_1\mathrm{d}p_1 + u_2\mathrm{d}p_2 + \cdots\cdots + u_n\mathrm{d}p_n) = 46\% + \frac{1}{0.4}\sum_{i=1}^{n}(u_i\mathrm{d}p_i);$$

得：$\sum_{i=1}^{n}(u_i\mathrm{d}p_i) = (82\% \sim 46\%) \times 0.4 = 14.4\%$。

表面负荷为 $0.0005m^3/(m^2\cdot s)$ =0.5mm/s 时总去除率为：

$$P = (46\% \sim 13\%) + \frac{1}{0.5}[0.4 \times 13\% + \sum_{i=1}^{n}(u_i\mathrm{d}p_i)]$$

$$= 33\% + \frac{1}{0.5}(5.2\% + 14.4\%) = 72.2\%。$$

【例题 7.2-11】一座沉淀池长 60m、宽 15m、水深 4.0m，底部排水坑中安装 $DN500$ 放空管一根，放空管中心线和池底标高相同，取放空管管口出流流量系数 $\mu=0.82$，则放空一半水量（水位从 4.0m 变化到 2.0m）大约需要多长时间？

【解】方法 1：根据沉淀池排泥放空管计算公式，先求出放空 4.0m 水深的时间，再求出放空 2.0m 水深的时间，二者之差即为水位从 4.0m 变化到 2.0m 放水时间，得：

$$T_1 = \frac{0.7BL\sqrt{H}}{d^2} = \frac{0.7 \times 15 \times 60 \times \sqrt{4}}{0.5^2} = 5040\mathrm{s} = 84\mathrm{min};$$

$$T_2 = \frac{0.7BL\sqrt{H}}{d^2} = \frac{0.7 \times 15 \times 60 \times \sqrt{2}}{0.5^2} = 3563\mathrm{s} = 59.4\mathrm{min};$$

水位从 4.0m 变化到 2.0m 即放空一半水量的时间等于 $T_1-T_2=84-59.4=24.6\approx25\mathrm{min}$。

方法 2：积分计算，在 $\mathrm{d}t$ 时间内从排空管流出的水流体积为 $W=0.82\times\dfrac{\pi d^2}{4}\sqrt{2gh}\mathrm{d}t$。在这一时间内，储水池水位下降 $-\mathrm{d}h$ 高度，排出水量等于 $-BL\mathrm{d}h$，负号表示水位 h 随排出时间增加而减少。得以下计算式：

$$0.82 \times \frac{\pi d^2}{4}\sqrt{2gh}\,\mathrm{d}t = -BL\mathrm{d}h, \mathrm{d}t = -\frac{BL}{0.82 \times \frac{\pi d^2}{4}\sqrt{2g}} \cdot \frac{\mathrm{d}h}{\sqrt{h}}$$

$$= -\frac{0.35BL}{d^2} \cdot \frac{\mathrm{d}h}{\sqrt{h}}, \int_0^T \mathrm{d}t = -\frac{0.35BL}{d^2}\int_2^4 2\mathrm{d}h^{0.5}, \int_0^T \mathrm{d}t = \frac{0.35BL}{d^2}\int_2^4 2\mathrm{d}h^{0.5}, T = \frac{0.7BL}{d^2}[\sqrt{h}]_2^4$$

$$=\frac{0.7\times15\times60\times(\sqrt{4}-\sqrt{2})}{0.5^2}=1477\text{s}=24.6\text{min}\approx25\text{min}。$$

【例题 7.2-12】 一座平流沉淀池，长 76m、宽 14m、有效水深 2.8m，两侧各安装一根放空短管，管底与池底平接。设计放空时间 3h，相当于理论放空时间的 1.5 倍。则合适的放空管管径是何值？

【解】《给水工程》中的公式是考虑管咀出流流量系数 $\mu=0.82$ 条件下的非恒定出流管径计算值，按照题意，理论放空时间为 3/1.5=2h，按此条件代入沉淀池放空时间计算式计算，

得：$$d=\sqrt{\frac{0.7BLH^{0.5}}{T}}=\sqrt{\frac{0.7BLH^{0.5}}{2\times2\times3600}}=\sqrt{\frac{0.7\times14\times76\times2.8^{0.5}}{2\times2\times3600}}$$

$$=\sqrt{\frac{1246.289}{14400}}=0.294\text{m}。$$

取放空管管径为 $DN300$。

【例题 7.2-13】 一座平流沉淀池，池宽 B 等于水深 H 的 3 倍，经计算，雷诺数 $Re=13500$，弗劳德数 $Fr=0.6\times10^{-5}$。以后又加设 2 道纵向分隔隔墙。如果不计隔墙所占体积，加设隔墙后的雷诺数、弗劳德数变为了多少？

【解】 在加设分隔隔墙前，沉淀池水平流方向水力半径 $R=\frac{BH}{2H+B}=\frac{3H^2}{2H+3H}=\frac{3H}{5}$，代入雷诺数 $Re=\frac{vR}{\nu}$ 计算式，$Re=\frac{3vH}{5\nu}=13500$，得 $\frac{vH}{\nu}=22500$。加设分隔隔墙后每格宽度等于 $B/3=H$，水力半径 $R=\frac{H^2}{3H}=\frac{H}{3}$，代入 $Re=\frac{vR}{\nu}$，得 $Re=\frac{vH}{3\nu}=\frac{22500}{3}=7500$。

在加设分隔隔墙前，沉淀池水平流方向 $R=\frac{BH}{2H+B}=\frac{3H^2}{2H+3H}=\frac{3H}{5}$，代入弗劳德数 $Fr=\frac{v^2}{Rg}$ 计算式，$Fr=\frac{5v^2}{3Hg}=0.6\times10^{-5}$，得 $\frac{v^2}{Hg}=0.36\times10^{-5}$。加设分隔隔墙后每格水力半径 $R=\frac{H^2}{3H}=\frac{H}{3}$，代入 $Fr=\frac{3v^2}{Hg}=3\times0.36\times10^{-5}=1.08\times10^{-5}$。

【例题 7.2-14】 设计一座处理水量为 5.184 万 m^3/d 的平流沉淀池，水厂自用水量占设计规模的 3.68%。沉淀池宽 8m，出水区采用指形穿孔集水槽集水（如图 7-2 所示，尺寸单位 mm）。穿孔集水槽长 9.00m，间距 2.00m，集水孔孔径 $d=35\text{mm}$，孔口流量系数 $\mu=0.62$。则集水孔中心距离为多少是合适的？

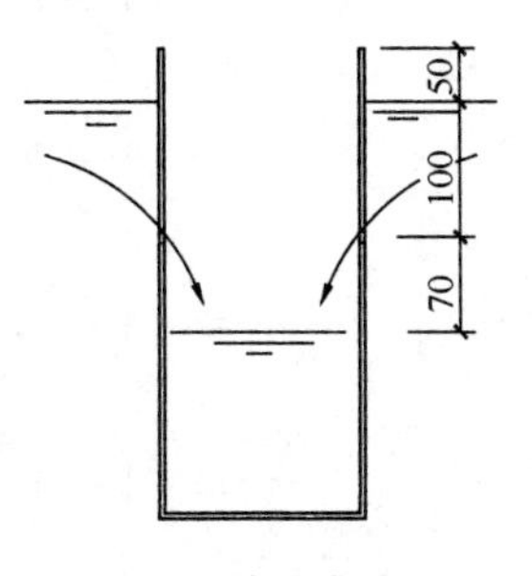

图 7-2 穿孔集水槽

【解】 沉淀池处理水量已包含设计规模和水厂自用水量。$Q=51840\text{m}^3/\text{d}=0.6\text{m}^3/\text{s}$，根据集水槽设计要求，宽 8m 沉淀池应设 4 条集水槽，8 个集水槽面，每个集水槽面进水流量为 $\frac{0.6}{8}=0.075\text{m}^3/\text{s}$。根据图示，集水孔淹没高度等于 0.10m，则每个集水孔出水流量为 $q=\mu\omega\sqrt{2gh}=0.62\times\frac{\pi}{4}\times0.035^2\times\sqrt{2\times9.81\times0.1}=8.35\times10^{-4}\text{m}^3/\text{s}$。

集水槽每边开孔个数 $n=\frac{0.075}{8.35\times10^{-4}}=90$ 个，进水孔中心距 $a=\frac{9000}{90}=100$mm。

【例题 7.2-15】 一平流沉淀池，进水中悬浮颗粒沉速和所占的比例见表 7-3，经测定，沉淀后沉速等于 0.3mm/s 的颗粒去除的重量占该沉速颗粒重量的比例为 75%，则该沉淀池去除上述颗粒的总去除率是多少？

不同沉速颗粒累计值占所有颗粒的重量比 **表 7-3**

颗粒沉速 u_i（mm/s）	0.1	0.2	0.3	0.5	0.8	1.2	1.5	2.0
$\geqslant u_i$ 颗粒占所有颗粒的重量比（%）	100	90	76	65	53	40	25	11

【解】 经平流沉淀池沉淀后，沉速等于 0.3mm/s 的颗粒去除的重量占该沉速颗粒重量的比例为 75%，即 $\frac{0.3}{u_0}=75\%$，得沉淀池截留速度 $u_0=0.4$mm/s。

由表 7-3 又知，沉速≥0.4mm/s 的颗粒占所有颗粒的重量比为 65%，可全部去除；

0.3mm/s 沉速的颗粒占所有颗粒的重量比为 76%－65%＝11%，部分去除；

0.2mm/s 沉速的颗粒占所有颗粒的重量比为 90%－76%＝14%，部分去除；

0.1mm/s 沉速的颗粒占所有颗粒的重量比为 100%－90%＝10%，部分去除。

则该沉淀池去除上述颗粒的总去除率为：

$$P=65\%+\frac{1}{0.4}(0.3\times11\%+0.2\times14\%+0.1\times10\%)=82.75\%。$$

【例题 7.2-16】 现设计处理水量为 5 万 m^3/d 的沉淀池一座，已知进入沉淀池中的絮凝颗粒累计分布曲线方程为 $p_i=1.5u_i^2$，式中：p_i 为所有沉速小于 u_i 的颗粒占水中全部颗粒的重量比；u_i 为颗粒沉速（mm/s）。假定在沉淀过程中颗粒粒径不再发生变化，设计沉淀池的沉淀面积为 1450m^2，进水浊度为 50mg/L，按理论计算，该沉淀池的出水浊度 C_i 大约是多少？

【解】 根据 $p_i=1.5u_i^2$，得知 $P_0=1.5u_0^2$，代入悬浮物沉淀去除率计算式，求出总去除率计算式：

$$P=(1-P_0)+\frac{1}{u_0}\int_0^{P_0}u_i\mathrm{d}p_i=(1-1.5u_0^2)+\frac{1}{u_0}\int_0^{1.5u_0^2}\left(\frac{2}{3}p_i\right)^{\frac{1}{2}}\mathrm{d}p_i$$

$$=(1-1.5u_0^2)+\frac{1}{u_0}\int_0^{1.5u_0^2}\left(\frac{2}{3}p_i\right)^{\frac{1}{2}}\cdot\frac{3}{2}\mathrm{d}\left(\frac{2}{3}p_i\right)$$

$$=(1-1.5u_0^2)+\frac{1}{u_0}\int_0^{1.5u_0^2}\frac{3}{2}\left(\frac{2}{3}p_i\right)^{\frac{1}{2}}\cdot\mathrm{d}\left(\frac{2}{3}p_i\right)$$

$$=(1-1.5u_0^2)+\frac{1}{u_0}\left[\left(\frac{2}{3}p_i\right)^{\frac{3}{2}}\right]_0^{1.5u_0^2}=1-0.5u_0^2。$$

根据沉淀面积 1450m^2 和处理水量 5 万 m^3/d，求出沉淀池表面负荷：$u_0=\frac{50000\times1000}{24\times3600\times1450}=0.40$mm/s。

代入上式得总去除率 $P=1-0.5u_0^2=1-0.5\times0.40^2=92\%$，于是得 $C_i=50\times$（1－92%）＝4mg/L。

【例题 7.2-17】一座平流沉淀池，沉淀面积 $1100m^2$。进入沉淀池的水中沉速≥0.6mm/s 的颗粒重量占所有颗粒重量的 70%，沉速≤0.5mm/s 的颗粒重量占所有颗粒重量的 30%，沉速≤0.4mm/s 的颗粒重量占所有颗粒重量的 12%，沉速≤0.3mm/s 的颗粒不计。当沉淀处理水量为 $2180m^3/h$ 时，刮泥机排出排泥水占处理水量的 6%。则沉淀池对上述水质中悬浮颗粒的去除率是多少？

【解】沉淀池截留速度 $u_0=\frac{2180\times1000}{3600\times1100}=0.55mm/s$，鉴于 0.55mm/s 的颗粒不存在，应按 0.5mm/s 的颗粒占 30%－12%＝18%，0.4mm/s 的颗粒占 12%，≥0.55mm/s 的颗粒占 70%计算，得去除率 $P=70\%+\frac{1}{0.55}(0.5\times18\%+0.4\times12\%)=95.09\%$。

刮泥机排出排泥水是沉淀后的含泥水，不影响处理水量计算，也不影响沉淀去除率计算。

【例题 7.2-18】一平流沉淀池，进水中不同沉速颗粒累计值占所有颗粒的重量比见表 7-4。

不同沉速颗粒累计值占所有颗粒的重量比　　表 7-4

颗粒沉速 u_i（mm/s）	0.1	0.3	0.5	0.55	0.65	0.8	1.0
≥u_i 颗粒占所有颗粒的重量比（%）	100	85	68	53	40	25	11

平流沉淀池长深比等于 19.5，沉淀池水平流速 $v=11.70mm/s$。则该沉淀池对上述水质中悬浮颗粒总去除率是多少？（≥u_i 颗粒占所有颗粒的重量比不用内插法计算）

【解】设沉淀池长为 L、水深为 H，根据 $\frac{L}{v}=\frac{H}{u_0}$，得 $u_0=\frac{Hv}{L}=\frac{v}{L/H}=\frac{11.70}{19.5}=0.60$（mm/s），鉴于 0.60mm/s 的颗粒不存在，按照（$1-P_0$）＝40%，$u_0=0.60mm/s$ 计算，并求出所有颗粒各自占有的比例，见表 7-5。

不同沉速颗粒累计值和不同沉速颗粒占所有颗粒的重量比　　表 7-5

颗粒沉速 u_i（mm/s）	0.1	0.3	0.5	0.55	0.65	0.8	1.0
≥u_i 颗粒占所有颗粒的重量比（%）	100	85	68	53	40	25	11
u_i 颗粒占所有颗粒的重量比（%）	15	17	15	13	15	14	11

总去除率 $P=40\%+\frac{1}{0.60}(0.55\times13\%+0.5\times15\%+0.3\times17\%+0.1\times15\%)=75.42\%$。

【例题 7.2-19】一平流沉淀池长深比等于 19.5、长宽比等于 6，当处理水量为 $2190.24m^3/h$ 时，沉淀池截留速度 $u_0=0.60mm/s$。如果水的密度为 $\rho=1000kg/m^3$、水的动力黏度系数 $\mu=1.14\times10^{-3}Pa\cdot s$，则该沉淀池中水流雷诺数 Re 约为多少？

【解】设沉淀池长为 L、宽为 B、水深为 H。根据 $\frac{L}{v}=\frac{H}{u_0}$，得水平流速

$v=\frac{Lu_0}{H}=19.5\times0.60=11.70mm/s$。根据截留速度计算式 $u_0=\frac{2190.24/3.6}{BL}$ 计算出 $BL=\frac{2190.24/3.6}{0.60}=1014m^2$，于是求出 $B=13m$、$H=4m$。

水力半径 $R=\frac{BH}{B+2H}=2.476\text{m}$，则该沉淀池中水流雷诺数为：

$$Re=\frac{\rho vR}{\mu}=\frac{1000\times0.0117\times2.476}{1.14\times10^{-3}}=25412。$$

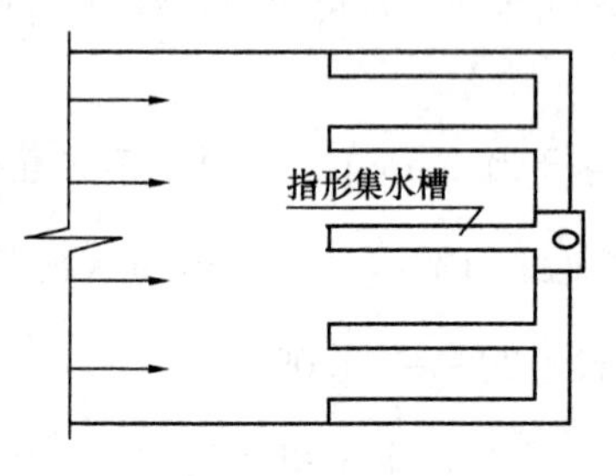

图 7-3　指形集水槽

【例题 7.2-20】 一座小型平流沉淀池设置 5 条顶角 90°的倒三角形锯齿堰出流集水槽，如图 7-3 所示。设计集水槽顶高出沉淀池水面 57mm，沉淀池水面高出倒三角形 90°顶角 43mm、高出倒三角形过水断面高度中心 21.5mm，倒三角形进水自由跌落 30mm，该沉淀池处理水量为 28500m³/d。则锯齿堰出流集水槽最小长度是多少？

【解】 5 条集水槽共 8 条集水堰口，每条集水堰口（集水槽单边）集水量 $Q=\frac{28500}{86400\times8}=0.0412\text{m}^3/\text{s}$，每个倒三角形集水口作用水头 43mm $=0.043\text{m}$，集水流量 $q=1.401\times0.043^{2.5}=0.5372\times10^{-3}\text{m}^3/\text{s}$，需设置倒三角形个数 $n=\frac{0.0412}{0.5372\times10^{-3}}=78$ 个，每个顶角 90°倒三角形高 57+43=100mm、顶部（即堰口）边长 200mm=0.2m，集水槽最小长度 $L=0.2\times78=15.6\text{m}$。

集水堰口溢流率验算：集水槽每边每米长开倒三角形 5 个，集水流量为：$0.5372\times10^{-3}\times86400\times5=232\text{m}^3/(\text{d}\cdot\text{m})$，满足$\leqslant250\text{m}^3/(\text{d}\cdot\text{m})$ 要求。

【例题 7.2-21】 一座平流沉淀池长为 L，水深为 H，水平流速为 v，在终端和距终端 $\frac{1}{10}L$、$\frac{2}{10}L$ 处垂直于水流方向设置 3 道集水槽流入集水总渠（见图 7-4），如果每道集水槽集水量平均为$\frac{1}{3}Q$，则设置 3 道集水槽后沉淀池平均截留速度 u_{02} 和仅设置终端一道集水槽时截留速度 u_{01} 之比是多少？

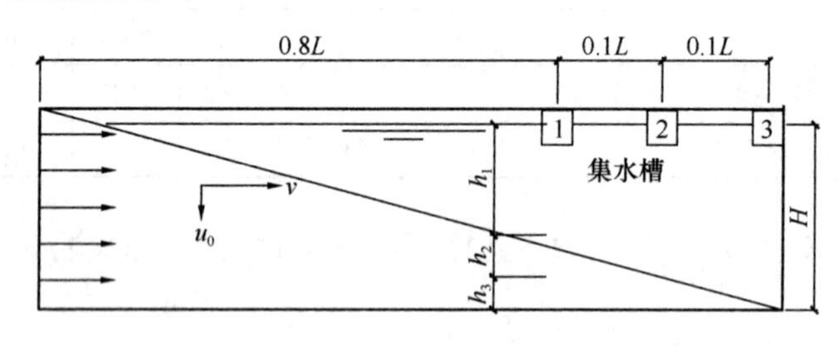

图 7-4　中途集水槽

【解】 这是一道讨论中途集水问题的例题，可用以下两种方法解答：

方法 1：仅设置终端一道集水槽时，沉淀池截留速度 $u_{01}=\frac{Hv}{L}$，按照水流在沉淀池中停留时间计算，得：水流从起端流到第 1 个集水槽的时间 $t_1=\frac{0.8L}{v}=\frac{8}{10}\cdot\frac{L}{v}$，

从第 1 个集水槽到第 2 个集水槽之间流量减少$\frac{1}{3}$，水平流速为$\frac{2}{3}v$，水流从第 1 个集

水槽流到第 2 个集水槽的时间为：$t_2=\dfrac{0.1L}{\dfrac{2}{3}v}=\dfrac{3L}{10\times2v}=\dfrac{3}{20}\cdot\dfrac{L}{v}$。

从第 2 个集水槽流到第 3 个集水槽的水平流速为$\dfrac{1}{3}v$，流经时间为：

$$t_3=\frac{0.1L}{\dfrac{1}{3}v}=\frac{3}{10}\cdot\frac{L}{v},$$

总的停留时间 $T=\left(\dfrac{8}{10}+\dfrac{3}{20}+\dfrac{3}{10}\right)\dfrac{L}{v}=\dfrac{25}{20}\dfrac{L}{v}$,平均截留速度 $u_{02}=\dfrac{H}{T}=\dfrac{20}{25}\cdot\dfrac{Hv}{L}=0.8\dfrac{Hv}{L}=0.8u_{01}$。

方法 2：从水中杂质沉淀高度和水平位移的关系进行计算。设水中杂质临界沉速平均值为 u_{02}，沉降 h_1 高度时迁移了$\dfrac{8}{10}L$ 距离，有如下关系式：

$\dfrac{h_1}{u_{02}}=\dfrac{8}{10}\cdot\dfrac{L}{v}$，同理再沉降 h_2、h_3 高度时，流速变小后又各迁移了$\dfrac{1}{10}L$ 距离，

$$\frac{h_2}{u_{02}}=\frac{1L}{10\times\dfrac{2}{3}v}=\frac{3}{20}\cdot\frac{L}{v},\frac{h_3}{u_{02}}=\frac{1L}{10\times\dfrac{1}{3}v}=\frac{3}{10}\cdot\frac{L}{v},$$

$$\frac{h_1+h_2+h_3}{u_{02}}=\frac{16+3+6}{20}\cdot\frac{L}{v},\frac{H}{u_{02}}=\frac{25}{20}\cdot\frac{L}{v},u_{02}=\frac{20}{25}\cdot\frac{Hv}{L}=0.8u_{01}。$$

7.3　斜管（板）沉淀池

（1）阅读提示

1）沉淀原理

斜管（板）沉淀池提高沉淀去除率的原理是：斜管（板）在水平面上的投影面积增加；斜管（板）中过水断面上的湿周增大，雷诺数减小，紊动作用减弱；斜管（板）中下滑的颗粒和上升水流相对流动促使絮凝颗粒进一步聚结絮凝。

2）构造关系

斜（板）沉淀池中的水流可以是上向流、下向流、侧向流。斜管沉淀池中的水流只能是上向流、下向流，不能有侧向流。

根据斜管（板）构造和水流方向的几何关系，可以得出轴向流速、截留速度和斜管（板）构造的关系式。读者应知道每一个符号所代表的工程含义和相互关系。在不计无效沉淀面积和斜管（板）材料所占有的面积时，斜管（板）沉淀面积等于斜管（板）在水平面上投影面积和安装斜管（板）沉淀池水平面积之和。斜管（板）沉淀池无效面积指斜管（板）材料所占面积及倾斜后不出水部位的面积。

3）特性方程（斜管（板）几何关系式）

从理论上分析，斜管、斜板截留速度、轴向流速和构造几何关系表达式不同，这是按照最不利断面推导出来的表达式。实际上，斜管、斜板长度、倾角相同，斜板间距等于斜管直径时，二者去除悬浮颗粒的沉淀效果基本相同。只因斜管便于安装，使用较多。轴向

流速、截留速度和斜板构造的关系式是斜管（板）沉淀池重要计算公式。斜管、斜板两种沉淀的重要计算式中，v_0 相同，说明沉淀池对水中悬浮颗粒去除率相同。

$\frac{u_0}{v_0}\left(\frac{1}{\sin\theta}+\frac{L}{d}\cos\theta\right)=1$ 是斜板截留速度、轴向流速和构造几何关系表达式。根据水力学推导的平行板间层流平均流速 v_{01} 是中间最大流速 u_{m1} 的 2/3，$u_{m1}=3/2v_{01}$。

圆管间层流平均流速 v_{02} 是中间最大流速 u_{m2} 的 1/2，$u_{m2}=2v_{02}$。

取平行板中间最大流速 u_{m1} 和圆管中间最大流速 u_{m2} 相等，$3/2v_{01}=2v_{02}$，

得 $v_{01}=\frac{4}{3}v_{02}$，代入上式，得斜管沉淀特性方程：$\frac{u_0}{v_{02}}\left(\frac{1}{\sin\theta}+\frac{L}{d}\cos\theta\right)=\frac{4}{3}$。

4）沉淀去除率计算

斜管（板）沉淀池沉淀去除率计算方法同平流沉淀池，沉速大于 u_0 的颗粒全部去除，沉速小于 u_0 的颗粒部分去除。斜管（板）沉淀池表面（或液面）负荷[$(m^3/(m^2\cdot h)$]和截留速度 u_0 的关系需通过轴向流速、截留速度和斜板构造的关系式换算得出，二者数值上不同。

（2）例题解析

【例题 7.3-1】 下列有关斜管（板）沉淀池构造特点的叙述中，正确的是哪一项？

（A）斜管（板）与水平面的夹角越小，在平面上的投影面积越大，沉淀效果越好。为了施工方便而不设计成很小夹角；

（B）斜管（板）与水平面的夹角越大，斜管（板）沉淀池无效面积越小，沉淀效果越好。为了支撑方便而不设计成很大夹角；

（C）斜管内切圆直径越小，在平面上的投影面积越大，沉淀效果越好。为了不降低斜管刚度，避免斜管弯曲变形，而不设计成很小的内径；

（D）斜管（板）长度越大，在平面上的投影面积越大，沉淀效果越好。为了避免斜管（板）沉淀池深度过大，而不设计成很长的斜管（板）。

【解】 答案（D）

（A）斜管（板）与水平面的夹角越小，在平面上的投影面积越大，沉淀效果越好。

为了使斜管（板）沉淀池积泥顺利滑落、方便排出，而不设计成很小夹角，不是施工不便问题，（A）项观点不正确。

（B）斜管（板）与水平面的夹角增大，虽然排泥方便，沉淀池无效面积减小，但有效沉淀面积变小，与水平面夹角成 90°时，已失去斜管（板）的作用，沉淀效果不好，（B）项观点不正确。

（C）斜管内切圆直径越小，在平面上的投影面积越大，沉淀效果越好。为了不发生堵塞、排泥方便，而不设计成很小的内径。不是考虑降低斜管刚度、避免斜管弯曲变形问题，（C）项观点不正确。

（D）斜管（板）长度越大，在平面上的投影面积越大，沉淀效果越好。为了避免斜管（板）沉淀池深度过大，而不设计成很长的斜管（板）。在给水处理中，一般斜管（板）斜长 1000mm，污泥处理 2000mm，（D）项观点正确。

【例题 7.3-2】 下列有关斜管沉淀池构造和设计要求的叙述中，正确的是哪一项？

（A）斜管沉淀池中斜管有很大的投影面积，进水水质可不受限制；

(B) 斜管沉淀池中斜管内轴向水流速度大小与多边形斜管内径大小有关；

(C) 斜管沉淀池的沉淀效果与沉淀池中多边形斜管内径大小有关；

(D) 斜管沉淀池清水采用集水槽（渠）集水，出水是否均匀与沉淀池底部配水区高度有关。

【解】 答案（C）

(A) 斜管沉淀池中斜管有很大的投影面积，多边形斜管内径为 30～40mm，容易被大粒径、高浓度颗粒堵塞，一般要求进水不含大粒径颗粒，(A) 项认为进水水质可不受限制是不正确的。

(B) 斜管内轴向水流速度大小与处理水量及配水区水压有关，受斜管内壁摩擦力影响较小，多边形斜管内径大小不是轴向水流速度大小的决定因素，(B) 项叙述不正确。

(C) 斜管沉淀池中多边形斜管内径大小直接影响安装斜管数量多少和沉淀面积的大小，也就是直接影响到沉淀池沉淀效果，(C) 项叙述正确。

(D) 斜管沉淀池底部配水区高度较小时，配水区流速增大，到达终端后，流速水头变为压力水头，直接影响到清水区上升流速大小，也就影响到出水的均匀性，(D) 项叙述不正确。

【例题 7.3-3】 一水厂设计处理水量 31800m^3/d 的上向流斜管沉淀池一座，斜管沉淀池轴向流速 $v_0=2.0mm/s$，斜管倾角 $\theta=60°$，斜管材料及安装无效沉淀面积占沉淀池表面积的 20%，则斜管沉淀池表面积大约是多少？

【解】 根据题意斜管净出口流速 $v_s=v_0\sin60°=2.0\times0.866=1.732mm/s$；

假设斜管沉淀池表面积为 A (m^2)，则有 $\frac{(1-20\%)A\times1.732}{1000}=\frac{31800}{86400}=0.368m^3/s$，

$$A=\frac{1000\times0.368}{(1-20\%)\times1.732}=266m^2。$$

注意，如果题目中告诉我们斜管材料及安装无效沉淀面积引起的结构系数 $k=1.20$，则可以按照下式计算：

斜管净出口流速 $v_s=v_0\sin60°=2.0\times0.866=1.732mm/s$；

处理水量 $q=31800m^3/d=0.368m^3/s$，

$\frac{A\times1.732}{1000\times1.2}=0.368$，$A=\frac{1000\times0.368}{1.732}\times1.2=255m^2$。

本例题说的是无效面积占 20%，有效面积占 80%，不能按照结构系数为 1.2 方法计算。

【例题 7.3-4】 一座斜板沉淀池液面面积 $A=165m^2$，安装斜长 $L=1000mm$、倾角 $\theta=60°$、间距 $d=40mm$ 的斜板。当进水悬浮物去除率为 98%时，斜板沉淀池截留速度 $u_0=0.3mm/s$。如果斜板材料和无效面积占液面面积的 10%，则该沉淀池处理水量是多少？

【解】 将 $u_0=0.3mm/s$ 代入有关公式求出：

$$v_0=u_0\left(\frac{1}{\sin\theta}+\frac{L}{d}\cos\theta\right)=0.3\times\left(\frac{1}{\sin60°}+\frac{1000}{40}\cos60°\right)=4.1mm/s;$$

$v_s=v_0\sin60°$，沉淀池处理水量 $q=A(1-10\%)v_s=4.1\times0.9A\sin60°$

$=0.9\times165\times4.1\times\sin60°\times\frac{86400}{1000}=45560m^3/d$。

【例题 7.3-5】 一座沉淀面积为 F 的沉淀池，加设斜板改为斜板沉淀池，斜板长度 L 和斜板间垂直距离 d 之比 $\frac{L}{d}=20$，斜板水平倾角 $\theta=60°$。当斜板间沉淀截留速度 $u_0=0.40$mm/s 时，处理水量为 1440m³/h。如果不计斜板材料所占体积和无效面积，根据理论计算，沉淀池中斜板投影面积是多少？

【解】 设斜板沉淀池面积为 F（m²），计入斜板投影面积后的总沉淀面积为 A（m²），根据截留速度 u_0 等于处理水量与斜板投影面积、沉淀池面积之和的比值原理，得到如下水量关系：$\frac{0.4}{1000}\cdot A=\frac{1440}{3600}$，即 $0.0004A=0.4$

得总沉淀面积 $A=1000\text{m}^2$，根据斜板中流速和构造尺寸关系

$\frac{u_0}{v_0}\left(\frac{1}{\sin\theta}+\frac{L}{d}\cos\theta\right)=1$，得出斜板轴向流速 v_0 和斜板净出口流速 v_s；

$$v_0=u_0\left(\frac{1}{\sin\theta}+\frac{L}{d}\cos\right)=0.0004\left(\frac{1}{\sin60°}+20\cos60°\right)=4.462\times10^{-3}\text{m/s},$$

$$v_s=v_0\sin60°=4.462\times10^{-3}\times0.866=0.004\text{m/s}。$$

斜管净出口面积为 $F'=\frac{\frac{1440}{3600}}{0.004}=\frac{0.4}{0.004}=100\text{m}^2$。

沉淀池中斜板投影面积是 $1000-100=900\text{m}^2$。

【例题 7.3-6】 一座小型平流沉淀池沉淀面积为 346m²，处理水量 1080m³/h。现安装斜长 $L=1000$mm、倾角 $\theta=60°$的斜管，斜管水平投影面积为 854m²。根据试验推算出悬浮物去除率计算方程式为 $P=1-0.5u_0^2$（u_0 为斜管沉淀池截留速度，mm/s）。如果处理水量不变，斜管材料和无效面积占沉淀池清水区面积的 10%，则安装斜管后的斜管沉淀池比平流沉淀池沉淀去除率提高多少？

【解】 在平流沉淀池中，$u_0=\frac{1080}{346}\times\frac{1000}{3600}=0.867$mm/s，代入去除率计算式 $P=1-0.5u_0^2$ 得：

$$P_1=1-0.5\times0.867^2=0.6242=62.42\%;$$

在斜管沉淀池中，$u_0=\frac{1080/3.6}{854+346\times(1-0.1)}=0.257$mm/s，代入去除率计算式得：$P_2=1-0.5\times0.257^2=0.9670=96.70\%$；

悬浮颗粒的去除率提高 96.70%−62.42%=34.28%。

【例题 7.3-7】 一座斜管沉淀池总沉淀面积为 A（m²），安装高 866mm、倾角 60°、每边边长 17.32mm 的正六边形斜管。当进水悬浮物含量为 50mg/L 时，沉淀池出水悬浮物含量为 2.0mg/L。据此推算出沉淀池中悬浮物总去除率 p 和截留速度 u_0（mm/s）符合如下关系：$p=1-\frac{3}{2}u_0^2$。如果斜管材料和无效面积占沉淀池清水区面积的 20%，正六边形斜管内径按正六边形内切圆直径计算，则该沉淀池液面负荷是多少？

【解】 根据悬浮物总去除率关系式 $p=1-\frac{3}{2}u_0^2=\frac{50-2}{50}$，得 $u_0=0.163$mm/s，代入斜管几何关系式 $\frac{u_0}{v_0}\left(\frac{1}{\sin\theta}+\frac{L}{d}\cos\theta\right)=\frac{4}{3}$，取 $L=\frac{866}{\sin60°}=1000$mm，经推算正六边形内切圆

直径

$d=2\times17.32\cos30°=30\text{mm}$，代入上式有$\frac{0.163}{v_0}\left(\frac{1}{0.866}+\frac{1000}{30}\times0.5\right)=\frac{4}{3}$，

得 $v_0=\frac{3}{4}\times0.163\times17.82=2.178\text{mm/s}$，斜管净出口流速 $v_s=v_0\times\sin60°=1.886\text{mm/s}$，液面负荷 $q=1.886\times\frac{0.8A}{A}=1.51\text{mm/s}$。

【例题 7.3-8】 有一座竖流沉淀池，进水中颗粒沉速和所占的比例见表 7-6。

进水中颗粒占所有颗粒的重量比 **表 7-6**

颗粒沉速 u_i（mm/s）	0.1	0.25	0.3	0.5	0.8	1.2	1.5	2.0
$\leqslant u_i$ 颗粒占所有颗粒的重量比（%）	10	25	35	45	60	75	90	100

竖流沉淀池对上述悬浮物总去除率为 40%。现加设斜板改为斜板沉淀池，如果斜板投影面积按竖流沉淀池的 3 倍计算，则加设斜板后总去除率是多少？

【解】 根据表 7-6 中数据求出不同沉速颗粒占所有颗粒的重量比，见表 7-7。

不同沉速颗粒占所有颗粒的重量比 **表 7-7**

颗粒沉速 u_i（mm/s）	0.1	0.25	0.3	0.5	0.8	1.2	1.5	2.0
$\leqslant u_i$ 颗粒占所有颗粒的重量比（%）	10	25	35	45	60	75	90	100
u_i 颗粒占所有颗粒的重量比（%）	10	15	10	10	15	15	15	10
$\geqslant u_i$ 颗粒占所有颗粒的重量比（%）	100	90	75	65	55	40	25	10

根据竖流沉淀池对上述悬浮物总去除率可知，≥1.2mm/s 的颗粒占所有颗粒的重量比为 40%，由此得出竖流沉淀池可以全部去除的最小颗粒沉速是 1.2mm/s。

斜板沉淀池沉淀面积等于斜板投影面积与竖流沉淀池沉淀面积之和，是竖流沉淀池沉淀面积的 4 倍。斜板沉淀池可以全部去除的最小颗粒沉速是竖流沉淀池全部去除的颗粒沉速的 1/4，为 $u_0=\frac{1.2}{4}=0.3$（mm/s），根据 $u_0=0.30\text{mm/s}$、$P_0=25\%$计算。

$$\begin{aligned}总去除率\ P&=(1-25\%)+\frac{1}{0.3}(0.1\times10\%+0.25\times15\%)\\&=75\%+15.83\%=90.83\%。\end{aligned}$$

7.4 其他沉淀池

（1）阅读提示

本节属于一般叙述内容，无深入的理论计算，阅读时注意以下问题即可。

1）高速澄清（沉淀）池主要特点是：污泥回流、强化絮凝、斜管沉淀、污泥浓缩。其排放污泥含固率>3%，可以不设污泥浓缩构筑物而直接进入污泥脱水设备。

2）辐流沉淀池排泥独特，通常适用于作为高浊度水源水的第一级预沉淀构筑物。当原水含沙量较低时，可采用不投加混凝剂的自然沉淀。当原水含沙量较高（通常>20kg/m^3 水）时，应采用投加有机高分子絮凝剂或普通混凝剂的混凝沉淀。当单独投加聚丙烯

酰胺絮凝剂预沉时，可不设絮凝池。使其在进水管中和辐流沉淀池进水整流套筒内发生絮凝。

3）预沉池是预处理的一种构筑物，结合调蓄避开沙峰取消预沉池，多改为水库或天然的池塘等，设置吸泥船排沙。在水厂建造辐流式预沉池、平流式预沉池容积较小时，通常设置机械排泥系统。

4）给水处理和污水处理中所需去除的泥沙一样，大都来自雨水冲入的泥沙、碎屑。混入污水中的泥沙附着了少量有机物，容易腐化发臭，经曝气以摩擦脱除，而给水取用水中的泥沙一般不含有机物，仅用简单的平流沉淀池或水力旋流沉砂池就可以去除。

（2）例题解析

【例题 7.4-1】从理论上分析，下列有关沉淀池特点的叙述中，正确的是哪几项？

（A）在平流沉淀池沉淀过程中，沉淀速度相同的颗粒的沉降轨迹相互平行；

（B）在斜板沉淀池中，斜板在水平面上的投影面积越大，全部去除的絮凝颗粒的截留速度越小；

（C）给水处理常用的沉砂池通常选用水力旋流沉砂池、曝气沉砂池；

（D）高速澄清池是一种集接触絮凝、斜管沉淀、污泥浓缩于一体的构筑物。

【解】答案（A）（B）（D）

（A）从理论上分析，在平流沉淀池沉淀过程中，沉淀颗粒沉速不变，沉淀速度相同的颗粒无论从什么高度进入沉淀池，沉降轨迹相互平行，（A）项叙述正确。

（B）在斜板沉淀池中，斜板在水平面上的投影面积增大后，去除絮凝颗粒的截留速度变小，这是斜管（板）沉淀池的特点和提高沉淀效果的原理，（B）项叙述正确。

（C）由于给水水源含有机物较少，通常设计的沉砂池是水力旋流沉砂池，不用曝气沉砂池，（C）项叙述不正确。

（D）高密度沉淀池污泥回流，增大了絮凝颗粒浓度，发挥了接触絮凝作用。加设斜管（板），增大了沉淀面积，排出污泥含固率＞3%，所以认为该种沉淀池是一种集接触絮凝、斜管沉淀、污泥浓缩于一体的构筑物，（D）项叙述正确。

【例题 7.4-2】下列有关沉淀池水流方向和泥渣运动方向的叙述中，不正确的是哪几项？

（A）在平流沉淀池沉淀过程中，沉淀颗粒的沉降方向和水流方向呈 90°夹角；

（B）斜管倾斜角为 60°的上向流斜管沉淀池中，沉淀颗粒的沉降方向和斜管轴向水流方向呈 60°夹角；

（C）高速澄清池运行时，泥水分离区中的泥渣颗粒的沉降方向和出水水流方向呈 90°夹角；

（D）平流气浮池运行时，分离区中的泥渣颗粒的分离方向和出水水流方向呈 90°夹角。

【解】答案（B）（C）（D）

（A）在平流沉淀池沉淀过程中，沉淀颗粒的沉降方向和水流方向呈 90°夹角，（A）项叙述正确。

（B）斜管倾斜角为 60°的上向流斜管沉淀池中，沉淀颗粒的沉降方向（和水平面呈 90°夹角）和斜管轴向水流方向（和水平面呈 60°夹角）呈 30°（或 150°）夹角，（B）项叙述不正确。

(C) 高速澄清池运行时，泥水分离区中的泥渣向下、水流向上运动，泥渣颗粒的沉降方向和出水水流方向呈180°夹角，(C) 项叙述不正确。

(D) 平流气浮池运行时，分离区中的泥渣随气泡向上、水流向下运动，泥渣颗粒的分离方向和出水水流方向呈180°夹角，(D) 项叙述不正确。

7.5 澄清池

(1) 阅读提示

1) 澄清原理

①提高悬浮颗粒沉淀去除率的途径

提高悬浮颗粒沉淀去除率的基本途径有两条：一是增大絮凝颗粒的沉速，在澄清池中，充分发挥絮凝体碰撞、捕捉、聚结成较大沉速的颗粒；二是增大沉淀面积，如加设斜板或斜管。

②接触絮凝概念

接触絮凝即为具有显著粒径差、密度差、浓度差、沉速差的两种以上絮凝颗粒的絮凝。

③澄清构筑物定义

在水处理中，沉淀、澄清、气浮都是悬浮颗粒从水中分离出来的工艺。为更深入研究，特把澄清构筑物单独定义为集絮凝和泥水分离于一体的构筑物。建造澄清池的水厂，不另建絮凝构筑物，建造多座澄清池的水厂，有时建造有配水池，同时投加絮凝剂，不能看作是絮凝池。

2) 澄清池分类

按照澄清池工作原理，归纳为两大类型：

其一，利用机械或水力搅拌作用，促使泥渣循环接触絮凝，集混凝和泥水分离于一体的澄清池称为泥渣循环型澄清池。其二，澄清池中的悬浮泥渣层产生周期性的压缩和膨胀，促使原水中悬浮颗粒、悬浮泥渣层接触絮凝和泥水分离的构筑物称为泥渣悬浮型（或泥渣过滤型）澄清池。

3) 悬浮颗粒在泥渣层中的同向絮凝时间

各类澄清池的澄清原理可以从上述分类定义中理解。本教材仅对常用的泥渣循环型和泥渣悬浮型两大类澄清池基本构造进行了叙述。其中，泥渣悬浮型澄清池中泥渣浓度 ϕ（或含固率 α）、悬浮层厚度 H 与上升水流流速 u 有关。泥渣悬浮在水中的重力等于上升水流的绕流阻力。公式中的 u 值即为托起泥渣的水流速度。滤池冲洗时水头损失等于膨胀滤料在水中的重量关系式，也是水流托起悬浮泥渣的水头损失计算式。当浑水经过悬浮泥渣层后，悬浮颗粒被截留下来成为泥渣层。如果不考虑泥渣所占体积，则认为水流在泥渣层的停留时间 t 等于悬浮层体积除以进水流量，即：$t=\frac{悬浮层体积}{进水流量}=\frac{过流面积\times H}{过流面积\times u}=\frac{H}{u}$。如果考虑泥渣所占体积，则应减去泥渣体积或乘以空隙率后再除以进水流量，即：$t=\frac{悬浮层体积（1-含固率）}{进水流量}=\frac{过流面积\times H（1-含固率）}{过流面积\times u}=\frac{H}{u}(1-\alpha)$。

悬浮泥渣层与进水中的悬浮颗粒碰撞聚结有关，属于接触絮凝。絮凝时的水流速度梯度G值用公式$\sqrt{\frac{\gamma H}{\mu t}}$计算，式中的$t$即为水流停留时间。絮凝时$GT$值中的$T$指水中悬浮颗粒停留时间。在悬浮泥渣层中，悬浮颗粒停留时间T和水流停留时间t不是同一个时间，只有悬浮颗粒和水流一起流动，同时进出絮凝池的情况下才是同一个时间。悬浮颗粒在泥渣层中的停留时间$T=\frac{\text{悬浮泥渣重量}}{\text{单位时间进入的悬浮颗粒重量}}$，也是同向絮凝的絮凝时间。

4）机械搅拌澄清池构造特点

机械搅拌（泥渣循环型）澄清池由第一絮凝室、第二絮凝室、导流室和泥水分离室组成。根据停留时间、回流泥渣量大小设计各部分体积。

在处理流量Q已知的条件下，计入回流泥渣量，按照设定的上升流速，即可确定第二絮凝室、导流室内墙直径。如果不计导流室和第二絮凝室之间的隔墙厚度，则导流室内墙处直径D是第二絮凝室直径d的$\sqrt{2}$倍。

（2）例题解析

【例题 7.5-1】下列有关澄清构筑物澄清原理的叙述中，不正确的是哪几项？

（A）在机械搅拌澄清池中，循环泥渣和进水中的颗粒碰撞、吸附聚结形成大的颗粒分离出来，泥渣循环流量与清水区水流上升速度有关；

（B）泥渣悬浮型澄清池依靠悬浮泥渣层拦截、吸附聚结细小颗粒形成大的颗粒分离出来，悬浮层浓度与清水区水流上升速度有关；

（C）设置两座以上澄清池的前面有时加设配水井，其主要作用是投加混凝剂，增强混凝时间和混凝作用，提高混凝效果；

（D）澄清池出水区有时加设斜管，有助于增大泥水分离的沉淀面积。

【解】答案（A）（C）

（A）在机械搅拌澄清池中，循环泥渣和进水中的颗粒碰撞、吸附聚结形成大的颗粒分离出来。泥渣循环流量与搅拌叶轮提升流量有关，与清水区水流上升速度无关，（A）项叙述不正确。

（B）泥渣悬浮型澄清池依靠悬浮泥渣层拦截、吸附聚结细小颗粒形成大的颗粒分离出来，悬浮层依靠上升水流托起，处于平衡状态，上升水流流速过大，冲散悬浮层，浓度变小。上升水流流速过小，悬浮层沉淀，浓度变大。故认为悬浮层浓度与清水区水流上升速度有关，（B）项叙述正确。

（C）设置两座以上澄清池的前面有时加设配水井，其主要作用是为了配水均匀。虽然有助于增加混凝时间，但并非是为了增强混凝时间和混凝作用，（C）项叙述不正确。

（D）澄清池出水区有时加设斜管，有助于增大泥水分离的沉淀面积，（D）项叙述正确。

【例题 7.5-2】下列有关澄清池特点的叙述中，正确的是哪一项？

（A）悬浮澄清池主要依靠悬浮泥渣层的吸附、拦截作用把悬浮颗粒分离出来；

（B）悬浮澄清池中的悬浮泥渣层浓度越大，去除水中悬浮颗粒的作用一定越好；

（C）泥渣循环型澄清池主要依靠絮凝的大颗粒吸附、捕捉细小颗粒后在导流室分离出来；

（D）为使澄清池出水均匀，常常在分离区加设斜管，将紊流变为层流。

【解】 答案（A）

（A）悬浮澄清池主要依靠悬浮泥渣层的吸附、拦截（又称为过滤）作用把悬浮颗粒从水中分离出来，（A）项叙述正确。

（B）在杂质不穿透的情况下，悬浮澄清池中的悬浮泥渣层浓度增大，截留杂质的效果变好。

当悬浮泥渣层浓度过大后，托起悬浮层上升的绕流阻力增大，上升水流速度增大，容易穿透悬浮层把杂质颗粒带出池外，（B）项叙述不正确。

（C）泥渣循环型澄清池主要依靠絮凝的大颗粒吸附、捕捉细小颗粒在分离室沉淀分离出来，不是在导流室分离出来，（C）项叙述不正确。

（D）在澄清池分离区加设斜管，目的是增加沉淀面积，以便澄清出水中的细小颗粒沉淀分离出来，不是为了整流，将紊流变为层流均匀出水，（D）项叙述不正确。

【例题 7.5-3】 下列关于澄清池内泥渣回流或悬浮特点的叙述中，正确的是哪一项？

（A）在机械搅拌澄清池中，依靠水力提升使大量泥渣回流；

（B）泥渣循环型澄清池回流泥渣吸附、捕捉细小颗粒后全部流入泥渣浓缩室随即排除；

（C）悬浮澄清池中的悬浮泥渣层依靠进水管喷出的高速水流托起并保持平衡；

（D）悬浮澄清池中的悬浮泥渣层吸附、捕捉细小颗粒后依靠水位差扩散到浓缩室，定期排除。

【解】 答案（D）

（A）在机械搅拌澄清池中，依靠机械提升叶轮使大量泥渣回流，水力循环澄清池则依靠水力提升使大量泥渣回流，（A）项叙述不正确。

（B）泥渣循环型澄清池回流泥渣吸附、捕捉细小颗粒后分批流入泥渣浓缩室浓缩后定期排除，不是全部流入泥渣浓缩室，也不是随即排除，（B）项叙述不正确。

（C）悬浮澄清池中的悬浮泥渣层依靠池体锥形段较大上升流速托起并保持平衡，不是进水管喷出的高速水流作用，（C）项叙述不正确。

（D）悬浮澄清池中的悬浮泥渣层吸附、捕捉细小颗粒后依靠水位差扩散到浓缩室，定期排除，（D）项叙述正确。

【例题 7.5-4】 一座机械搅拌澄清池，处理水量 $10500\text{m}^3/\text{d}$，自用水量占设计规模的 5%。澄清池导流室外径 7.0m，分离室内径 15.0m。经检测发现分离室下部有一层依靠向上水流托起的厚 0.8m 的悬浮层，悬浮泥渣体积占悬浮层的 4%，悬浮泥渣密度 $\rho_s = 1.15\text{g/cm}^3$，水的密度 $\rho_水 = 1.0\text{g/cm}^3$，水的动力黏度系数 $\mu = 1.14 \times 10^{-3}\text{Pa} \cdot \text{s}$。从导流室进入分离室的水流经过悬浮泥渣层的水流速度梯度大约是多少？

【解】 根据下式求出水流经过悬浮泥渣层的水头损失为：

$$h = \frac{\rho_s - \rho_水}{\rho_水}(1-m)L = \frac{1.15-1.0}{1.0} \times 4\% \times 0.8 = 0.0048\text{m};$$

根据处理水量 $q = 10500\text{m}^3/\text{d} = 0.122\text{m}^3/\text{s}$，计算出水流经过悬浮泥渣层的停留时间 T 为：

$$T=\frac{悬浮层孔隙体积}{进水流量}=\frac{\frac{\pi}{4}(15^2-7^2)\times0.8\times(1-4\%)}{0.122}=870\text{s};$$

取 $\gamma=9800\text{N/m}^3$，根据 G 值计算式求出 $G=\sqrt{\frac{\gamma h}{\mu T}}=\sqrt{\frac{9800\times0.0048}{1.14\times10^{-3}\times870}}=6.90\text{s}^{-1}$。

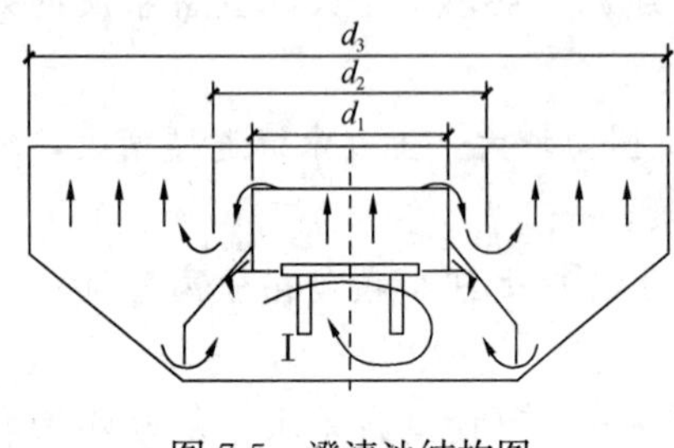

图 7-5　澄清池结构图

【例题 7.5-5】 一座机械搅拌澄清池（见图7-5），污泥回流量是进水流量的 4 倍，第二絮凝室、导流室流速为 40mm/s，清水区水流上升流速为 1.0mm/s，搅拌机提升叶轮直径为 3.0m，是第二絮凝室内径 d_1 的 0.75 倍。如果不计澄清池内导流室两侧隔墙厚度，则该澄清池内径 d_3 是多大？

【解】 $d_1=3/0.75=4.0\text{m}$，根据澄清池几何图形关系得出如下关系式：

由 $\frac{\pi}{4}d_1^2=\frac{\pi}{4}(d_2^2-d_1^2)$，得 $d_2^2=2d_1^2$，根据流量关系，第二絮凝室进水流量等于清水区流量的 5 倍，则 $\frac{\pi}{4}d_1^2\times0.04=\frac{\pi}{4}(d_3^2-d_2^2)\times5\times0.001$，$d_3^2=8d_1^2+d_2^2=8d_1^2+2d_1^2=10d_1^2$，得 $d_3=\sqrt{10}d_1=\sqrt{10}\times4.0=12.65\text{m}$。

【例题 7.5-6】 上向流悬浮泥渣型澄清池的悬浮泥渣层厚 2.0m，悬浮泥渣浓度 $C_0=6000\text{mg/L}$、泥渣密度 $\rho_s=1.1\text{g/cm}^3$，进入悬浮泥渣型澄清池的原水中悬浮颗粒含量 $C_i=500\text{mg/L}$，水流上升速度 $v=1.1\text{mm/s}$，水的密度 $\rho_水=1.0\text{g/cm}^3$，水的动力黏度系数 $\mu=1.14\times10^{-3}\text{Pa}\cdot\text{s}$，如果计算水流停留时间 t 时，泥渣所占体积忽略不计，则悬浮颗粒在泥渣层中接触絮凝 GT 值大约是多少？

【解】 设上向流悬浮泥渣型澄清池的过水断面为 A，悬浮泥渣体积浓度 $(1-m)$ 值为：

$\phi=\frac{C_0}{\rho_s}=\frac{6000}{1.1\times10^6}=5.455\times10^{-3}$，根据滤池冲洗时水头损失等于膨胀滤料在水中的重量关系求出水流经过悬浮层的水头损失值为：

$$h=\frac{\rho_s-\rho_水}{\rho_水}(1-m)L=\frac{1.1-1.0}{1.0}\times5.455\times10^{-3}\times2.0=1.091\times10^{-3}\text{m};$$

水流经过悬浮层停留时间 $t=\frac{悬浮层体积}{进水流量}=\frac{2.0A}{Av}=\frac{2.0}{0.0011}=1818\text{s}$；

取 $\gamma=9800\text{N/m}^3$，根据 G 值计算式求出 $G=\sqrt{\frac{\gamma h}{\mu t}}=\sqrt{\frac{9800\times1.091\times10^{-3}}{1.14\times10^{-3}\times1818}}=\sqrt{5.158}=2.27\text{s}^{-1}$；

悬浮颗粒絮凝时间 $T=\frac{悬浮泥渣重量}{单位时间进入的悬浮颗粒重量}=\frac{2.0AC_0}{AvC_i}=\frac{2.0\times6000}{0.0011\times500}=21818\text{s}$；

悬浮颗粒在泥渣层中接触絮凝 $GT=2.27\times21818=4.95\times10^4$。

7.6 气浮分离

(1) 阅读提示

1) 气浮分离原理和特点

①气浮分离工艺适用范围

气浮分离工艺主要用于去除密度较小、粒径较小的悬浮颗粒。在正常情况下，水中的悬浮颗粒（包括黏土、粉沙）大部分密度大于水的密度，而未能形成漂浮层。藻类及腐烂物的密度小于水，容易漂浮在水面。当水中的悬浮颗粒黏附一些气泡后，其密度小于水的密度，就会浮出水面聚结成漂浮泥渣层。漂浮层中仍然黏附着大量气泡，可以克服重力作用。如果消除了浮渣中的气泡，则浮渣沉淀，失去气浮分离作用。

②颗粒上浮速度

经凝聚脱稳后的悬浮颗粒黏附了气泡，其直径仍然很小，上升浮起的速度较慢。上浮颗粒运动时，周围水流呈层流状态，颗粒上浮速度适用于斯托克斯公式计算。黏附气泡颗粒上升浮起的速度与粒径大小、水的黏滞系数等因素有关。适当减小释放在水中的气泡尺寸，有利于形成多气泡附着的颗粒，或有利于微小气泡附着在絮粒凹槽，形成多气泡共聚颗粒，也就是增大了悬浮颗粒的上浮力。

③投加电解质

适当投加一些电解质，减弱悬浮颗粒水化膜作用，有利于黏附更多气泡。也就是说把亲水胶体变成憎水的絮凝体，有助形成多气泡共聚颗粒。即认为气浮分离效果与悬浮颗粒亲水性及气泡粒径大小有关。

2) 气浮分离在水处理工艺中的应用

①压力溶气气浮

向水中通入空气或溶气水释放出气体或电解铁铝时产生 H_2、O_2 从水中析出，都能够附着一些悬浮颗粒，浮上水面，都可以认为是气浮分离的过程。但从水中悬浮颗粒的性质、浓度和去除效果考虑，压力溶气气浮是一种应用最广泛的气浮分离方式。该种方式是在压力条件下，空气溶入一部分回流水中，形成空气饱和溶液，经释放器在气浮池前端减压消能，释放的大量微气泡黏附水中细小悬浮颗粒浮至水面分离。

②压力溶气方法

向水中溶解空气的方法多采用空气压缩机供气、水射器抽吸或水泵吸水管吸气。溶入到回流水中。回流水可以取设计流量的10%～30%，称为部分溶气水。也有的采用低压力的全溶方式。通常情况下，溶气罐溶气压力为0.2～0.4MPa。装有球状或环状填料时，填料高0.8～1.0m，过流密度100～150$m^3/(h \cdot m^2)$。

③溶气释放

溶气释放本身就是能量转化的过程，溶气罐内压力过大时，溶解在水中的空气分子具有较大的动能，释放时，产生的微气泡尺寸较大，气浮效果较差。压力水中溶解气体释放一般用专用的溶气释放器，配气均匀，具有清除堵塞杂质功能。小型气浮池也可以选用截止阀溶气释放。

④气浮池结构

气浮池的气浮区如同沉淀池的沉淀区，从理论上分析，带气微粒脱离水体浮至水面的速度大于等于水流向下流入集水系统的速度。气浮区水平面积越大，气浮去除的悬浮颗粒越多。

气浮区下部的集水系统如同快滤池穿孔管大阻力配水系统。集水系统孔口进水阻力大小按照大阻力配水管水头损失计算公式$\frac{1}{2g}\left(\frac{q}{10\mu\alpha}\right)^2$计算。

（2）例题解析

【例题 7.6-1】下列有关气浮池气浮分离原理的叙述中，正确的是哪几项？

（A）溶气式气浮分离工艺是空气溶解在水中，然后升压释放出微气泡，黏附在细小絮凝微粒上浮到水面；

（B）黏附在细小絮凝微粒上的气泡越多，絮凝微粒上升速度越快；

（C）在气浮过程中，向水中鼓入空气的过程也是向水中溶解氧的过程；

（D）溶气式气浮分离工艺只能去除一些憎水颗粒，不能去除带有水化膜的亲水物质。

【解】答案（B）（C）

（A）溶气式气浮分离工艺是空气溶解在水中，然后降压而不是升压释放出微气泡，黏附在细小絮凝微粒上浮到水面，（A）项叙述不正确。

（B）黏附在细小絮凝微粒上的气泡越多，浮力越大，絮凝微粒上升速度越快，（B）项叙述正确。

（C）在气浮过程中，向水中鼓入空气，由于空气中含有大量氧，所以这一过程也是向水中溶解氧的过程，（C）项叙述正确。

（D）溶气式气浮分离工艺可以容易去除黏附气泡较多的憎水颗粒，也能去除脱稳后水化膜厚度变小、黏附气泡的亲水物质，（D）项叙述不正确。

【例题 7.6-2】一座平流气浮池采用“丰”字形穿孔管集水，穿孔管上所开集水孔面积与气浮区面积之比为0.3%，气浮区浮渣分离后的清水以3.0mm/s的速度向下流入集水系统，穿孔管上集水孔孔口流量系数$\mu=0.62$，集水支管、总管水流水头损失之和约为0.20m，则气浮池内水位和气浮池外清水集水井水位差约为多少？

【解】根据清水向下流入集水系统的速度，求出液面负荷：

$q=\frac{3\text{mm}}{\text{s}}=\frac{0.003\text{m}\cdot\text{m}^2}{\text{m}^2\cdot\text{s}}=\frac{0.003\text{m}^3}{\text{m}^2\cdot\text{s}}=3\text{L}/(\text{m}^2\cdot\text{s})$，连同$\alpha=0.3\%$、$\mu=0.62$代入大阻力配水管水头损失计算式，得：$\Delta H=\frac{1}{2g}\left(\frac{q}{10\mu\alpha}\right)^2=\frac{1}{2g}\left(\frac{3}{10\times0.62\times0.3}\right)^2+0.2=0.333\text{m}$。

8 过　滤

8.1 过滤基本理论

(1) 阅读提示

1) 过滤机理

①概述

过滤定义：水中的悬浮颗粒经过具有孔隙的介质或滤网被截留分离出来的过程。

过滤作用：主要去除水中的悬浮杂质，同时去除附着在悬浮物上的菌类和溶解杂质。

过滤类型：根据滤料（或过滤介质）及滤速大小，通常把过滤分为以下几种类型：

a. 滤层过滤——主要指石英砂、无烟煤、活性炭为滤料的过滤。其中又分为：

快滤——粒状材料过滤，以石英砂或无烟煤为滤料，滤料粒径 0.5～1.2mm，过滤速度在 7m/h 以上者称为快滤型滤池，过滤时主要发挥悬浮杂质和滤料之间的黏附作用而截留水中的悬浮杂质。

慢滤——滤料料径 0.3～1mm，过滤速度 0.1～0.3m/h 的称为慢滤型滤池，过滤时除发挥滤料黏附悬浮杂质的作用外还发挥生物氧化作用，早期的慢滤池进水未经混凝沉淀，现代的慢滤池进水有的经简易混凝，有的经沉淀澄清，也有的经快滤池过滤。

b. 表面过滤——依靠滤网、多孔材料或滤膜表面截留筛滤作用的过滤。其中又分为：

微滤——过滤介质是滤网、多孔材料或滤饼，主要发挥机械拦截筛滤作用，形成滤饼层的过滤也有一定的生物氧化作用。

粗滤——过滤介质为筛网或带孔眼的材料，以发挥拦截筛滤截留大粒径悬浮颗粒为主。

膜滤——过滤介质为合成滤膜，利用膜两侧的电位差、压力差、浓度差等为推动力截留分离杂质的过滤。膜滤可以去除悬浮物以及溶解杂质。

微滤、粗滤、膜滤又称为表面过滤，而粒状滤料过滤称为滤层过滤。

②滤层截留杂质的原理

颗粒迁移：在石英砂滤料过滤过程中，水流中的悬浮颗粒脱离流线向滤料表面靠近的过程称为颗粒迁移。促使水中悬浮颗粒迁移的有滤料的拦截作用、水中颗粒沉淀作用、颗粒的惯性作用和水动力作用。悬浮颗粒迁移与滤料粒径大小（即滤料缝隙尺寸大小）有关，与水中悬浮颗粒形状、粒径大小、密度大小有关，还与水温及过滤滤速有关。

颗粒黏附：到达滤料表面的杂质颗粒在外力作用下黏附在滤层中，即发生具有显著浓度差、粒径大小差别的接触絮凝作用。

③杂质在滤层中的分布

经反冲洗水力筛选后，滤层滤料总是自上而下由细到粗排列，孔隙尺寸由小到大。如果滤层滤料均接近球形，上下层滤料粒径差别较大，则上下层滤层的孔隙率相差很小，而孔隙尺寸差别较大。这就引起了截留在滤层中的杂质分布不均匀，表层滤料截留大量污泥后，孔隙率减小，水流阻力增加，局部地方水流流速加快、杂质穿透。故通常认为砂滤料滤池过滤效果的好坏取决于截留杂质在滤层中的分布状态。截留的杂质在滤层中分布均匀，过滤水头损失增加缓慢，滤层含污量增大，过滤周期加长。

杂质在滤层中的穿透深度 H_p 越大，滤层的含污能力或含污量越大，杂质在滤层中的分布越均匀。穿透深度 H_p 与滤料粒径 D、悬浮颗粒粒径 d 的大小有关，与滤速大小有关，与水的黏滞系数（引起的过滤阻力）大小有关。

多层滤料或反粒度过滤（随水流方向粒径变小）可使滤层中杂质分布均匀，含污能力增大。

④直接过滤

直接过滤是相对于是否经过沉淀（或澄清、气浮）处理而言，但需要混凝工艺。从理论上分析，直接过滤可以提高杂质在滤层中的穿透深度和整个滤层的含污能力，实际上仅适用于浊度较低、色度较低、不含藻类、浑浊度变化幅度较小的水源水。

2）过滤水力学

①清洁砂层水头损失

清洁砂层水头损失大小与滤料粒径大小（引起的缝隙尺寸大小）、孔隙度大小、过滤滤速、水流流程（滤层厚度）、滤料形状（涉及孔隙率和孔隙尺寸）有关。过滤水头损失计算式是经验计算式，用来说明上述关系和不同粒径滤料过滤水头损失比较。可以认为，一座滤池清洁砂层用清水过滤时，水头损失只与滤速大小有关。

实际工程上过滤水均为浑水，滤层截留杂质后，孔隙率 m 值变小，是引起过滤水头损失增加的主要原因。从过滤水头损失计算式中还可以看出有如下影响因素：当滤料表面滞留泥渣层后，滤料表面的粗糙系数 n 值变大，滤层缝隙的水流流速变大，流程变长，因而过滤浑水时的水头损失慢慢增加。

对于不同粒径同一种材质的多层滤料，其过滤水头损失应按照不同粒径分层计算。粒径为 d_i 的滤层厚度 L_i 与总厚度 L_0 的比值等于粒径为 d_i 的滤料与全部滤料的重量比。如果是不同材质的滤料，如无烟煤和石英砂组成的双层滤料层，因为它们的密度不同，其厚度 L_i 与 L_0 的比值不等于每一种滤料与所有滤料层的重量比，不能用分层的滤料计算式简单计算。应分别计算出不同材质滤料层的过滤水头损失，然后相加。

②等速变水头过滤

该种滤池过滤最基本的条件是进入每一格滤池的过滤水量相同，所以称为等速过滤。在正常情况下，滤池砂面上水位高低不影响进入每格滤池的流量变化。分为 n 个滤格的一组等速过滤的虹吸滤池，设计滤速为 v（m/h），各格滤池均设有冲洗时自动停止过滤进水装置。当任何一格冲洗时，其他 $n-1$ 格滤池都增加相同的过滤水量，滤速变为 $v+\frac{1}{n-1}v=\frac{n}{n-1}v$（m/h）。当一格检修、一格冲洗时，其他 $n-2$ 格滤池的滤速变为 $\frac{n}{n-2}v$（m/h）。利用该关系式可以计算一组滤池分格数和设计滤速。

$n\geqslant\frac{3.6q}{v}$ 关系式是虹吸滤池最小分格数计算式，与本节提出的计算分格数方法是一致的，应按照给出的已知条件进行计算。还应注意，一组 n 格滤池，虽然每格滤速相同，但每格冲洗后运行的时间不同，截污量不同，过滤阻力系数不同，每格的过滤水头损失不同或者说过滤水头不同。鉴于滤池进水流速和滤后出水流速具有一微小差值 dv，和过滤时间 dt 的乘积，等于砂面上水位变化值，即 dh=dv · dt。当 h 从最低水位标高变化到最高水位标高时，求出的过滤时间 T 即为过滤周期。

③等水头变速过滤

等水头变速过滤和等速变水头过滤相反，一组滤池中各格滤池进水总渠相连通，各格滤池砂面上水位标高相同，且直接影响进入每格滤池的流量变化，称为等水头变速过滤。在过滤过程中，各格滤池的过滤水头相同，当其中一格或两格冲洗时，整组滤池砂面上出现最高水位标高，其与清水出水渠堰口上水位标高之差称为最大过滤水头。当其中一格或两格冲洗完毕刚投入运行时会出现最小过滤水头。

当一格冲洗时，其过滤的总水量（或原过滤水量扣除一格表面扫洗水量）按照 $n-1$ 格滤池各自滤速大小等比例分配到各格。当一格冲洗时，耗用待滤水水量大于该格过滤水量，则 $n-1$ 格滤池滤速按照各自滤速大小等比例减小。上述两种过滤形式中滤速变化或过滤水头损失变化都与滤池分格多少有关。从截留杂质在滤层中的分布状态分析，变（减）速过滤会使滤池有较大的含污量和含污能力。变（减）速过滤滤池，因滤速逐渐减小，克服配水系统和承托层阻力的水头损失逐渐减少，可以有足够多的水头克服滤层阻力，也就是允许滤层截留较多杂质，延长过滤周期。

④负水头过滤现象

滤层中的负水头过滤现象是滤层中局部地方因截留大量杂质，使流速加快，将势能转化为动能后而出现的负水压力。虹吸滤池、无阀滤池不会出现此类现象。

（2）例题解析

【例题 8.1-1】下列有关砂滤料滤池截留水中杂质的原理叙述中，正确的是哪几项？

（A）水中大颗粒杂质截留在滤料层表面的原理主要是滤料的机械筛滤作用；

（B）截留较少污泥的砂滤层截留细小颗粒杂质的原理主要是滤料的黏附作用；

（C）无论何种滤料层经反冲洗后，都会表层滤料粒径最小，孔隙尺寸最大，截留杂质最多；

（D）水流挟带细小颗粒杂质在滤料层中的流速越大，杂质的惯性作用越大，越容易脱离流线到达滤料表面，过滤效果最好。

【解】答案（A）（B）

（A）水中大颗粒杂质不能穿过滤料层的缝隙而被拦截下来，主要是滤料的机械筛滤作用，所以（A）项叙述正确。

（B）截留较少污泥的砂滤层中没有积聚大量污泥，滤料层的缝隙较大，能够截留细小颗粒杂质的原理是滤料的黏附作用，（B）项叙述正确。

（C）无论何种滤料层经反冲洗后，都会表层滤料粒径最小，孔隙尺寸最小，截留杂质最多，（C）项认为孔隙尺寸最大不正确。

（D）水流挟带细小颗粒杂质在滤料层中的流速越大，杂质的惯性作用越大，越容易脱离流线到达滤料表面，但水流对滤层的冲刷剪切作用增加，而导致附着在滤料表面的杂质脱落，过滤效果变差，所以（D）项叙述不正确。

【例题 8.1-2】下列有关过滤时杂质在滤层中的分布和滤料选择的叙述中，正确的是哪几项?

（A）在设计滤速范围内，较大粒径滤料滤层中的污泥容易分布整个滤层；

（B）双层滤料之间的密度差越大，越不容易混杂，冲洗效果越好；

（C）双层滤料之间的粒径差越大，越不容易混杂，冲洗效果越好；

（D）附着污泥的滤料层再截留的杂质容易分布在上层。

【解】 答案（A）（D）

（A）在设计滤速范围内，较大粒径滤料滤层有较大的孔隙尺寸，截留的污泥容易穿透到下层分布整个滤层，（A）项叙述正确。

（B）双层滤料之间的密度差越大，越不容易混杂是对的，但容易出现冲洗时上层滤料冲出池外而下层滤料没有松动现象，冲洗效果不好，（B）项叙述不正确。

（C）同样，双层滤料之间的粒径差越大，越不容易混杂，也容易出现冲洗时上层滤料冲出池外而下层滤料没有松动现象，冲洗效果不好，（C）项叙述不正确。

（D）附着污泥后滤料层滤料之间的孔隙堵塞，主要发挥机械拦截作用，再截留的杂质容易分布在上层，（D）项叙述正确。

【例题 8.1-3】 下列关于过滤过程中水头损失变化及过滤滤速变化的叙述中，正确的是哪一项?

（A）等水头过滤时，单格滤池滤速变化的主要原因是滤层过滤阻力发生了变化；

（B）等速过滤时，滤层水头损失变化的主要原因是截留污泥后过滤滤速发生了变化；

（C）当过滤出水阀门不作调节时，变速过滤滤池的滤速总是由小到大变化；

（D）非均匀滤料过滤时水头损失值与滤料所占的重量比有关，也就是与滤料的密度有关。

【解】 答案（A）

（A）等水头过滤时，滤层过滤阻力系数增大后，必然引起滤速减小，故认为（A）项叙述正确。

（B）因为是等速过滤，进入每格的水量不变，空池流速定义为过滤的滤速不变，但滤料层孔隙中间流速增大，阻力系数增大，所以（B）项叙述不正确。

（C）当过滤出水阀门不作调节时，变速过滤滤层过滤阻力增大，进入每格的水量减少，滤池的滤速总是由大到小变化，而不是由小到大变化，（C）项叙述不正确。

（D）如果是同一种材质的非均匀滤料，过滤时水头损失值与滤料的厚度有关，可以写作与所占的重量比有关，也就是与滤料的密度有关。如果不是同一种材质的滤料，密度不同，也就与占所有滤料的重量比不成比例，即与滤料的密度大小不成比例，所以（D）项叙述不正确。

【例题 8.1-4】 下列关于滤料形状特性对过滤水头损失影响的叙述中，正确的是哪几项?

（A）滤料的密度越大，过滤时水头损失越大；

（B）滤料越接近圆球形，过滤水头损失越小；

（C）滤料粒径越大，流程变长，过滤水头损失变化越小；

（D）滤层厚度 L 和滤料粒径 d_0 的比值相同的两座滤池，过滤水头损失一定相同。

【解】 答案（B）（C）

(A) 滤料的密度越大，冲洗时水头损失越大，对过滤水头损失没有大的影响，(A) 项叙述不正确。

(B) 滤层过滤水头损失大小与滤料球形度系数成反比，球形度系数越大，越接近球形，过滤水头损失越小，(B) 项叙述正确。

(C) 滤料粒径越大，孔隙尺寸大，孔隙率 m 值基本不变，杂质在滤层中分布均匀，水头损失增加缓慢，(C) 项叙述正确。

(D) 根据过滤水头损失计算式可知，滤层过滤水头损失计算值和$\frac{L}{d_0^2}$有关，$\frac{L}{d_0^2}$相同的两座滤池，滤料的球形度系数不一定相同，过滤水头损失不一定相同，(D) 项叙述不正确。

【例题 8.1-5】一座等水头变速过滤单水冲洗的滤池，共分为 4 格，设计平均滤速为 8m/h，当第 1 格滤池反冲洗时，第 2 格滤池滤速由 9m/h 变为了 11m/h。如果在第 1 格滤池反冲洗期间的短时间内各格滤池过滤阻力系数不变，则第 1 格滤池反冲洗前的滤速是多少？

【解】假定每格滤池过滤面积为 F (m^2)，第 1 格滤池反冲洗前的滤速为 v (m/h)，则其他 3 格的过滤水量之和为 $(4\times8-v)\ F$ (m^3/h)。第 1 格滤池停止过滤时，vF (m^3/h) 水量分配到其他 3 格之中，每格滤池增加的滤速和原来的滤速大小成正比，于是得：$9+9\times\frac{v}{4\times8-v}=11$，$9\times\left(1+\frac{v}{4\times8-v}\right)=11$，$\frac{9\times4\times8}{4\times8-v}=11$，$11v=64$，$v=5.82$m/h。

【例题 8.1-6】一组气水反冲洗滤池共分为 6 格，设计平均滤速为 9m/h，出水阀门实时调节，等水头变速过滤。经过滤一段时间后测得第 1 格滤池滤速为 6m/h，第 2 格滤池滤速为 10m/h。然后对第 1 格滤池进行冲洗，气水同时冲洗时水表面扫洗强度为 1.5L/(m^2·s)，水冲洗强度为 6.0L/(m^2·s)，后单水冲洗强度为 8.0L/(m^2·s)。则第 1 格滤池冲洗时短时间内第 2 格滤池的滤速变为了多少？

【解】假定每格滤池面积为 F (m^2)，总过滤水量为 $6F\times9=54F$ (m^3/h)，第 1 格滤池冲洗前其他 5 格滤池总过滤水量为 $54F-6F=48F$ (m^3/h)。第 1 格滤池冲洗时，其他 5 格滤池总过滤水量扣除表面扫洗水量，变为了 $54F\frac{1.5\times3600}{1000}F=(54-5.4)F=48.6F$ (m^3/h)。

第 2 格滤池的滤速变为：

$$10\times\frac{54-5.4}{54-6}=10\times\frac{48.6}{48}=10.125\text{m/h}。$$

注意：①第 1 格滤池冲洗时其他几格滤池总过滤水量不是 $54F$$m^3$/h，不能用

$$10\times\frac{54-5.4}{54}=9.00\text{m/h 计算。}$$

②第 1 格滤池冲洗时其他几格滤池总过滤水量应从 $54F$ (m^3/h) 中扣除表面扫洗水量计算，不能换算为 $10\times\left(1-\frac{5.4}{54-6}\right)=10\times\frac{48-5.4}{48}=8.875$m/h 计算。

【例题 8.1-7】一组等水头变速过滤单水冲洗滤池共分为 6 格，经过滤一段时间后测得第 1 格滤池滤速为 6m/h，即从清水出水总渠中抽水，以 15L/(m^2·s) 的冲洗强度对第 1 格滤池进行冲洗，这时清水出水总渠不再向外供水，且第 2 格滤池滤速变为 12m/h。则第

1 格滤池冲洗前第 2 格滤池的滤速是多少？

【解】 假定每格滤池面积为 F (m^2)，根据冲洗强度计算出滤池设计滤速：

$$n \geqslant \frac{3.6q}{v}, v \geqslant \frac{3.6q}{n} = \frac{3.6 \times 15}{6} = 9\text{m/h}。$$

总过滤水量为 $6F \times 9 = 54F$ (m^3/h)，第 1 格滤池冲洗前其他 5 格滤池总过滤水量为 $54F - 6F = 48F$ (m^3/h)，第 1 格滤池冲洗时其他 5 格滤池总过滤水量为 $54F$ (m^3/h)，第 2 格滤池原来的滤速为 x，则有：

$$x \cdot \frac{54}{54-6} = x \cdot \frac{54}{48} = 12，x = \frac{48 \times 12}{54} = 10.67\text{m/h}。$$

【例题 8.1-8】 现有变水头等速过滤滤池一座，分为 n 格，当过滤水头损失达到 1.8m 时自动冲洗。当第 1 格滤池过滤滤速 $v = 9$m/h 时，过滤水头损失为 1.5m，滤后出水流速和过滤水头损失 h (m) 的关系式是 $v = 6$h。现因故检修设备，第 1 格滤池砂面上进水流速瞬间变为了 11.25m/h，假定滤后出水量不变，则该格滤池再运行多长时间会自动冲洗？

【解】 假定单格滤池过滤面积为 F，当第 1 格滤池砂面上进水流速瞬间变为了 11.25m/h 时，滤池进水流量瞬间变为了 $11.25F$ (m^3/h)，滤层过滤出水流量仍为 $6Fh$ (m^3/h)，两者的差值 $\mathrm{d}v \cdot \mathrm{d}t = \mathrm{d}h$ 就是砂面上水位变化值。

$$\text{则有：} (11.25 - 6h)\mathrm{d}t = \mathrm{d}h, \mathrm{d}t = \frac{\mathrm{d}h}{11.25 - 6h}, \int^t \mathrm{d}t = \int_{1.5}^{1.8} \frac{\mathrm{d}h}{11.25 - 6h},$$

$$t = -\frac{1}{6}\int_{1.5}^{1.8} \frac{\mathrm{d}(11.25 - 6h)}{11.25 - 6h} = -\frac{1}{6}\ln[11.25 - 6h]_{1.5}^{1.8} = -\frac{1}{6}\ln\frac{11.25 - 6 \times 1.8}{11.25 - 6 \times 1.5}$$

$$= -\frac{1}{6}\ln\frac{0.45}{2.25} = -\frac{1}{6}\ln 0.2 = 0.2682\text{h} = 16.09\text{min}。$$

【例题 8.1-9】 有一座均匀级配滤料气水反冲洗滤池共分为 4 格，设计过滤滤速为 9m/h，并调节出水阀门保持恒水头等速过滤。在空气反冲洗强度 15L/(m^2·s)、水反冲洗强度 6L(m^2·s) 条件下，表面扫洗强度 1.5L/(m^2·s)。如果进入该组滤池的过滤水量不变，在一格反冲洗时其他几格滤池的滤速是多少？

【解】 当一格以 6L/(m^2·s) 水反冲洗强度、1.5L/(m^2·s) 表面扫洗强度反冲洗时，其中 6L/(m^2·s) 反冲洗水量来自滤后的清水，对过滤滤速没有影响。而 1.5L/(m^2·s) 的表面扫洗水是滤前的待滤水。所以，一格反冲洗时其他 3 格的过滤水量也就减少了表面扫洗水量。假定单格过滤面积为 F，冲洗的滤池扣除表面扫洗水量后剩余流量为：$9F - 1.5 \times 3.6F = 3.6F$ (m^3/h)。

因是等速过滤，平均分配到 3 格滤池，每格滤池滤速变为：

$$9 + \frac{3.6F}{3F} = 9 + 1.2 = 10.2\text{m/h}。$$

【例题 8.1-10】 现有一座等水头变速过滤滤池共分为 4 格，第 1、2、3、4 格滤池滤速依次为 12m/h、10m/h、8m/h、6m/h，滤池砂层过滤水头损失 $h = 1.2$m。进入该座滤池的过滤水量不变，砂层过滤符合达西定律，假定在过滤过程中砂层过滤水头损失占滤池过滤水头损失的比例不变。求第 4 格滤池反冲洗时，其他几格滤池砂层瞬间过滤水头损失为多少？

【解】该题涉及两个问题，一是达西定律公式应用，二是过滤滤速的变化计算。

假定各格滤池砂层过滤水头损失 $h_1=1.2\text{m}$，砂层过滤符合达西定律，即 $v=ki=kh/L$（k 为达西系数、h 为砂层过滤水头损失、L 为滤层厚度），则各格砂层过滤过程中达西系数 k 值不同。对于第1格滤池来说，滤速 $v_{11}=12\text{m/h}$，$h_1=1.2\text{m}$，得 $k_1=10L$（m/h）。

又知第4格滤池反冲洗前的滤速为6m/h，当第4格滤池反冲洗时，第1格滤池的滤速瞬间变为 $v_{12}=12\times\left(1+\dfrac{6}{12+10+8}\right)=14.4\text{m/h}$。

代入达西关系式，得第1格砂层过滤水头损失为：

$$h_2=\frac{vL}{k_1}=\frac{14.4L}{10L}=1.44\text{m}。$$

对于第2格滤池来说，$v_{21}=10\text{m/h}$，$h_1=1.2\text{m}$，得 $k_2=8.33L$（m/h），当第4格滤池反冲洗时，第2格滤池的滤速瞬间变为 $v_{22}=10\times\left(1+\dfrac{6}{12+10+8}\right)=12.0\text{m/h}$。

代入达西关系式，得第2格砂层过滤水头损失为：

$$h_2=\frac{vL}{k_2}=\frac{12.0L}{8.33L}=1.44\text{m}。$$

对于第3格滤池来说，$v_{31}=8\text{m/h}$，$h_1=1.2\text{m}$，得 $k_3=6.67L$(m/h)，当第4格滤池反冲洗时，第3格滤池的滤速瞬间变为 $v_{32}=8\times\left(1+\dfrac{6}{12+10+8}\right)=9.6\text{m/h}$。

代入达西关系式，得第3格砂层过滤水头损失为：

$$h_2=\frac{vL}{k_3}=\frac{9.6L}{6.67L}=1.44\text{m}。$$

8.2 滤池滤料

(1) 阅读提示

1) 滤料

①滤料作用

滤料是决定过滤水质的因素，过滤时发挥拦截黏附作用的载体，也是对胶体颗粒发挥絮凝脱稳作用的介质。根据实验，人们总结出了保证饮用水水质的滤料的物理化学性质和粒径大小指标。滤速、滤料粒径和滤层厚度之间的关系，是滤池设计的重要参数，是保证滤后水质的根本所在。一般说来，滤层厚度 L 和滤料粒径 d_{10} 之比 $L/d_{10}=1000\sim1250$ 时，滤速<10m/h 较为经济。

②滤料粒径表示法

用 d_{10}、d_{80} 和 d_{60} 求出的 k_{80} 和 k_{60} 选用的滤料比较均匀。最大粒径最小粒径法选用的滤料 d_{100} 为最大粒径，与 d_{10} 之比可能大于2。最大粒径最小粒径相同的两座滤池的滤层过滤水头损失不一定相同，出水水质可能不同。主要原因在于两座滤池中粒径相同的滤料占所有滤料的比例不一定完全相同。

③滤料孔隙率

滤料孔隙率是指滤料层中滤料之间孔隙体积占滤料层体积之比，进水后也是水流所占体积与滤料层体积之比。从理论上分析，该孔隙率与滤料粒径大小无关，与颗粒形状有关。孔隙率 m 值和孔隙尺寸没有直接关系。从 m、G、ρ、V 关系式中可以看出，滤料质量 G 和滤料真密度 ρ_s 的比值代表滤层中滤料的真实体积。而滤料质量 G 和滤层体积之比代表滤料的堆（视）密度 ρ_V。而堆密度 ρ_V 和真密度 ρ_s 之比是滤料的体积浓度（单位质量滤料的体积），在数值上等于（$1-m$）值。双层滤料或多层滤料滤池是反粒度过滤滤池。该种滤池滤料级配选择的关键问题就是如何防止相互混杂。以双层滤料滤池为例，当用水反冲洗时，上层轻质（煤）滤料混合液重度为：$r_{上}=r_{煤}(1-m_1)+r_{水}m_1=r_{煤}-(r_{煤}-r_{水})m_1$，下层石英砂滤料混合液重度为：$r_{下}=r_{砂}-(r_{砂}-r_{水})m_2$，通常取 $r_{下}\geqslant 1.5r_{上}$，且取无烟煤最大粒径是石英砂最小粒径3倍以上，可防止无烟煤流失及相互混杂。

2）承托层

承托层就是承托上部滤料防止滤料流失，同时均匀分布冲洗水的砾石粗砂层。紧靠承托层的滤料是滤层中的大粒径滤料，一般不会漏失到配水管或配水滤板之下。但在冲洗时，一些膨胀的小粒径滤料容易流态化后落入冲洗水量较少的滤板以下。安装长柄滤头或短柄滤头的滤池，因滤帽缝隙较小，承托层采用粗石英砂即可。

（2）例题解析

【例题 8.2-1】 下列有关不均匀系数 k_{80} 的概念和对过滤影响的叙述中，正确的是哪几项？

（A）不均匀系数 k_{80} 表示通过80%重量滤料和10%重量滤料的筛孔比；

（B）不均匀系数 k_{80} 表示通过80%重量滤料的筛孔大小；

（C）不均匀系数 k_{80} 表示80%重量滤料和10%重量滤料的重量比；

（D）不均匀系数 k_{80} 接近于1的滤料层含污能力较大。

【解】 答案（A）（D）

（A）不均匀系数 k_{80} 表示通过80%重量滤料的筛孔孔径和通过10%重量滤料的筛孔孔径大小的比例，（A）项叙述正确。

（B）通过80%重量滤料的筛孔大小称为 d_{80}，不应再叫 k_{80}，（B）项叙述不正确。

（C）80%重量滤料和10%重量滤料的重量比是8.0，不是不均匀系数 k_{80} 的定义，故（C）项叙述不正确。

（D）不均匀系数 k_{80} 接近于1的滤料是 $d_{80}=d_{10}$，属于均匀滤料，含污能力较大，（D）项说法正确。

【例题 8.2-2】 下列有关滤料特性和截留杂质分布状态的叙述中，正确的是哪几项？

（A）在设计滤速范围内，清洁滤料层过滤时截留的细小颗粒杂质容易分布到下层；

（B）附着污泥的滤料层截留的杂质颗粒容易分布在表层；

（C）双层滤料上下层之间粒径差别越大，越不容易混杂，过滤效果越好；

（D）双层滤料之间密度差越大，越不容易混杂，过滤效果越好。

【解】 答案（A）（B）

（A）在设计滤速范围内，清洁滤料层的孔隙率较大，截留的细小颗粒杂质穿透深度大，容易分布到下层，（A）项叙述正确。

（B）附着污泥的滤料层堵塞了滤料层的孔隙，再截留的污泥杂质颗粒不容易穿透到下层而分布在表层，（B）项叙述正确。

(C) 双层滤料上下层之间粒径差别越大，冲洗时越不容易混杂。但过滤时截留的污泥容易积聚在表层，下层不能很好地发挥截留污泥的作用，过滤效果不好，(C) 项叙述不正确。

(D) 双层滤料之间密度差较大，上层滤料容易流失，且密度大粒径小的滤料容易和上层滤料混杂，过滤效果不好，(D) 项叙述不正确。

【例题 8.2-3】 下列有关滤料特性和对滤池设计、运行影响的叙述中，正确的是哪几项？

(A) 滤料粒径大小直接影响到滤层设计厚度大小；

(B) 滤料的堆密度、真密度的比值大小直接影响到滤料层孔隙率的大小；

(C) 滤料的球形度大小直接影响到滤池冲洗时完全膨胀料的滤层水头损失的大小；

(D) 滤料的机械强度大小直接影响到滤池冲洗方式的选择。

【解】 答案 (A) (B) (D)

(A) 滤料粒径大小和滤层厚度之间的关系是滤池设计的重要参数，实践证明，滤层厚度 L 和滤料粒径 d_{10} 之比 $L/d_{10}=1000\sim1250$ 时比较合适，(A) 项叙述正确。

(B) 堆密度 ρ_V 和真密度 ρ_s 之比是滤料的体积浓度，在数值上等于 $(1-m)$ 值，m 为孔隙率，所以认为滤料的密度大小直接影响到滤料层孔隙率的大小，(B) 项叙述正确。

(C) 滤料的球形度系数大小直接影响到滤池过滤时滤层水头损失值大小。从理论上分析，没有反映对冲洗时完全膨胀料滤层水头损失的影响，完全膨胀料滤层水头损失大小等于滤料在水中的重量，与球形度系数大小无关，(C) 项叙述不正确。

(D) 滤料的机械强度大小是考虑气、水同时冲洗还是分开冲洗的依据。如颗粒活性炭机械强度较小，不宜采用气、水经常同时冲洗。故认为滤料的机械强度大小影响到滤池冲洗方式的选择，(D) 项叙述正确。

【例题 8.2-4】 一组气水反冲洗滤池共分为 8 格，每格过滤面积 $70m^2$，装填粒径 $d=0.9\sim1.2mm$、真密度 $\rho_s=2.65g/cm^3$、滤层厚 1.2m 的石英砂滤料 130.20t，则该滤池滤料层孔隙率是多少？

【解】 根据题意，可以求出滤料视密度或者称堆密度 ρ_V：

$$\rho_V=\frac{130.20}{70\times1.2}=1.55t/m^3=1.55g/cm^3。$$

根据 m、ρ、G 关系式得：$m=1-\dfrac{G}{\rho_s V}=1-\dfrac{\rho_v}{\rho_s}=1-\dfrac{1.55}{2.65}\approx1-0.585=0.415$。

8.3 滤池冲洗

(1) 阅读提示

1) 高速水流反冲洗

① 滤池冲洗的作用

滤池冲洗是洗去滤料表面及缝隙中滞留的污泥，减小过滤阻力，防止污泥穿透滤层恶化水质。

② 水流反冲洗原理

滤池冲洗时水流上升托起滤料呈流态化状态，促使滤料相互摩擦，在水流剪切冲刷力作用下，滤料上的污泥脱落到缝隙中，随水流排出池外。

③ 滤池冲洗方法

单水高速冲洗。由水泵或高位水池供给过滤后的清水，压力流进入滤池，经配水系统均匀布水，穿过承托层、滤层，携带大量污泥排出池外。

单水高速冲洗、辅助表面冲洗。在采用高速水流自下而上冲洗滤层时，同时在滤层表面增加压力水（或旋转）冲洗表层滤料，促使拦截杂质较多的滤料摩擦、污泥脱落，所有冲洗水均为由水泵或高位水池供给的滤后清水。

④ 滤层膨胀率

冲洗滤层时，滤层膨胀率大小直接影响到冲洗效果，冲洗前滤料层孔隙率 m_0 值大小与滤料球形度有关，冲洗时孔隙率 m 值大小与冲洗强度大小有关。同样与滤料在水平方向的投影面积（即滤料形状）及滤料粒径大小有关。

多层滤料指两种以上材质的滤料，不是指不同粒径的滤料。不能用公式 $e=\sum_{i=1}^{n} p_i e_i$ 计算整个滤层膨胀率，因为第 i 层滤料的重量占整个滤层重量之比 p_i，不能代表第 i 层滤料的厚度占整个滤层厚度之比。应采用分层计算 ΔL 值，然后相加再除以滤层厚度之和。

⑤ 滤层冲洗水头损失

滤层冲洗水头损失值按照滤层流态化前、流态化、完全膨胀 3 种状态计算。流态化前和流态化时的水头损失计算式大同小异。冲洗时水头损失大小与冲洗强度（流速）大小、滤料粒径大小、水温高低有关。当滤层完全膨胀起来后，冲洗时的水头损失值基本不变。滤层膨胀后的冲洗水头损失计算式中的 h 值大小表面上与滤料真密度 ρ_s、滤层孔隙率、滤层厚度有关。实际上和滤层膨胀前一样，滤层实际孔隙率 m 值又受到冲洗流速、滤料粒径、水温的影响。

双层滤料滤池上层无烟煤的球形度系数较小，摩擦阻力系数较大，且内部含有孔隙，充水后真密度 ρ_s 增大 10%～15%。按石英砂滤料计算的冲洗水头损失值和实际值误差较大，只能选用实际数据或通过实验确定。

⑥ 反冲洗强度

滤层反冲洗强度即为反向通过滤层的水流流速。敏茨（Д. М. Минц）舒别尔特(С. А. Щубебт)公式是根据膨胀率、滤料粒径及水的动力黏滞系数求出的反冲洗强度。反冲洗强度增大或减小会引起冲洗滤层水头损失变化，也就引起了水流对滤料的冲刷剪切作用力变化及冲洗效果变化。

由以上分析可以得出如下结论：

单水高速冲洗滤层处于完全膨胀状态时，在相同的冲洗强度下，滤料的粒径 d 越大，真密度 ρ_s 越大，则需要托起悬浮的滤料的水头损失值越大，所产生的冲刷剪切作用力（与速度梯度 G 值有关）越大，G 值计算式中的水流停留时间 T 按滤层孔隙体积计算。

滤层处于完全膨胀状态后，在相同的冲洗强度下，水温降低，动力黏度增大。膨胀率 e 值增大，水流在滤层中的停留时间增长，速度梯度减小，所产生的冲刷剪切作用力降低。经计算，当冲洗强度 $q=10\text{L}/(\text{m}^2\cdot\text{s})$，水温为 0℃冲洗时，$e=0.63$、$m=0.65$，水温为 20℃冲洗时，$e=0.44$、$m=0.625$。故应考虑适当降低滤池冬天反冲洗强度，延长冲洗历时。

2）气水反冲洗

气水反冲洗是在高速水流冲洗基础上研究出来的一种低速反冲洗技术。最大优点就是增加滤料移动，填补相互摩擦，节能节水。常用的单层细砂滤池、煤砂双层滤池、深度处理用的碳砂滤池，滤层厚 700～800mm，通常采用先气冲洗后再清水单水中速冲洗。

新设计的单层粗砂级配滤料滤池，滤层厚 1200～1500mm，通常采用的气水冲洗方法是：先用空气高速冲洗，再气水同时冲洗，最后单水低速冲洗。从滤层下部进入的所有冲洗水均为由冲洗水泵或高位水池供给的滤后水。为了配合快速排出污泥，V 型滤池或带有表面扫洗进水系统的滤池，在冲洗全过程进行表面扫洗，扫洗水来自滤池待滤水。带有表面扫洗的滤池反冲洗时，耗用了一部分待滤水，其他几格滤池滤速不一定增大，有时会减小。这与冲洗的一格滤池冲洗前的滤速、冲洗时表面扫洗强度大小有关。

3）滤池配水配气

① 大阻力配水系统

大阻力配水系统是普通快滤池的冲洗水配水系统。其原理就是增大冲洗水出流孔口的阻力系数，削弱承托层、滤料层分布不均匀引起的冲洗水流量误差的影响。

反冲洗出流的孔口面积之和 f 与滤池面积 F 之比称为开孔比 α，α 越小即开孔比越小，孔口阻力系数及流速水头 $\frac{v^2}{2g}$ 值越大，冲洗时的水头损失越大。

大阻力配水系统的滤池冲洗是否均匀，取决于配水系统的构造，或者说配水系统孔口面积与配水干管、支管过水断面之比越小，孔口流量系数 μ 值越小，则配水均匀性越高。

② 小阻力配水系统

小阻力配水系统多用于冲洗水压力较低且单格过滤面积较小的虹吸滤池、无阀滤池。其原理在于不设冲洗系统的干管、支管。滤板下为一个配水空间，流速很小，流速水头引起的静水压力很小。

安装滤头的配水系统应根据开孔比、滤头出水缝隙面积来设计单位面积安装的滤头数。无论是用于气水冲洗的长柄滤头还是用于单水冲洗的短柄滤头，配水孔口压力水头损失值均按照 $H=\frac{1}{2g}\left(\frac{q}{10\mu\alpha}\right)^2$ 计算。

③ 气水反冲洗配水布气系统

该系统包括进水、进气管渠、滤板、滤头。对于单层细砂级配滤料滤池改造时，除原有配水系统保留外，根据空气流量、流速大小应另外设计一套空气冲洗系统。

4）反冲洗供水供气

① 高位水箱、水塔冲洗

这是一种利用滤池操作间上部空间或结合水厂其他用水防止增大电气变压器容量的方法。高位水箱（水塔）冲洗最大弊端在于水箱（水塔）中的水位变化引起冲洗强度差异。

② 水泵冲洗

水泵冲洗是一种造价较低的冲洗方式，冲洗水流量、压力基本稳定，不影响冲洗强度。如果冲洗水泵吸取滤池清水出水渠中的水时，应按照虹吸滤池分格数计算方法确定分格数，即 $n\geqslant\frac{3.6q}{v}$。

③ 供气系统

气水反冲洗滤池多采用鼓风机供气，压力 4～5m 水柱。也有采用空压机串联储气罐供气。

(2) 例题解析

【例题 8.3-1】 下列关于滤池反冲洗目的和冲洗原理的叙述中，正确的是哪一项？

(A) 滤池反冲洗的目的是利用水流冲走滞留在滤料缝隙中的污泥；

(B) 滤池反冲洗的目的是利用水流冲走滤料表面上的污泥；

(C) 气水冲洗时，完全均匀滤料滤池中的上层滤料处于膨胀状态，滤料相互摩擦；

(D) 高速水流冲洗时，滤层处于完全膨胀状态，滤料相互摩擦，既能冲走滤料缝隙中的污泥，又能冲走滤料表面上的污泥。

【解】 答案 (D)

(A) 滤池反冲洗的目的是不仅要冲走滞留在滤料缝隙中的污泥，也要使滤料表面上的污泥脱落后变成缝隙间污泥一并冲出池外，所以 (A) 项叙述不正确。

(B) 同样，(B) 项叙述仅认为是冲走滤料表面上的污泥也是不正确的。

(C) 完全均匀滤料滤池中的上层滤料和下层滤料粒径相差很小，气水冲洗时，水流冲洗强度较小，上下层滤料都不发生完全膨胀，而是在气流作用下发生移动摩擦，故 (C) 项叙述不正确。

(D) 在高速水流冲洗条件下，滤层处于完全膨胀状态，滤料相互摩擦，既能冲走滞留在滤料缝隙中的污泥，也能使滤料表面上的污泥脱落后变成缝隙间污泥一并冲出池外，(D) 项叙述正确。

【例题 8.3-2】 当水流冲洗滤层时，下列有关滤层膨胀高度影响因素的叙述中，不正确的是哪一项？

(A) 水冲洗强度一定时，膨胀后的高度和滤层厚度有关；

(B) 水冲洗强度一定时，膨胀后的高度和滤层滤料级配有关；

(C) 滤层膨胀后的高度和正常过滤滤速大小有关；

(D) 滤层膨胀后的高度和冲洗水泵扬程高低或冲洗水池水位高低有关。

【解】 答案 (C)

(A) 水冲洗强度一定时，滤层膨胀后的高度等于滤层高度加滤层膨胀高度增量值 ΔL，故认为和滤层厚度有关，(A) 项说法正确。

(B) 水冲洗强度一定时，膨胀后的高度和滤料粒径大小有关，滤层滤料粒径越小，比表面积越大，受到水的绕流阻力影响越大，滤层膨胀高度越大，故认为和滤料级配有关，(B) 项说法正确。

(C) 正常过滤滤速大小直接影响到滤层截污量多少和分布状态。冲洗开始时，滤层积泥情况对滤层膨胀有一定影响，但当污泥排出后，恢复正常。滤层膨胀后的高度是指冲洗后期的状态，故认为滤层膨胀后的高度和正常过滤滤速大小无关，(C) 项说法不正确。

(D) 冲洗水泵扬程较低或冲洗水池水位很低，冲洗水流压力不足，流量较小，不能托起滤层膨胀。过高的冲洗水头可能冲出滤料，应采用阀门控制，滤层膨胀后的高度和冲洗水泵扬程高低或冲洗水池水位高低有关，(D) 项说法正确。

【例题 8.3-3】 当水流冲洗滤层处于完全膨胀状态后，膨胀率 e 的大小和下列何种影响因素无关?

(A) 水冲洗强度一定时，膨胀率 e 的大小和滤层滤料粒径大小无关；

(B) 滤料粒径一定时，膨胀率 e 的大小和水冲洗强度无关；

(C) 膨胀率 e 的大小和水的温度无关；

(D) 膨胀率 e 的大小和滤层高度大小无关。

【解】 答案 (D)

滤池冲洗时滤层膨胀率 $e=\dfrac{L-L_0}{L_0}\times100\%$，又可以写为 $e=\dfrac{m-m_0}{1-m}\times100\%$。由这两个计算式可以看出，冲洗时滤层膨胀高度大、膨胀后的孔隙率大，则膨胀率 e 值大。所以认为：

(A) 水冲洗强度一定时，滤层滤料粒径越小，比表面积越大，受到水的绕流阻力影响越大，滤层膨胀高度越大，即膨胀率 e 值大小和滤料粒径大小有关，(A) 项说法不正确。

(B) 滤料粒径一定时，水冲洗强度越大，即上升水流速度越大，受到水的绕流阻力影响越大，将滤层冲起的高度越大，膨胀率 e 值增大，所以 (B) 项说法不正确。

(C) 水温低、动力黏滞系数增大，膨胀率 e 值增大，敏茨 (Д. М. Минц) 舒别尔特 (С. А. Щубебт) 公式可以推导出，黏滞系数 μ 值增大，孔隙率增大，e 值增大。在 10L/(m^2 · s) 冲洗强度条件下，0℃的水动力黏度 $\mu=1.78\times10^{-3}$Pa · s，膨胀率 $e\approx0.63$。20℃的水动力黏度 $\mu=1.0\times10^{-3}$Pa · s，膨胀率 $e\approx0.44$，所以 (C) 项说法不正确。

(D) 滤层膨胀率 e 值是滤层膨胀高度的增量和膨胀前滤层高度的比值，与滤层高度大小无关。如果仅指滤层膨胀高度增量值 ΔL，则和滤层高度的大小有关，故认为 (D) 项说法正确。

【例题 8.3-4】 一座煤砂双层滤料滤池，上层无烟煤滤料层厚 350mm，孔隙率 $m_{10}=0.43$，冲洗膨胀后孔隙率 $m_{11}=0.60$。无烟煤滤料重量占煤、砂滤料总重量的比例为 $p_1=29\%$。下层石英砂滤料层厚 450mm，孔隙率 $m_{20}=0.424$，冲洗膨胀后孔隙率 $m_{21}=0.52$，石英砂滤料重量占煤、砂滤料总重量的比例为 $p_2=71\%$。则该双层滤料滤池冲洗时整个滤料层膨胀率 e 为多少?

【解】 先求出煤、砂滤料层各自的膨胀率：

$$e_1=\frac{m_{11}-m_{10}}{1-m_{11}}=\frac{0.60-0.43}{1-0.60}=0.425；e_2=\frac{m_{21}-m_{20}}{1-m_{21}}=\frac{0.52-0.424}{1-0.52}=0.20。$$

整个滤料层膨胀率 e 为：

$$e=\frac{L_1e_1+L_2e_2}{L_1+L_2}=\frac{350\times0.425+450\times0.20}{350+450}\approx0.2984=29.84\%。$$

或者应用 $L_0(1-m_0)=L_i(1-m_i)$ 计算，求出膨胀后的滤料层厚：

$$L_1=\frac{350(1-0.43)}{1-0.60}=498.75\text{mm}；L_2=\frac{450(1-0.424)}{1-0.52}=540\text{mm}。$$

求得：$e=\dfrac{L_1+L_2-L_0}{L_0}=\dfrac{498.75+540-800}{800}\approx29.84\%$。

同一种材质的非均匀滤料滤池中粒径为 d_i 的滤料冲洗时膨胀率 e 和 d_i 滤料的重量所占比例有关，因为密度相同，也就是和滤层厚度有关。

由于本例题所述不是同一种滤料，密度不同，滤层厚度所占比例不等于重量比，不能用同一种滤料非均匀粒径膨胀率公式计算。显然，如果采用公式 $e=\sum_{i=1}^{n}p_i e_i$ 计算，

则 $e=p_1e_1+p_2e_2=0.29\times0.425+0.71\times0.20=26.52\%$，结果是错的。

【例题 8.3-5】一座单层细砂滤料滤池，滤料粒径 $d_{10}=0.55$mm，滤层厚 800mm，洗砂排水槽槽底高出砂面 360mm，冲洗时砂面平槽底。现准备移出厚 350mm 砂滤料后放入 $d_{10}=0.85$mm 的无烟煤，变成煤砂双层滤料滤池。滤池冲洗强度不变，无烟煤滤料冲洗时膨胀前后的孔隙率分别为 $m_0=0.407$、$m_i=0.62$，冲洗过程中滤层不发生混杂，则放入无烟煤滤层的厚度为多少是合适的？

【解】砂滤层冲洗时膨胀率为 $e_1=\dfrac{360}{800}=0.45$，设计无烟煤滤层膨胀率为 $e_2=\dfrac{0.62-0.407}{1-0.62}=0.561$。

移出的砂滤料厚 $L_1=350$mm，假定放入的无烟煤滤料厚为 L_0，根据石英砂、无烟煤膨胀后在水中体积相同的原则，即 $L_1(1+e_1)=L_0(1+e_2)$，$350(1+0.45)=L_0(1+0.561)$，得 $L_0=\dfrac{350\times1.45}{1+0.561}=\dfrac{507.5}{1.561}=325$mm。

或假定无烟煤冲洗膨胀后的高度为 L_2，$L_2=L_1(1+e_1)=350(1+0.45)=507.5$mm，根据无烟煤滤层膨胀前后在水中的重量相同的原则，得 $L_0(1-0.407)=L_2(1-0.62)$，由此求出无烟煤放置厚度：

$$L_0=\frac{L_2(1-0.62)}{1-0.407}=\frac{507.5\times0.38}{0.593}=325\text{mm}。$$

【例题 8.3-6】有一座开孔管式大阻力配水系统滤池，当单水冲洗强度为 15L/(m²·s) 时，干管流速、支管流速均为 1.5m/s，支管配水孔口流量系数 $\mu=0.73$，配水均匀性达到 96%，则支管上孔口面积和滤池面积之比（开孔比）是多少？

【解】根据 $\sqrt{\dfrac{H_a}{H_a+(v_0^2+v_1^2)/2g}}=\sqrt{\dfrac{v_a^2/2g}{v_a^2/2g+(1.5^2+1.5^2)/2g}}=96\%$，得 $\dfrac{v_a^2/2g}{v_a^2/2g+(1.5^2+1.5^2)/2g}=0.9216$，$\dfrac{v_a^2}{2g}=11.755\times2\times\dfrac{1.5^2}{2g}$，$v_a=7.27$m/s。

由于流速涉及流量和孔口面积问题，也涉及孔口流量系数，所以应该用流量系数 $\mu=0.73$ 代入计算。开孔比 $\alpha=\dfrac{f}{F}\times100\%=\dfrac{q}{1000\mu v_a}\times100\%=\dfrac{15\times100\%}{1000\times0.73\times7.27}=0.283\%$。

【例题 8.3-7】有一中阻力配水系统的滤池，底部滤板上每平方米安装 40 个短柄滤头，短柄滤头滤杆 $d=20$mm，上部半圆形滤帽有 8cm² 埋入承托层中，每个滤帽上开 2.5cm² 过水孔隙。当单水冲洗强度为 15L/(m²·s)、短柄滤头孔口流量系数 $\mu=0.62$ 时，短柄滤头的水头损失是多少？

【解】首先计算开孔比，题意中上部半圆形滤帽有 8cm² 不是过水孔面积，开孔比应为：

$\alpha=\dfrac{40\times2.5}{10000}\times100\%=1.0\%$，流量系数 $\mu=0.62$，代入公式得

$$H_a = \frac{1}{2g}\left(\frac{q}{10\mu\alpha}\right)^2 = \frac{1}{2g}\left(\frac{15}{10\times0.62\times1.0}\right)^2 = 0.30\text{m}。$$

8.4 普通快滤池、V型滤池

(1) 阅读提示

1) 滤池分类

目前，滤池是按照冲洗方式、阀门设置情况分类的。从过滤原理上考虑，分为等速过滤和变速过滤。设计选型上主要考虑过滤效果、节能节水冲洗方式。这里提示以下几点：

① 单层细砂滤料滤池

石英砂 $d_{10}=0.55$mm，滤层厚度和滤料粒径比 $L/d_{10}\geqslant1000$。单水高速反冲洗不设阀门时设计成虹吸滤池和无阀滤池，变水头等速过滤。安装四阀门或双阀门时，设计成普通快滤池。根据单格进水流量是否相同，可以变速过滤，也可以等速过滤。

② 单层粗砂滤料滤池

石英砂 $d_{10}=0.9\sim1.2$mm，滤层厚度和滤料粒径比 $L/d_{10}\geqslant1250$，气水低速反冲洗，设计成四阀门，用出水阀门控制等速等水头过滤，控制进入各格滤池水量相同。

2) 普通快滤池

① 单水高速冲洗滤池

目前应用的普通快滤池多为等水头变速过滤、单水高速冲洗滤池。滤池的滤速大小和滤料组成直接影响到过滤效果。所以，常常根据过滤水质、冲洗设备、用电情况等选择设计滤速、过滤面积的大小。但不能认为一组滤池分格多少或单格面积大小可以决定滤速大小。

② 过滤水量和过滤时间

核定一组滤池的处理水量，通常粗略地用滤速乘以面积再乘以24h计算。精确计算应按照每天实际过滤时间乘以过滤的速度。过滤周期为15h，冲洗和停用时间为1h，则每格滤池每天实际过滤时间应为：$24\times\frac{15}{15+1}=22.5$h。当非高峰供水时段规模减小后，也可以按此方法重新确定冲洗和停用时间数。

③ 过滤周期定义

本教材将过滤周期、冲洗周期、工作周期分开定义，有助于计算所有滤池的实际过滤时间，同时有助计算在正常滤速下的过滤水量。如果把过滤周期、冲洗周期、工作周期当作同一个概念，那就会认为过滤周期不是实际过滤时间，在此期间计算出的滤速不是正常滤速，直接影响了正常滤速的选用和滤池面积构造的设计。

如果一些小型村镇水厂，处理构筑物每天仅白天工作12h，处理水量只能按照实际工作时间12h计算。

④ 临界水深

排水渠（槽）内水位计算时，按照自由跌落出水深度计算，即一条明渠集水后自由跌落在另一条出水渠（池）之中，平底明渠终端水深可以近似当作临界水深，起端水深近似等于终端（临界）水深的 $\sqrt{3}$ 倍。

3）V型滤池

① V型滤池特点

V型滤池属于粗砂滤料滤池，气水反冲洗，多为等水头过滤，不必一定设计成等水头等速过滤。当控制进入到每格滤池的水量相同时，为等速过滤。当一格滤池冲洗或检修时，其他 $n-1$ 格滤池的滤速按照同一比例增加。国内设计的多座V型滤池也有采用等水头变速过滤模式运行的。这时，第1格滤池冲洗时，表面扫洗耗用的待滤水量大于该格滤池冲洗前的过滤水量时，不足的水量由其他 $n-1$ 格滤池补充。则其他 $n-1$ 格滤池的滤速按照第1格滤池冲洗前各自滤速大小成比例的减少。同样，当表面扫洗耗用的待滤水量小于该格滤池冲洗前的过滤水量时，多余的水量分配给其他 $n-1$ 格滤池。则其他 $n-1$ 格滤池的滤速按照第1格滤池冲洗前各自滤速大小成比例的增加。

② 有关水力计算的两个问题

如有关图例所示，反冲洗时排水渠内最大水深按照 $H=\sqrt{3}\times\sqrt[3]{\frac{Q^2}{gB^2}}$ 计算，排水渠两侧堰口标高应高于排水渠内水面，致使冲洗废水自由跌落到排水渠中。排水渠两侧堰口上水位高度按照 $H=\left(\frac{q}{1.86b}\right)^{\frac{2}{3}}$ 计算。

V型进水槽内水位标高和排水渠堰口上水面标高差（即V型槽内外水位差），用以计算V型槽扫洗孔的流量，或设计扫洗孔孔径、间距。

（2）例题解析

【例题8.4-1】下列有关V型滤池工艺特点的叙述中，正确的是哪几项？

（A）由于空气和滤料摩擦力较大，气水反冲洗时滤层处于完全膨胀状态；

（B）当一格滤池冲洗时，进入该格滤池的待滤水参与表面扫洗，其他几格滤池滤速变化很小；

（C）为了排水均匀，中间排水渠总面积不应大于该滤池过滤面积的25%；

（D）V型滤池冲洗配气均匀的主要原因是配水配气滤头滤帽水平，误差小于5mm。

【解】答案（B）（D）

（A）空气和滤料之间摩擦是为了使滤料表面污泥脱落，以便冲出池外。空气和滤料之间的摩擦力，不能托起滤层处于完全膨胀状态，（A）项叙述不正确。

（B）当一格滤池冲洗时，进入该格滤池的待滤水参与表面扫洗，不再全部分配给其他几格滤池，其他几格滤池滤速变化很小，（B）项叙述正确。

（C）为了排水均匀，普通快滤池砂面上的洗砂槽总面积不应大于过滤面积的25%，这是普通快滤池的设计要求，而V型滤池中间排水渠不占用过滤面积，不受此限制，（C）项叙述不正确。

（D）V型滤池冲洗配气均匀的主要原因是配水配气滤头滤帽安置水平度较高。因为输气管道损失很小，冲洗滤池的空气出口标高基本一样，各出气点空气冲洗强度基本一样，（D）项叙述正确。

【例题8.4-2】下列有关V型滤池设计滤速和构造特点的叙述中，正确的是哪一项？

（A）V型滤池设计滤速按照最高日最高时供水流量计算；

（B）V型滤池中央排水渠两侧滤格宽度不大于3.50m，整个滤池长宽比≥4；

(C) V型滤池滤料 d_{10} 的粒径大于普通快滤池滤料 d_{10} 的粒径；

(D) 每平方米安装50个缝隙面积为 $4cm^2$/个滤头的V型滤池为中阻力配水系统。

【解】 答案（C）

(A) V型滤池设计滤速应按照最高日平均时供水流量、同时计入水厂自用水量计算，(A) 项叙述不正确。

(B) V型滤池中央排水渠两侧滤格宽度一般不大于3.50m，最大不超过5.0m。整个滤池长宽比没有要求，(B) 项叙述不正确。

(C) V型滤池滤料 $d_{10}=0.90\sim1.20$mm，普通快滤池滤料 $d_{10}=0.50\sim0.55$mm，(C) 项叙述正确。

(D) V型滤池滤头上缝隙面积为 $4cm^2$/个，每平方米安装50个滤头的V型滤池的配水系统的最小开孔比为 $\alpha=\frac{50\times4}{10000}=2.0\%$，属于小阻力（1.25%～2.0%）配水系统，(D) 项叙述不正确。

【例 8.4-3】 一座小型水厂内设有普通快滤池一座，过滤面积 $280m^2$，夏天供水高峰时，供水5万 m^3/d，水厂自用水量占供水量的6%，水厂采用每格滤池过滤12h后进行反冲洗和短时间停用（即过滤周期为12h）。如果滤池过滤滤速设定为9.00m/h，则该水厂滤池两个过滤周期之间允许反冲洗和短时停用的时间是多少？

【解】 设滤池两个过滤周期之间允许反冲洗和短时停用的时间为 x，则冲洗周期等于 $12+x$，每天实际过滤时间为 $\frac{24}{12+x}\times12$，过滤水量为 $50000\times1.06=53000m^3$/d，代入有关公式，得：$280\times9\times\frac{24}{12+x}\times12=53000$，$x=\frac{280\times9\times12\times24}{53000}-12=\frac{725760}{53000}-12=1.694h\approx100min$。

【例题 8.4-4】 有一普通快滤池，石英砂滤料滤层厚700mm，大阻力配水系统配水孔总面积 $f=0.14m^2$。当高位水箱以700L/s的流量冲洗时，膨胀后的滤料层厚度为960mm，孔隙率 $m_i=0.5625$。如果取大阻力配水系统配水孔口流量系数 $\mu=0.62$，石英砂密度 $\rho_s=2.62g/cm^3$，水的密度 $\rho=1.00g/cm^3$，冲洗水箱到滤池的管道水头损失约0.60m，承托层水头损失0.15m，则冲洗水箱底高出滤池冲洗排水槽顶的高度至少是多少？

【解】 已知管道水头损失 $h_1=0.60$m，承托层水头损失 $h_3=0.15$m，再根据相关公式计算出配水系统水头损失 h_2、滤料层水头损失 h_4。

配水系统水头损失：$h_2=\frac{1}{2g}\left(\frac{q}{\mu f}\right)^2=\frac{1}{2g}\left(\frac{700\times10^{-3}}{0.62\times0.14}\right)^2=3.31m$；

滤料层水头损失：$h_4=\frac{\rho_s-\rho}{\rho}(1-m)L=\frac{2.62-1}{1}(1-0.5625)\times0.96=0.68m$；

便可求出冲洗水箱底高出滤池冲洗排水槽顶的高度为：

$$\Sigma H=0.60+3.31+0.15+0.68=4.74m。$$

（可以不直接求出冲洗强度 q、开孔比 α 值计算）

【例题 8.4-5】 一座单层细砂滤料的普通快滤池，设计过滤水量 $2880m^3$/h，平均设计滤速为8m/h，出水阀门适时调节，等水头过滤运行。采用反冲洗水泵抽取出水总渠水方式以 13L/(m^2·s) 强度反冲洗时，滤池向外供应过滤水量的 20%。同时要求其中一格滤池冲洗时其他几格滤池强制滤速不大于 10m/h，则该座滤池可采用的最大单格过滤面积为多少？

【解】 假设该组滤池分为 n 格，一格反冲洗时滤池向外供水 20%，剩余 80% 过滤水量满足冲洗水量，则 $8n\times0.8\geqslant3.6\times13$，$n\geqslant\frac{3.6\times13}{8\times0.8}=7.3$，取 $n=8$ 格。

根据强制滤速计算，$10(n-1)F\geqslant8nF$，$n=5$ 格。

本题目选用 $n=8$ 格，单格滤池最大过滤面积 $F=\frac{2880}{8\times8}=45\text{m}^2$。

【例题 8.4-6】 一格气水反冲洗滤池如图 8-1 所示，长 10m，宽 8.20m，中间排水渠为平底，渠顶标高 1.60m。气水同时冲洗时水表面扫洗强度为 2.5L/(m^2·s)，水冲洗强度为 4.0L/(m^2·s)，后水冲洗强度为 6.0L/(m^2·s)，冲洗水排入排水渠时自由跌落 0.10m，则冲洗水排水渠渠底标高最高为多少是合适的？

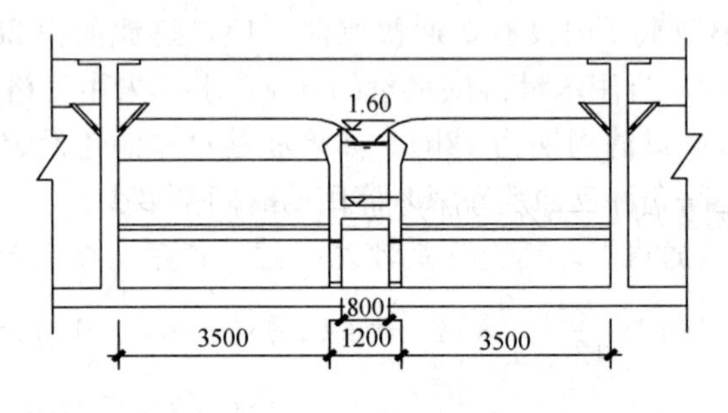

图 8-1 V 型滤池剖面图

【解】 冲洗流量 $Q=(2.5+6)\times10\times7=595\text{L/s}=0.595\text{m}^3/\text{s}$，排水渠内起端最大水深为：

$h=\sqrt{3}\sqrt[3]{\frac{0.595^2}{9.81\times0.8^2}}=0.665\text{m}$，排水渠渠底标高最高等于：$1.60-0.10-0.665=0.835\text{m}$。

【例题 8.4-7】 一小型水厂设有普通快滤池一座，过滤面积 280m^2，过滤滤速为 9m/h，各格滤池均过滤 12h 反冲洗 1 次，反冲洗历时 0.5h。冲洗后静置 1h 开始过滤，先排出 0.5h 初滤水后再将滤后水流入清水池。水厂自用水量占供水规模的 3%，初滤水占供水规模的 4%。则该水厂的供水规模为多少？

【解】 假设供水规模为 Q，水厂制水量为 $(1+3\%)Q$。排出初滤水时间设置为不供水时间，则水厂滤池工作周期取 $12+0.5+1+0.5=14\text{h}$，每天有效过滤时间为 $T=12\times\frac{24}{14}=20.57\text{h}$，供水规模应为 $Q=\frac{280\times9\times20.57}{1+3\%}\approx50330\text{m}^3/\text{d}$。

【例题 8.4-8】 现准备设计一座供水规模为 5 万 m^3/d 的自来水厂，水厂自用水量占供水规模的 3.68%。水厂内建造澄清池、气水冲洗滤池、大型清水池各一座。二级泵房每天向管网供水 22h，供水时变化系数 $k_h=1.28$。气水冲洗滤池设计滤速为 8m/h，强制滤速取 11m/h。在不考虑滤池反冲洗时间对制水量影响的条件下，该水厂气水冲洗滤池的单格过滤面积应为多大是合适的？

【解】因该水厂建造了大型清水池，水处理构筑物的澄清池、气水冲洗滤池每天运转时间不受二级泵房清水供水流量变化影响，可按照24h工作计算。同时按照8m/h的正常运行工作滤速计算过滤面积。

供水规模为5万m^3/d的自来水厂，计入水厂自用水量，水处理构筑物的制水流量Q为：

$$Q=50000\times(1+3.68\%)=51840m^3/d;$$

滤池的过滤面积应为：$\frac{51840}{24\times8}=270m^2$；

假定分为n格，则有11（$n-1$）$\geqslant8n$的关系式，求出$n\geqslant3.7$格，取$n=4$格，则合适的单格过滤面积应为：$\frac{270}{4}=68m^2$。

【例题8.4-9】一座小型自来水厂内建造澄清池、气水冲洗滤池、清水池各一座。气水冲洗滤池过滤面积为280m²，滤池过滤周期为36h、滤池反冲洗和滤料复位待滤时间为2h，工作周期共计38h。为保证过滤后的水质不受影响，滤池滤速不大于8m/h，水厂自用水量占水处理构筑物制水流量的6%以下，则该自来水厂供水规模最少是多少？

【解】由于水厂自用水量占水处理构筑物制水流量的6%以下，则水厂供水规模最少为水处理构筑物制水流量的1－6%＝94%以上。气水冲洗滤池每天过滤时间为：$\frac{24\times36}{38}=22.737h$，该自来水厂供水规模的$Q$最少是：$Q=22.737\times8\times280\times94\%=47875m^3/d$。

注意：如果说水厂自用水量占供水规模的6%以下，则水厂制水流量是供水规模的1＋6%＝1.06倍以上，该自来水厂供水规模Q最少是：$Q=\frac{22.737\times280\times8}{1.06}=48050m^3/d$。

上述两种解法有一定差别的，应看清楚题意。

【例题8.4-10】现有一座供水规模为9万m^3/d的单层细砂滤料、变水头等速过滤滤池。为确保滤后水质，采用了较低的滤速，正常工作滤池滤速为7.2m/h，水厂自用水量占水处理构筑物制水流量的7%。经测定，当用水泵抽取该座滤池出水总渠水以15L/(m²·s)的冲洗强度冲洗第1格滤池时，其他几格滤池的强制滤速＜9m/h。当第1格滤池检修，用水泵抽取该座滤池出水总渠水以15L/(m²·s)的冲洗强度冲洗第2格滤池时，其他几格滤池的滤速＜11m/h。则该座滤池的单格过滤面积应是多少平方米？

【解】供水规模为$90000m^3/d$的自来水厂，计入水厂自用水量，水处理构筑物的制水流量为：$Q=\frac{90000}{1-7\%}=\frac{90000}{0.93}=96774m^3/d$；

滤池的过滤面积应为：$F=\frac{96774}{7.2\times24}=560m^2$。

假定分为n格，根据强制滤速计算：

9（$n-1$）$>7.2n$，得$n>5$格；

11（$n-2$）$>7.2n$，得$n>6$格；

根据冲洗流量计算：$n=\frac{3.6q}{v}=\frac{3.6\times15}{7.2}=7.5$格，取$n=8$格。

本滤池应按照 $n=8$ 格计算，该座滤池单格过滤面积应为 $F=\frac{560}{8}=70\text{m}^2$。

【例题 8.4-11】 有一石英砂滤料滤池，石英砂滤料的密度 $\rho_s=2.65\text{g/cm}^3$，当以 15L/($\text{m}^2 \cdot \text{s}$) 的反冲洗强度冲洗时，滤层处于流态化状态，测得膨胀后的混合液中石英砂重 1.007kg/L，取 $\rho_水=1.0\text{g/cm}^3$，水的动力黏度 $\mu=1.14\times10^{-3}\text{Pa}\cdot\text{s}$。求反冲洗时滤层中水流速度梯度为多少？

【解】 设石英砂滤料层膨胀后的厚度为 L、膨胀后的孔隙率为 m，则：

$$m=1-\frac{G}{\rho_s V}=1-\frac{1.007}{2.65}=1-0.38=0.62。$$

反冲洗时的水头损失为：$h=\frac{\rho_s-\rho}{\rho}(1-m)L=1.65\times(1-0.62)L=0.627L$ (m)。

水流冲洗强度 $q=15\text{L}/(\text{m}^2\cdot\text{s})$，等于上升水流流速 $v=0.015\text{m/s}$，水流在滤层中停留时间 T 等于滤层空隙除以上升水流流速，即 $T=\frac{L\times0.62}{v}=\frac{L\times0.62}{0.015}$，则速度梯度 $G=\sqrt{\frac{\gamma h}{\mu T}}=\sqrt{\frac{9800\times0.627L}{1.14\times10^{-3}\times\frac{L\times0.62}{0.015}}}=361\text{s}^{-1}$。

【例题 8.4-12】 一格 V 型滤池剖面见图 8-1，滤池宽 8200mm，中央排水渠（视为薄壁堰）渠顶标高 1.60m，两侧 V 型槽槽底每 1m 长开 5 个 $d=30\text{mm}$ 的扫洗孔，扫洗孔中心标高低于冲洗时滤池内最高水位 0.08m。滤池冲洗时，每个扫洗孔出水流量为 1.40L/s，水冲洗强度为 8L/($\text{m}^2\cdot\text{s}$)，则滤池冲洗时 V 型槽内水位标高是多少？（扫洗孔流量系数 $\mu=0.62$、流速系数 $\varphi=0.97$）

【解】 冲洗时 V 型槽内外水位差 h 值按下式计算：

单孔流量 $q=\mu\omega\sqrt{2gh}$，μ 是流量系数，取 $\mu=0.62$，

$$q=0.62\times\frac{\pi}{4}\times0.03^2\times\sqrt{2gh}=0.0014,$$

$$h=\frac{0.0014^2}{\left(0.62\times\frac{\pi}{4}\times0.03^2\times\sqrt{2g}\right)^2}=0.52\text{m}。$$

滤池冲洗时中央排水渠渠顶每 1m 宽的流量为：$Q=3.5\times0.008+0.0014\times5=0.035\text{m}^3/\text{s}$；

中央排水渠渠顶水深 $\Delta h=\left(\frac{Q}{1.86\times1}\right)^{2/3}=\left(\frac{0.035}{1.86}\right)^{0.666}=0.071\text{m}$；

滤池冲洗时 V 型槽内水位标高为：1.60+0.071+0.52=2.191m。

注：已经求出 V 型槽内外水位差 h 值，则 V 型槽扫洗孔中心标高低于冲洗时滤池内最高水位 0.08m 不影响 V 型槽内水位标高计算。

8.5 虹吸滤池、无阀滤池

（1）阅读提示

1）虹吸滤池、无阀滤池特点

虹吸滤池、无阀滤池属于变水头等速过滤滤池，二者工作原理完全相同，只是在分格要求上有所不同。虹吸滤池依靠电动或气动阀门控制虹吸管进水、排水。而无阀滤池则根据水头损失变化值自动控制运行过程。如果无阀滤池按照虹吸滤池要求分格，即 $n-1$ 格过滤水量大于一格冲洗水量，无阀滤池将一直处于反冲洗状态。

2）过滤水头损失值

虹吸滤池、无阀滤池过滤水头损失都等于砂面上水位标高和清水出水堰口标高的差值。虹吸滤池设定过滤水头损失 1.0～1.2m，最大 1.5m。无阀滤池设定过滤水头损失可达 1.5～2.0m。教材图中的 H_0 为无阀滤池清洁砂层过滤水头损失值，H 为无阀滤池过滤最大水头损失值。

3）无阀滤池冲洗水头

无阀滤池冲洗水箱高度 ΔH 是指冲洗水箱中水面标高和虹吸破坏斗处水位标高之差。无阀滤池清水出水堰口标高，也可近似当作冲洗水箱中的水面标高，和冲洗水排水堰口标高之差是无阀滤池最大冲洗水头值。虹吸破坏斗处水位标高和冲洗水排水堰口标高之差是无阀滤池最小冲洗水头值。$\frac{1}{2}\Delta H$ 处水位标高和冲洗水排水堰口标高之差是无阀滤池平均冲洗水头值。

4）虹吸滤池分格

虹吸滤池不设冲洗水箱，当一格冲洗时，其他几格过滤水量大于一格冲洗水量，故要求分格数 $n > \frac{3.6q}{v}$，冲洗水头不发生变化。

（2）例题解析

【例题 8.5-1】下列有关虹吸滤池工艺特点的叙述中，正确的是哪几项？

（A）虹吸滤池过滤时，从进水渠分配到各格滤池的水量相同；

（B）设有冲洗时自动停止过滤进水装置的虹吸滤池中，任何一格滤池冲洗时，该格滤池进水虹吸管中断进水；

（C）根据计算确定分为 n 格的虹吸滤池，建造时少于 n 格或多于 n 格，都不能正常工作；

（D）降低虹吸滤池冲洗水排水渠向外排水的堰口标高，不影响滤池的冲洗水头。

【解】答案（A）（B）

（A）虹吸滤池进水总渠水位标高和各格滤池虹吸进水管出口处堰口标高差值相同，分配到各格滤池的水量相同，属于变水头等速过滤滤池，（A）项叙述正确。

（B）虹吸滤池的主要特点之一是：每格虹吸滤池都设计了进水虹吸管自动进气破坏装置，任何一格滤池冲洗时，该格滤池进水虹吸管停止进水，其他几格滤池承担全部过滤水量满足冲洗一格水量要求，（B）项叙述正确。

（C）根据计算确定分为 n 格的虹吸滤池，建造时少于 n 格，（$n-1$）格过滤水量不能满足一格冲洗水量要求，不能正常工作，多于 n 格，（$n+1$）格过滤水量能够满足一格冲洗水量要求，可正常工作，（C）项叙述不正确。

（D）降低虹吸滤池冲洗水排水渠向外排水的堰口标高，可以增大虹吸排水流量，增大冲洗水头，（D）项叙述不正确。

【例题 8.5-2】下列有关常用滤池分类特点的叙述中，不正确的是哪几项？

(A) 普通快滤池可以是四阀控制或双阀控制的滤池，通常采用大阻力配水系统，等水头变速过滤；

(B) V 型滤池通常是四阀控制、小阻力配水系统、气水反冲洗滤池，可以是等水头等速过滤或者等水头变速过滤；

(C) 虹吸滤池是小阻力配水系统、变水头等速过滤滤池，一般采用单水冲洗，在不改变滤池结构条件下可以采用气水同时反冲洗；

(D) 无阀滤池是小阻力配水系统、变水头等速过滤滤池。和虹吸滤池分格要求相同，一般采用单水冲洗，在不改变滤池结构条件下可以采用气水同时反冲洗。

【解】答案 (C) (D)

(A) 普通快滤池可以是四阀控制或双阀控制的滤池，又称为 4 阀滤池或双阀滤池。通常采用大阻力配水系统，等水头变速过滤，(A) 项叙述正确。

(B) V 型滤池通常是四阀控制、小阻力配水系统、气水反冲洗滤池，有的设计为等水头等速过滤，有的改为等水头变速过滤，(B) 项叙述正确。

(C) 虹吸滤池是小阻力配水系统、变水头等速过滤滤池，一般采用单水冲洗，以上叙述正确。在不改变滤池结构条件下不能采用气水同时反冲洗，否则，虹吸管进入空气，中断进水或排水，不能正常运行，(C) 项叙述不正确。

(D) 无阀滤池是小阻力配水系统、变水头等速过滤滤池。和虹吸滤池分格要求不同，一般采用单水冲洗。同样，在不改变滤池结构条件下不能采用气水同时反冲洗，否则，虹吸管进入空气，不能形成真空，无法正常运行，(D) 项叙述不正确。

【例题 8.5-3】有一组处理水量为 10 万 m^3/d 的单层细砂滤料滤池，设计滤速 $v=8m/h$，单水反冲洗强度 $q=15L/(m^2 \cdot s)$，冲洗历时 $T=6min$。采用水泵从该组滤池出水渠中直接抽水冲洗。则该组滤池单格面积是多少？

【解】水泵从该组滤池出水渠中直接抽水冲洗，如同虹吸滤池，需要满足一格滤池冲洗水量≤该组滤池过滤水量，即 $nv \geqslant 3.6q$，得分格数 $n \geqslant \frac{3.6 \times 15}{8}=6.75$ 格，取 $n \geqslant 7$ 格，设计 $n=8$ 格，单格面积为 $F=\frac{100000}{24 \times 8 \times 8}=65$ (m^2)；

或者按照单格冲洗流量为 $0.015F(m^3/s)$，过滤水流量为 $\frac{100000}{86400}=1.157m^3/s$，求出 $F=\frac{1.157}{0.015}=77m^2$，分格数 $n \geqslant \frac{100000}{24 \times 8 \times 77}=6.76$ 格，取 $n \geqslant 7$ 格，设计 $n=8$ 格，$F=65m^2$。

【例题 8.5-4】一座虹吸滤池分为 n 格，每格 $70m^2$，各格均设有冲洗时自动停止过滤进水装置，过滤水量不变。当第 1 格滤池检修、第 2 格滤池以 q ($L/(m^2 \cdot s)$) 流量冲洗时，其他几格滤池滤速从 9.6m/h 变为 11.2m/h，且能向清水池供应少量滤后水。如果该组滤池每天冲洗时间共计 2.0h，则该组滤池每天制水量约为多少？

【解】该题目已说明，在第 1 格检修情况下的滤速为 9.6m/h，第 1 格检修、第 2 格冲洗时其他几格滤速变为 11.2m/h。假设该组滤池分为 n 格，设计滤速为 v，

则有 $9.6(n-1)=11.2(n-2)$，解出 $n=8$ 格，由 $8v=9.6 \times (8-1)$

求出该组虹吸滤池设计滤速为：$v=\frac{9.6\times(8-1)}{8}=8.4\text{m/h}$。

滤池每天制水量为 $Q=8.4\times70\times8\times(24-2)\approx103500\text{m}^3/\text{d}=10.35$ 万 m^3/d。

或 $9.6(8-1)\times70\times(24-2)\approx103500\text{m}^3/\text{d}=10.35$ 万 m^3/d。

另外解答方法：$9.6n=11.2(n-1)$，得 $n=7$ 格，或 $9.6n=11.2(n-2)$，得 $n=14$ 格，都是错误的。

【例题 8.5-5】 现有一座供水规模为 9 万 m^3/d 的虹吸滤池，当第 1 格滤池反冲洗时，其他几格滤池的强制滤速为 8.8m/h，当第 1 格滤池检修、第 2 格滤池反冲洗时，其他几格滤池的滤速为 11m/h。验算在这种运行条件下该座滤池的反冲洗强度是多大？

【解】 假定分为 n 格，根据强制滤速计算，

$11(n-2)=8.8(n-1)$，得 $n=6$ 格；

根据滤池分格和冲洗强度关系式 $n\geqslant\frac{3.6q}{v}$，

得 $q=\frac{nv}{3.6}=\frac{(6-1)\times8.8}{3.6}=12.22\text{L}/(\text{m}^2\cdot\text{s})$。

【例题 8.5-6】 有一座无阀滤池共分 3 格，设计水冲洗强度 $15\text{L}/(\text{m}^2\cdot\text{s})$、冲洗历时 6min，平均冲洗水头 2.80m，期终允许过滤水头损失 1.70m，反冲洗排水井出水堰口标高 −0.50m，则虹吸辅助管（上端）管口标高值是多少？

【解】 冲洗水箱有效水深为：$\Delta H=\frac{0.06qt}{3}=\frac{0.06\times15\times6}{3}=1.80\text{m}$；

冲洗水箱 1/2 高度处标高为：$2.80+(-0.50)=2.30\text{m}$；

冲洗水箱出水堰口标高为：$2.30+1.80/2=3.20\text{m}$；

则虹吸辅助管管口标高为：$3.20+1.70=4.90\text{m}$。

8.6 翻板阀滤池、移动罩滤池

（1）阅读提示

1）翻板阀滤池工艺特点

翻板阀滤池是根据冲洗排水阀的来回翻转而得名。排水翻板阀用来控制冲洗排水流量，不能控制过滤进水流量，也不能控制反冲洗进水流量以及滤后清水出水流量。

在正常情况下，砂面上水位标高低于进水渠堰口标高，每格滤池内进水流量相同时，可以设计成等水头等速过滤操作运行模式，也可以设计成变水头等速过滤模式。

翻板阀滤池缓时排水，适用于炭砂滤料滤池和煤砂双层滤料滤池高速水流反冲洗的运行条件。

2）移动罩滤池

该种形式的滤池属于小阻力配水，移动罩罩住进行反冲洗的无阀滤池。当一格冲洗时，如同虹吸滤池，其他几格过滤水量必须满足一格冲洗用水量。移动罩滤池分格很多，当其中 1 格或 2 格冲洗停止过滤时，其他几格砂面上水位变化很小，属于等水头过滤。由于各格滤层截留杂质量不同，过滤阻力大小不同，各格滤速大小不完全相同，故认为是变速过滤（或减速过滤）。

一组移动罩滤池通常分为数十格以上，各格进水总渠相通，底部集水区相通，不设阀门，不能停用1格或检修其他1格，需同步运行。

（2）例题解析

【例题 8.6-1】下列有关翻板阀滤池工艺特点的叙述中，正确的是哪一项？

（A）利用翻板阀门开启度大小调节冲洗强度，节约冲洗水量；

（B）翻板阀滤池冲洗时，根据滤料性质可先打开阀门50%开启度，或打开阀门100%开启度；

（C）延时开启翻板阀门排水，增加滤池冲洗时间，能把滤层冲洗更加干净；

（D）变化翻板阀门开启度，有助于避免滤料流失。

【解】答案（D）

（A）翻板阀门开启度大小的主要作用是调节排水流量，不是调节冲洗强度节约冲洗水量，（A）项叙述不正确。

（B）翻板阀滤池冲洗时应先打开阀门50%开启度，然后打开阀门100%开启度，不按照先打开阀门100%开启度，再打开阀门50%开启度，（B）项叙述不正确。

（C）滤池冲洗时延时开启翻板阀门排水，冲洗废水可能溢流到池外，不能增加滤池冲洗时间，（C）项叙述不正确。

（D）根据滤料在水中的下沉情况，变化翻板阀门开启度，排除上层废水，有助于避免滤料流失，（D）项叙述正确。

【例题 8.6-2】下列关于翻板阀滤池性能的叙述中，正确的是哪一项？

（A）翻板阀滤池的翻板阀，既控制滤池进水流量，又控制反冲洗排水流量；

（B）当每格滤池进水量相同时，翻板阀滤池等水头变速过滤；

（C）翻板阀滤池气水同时冲洗及后水冲洗均采用高速水流冲洗；

（D）翻板阀滤池不仅适用活性炭下铺石英砂的滤池，而且也可用于煤砂双层滤料或低浊度水处理。

【解】答案（D）

（A）翻板阀滤池的翻板阀用于分段缓时排除反冲洗废水，过滤进水另有进水阀门控制，故（A）项认为翻板阀控制过滤进水流量的说明是不正确的。

（B）每格进水相同时属于等速过滤，如果不控制过滤水头，属于变水头等速过滤，不是等水头变速过滤，（B）项叙述不正确。

（C）翻板阀滤池气水同时冲洗时采用低速水流冲洗，不宜采用高速水流全部冲起滤层流态化而削弱气冲作用，后单水冲洗时，采用高速水流冲洗，翻板阀控制分段变化阀门开启度，迅速排出废水，（C）项叙述不正确。

（D）翻板阀滤池在我国南方地区多用于活性炭吸附滤池，也有用于煤砂双层滤料滤池，在其他地区，有用于水库水或低浊度水过滤的滤池，（D）项叙述正确。

【例题 8.6-3】下列关于移动罩滤池特点的叙述中，正确的是哪一项？

（A）移动罩滤池分为多格，每格均可单独翻砂和检修配水系统；

（B）移动罩滤池各格进、出水不进行调节时，过滤过程是等水头等速过滤；

（C）移动罩滤池和无阀滤池一样，反冲洗时冲洗水头由大变小；

（D）移动罩滤池和虹吸滤池一样，反冲洗时冲洗水头不变。

【解】 答案（D）

（A）移动罩滤池分为多格，每格之间的进水总渠相通，不设阀门，各格清水集水区相通，也不设阀门，不能停用一格翻砂和检修配水系统，（A）项叙述不正确。

（B）移动罩滤池各格进、出水不作调节时，各格滤池过滤水头相同，会根据阻力大小自动调节滤速，刚冲洗好的一格滤速较大，快要冲洗的几格滤速较小，属于等水头变速过滤，（B）项叙述不正确。

（C）移动罩滤池的移动罩如同无阀滤池的伞状罩，不设冲洗水箱，冲洗时冲洗水头不变，（C）项叙述不正确。

（D）移动罩滤池分格数同虹吸滤池，完全满足$n>\frac{3.6q}{v}$的要求，不设冲洗水箱，清水出水堰口标高和冲洗排水渠堰口标高之差不变，即冲洗水头不变，（D）项叙述正确。

9 水 的 消 毒

9.1 消毒理论

（1）阅读提示

1）消毒目的和方法

消毒是杀灭对人体有害的致病微生物，不是杀灭所有微生物，也不是去除水中污染的有毒物质。

目前，常用的消毒方法可以分为物理消毒法（如紫外线消毒）和化学消毒（各种氧化剂）法。从消毒机理上分析是破坏细胞膜、破坏有机体 DNA、RNA 系统等。

2）消毒影响因素

从水质特点考虑，影响消毒效果的主要因素是水中的消毒剂含量（浓度）C（mg/L）和消毒接触时间 T（s），或者表示为 CT 值。式中的消毒剂浓度 C 小于消毒剂投加量。消毒时，灭活细菌的速率与细菌个数的 1 次方成正比，即为一级反应。由于水中很多微生物附着在悬浮杂质上，故水中杂质越少、水的浑浊度越低，消毒效果越好。

3）消毒剂用量计算

消毒剂用量计算与投加点位置有关，投加在取水口或混凝工艺之前预氧化时，投加量较大，其总用量按照水厂处理水量（设计规模＋水厂自用水量）计算。投加在二级泵房吸水井中消毒时，投加量较小，其用量按照水厂向管网供水量（即设计规模）计算。

（2）例题解析

【例题 9.1-1】 自来水厂投加液氯等消毒剂消毒时，以下影响消毒效果的表述中，不正确的是哪几项？

（A）相比之下，水的浑浊度越低，消毒效果越好；

（B）消毒剂和水接触时间 T 的长短与消毒剂种类、细菌灭活率有关；

（C）选用的消毒剂种类和水源水质无关；

（D）消毒效果与消毒剂浓度 C、接触时间 T 的乘积 CT 值有关，式中消毒剂浓度 C 指的是消毒剂投加量和处理水量的比值。

【解】 答案（C）（D）

（A）水中微生物往往黏附在悬浮物颗粒上，去除悬浮物颗粒即降低浑浊度。相比之下，水的浑浊度越低，含有的微生物、菌类越少，消毒效果越好。同时考虑水的浑浊度越低，耗用消毒剂或干扰消毒的物质越少，（A）项表述正确。

（B）不同的消毒剂灭活细菌的速度不同，达到同样效果时，和水接触时间不同。同时和细菌灭活率有关，（B）项表述正确。

（C）选用的消毒剂不仅要考虑消毒效果还要考虑是否产生消毒副产物，例如氯气和污染水源水反应生成三氯甲烷、臭氧氧化水中溴化物生成溴酸盐等都和水源水质有关，

(C) 项表述不正确。

(D) 消毒效果与消毒剂浓度 C、接触时间 T 的乘积 CT 值有关，式中消毒剂浓度 C 指的是水中剩余消毒剂浓度，一般小于投加量，(D) 项表述不正确。

【例题 9.1-2】下列有关消毒方法和消毒作用的说明中，不正确的是哪几项?

(A) 在消毒过程中微生物浓度随时间的变化符合一级反应，也就是说消毒灭活水中微生物只需要消毒一次;

(B) 同一种微生物在一定的灭活条件下，不同的消毒剂的 CT 值不相同;

(C) 长距离引水管道的取水口投加消毒剂的主要作用是应对输水管可能对沿途污染;

(D) 水质优良的地下水含有微量细菌时，经地方政府批准可不进行消毒，直接供用户饮用。

【解】答案 (A) (C) (D)

(A) 在消毒过程中微生物浓度随时间的变化符合一级反应，就是微生物浓度随时间的变化与原有微生物数量的 1 次方成正比，不能理解为消毒一次，(A) 项说明不正确。

(B) 同一种微生物在一定的灭活条件下，因消毒剂不同，温度、pH 值不同，得出的 CT 值不同，(B) 项说明正确。

(C) 长距离引水管道的取水口投加消毒剂的主要作用是杀灭水中藻类、微生物，防止生物、贝类大量繁殖堵塞管道，同时也有应对沿途水质污染作用，(C) 项说明不正确。

(D)《生活饮用水卫生标准》规定：生活饮用水应经消毒处理。水质优良的地下水含有微量细菌时，没有规定经地方政府批准不进行消毒直接供用户饮用，(D) 项说明不正确。

9.2 氯消毒

(1) 阅读提示

1) 氯消毒原理

氯消毒原理是 HOCl 和 OCl^- 氧化细菌细胞膜渗入到细菌内部，破坏酶的活性。因 HOCl 不带电荷，比带有负电荷的 OCl^- 容易接近带有负电荷的细菌表面。HOCl 电离成 OCl^- 和 H^+，与水温有关，水温越低，HOCl 电离平衡常数 K 值越小。pH 值越低，HOCl 电离程度越低。所以认为水温低、pH 值低，消毒效果好。

2) 氯胺消毒作用

当水中含有氨时，氯和氨反应生成一氯胺 (NH_2Cl)、二氯胺 ($NHCl_2$)，统称为氯胺，都有消毒效果。当 Cl_2 ∶ NH_3 < 4 时，NH_2Cl 占多数。从下面反应式来看：

$$NH_3 + HOCl = NH_2Cl + H_2O,\ Cl_2 : NH_3 = 4.2 : 1。$$

《生活饮用水卫生标准》中的氯气及游离氯制剂指的是自由氯 HOCl 和 OCl^-，出厂水中≥0.3mg/L、管网末梢余量≥0.05mg/L；化合性余氯一氯胺 (NH_2Cl)，出厂水中≥0.5mg/L、管网末梢余量≥0.05mg/L。

3) 其他含氯消毒剂

漂白粉、次氯酸钠、二氧化氯和氯气都是含氯消毒剂。其中漂白粉、次氯酸钠和氯气消毒原理相同，都是由 HOCl 和 OCl^- 消毒、灭活细菌。

4）折点加氯概念

折点加氯曲线上的峰点前生成一氯胺（NH_2Cl）为主，折点后氨氮被氧化，生成自由性余氯和少量化合性余氯。氯气把 NH_3 氧化为 N_2 的耗氯量比例是：Cl_2 ∶ NH_3＝6.3∶1。如果用次氯酸钠消毒，也能够氧化氨，最终反应式整理结果如下：

$$3NaOCl+2NH_3=N_2+3NaOH+3HCl$$

用 3×74.5＝223.5mg 的 NaOCl 可把 2×17＝34mg 的 NH_3 氧化为 N_2，NaClO 加注量是 NH_3 的 6.57 倍。

（2）例题解析

【例题 9.2-1】下列关于液氯消毒效果和氯胺消毒剂生成的说法中，哪些是不正确的？

（A）水的 pH 值越高，氯消毒效果越好；

（B）在相同的 pH 值条件下，水的温度越低，氯消毒效果越好；

（C）含有氨的水源水加氯变为氯胺消毒时，加氯量越多，生成的氯胺越多；

（D）含有氨的水源水投加次氯酸钠（NaClO）消毒剂不会变为氯胺消毒。

【解】答案（A）（C）（D）

（A）水的 pH 值越低，水中 HOCl 越不容易电离，HOCl 占（$HOCl+OCl^-$）的比例越高，消毒效果越好，（A）项表述不正确。

（B）在相同的 pH 值条件下，水的温度越低，HOCl 电离平衡常数 K 值越小，HOCl 占（$HOCl+OCl^-$）的比例越高，消毒效果越好，（B）项表述正确。

（C）含有氨的水源水加氯变为氯胺消毒时，当加氯量大于氨的 6.3 倍时已无大量氯胺存在，变为了自由氯，（C）项表述不正确。

（D）投加次氯酸钠（NaClO）消毒剂和水反应生成 HOCl，能和氨反应生成氯胺，变为氯胺消毒，（D）项表述不正确。

【例题 9.2-2】在消毒过程中，影响消毒效果和消毒剂投加量的因素有哪些？

（A）消毒剂投加方法；

（B）微生物表面包裹形式；

（C）水中硝酸盐的含量；

（D）水中剩余消毒剂形式。

【解】答案（A）（B）（D）

（A）消毒剂投加位置（是滤前投加还是滤后投加）、是否分级多次投加等直接影响到消毒效果和消毒剂投加量，（A）项叙述正确。

（B）微生物表面包裹其他有机物、浊度杂质，产生屏蔽保护作用，影响消毒效果和消毒剂投加量，（B）项叙述正确。

（C）氯消毒剂不和硝酸盐反应，对于氯消毒来说，水中硝酸盐的含量不影响消毒效果。二氧化氯消毒剂能和亚硝酸盐反应，不和硝酸盐反应，不影响消毒效果和消毒剂投加量，（C）项叙述不正确。

（D）当水中含有氨时，水中剩余消毒剂是自由性余氯还是化合性余氯，氯气投加量不同，影响消毒剂投加量，（D）项叙述正确。

【例题 9.2-3】有一水厂砂滤池出水中氨（NH_3）含量为 1.5mg/L。采用氯气消毒时，要求出厂水自由性余氯在 0.5 mg/L 以上，则加氯量至少应为多少？

【解】按照反应式计算：

$$\begin{array}{c} 3Cl_2+3H_2O=3HOCl+3HCl \\ 2NH_3+2HOCl=2NH_2Cl+2H_2O \\ 2NH_2Cl+HOCl=N_2+3HCl+H_2O \\ \hline \text{得}\quad 2NH_3+3Cl_2=N_2+6HCl \end{array}$$

每氧化 1mg/L NH_3 消耗 6.26mg/L Cl_2，氧化 1.5mg/L NH_3 后并保持自由性余氯 0.5mg/L，则加氯量至少应为 6.26×1.5+0.5=9.89≈10mg/L。

如果按照生成 NH_2Cl 计，加氯量=4.2×1.5+0.5=6.8≈7mg/L，水中不是自由性余氯，与题意要求不同。

【例题 9.2-4】用氯气消毒时，灭活水中细菌的时间 T（以 s 计）和水中自由性余氯浓度 C（以 mg/L 计）有如下关系：$C^{0.86}\cdot T=1.74$。在余氯量足够时，水中细菌个数减少的速率仅与原有细菌个数有关，成一级反应，速度变化系数 $k=2.4s^{-1}$。如果自来水中含有 NH_3=0.1mg/L，要求杀灭 95%以上的细菌，需要保持余氯最少是多少 mg/L?

【解】根据微生物浓度随时间变化的速率表达式，得杀灭 95%以上的细菌的时间为：

$$\frac{dn}{dt}=-kn\text{、}T=\frac{1}{k}\ln\frac{N_0}{N_T}=\frac{1}{2.4}\ln\frac{1}{1-0.95}=1.25s\text{。}$$

代入 $C^{0.86}\cdot T=1.74$，得 $C=\left(\frac{1.74}{1.25}\right)^{\frac{1}{0.86}}=1.392^{1.163}=1.469$mg/L。

由于水中含有 NH_3=0.1mg/L，需要首先氧化为 NH_2Cl，再氧化为 N_2，可以保证水中余氯为自由性余氯，氯氨比例为 6.26∶1，则需要保持余氯最少是 6.26×0.1+1.469=2.095mg/L。

【例题 9.2-5】投加在水中的氯全部生成 HOCl 后，有一部分离解为 H^+、OCl^-，其平衡常数为 K，$K=\frac{[H^+][OCl^-]}{[HOCl]}$，当 K 值等于 2.6×10^{-8}mol/L、水的 pH 值为 8 时，OCl^- 占自由氯的比例是多少?

【解】由 $\frac{[H^+][OCl^-]}{[HOCl]}=K=2.6\times10^{-8}$，得 $\frac{[HOCl]}{[OCl^-]}=\frac{[H^+]}{K}=\frac{10^{-8}}{2.6\times10^{-8}}=0.3846$；

OCl^- 占自由氯的比例是 $\frac{[OCl^-]}{[HOCl]+[OCl^-]}=\frac{1}{\frac{[HOCl]}{[OCl^-]}+1}=\frac{1}{0.3846+1}=72.2\%$。

【例题 9.2-6】自来水厂在对主要含有 COD_{Mn}、NH_3、CH_4 的水源水进行消毒时，选用不同的消毒剂作用说明中，不正确的是哪几项?

（A）为减少消毒副产物三氯甲烷生成量，应采用先加氯后加氨的氯胺消毒法；

（B）采用液氯折点加氯消毒，水中剩余氯为化合性余氯；

（C）化合性氯消毒，与水接触 120min 后出厂水中的自由氯应不低于 0.5mg/L；

（D）强化常规处理工艺、投加二氧化氯消毒剂可以减少消毒副产物三氯甲烷生成量。

【解】答案（A）（B）（C）

（A）先加氯后加氨即为滤后水先行折点加氯，出厂水再加氨。不能减少而会增加消毒副产物三氯甲烷生成量，（A）项说明不正确。

（B）采用液氯折点加氯消毒，已把氨氧化完毕，水中剩余氯为自由性余氯，（B）项说明不正确。

(C) 化合性氯消毒，与水接触120min后出厂水中的化合氯指氯胺（NH_2Cl）应不低于0.5mg/L，不是指的自由氯，(C) 项说明不正确。

(D) 强化常规处理工艺可以去除消毒副产物的前驱物，投加二氧化氯消毒剂不会生成三氯甲烷，(D) 项说明正确。

9.3 二氧化氯消毒

(1) 阅读提示

1) 二氧化氯消毒特点

二氧化氯的化学性质见“化学氧化”章节，本节主要讨论作为消毒剂时的一些特点和制备方法。

二氧化氯消毒适宜的pH值为6～10，不与氨反应，不生成三氯甲烷（$CHCl_3$）。二氧化氯消毒原理是和细菌微生物中的蛋白质发生氧化还原反应，控制蛋白质的合成，导致细菌死亡。

2) 二氧化氯的制备

二氧化氯的制备分为化学法和电解法。其中化学法中的亚氯酸钠（$NaClO_2$）＋盐酸（HCl）和亚氯酸钠（$NaClO_2$）＋氯气（Cl_2）制备的二氧化氯较纯，不含游离性氯。

3) 二氧化氯消毒投加量

二氧化氯在消毒过程中有近一半含量转化为氯酸盐和亚氯酸盐。为了使二氧化氯消毒后的水中氯酸盐和亚氯酸盐＜0.70mg/L，使用二氧化氯消毒时投加量应小于1.50mg/L。使用氯酸盐制取复合式二氧化氯投加量也应小于1.50mg/L。

(2) 例题解析

【例题9.3-1】在用氯酸钠和盐酸为原料制备二氧化氯消毒剂的水厂中，当水的pH值为中性时，从理论上分析，水中有效氯的主要成分应为哪一项？

(A) ClO_2；

(B) ClO_2、Cl_2；

(C) ClO_2、HOCl、OCl^-；

(D) ClO_2、HOCl。

【解】答案（C）

因为用氯酸钠和盐酸为原料制备二氧化氯的反应式是：

$$2NaClO_3 + 4HCl = 2ClO_2 + Cl_2 + 2NaCl + 2H_2O$$

反应产物是ClO_2、Cl_2，而当氯溶解在纯水中时，下列两个反应几乎瞬时发生：

$$Cl_2 + H_2O = HOCl + HCl,\ HOCl \rightleftharpoons H^+ + OCl^-$$

所以，用氯酸钠和盐酸为原料制备二氧化氯投加在水中有效氯的主要成分应为（C）项，含有ClO_2、HOCl、OCl^-。

如果水的pH值≤6，则HOCl占（$HOCl + OCl^-$）的比例约96%，答案为（D）项，含ClO_2、HOCl。

【例题9.3-2】下列关于二氧化氯消毒效果和一些化学反应的说明中，正确的是哪一项?

(A) 二氧化氯和氯气同属含氯消毒剂，都有较强的氧化能力，消毒原理相同；

(B) 二氧化氯和氨反应式为：$ClO_2+NH_3+H_2O=NH_2Cl+3OH^-$，有助于提高水的pH值；

(C) 二氧化氯不仅能够杀灭一般细菌，而且能杀灭隐孢子虫和病毒；

(D) 二氧化氯和有机物反应是氧化取代反应。

【解】 答案 (C)

(A) 二氧化氯和氯气同属含氯消毒剂，都有较强的氧化能力。在水中氯发生水解，生成次氯酸发挥消毒作用，二氧化氯中的Cl由+4价变为-1价，得到5个电子，属于氧化反应，二者消毒原理不同，(A) 项说明不正确。

(B) 二氧化氯和氨的反应式是一个虚构的反应式，二氧化氯不与氨反应，(B) 项说明不正确。

(C) 二氧化氯有较强的氧化能力，不仅能够杀灭一般细菌，而且能杀灭隐孢子虫和病毒，(C) 项说明正确。

(D) 二氧化氯和有机物反应是氧化反应，氯和有机物反应是氯取代为主的反应，(D) 项说明不正确。

9.4 其他消毒剂消毒

(1) 阅读提示

1) 臭氧消毒

臭氧具有很强的氧化能力，能破坏分解细菌细胞壁、氧化酶系统或破坏细胞组织中的蛋白质与核糖核酸。臭氧能氧化有机物、氨氮，去除气味，不产生消毒副产物三氯甲烷和氯乙酸。臭氧在水中的衰变期约30min，无持续消毒作用。通常投加臭氧后再投加少量氯或氯胺，维持消毒效果。

2) 紫外线消毒

紫外线消毒是一种物理消毒方法，利用光子能量破坏细菌病毒的遗传系统。紫外线消毒在短时间内能灭活一些细菌，但无持续消毒作用且微生物容易复活。通常和氯气、二氧化氯联合使用。

(2) 例题解析

【例题 9.4-1】 下列关于紫外线消毒效果和一些化学反应的说明中，正确的是哪一项?

(A) 紫外线消毒是一种光照射的物理消毒方法，又是发生光学聚合反应的化学消毒方法；

(B) 紫外线消毒不仅能够杀灭一般细菌，而且能杀灭贾第鞭毛虫、隐孢子虫和病毒；

(C) 当水中投加少量三氯化铁时，紫外线消毒效果更好；

(D) 紫外线和臭氧联合消毒具有快速持久的消毒效果。

【解】 答案 (B)

(A) 紫外线消毒是一种光照射的物理消毒方法，破坏微生物DNA结构。经紫外线照射后发生光学聚合反应是照射的后续反应，不认为是化学消毒方法，(A) 项说明不正确。

(B) 紫外线消毒不仅能够杀灭一般细菌，而且能杀灭贾第鞭毛虫、隐孢子虫和病毒，(B) 项说明正确。

(C) 紫外线消毒时水中无需投加化学药剂，当水中投加少量三氯化铁时，影响紫外线透过，消毒效果不好，(C) 项说明不正确。

(D) 紫外线和臭氧都没有持久的消毒效果，二者联合不能发挥持久消毒作用，(D) 项说明不正确。

【例题 9.4-2】 下列关于臭氧消毒效果的说明中，正确的是哪几项?

(A) 臭氧消毒是一种臭氧氧化的化学消毒方法，又是臭氧熏杀微生物的物理消毒方法；

(B) 臭氧消毒时能够氧化水中的氨氮和有机污染物；

(C) 无论何种水源水，臭氧消毒时都不会产生三氯甲烷及其他消毒副产物；

(D) 臭氧化气体中臭氧所占的比例和制备臭氧的气源有关。

【解】 答案 (B)(D)

(A) 臭氧消毒是一种臭氧氧化的化学消毒方法，不存在臭氧熏杀微生物作用，(A) 项说明不正确。

(B) 臭氧消毒时能够氧化水中的有机污染物和少量氨氮，(B) 项说明正确。

(C) 臭氧消毒时不会产生三氯甲烷，但会氧化溴化物产生具有致癌作用的溴酸盐，还会氧化天然有机物生成有致癌作用的醛化物，(C) 项说明不正确。

(D) 空气气源制备臭氧，臭氧化气体中臭氧所占的比例为 1%～3%，液态纯氧气源制备臭氧，臭氧化气体中臭氧所占的比例为 8%～10%，(D) 项说明正确。

10 地下水除铁、除锰和除氟

10.1 含铁、含锰和含氟地下水水质

(1) 阅读提示

1) 地下水中铁、锰的特点

含铁地下水中的铁以 Fe^{2+} 形式存在，和阴离子 HCO_3^- 假想组合成 $Fe(HCO_3)_2$。含锰地下水中的锰以 Mn^{2+} 形式存在，和阴离子 HCO_3^- 假想组合成 $Mn(HCO_3)_2$。$Fe(HCO_3)_2$ 和 $Mn(HCO_3)_2$ 不是沉淀物，而是溶解度最小的组合物。Fe^{2+} 和 Mn^{2+} 以及 $Fe(HCO_3)_2$、$Mn(HCO_3)_2$ 在水中都无颜色，只是它们变成 Fe^{3+}、Mn^{4+} 后形成 Fe_2O_3、MnO_2 呈现暗红色和棕色。饮用水中的铁、锰已被氧化变成了高价离子，具有不良气味，长期饮用有可能损害人体健康。

2) 地下水中氟的特点

地下水中的氟可能来源于花岗岩、萤石矿中氟溶解的结果。地表水中的氟可能来源于工业污水污染，或者以萤石为熔剂的炼铝业含氟烟尘污染结果。氟是人体必需的微量元素。在日常生活中，长期饮用含氟量较大的水损害骨骼。长期饮用缺乏氟的水，幼儿龋齿。《生活饮用水卫生标准》规定氟化物含量≤1.0mg/L。

(2) 例题解析

【例题 10.1-1】 下列关于含铁、含锰、含氟地下水水质特点的叙述中，不正确的是哪几项？

(A) 由于地下水中没有足够的溶解氧，铁生成了 Fe $(HCO_3)_2$ 沉淀物；

(B) 湖水是地表水，水中的铁、锰主要是 Fe $(OH)_3$ 和 MnO_2 沉淀物；

(C) 浅层含铁地下水温度适宜、有氧存在时，容易滋生铁细菌；

(D) 地下水中的氟都是含氟地表水污染的结果。

【解】 答案 (A) (B) (D)

(A) 由于地下水中没有足够的溶解氧，Fe^{2+} 和 HCO_3^- 假想组合成 $Fe(HCO_3)_2$，不是沉淀物，(A) 项叙述不正确。

(B) 湖水是地表水，但深水区或湖底溶解氧很少，不能生成 $Fe(OH)_3$ 和 MnO_2 沉淀物，多以 $Fe(HCO_3)_2$、$Mn(HCO_3)_2$ 形式存在，(B) 项叙述不正确。

(C) 浅层含铁地下水温度适宜、有氧存在时，铁细菌氧化 Fe^{2+}、Mn^{2+} 并进行繁殖，(C) 项叙述正确。

(D) 地下水中的氟有的是地层中含氟岩石溶解出氟离子而存在地下水中，有的是含氟地表水污染的结果，(D) 项叙述不正确。

【例题 10.1-2】 下列关于地下水中铁、锰存在状况和除铁工艺的表述中，正确的是哪几项？

(A) 地下水中含有铁、锰离子，遇到空气，总是先氧化锰再氧化铁；

(B) 地下水中有稳定的 Fe^{2+} 存在，说明地下水中溶解氧先和 Mn^{2+} 反应消耗殆尽；

(C) Fe^{2+} 氧化速度的大小受水的 pH 值高低影响很大；

(D) 实现 Fe^{2+} 自然氧化所采取的曝气，除向水中充氧外，还希望散除部分 CO_2。

【解】 答案 (C) (D)

(A) 由于铁的氧化还原电位低于锰，容易被氧化。含有铁、锰的地下水，遇到空气中的氧，总是先氧化铁再氧化锰，(A) 项表述不正确。

(B) 地下水中有稳定的 Fe^{2+} 存在，说明地下水中不存在溶解氧。当存在溶解氧时，则和 Mn^{2+} 反应比和 Fe^{2+} 反应更为困难，(B) 项表述不正确。

(C) 水的 pH 值增加 1 个单位，Fe^{2+} 氧化速度增加 100 倍，所以认为 Fe^{2+} 氧化速度受水的 pH 值高低影响很大，(C) 项表述正确。

(D) 实现 Fe^{2+} 自然氧化所采取的曝气，除向水中充氧外，还希望散除部分 CO_2 提高水的 pH 值，有利提高 Fe^{2+} 氧化速度，(D) 项表述正确。

10.2 地下水除铁

(1) 阅读提示

1) 除铁原理

本节特地讨论地下水除铁，即如何把溶解的二价铁离子 (Fe^{2+}) 变成溶解度较低的三价铁离子 (Fe^{3+})，显然是一种氧化除铁问题。空气中的氧氧化 Fe^{2+} 是最为廉价的方法。

$$4Fe^{2+}+O_2+10H_2O=4Fe(OH)_3+8H^+$$

或写成

$$4Fe^{2+}+O_2+2H_2O=4Fe^{3+}+4OH^-$$

从理论上计算，每氧化 1mgFe^{2+}耗用 0.14mg 氧。

2) 自然氧化除铁

空气自然氧化除铁是一种除铁方法。即采用首先向水中充氧曝气，再经氧化反应（或反应沉淀）池，最后滤池过滤。该方法希望提高水的 pH 值。

自然氧化除铁适用于各种含铁量的地下水，当原水含铁量<6mg/L 时，可采用一级曝气、一级过滤。当原水含铁量>6mg/L 时，应采用一级曝气、两级过滤。

3) 接触催化氧化除铁

接触催化氧化除铁是另一种除铁方法。含铁原水经曝气后直接进入天然锰砂或石英砂滤池，不设氧化反应池。依靠 $Fe(OH)_3\cdot 2H_2O$ 组成的铁质活性滤膜吸附Fe^{2+}，再行氧化为Fe^{3+}。天然锰砂吸附Fe^{2+}越多，形成的活性滤膜催化作用越强。滤膜老化形成的羟基氧化铁（FeOOH）不起催化作用。接触催化氧化滤池主要发挥催化氧化作用和拦截沉淀物的澄清作用。该除铁方法对水中含铁量无要求，但对含有硅酸盐的地下水有一定要求，当含铁水中硅酸盐>40mg/L 时，可采用接触催化氧化除铁法，经曝气后 5min 之内进入接触催化氧化滤池。

4) 化学氧化除铁

化学氧化除铁，是指常用的化学氧化剂Cl_2、ClO_2、O_3、$KMnO_4$氧化短期应急除铁。

反应式如下：

$$2Fe^{2+}+HOCl \rightarrow 2Fe^{3+}+Cl^{-}+OH^{-}$$

$$5Fe^{2+}+ClO_2+13H_2O \rightarrow 5Fe(OH)_3+HCl+10H^{+}$$

$$3Fe^{2+}+2O_3 \rightarrow 3Fe^{3+}+3O_2$$

$$3Fe^{2+}+KMnO_4+2H_2O \rightarrow 3Fe^{3+}+MnO_2+K^{+}+4OH^{-}$$

从理论上计算，每氧化 1mgFe^{2+}需要耗用 0.64mg 的 Cl_2、0.24mg 的 ClO_2、0.57mg 的 O_3、0.94mg 的 $KMnO_4$。

（2）例题解析

【例题 10.2-1】 对于接触催化氧化除铁法处理地下水工艺的说明中，正确的是哪几项？

（A）对原水曝气的直接原因是在曝气池中把Fe^{2+}氧化为Fe^{3+}；

（B）曝气之后的含铁水应直接进入含有活性滤膜滤料的滤池，受 pH 值变化影响较小；

（C）天然锰砂滤料中的锰质化合物（MnO_2）同时对Fe^{2+}具有吸附和催化氧化作用；

（D）在天然锰砂滤料滤池中，活性滤膜成熟期较石英砂短。

【解】 答案（B）（D）

（A）在接触催化氧化除铁法中，对原水曝气的直接原因是充氧，在接触催化氧化滤池中 Fe^{2+}氧化为 Fe^{3+}，（A）项说明不正确。

（B）曝气之后的含铁水应直接进入含有活性滤膜滤料的滤池进行催化氧化，受 pH 值变化影响较小，（B）项说明正确。

（C）天然锰砂滤料中的锰质化合物（MnO_2）对Fe^{2+}不起吸附和催化氧化作用，铁质活性滤膜 $Fe(OH)_3 \cdot 2H_2O$ 对Fe^{2+}具有吸附和催化氧化作用，（C）项说明不正确。

（D）在天然锰砂滤料滤池中锰砂滤料吸附Fe^{2+}较多，活性滤膜成熟期较石英砂短，（D）项说明正确。

【例题 10.2-2】 有一处地下水含铁（Fe^{2+}）4.5mg/L，含锰（Mn^{2+}）0.1mg/L，含溶解性硅酸 45mg/L，二氧化碳（CO_2）浓度较低，pH 值为 7.0。为达到生活饮用水要求，准备采用下列除铁工艺，合适的是哪一项？

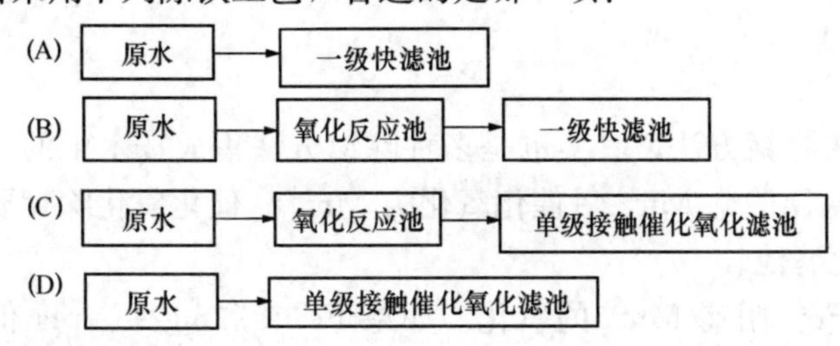

【解】 答案（D）

根据水源水质情况，含锰（Mn^{2+}）0.1mg/L，不需除锰，只需除铁。

（A）含铁（Fe^{2+}）4.5mg/L 的原水未经曝气充氧直接经一级快滤池过滤不能达到含铁量小于 0.3mg/L 的要求，（A）项工艺不合适。

（B）原水含溶解性硅酸大于 40mg/L，不宜采用曝气氧化反应工艺，防止生成的 Fe^{3+}和硅酸形成硅酸铁穿透滤池，故（B）项工艺不合适。

(C) 经曝气氧化反应工艺后，Fe^{3+}和硅酸已形成硅酸铁，再经单级接触催化氧化滤池无法控制，故（C）项工艺不合适。

(D) 曝气后的原水进入接触催化氧化滤池，生成的Fe^{3+}被截留在滤层中，可以有效去除铁离子，(D) 项工艺合适。

【例题 10.2-3】 有一座含铁、含锰地下水厂，流量 2 万 m^3/d，地下水含铁（Fe^{2+}）6mg/L，含锰（Mn^{2+}）2mg/L，准备采用两级曝气、两级接触催化氧化工艺除铁、除锰。在曝气过程中，氧气利用率约 15%，富裕安全系数 $k=2$，则曝气用空气压缩机流量为多少（单位 m^3/min）?

【解】 Fe^{2+}、Mn^{2+}氧化反应式如下：

$$4Fe^{2+}+O_2+10H_2O=4Fe(OH)_3+8H^+$$

$$2Mn^{2+}+O_2+2H_2O=2MnO_2+4H^+$$

氧化Fe^{2+}的耗氧量为：$\frac{2\times16}{4\times56}=0.143mgO_2/mgFe^{2+}$；

接触催化氧化工艺除铁耗氧量：$C_1=0.143\times6=0.858mg/L$；

氧化Mn^{2+}的耗氧量为：$\frac{2\times16}{2\times55}=0.291mgO_2/mgMn^{2+}$；

接触催化氧化工艺除锰耗氧量：$C_2=0.291\times2=0.582mg/L$；

曝气接触催化氧化除铁、除锰耗氧量：

$$C=C_1+C_2=0.858+0.582=1.44mg/L=1.44g/m^3。$$

除铁、除锰水处理工程每小时理论需氧量：

$$W=\frac{20000}{24}\times\frac{1.44}{1000\times0.15}=8.00kg/h。$$

鉴于空气中氧所占的质量比为 23.13%，空气的密度为 $1.293kg/m^3$，除铁、除锰水处理工程曝气用空气压缩机流量为：$Q=2\times\frac{8.00}{60}\times\frac{1}{0.2313\times1.293}=0.892m^3/min$。

10.3 地下水除锰

(1) 阅读提示

1) 催化氧化除锰

催化氧化除锰是一个有争议的除锰方法，其实也是多种除锰方法集成技术中的一部分。有研究者认为MnO_2或者Mn_3O_4吸附Mn^{2+}后催化氧化为Mn^{4+}。催化氧化除锰要求曝气后的含锰水直接进入催化氧化滤池。

当水中同时含铁、含锰时，Fe^{2+}阻碍Mn^{2+}的氧化。如果$Fe^{2+}<2mg/L$，pH 值$\geqslant$7.5，可采用一级曝气、一级过滤工艺，即在一座滤池中同时催化氧化、同步去除Mn^{4+}。当$Fe^{2+}>5mg/L$且含有Mn^{2+}时，应采用两级曝气、两级过滤的先除铁后除锰方法。催化氧化除锰滤池滤层厚度多在 1500mm 以下，以免冲洗不均匀。

2) 生物法除锰

生物法除锰是以Mn^{2+}的氧化菌为主的生物氧化作用。Mn^{2+}被细菌及其分泌物吸附在细菌表面，在酶的作用下氧化为Mn^{4+}。生物法除锰设一次曝气、一级生物除铁、除锰滤池。允许含 Fe^{2+} 量≤8mg/L、含锰量≤3mg/L、pH 值=6～9。

3）氧化剂除锰

$$Mn^{2+}+HOCl+H_2O \rightarrow MnO_2+HCl+2H^+$$

$$5Mn^{2+}+2ClO_2+6H_2O \rightarrow 5MnO_2+2HCl+10H^+$$

$$Mn^{2+}+O_3+H_2O \rightarrow MnO_2+2H^++O_2$$

$$3Mn^{2+}+2KMnO_4+2H_2O \rightarrow 5MnO_2+2K^++4H^+$$

从理论上计算，每氧化 1mgMn^{2+} 耗用 0.29mg 的 O_2、0.49mg 的 ClO_2、0.87mg 的 O_3、1.29mg 的 Cl_2、1.92mg 的 $KMnO_4$。

（2）例题解析

【例题 10.3-1】下列针对地下水除锰处理工艺的表述中，正确的是哪几项？

（A）生物法除锰是指在滤池中铁、锰氧化细菌胞内酶促反应及铁、锰氧化细菌分泌物的催化反应，使 Fe^{2+} 氧化为 Fe^{3+}，Mn^{2+} 氧化为 Mn^{4+}；

（B）在中性 pH 值条件下，存在 Fe^{2+}、Mn^{2+} 的地下水处理时，可以优先考虑自然氧化法；

（C）地下水同时除铁、除锰处理时，去除水中 Mn^{2+} 比去除 Fe^{2+} 困难；

（D）当地下水中铁、锰含量较高采用两级曝气、两级过滤时，应先除铁后除锰。

【解】答案（A）（C）（D）

（A）生物法除锰是指在生物滤池中，滋生铁、锰氧化细菌，发生铁、锰氧化细菌胞内酶促反应及铁、锰氧化细菌分泌物的催化反应，使 Fe^{2+} 氧化为 Fe^{3+}，Mn^{2+} 氧化为 Mn^{4+}，（A）项表述正确。

（B）在中性 pH 值条件下，存在 Fe^{2+}、Mn^{2+} 的地下水处理时，Mn^{2+} 几乎不能被溶解氧氧化，不能考虑自然氧化法除铁、除锰，（B）项表述不正确。

（C）地下水同时除铁、除锰处理时，水中 Fe^{2+} 的氧化速度比 Mn^{2+} 的氧化速度快，同时，Fe^{2+} 又是 Mn^{2+} 的还原剂，阻碍 Mn^{2+} 的氧化，使得除锰比除铁困难，（C）项表述正确。

（D）当地下水中铁、锰含量较高采用两级曝气、两级过滤时，通常第一级除铁、第二级除锰，即先除铁后除锰，（D）项表述正确。

【例题 10.3-2】下列关于接触催化氧化除铁、除锰特点的表述中，不正确的是哪几项？

（A）锰质活性滤膜能够吸附 Mn^{2+} 并将其催化氧化成 Mn^{4+}；

（B）接触催化氧化除锰滤池运行一段时间后也会滋生锰的氧化细菌，和生物除锰滤池具有相同的除锰作用；

（C）除铁、除锰各自独立进行，铁、锰同时存在，互不干扰影响；

（D）曝气装置的选定依据是要求的充氧程度。

【解】答案（C）（D）

（A）锰质活性滤膜 Mn_3O_4 能够吸附 Mn^{2+} 并将其催化氧化成 Mn^{4+}，（A）项表述正确。

（B）接触催化氧化除锰滤池运行一段时间后也会滋生锰的氧化细菌，和生物除锰滤池具有相同的除锰作用，（B）项表述正确。

(C) 除铁、除锰虽各自独立进行，但铁、锰氧化相互干扰，铁氧化阻碍 Mn^{2+} 的氧化，(C) 项表述不正确。

(D) 曝气装置的选定依据是原水水质、是否除二氧化碳和曝气充氧程度，仅考虑充氧程度是不正确的，(D) 项表述不正确。

【例题 10.3-3】 下列关于催化氧化除铁、除锰特点的表述中，正确的是哪几项?

(A) 在催化氧化除铁滤池中，以 $Fe(OH)_3 \cdot 2H_2O$ 组成的铁质活性滤膜吸附 Fe^{2+} 并氧化成 Fe^{3+}。滤料是天然锰砂、石英砂时，滤层内停留时间可考虑在 20min 以内；

(B) 催化氧化除铁滤池中铁质活性滤膜没有除 Mn^{2+} 效果，故认为催化氧化除铁滤池无除 Mn^{2+} 作用，不能处理同时含铁、含锰地下水；

(C) 在催化氧化除锰滤池中，以 Mn_3O_4 等组成的锰质活性滤膜吸附 Mn^{2+} 并氧化成 Mn^{4+}，滤料是含有 MnO_2 的天然锰砂；

(D) 催化氧化除锰滤池中锰质活性滤膜 Mn_3O_4 没有除铁效果，不能处理铁、锰共存的地下水。

【解】 答案 (A) (C)

(A) 在催化氧化除铁滤池中，以 $Fe(OH)_3 \cdot 2H_2O$ 组成的铁质活性滤膜吸附 Fe^{2+} 并氧化成 Fe^{3+}。滤料是天然锰砂、石英砂，滤池停留时间为 $T=\frac{1.50}{5}\times 60=18\text{min}$ 以内，(A) 项表述正确。

(B) 催化氧化除铁滤池中铁质活性滤膜没有除 Mn^{2+} 效果，但含有 MnO_2 的天然锰砂能够吸附 Mn^{2+} 并催化氧化成 Mn^{4+}，具有除锰效果。催化氧化除铁滤池能处理含铁量高、含锰量低的地下水，(B) 项表述不正确。

(C) 在含有 MnO_2 的天然锰砂滤料催化氧化除锰滤池中，以 Mn_3O_4 等组成的锰质活性滤膜吸附 Mn^{2+} 并氧化成 Mn^{4+}，(C) 项表述正确。

(D) 催化氧化除锰滤池中锰质活性滤膜 Mn_3O_4 没有除铁效果，但锰砂滤料吸附 Fe^{2+} 后，会生成铁质活性滤膜 $Fe(OH)_3 \cdot 2H_2O$，能够处理铁、锰共存的地下水。当 Fe^{2+} 小于 2mg/L、pH 值≥7.5 时，可采用一次曝气、一次过滤工艺，(D) 项表述不正确。

10.4 地下水除氟

(1) 阅读提示

地下水除氟主要采用活性氧化铝吸附工艺。如果水质复杂，含有氟、砷、硫酸根、氯酸根等，宜采用反渗透工艺。

活性氧化铝是两性物质，在 pH 值＞9.5 的水中吸附阳离子，在 pH 值＜9.5 的水中吸附阴离子。除氟时调整 pH 值在 5～8 范围内。活性氧化铝的吸附容量随 pH 值的降低而升高，随原水中 F^- 含量增加而升高。高含氟量水或 pH 值较高时，活性氧化铝除氟离子交换接触时间要长些，否则可短些。

(2) 例题解析

【例题 10.4-1】 下列关于活性氧化铝除氟特性的叙述中，正确的是哪几项?

(A) 活化后的活性氧化铝 $(Al_2O_3)_n \cdot H_2SO_4$ 吸附水中 F^- 的原因是 $(Al_2O_3)_n$ 和 F^- 的

亲和力大于和 H_2SO_4 的亲和力；

(B) 活性氧化铝吸附水中 F^- 的吸附容量和再生硫酸铝的 pH 值高低有关，pH 值为 5～8 时，除氟效果较好；

(C) 活性氧化铝吸附水中 F^- 的吸附容量和原水中 F^- 的浓度有关，原水中 F^- 的浓度升高，吸附容量减小；

(D) 当原水 pH 值=8，含 F^- 量小于 4mg/L 时，活性氧化铝吸附滤池和含氟水接触时间以 30～45min 为宜。

【解】 答案 (A) (D)

(A) 活化后的活性氧化铝 $(Al_2O_3)_n \cdot H_2SO_4$ 吸附水中 F^- 的过程就是离子交换过程。阴离子交换剂 $(Al_2O_3)_n$ 和 F^- 的亲和力大于和 H_2SO_4 的亲和力，则优先吸附 F^-，(A) 项叙述正确。

(B) 活性氧化铝吸附水中 F^- 的吸附容量和水的 pH 值高低有关，不是和再生硫酸铝的 pH 值高低有关。当水源水的 pH 值为 5～8 时，除氟效果较好，(B) 项叙述不正确。

(C) 活性氧化铝吸附水中 F^- 的吸附容量和原水中 F^- 的浓度有关，原水中 F^- 的浓度升高，吸附容量相应变大，不是减小，(C) 项叙述不正确。

(D) 当原水含 F^- 量小于 4mg/L，活性氧化铝吸附滤池滤层厚度宜取 1.50m，pH 值=7 时，滤速宜为 2～3m/h，由此计算出滤层与含氟水接触时间为 $T=\frac{1.50}{2\sim3}=45\sim30\text{min}$，(D) 项叙述正确。

11 受污染水源水处理

11.1 受污染水源水水质特点及处理方法概述

（1）阅读提示

1）受污染水源水特点

受污染水源水一般属于Ⅲ类以下的水体，主要含有有机物（用COD表示）、氨氮(NH_4-N)。水库水受污染后滋生藻类、色度增加、嗅味异常。仅靠混凝、沉淀、过滤的常规处理工艺，只能去除大分子（1000道尔顿以上）的污染物和悬浮物，不能有效去除小分子污染物。强化常规处理有助于提高处理效果，降低水的浑浊度，降解部分有机污染物，是受污染水源水处理的基本方法。

2）生物氧化预处理和深度处理

增加生物氧化预处理能够氧化氨氮和部分有机物。增加化学氧化和活性炭吸附深度处理的内容，是提高化学安全性的主要方法。

超滤膜及其组合工艺有效地降低了水的浑浊度，筛滤去除藻类、原生动物、细菌等大量微生物，是提高水的生物安全性的主要方法。超滤膜可以代替滤池、沉淀（澄清）构筑物，但不能完全发挥砂滤池的沉淀、拦截、生化功能。超滤膜的使用可以说是常规处理工艺的改进与革新，不应算作深度处理工艺。

（2）例题解析

【例题11.1-1】下列关于受污染水源水特点的叙述中，不正确的是哪几项？

（A）江河、湖泊、水库水源水含有氮、磷时，一定会滋生藻类、分泌藻毒素，产生嗅味；

（B）含有氮、磷的微污染水源水经过砂滤池过滤时，滤料表面滋生微生物，具有生物降解作用；

（C）漂浮在水面的大颗粒悬浮物会滋生微生物，具有生物氧化作用；

（D）受污染水源水中的有机污染物因降解耗氧，致使水体缺氧发臭，而无机污染物无此危害。

【解】答案（A）（C）（D）

（A）当湖泊、水库水源水含有氮、磷时，受阳光照射，一定会滋生藻类、分泌藻毒素，产生嗅味。地下水或流动较快的河流水中含有氮、磷时，因缺氧或光照不足，不会滋生藻类，（A）项叙述不正确。

（B）含有氮、磷的微污染水源水经过砂滤池过滤时，滤料表面因水流缓慢且有光照后，会滋生微生物，具有生物降解作用，（B）项叙述正确。

（C）漂浮在水面的大颗粒悬浮物多属于轻质污泥，水流缓慢时，要么沉淀，要么分解而产生气味，污泥变黑，滋生微生物，不能很好地发挥生物氧化作用，（C）项叙述不正确。

(D) 受污染水源水中的有机污染物因降解耗氧，致使水体缺氧发臭。水体中无机污染物中的N、P增加后，滋生藻类、分泌藻毒素，产生嗅味，同样产生危害，(D) 项叙述不正确。

【例题 11.1-2】下列关于受污染水源水处理工艺作用的表述中，不全面的是哪几项？

(A) 强化常规处理的主要作用是降低出水的浑浊度；

(B) 生物接触氧化的主要作用是降低水中可生物降解的污染物含量；

(C) 臭氧-活性炭工艺中臭氧的主要作用是把水中的有机污染物氧化成二氧化碳和水；

(D) 超滤膜配合粉末活性炭形成滤饼具有拦截和生物氧化作用。

【解】答案 (A)(C)

(A) 强化常规处理的主要作用是降低出水的浑浊度和降低有机污染物、减少消毒副产物生成量等，(A) 项表述不全面。

(B) 生物接触氧化的主要作用是降低水中可生物降解的污染物含量，(B) 项表述正确。

(C) 臭氧-活性炭工艺中臭氧的主要作用是把水中的大分子有机污染物氧化成小分子有机物，再经生物活性炭生物氧化降解，(C) 项表述不全面。

(D) 超滤膜配合粉末活性炭形成的滤饼在有氧条件下会滋生微生物，具有拦截和生物氧化作用，(D) 项表述正确。

11.2 生物氧化

(1) 阅读提示

1) 生物氧化

生物氧化是我国南方地区用来氧化氨氮的预处理工艺。氨氮氧化属于硝化反应，反应式为：

$$2NH_4^+ + 3O_2 = 2HNO_2 + 2H^+ + 2H_2O$$

$$2HNO_2 + O_2 = 2HNO_3$$

$$2NH_4^+ + 4O_2 = 2HNO_3 + 2H^+ + 2H_2O$$

或

$$NH_3 + 2O_2 = HNO_3 + H_2O$$

每氧化 1mgNH_4或 1mgNH_3（均以 N 计）耗氧：$\frac{4\times32}{2\times14}=4.57\approx4.6$mg。

生物氧化预处理通常在生物接触氧化池中进行，停留时间约 1.0～2.5h。由于给水水源水中的 COD、BOD 浓度远比生活污水低很多，生物量少很多，过长的停留时间已无大用。

生物氧化池分为生物接触氧化池和颗粒填料生物氧化池，前者池内装填粒径较大的空心球或者上下固定的半软性填料、纤维填料；一般多格串联，不反向冲洗。后者池内装填粒径较小的页岩陶粒或者沸石、活性炭等填料；一般多格并联，定期反向冲洗，又称为曝气生物滤池或淹没式生物滤池。

2）生物氧化池充氧方法

生物氧化池曝气方式有多种，溶解空气的效率与空气压力有关。水中溶解空气量的多少还应考虑后续的处理工艺，不应有相互干扰或影响。即生物氧化池出水中大量气泡上浮，会直接影响沉淀池的作用。

（2）例题解析

【例题 11.2-1】 下列有关生物氧化技术在微污染水源水处理中的应用说明中，不正确的是哪几项？

（A）生物接触氧化池的设计计算大多以试验资料为依据；

（B）在正常情况下，生物接触氧化池设在絮凝池之前，曝气生物滤池设在沉淀池之后；

（C）生物氧化技术可以处理含有嗅味的水源水；

（D）夏天，生物氧化技术对水源水中氨氮的去除率多在60%以下。

【解】 答案（B）（D）

（A）由于微污染水源水的水质特点各异，生物接触氧化池的设计计算大多以试验数据为依据，（A）项说明正确。

（B）在正常情况下，生物接触氧化池设在絮凝池之前，曝气生物滤池也设在絮凝池之前，先不加混凝剂进行生物氧化、生物絮凝，然后再混凝沉淀，（B）项说明不正确。

（C）生物氧化技术可以处理含有嗅味和藻类的水源水，（C）项说明正确。

（D）夏天，水温较高，微生物活性强，生物氧化技术对水源水中氨氮的去除率在90%以上，（D）项说明不正确。

【例题 11.2-2】 下列有关生物接触氧化池设计问题的说明中，不正确的是哪几项？

（A）生物接触氧化池中的填料是生物载体，应选用比表面积大、截留污泥多、微生物量大的填料；

（B）曝气量越大、气水比越大，溶解氧越多，生物氧化效果越好；

（C）水温低时，生物接触氧化池中的微生物活性变差，可以投加污水处理厂生物氧化池的少量活性污泥接种；

（D）生物接触氧化池深度越大，曝气充氧的利用率越高。

【解】 答案（A）（B）（C）

（A）生物接触氧化池中的填料是生物载体，选用的填料比表面积大、微生物量大，但不希望截留污泥多。否则，会引起积泥严重、排泥困难的问题难以解决，（A）项说明不正确。

（B）生物接触氧化池的气水比通常为1∶1，曝气量越大、气水比越大，填料摩擦严重，微生物脱落流出生物池，生物氧化效果变差，（B）项说明不正确。

（C）水温低时，生物接触氧化池中的微生物活性变差，投加污水处理厂生物氧化池的少量活性污泥可以接种微生物，但污染水源，不能用于自来水厂生物接触氧化池中，（C）项说明不正确。

（D）生物接触氧化池深度越大，上下水体都能溶氧，曝气充氧的利用率越高，更适用于纯氧曝气，（D）项说明正确。

11.3 化学氧化

(1) 阅读提示

1) 含氯氧化剂的应用

含氯氧化剂有氯气（Cl_2）、次氯酸钠（NaClO）和二氧化氯（ClO_2）。其中氯气和次氯酸钠水解为 HOCl、OCl^-，渗透到细菌内部破坏酶的活性，发挥很好的消毒灭菌和氧化有机物作用。二氧化氯中氯为+4价（Cl^{4+}），氧化有机物后变为−1价（Cl^-），得到5个电子，具有很强的消毒灭菌和氧化能力。

二氧化氯（ClO_2）可以除藻、除异味、除铁、除锰或氧化其他部分有机物。

2) 高锰酸钾氧化剂的应用

高锰酸钾（$KMnO_4$）氧化剂的氧化能力比氯气（Cl_2）和二氧化氯（ClO_2）还要强。可以杀灭90%以上的细菌，氧化低价铁、锰更为有效。每氧化1mgMn^{2+}，耗用高锰酸钾1.92mg。可以单独使用去除异味、除铁、除锰或氧化其他污染物，也可以和臭氧联合使用，其中间产物对臭氧氧化有催化作用。

3) 臭氧氧化剂的应用

臭氧是强氧化剂，具有助凝作用，可氧化分解苯并芘、苯、二甲苯等有机物，不生成三氯甲烷。可氧化含溴化合物生成次溴酸。臭氧和颗粒活性炭联合使用时，臭氧先把大分子有机物氧化分解成小分子物质，然后进入生物增强活性炭滤池进一步生物氧化处理，有机物去除率达40%～60%。

臭氧生产用纯氧（液态氧或气态氧）或空气为气源，经无声放电，高速电子轰击O_2分解为O，再和O_2组成O_3。臭氧的产生比例和气源中氧气浓度有关，通常以空气气源制取的臭氧化气体中臭氧浓度占1%～3%，每制取1kg臭氧耗电17～20kWh。以纯氧气源制取的臭氧化气体中臭氧浓度占10%左右，每制取1kg臭氧耗电10kWh左右。目前的臭氧发生器性能表明，如果再提高臭氧浓度，其用电量将超出上述高效率范围。OZONIA公司认为，纯氧气源应掺入少量氮气，控制氧气纯度在98%左右时制取臭氧效率最高。

(2) 例题解析

【例题 11.3-1】 下列有关强氧化剂特性的叙述中，不正确的是哪几项？

(A) 二氧化氯（ClO_2）是含氯氧化剂，氧化原理同氯气不同，投加在水中不会生成三氯甲烷；

(B) 高锰酸钾氧化剂能把大分子有机物氧化分解成小分子物质，供生物活性炭进一步生化处理，可选用高锰酸钾和活性炭联合使用；

(C) 高锰酸钾用于除铁、除锰或氧化其他污染物时，应投加在其他混凝剂之后；

(D) 在臭氧制取的高效率范围内，臭氧浓度和气源中氧气浓度有关。

【解】 答案 (A)(B)(C)

(A) 二氧化氯（ClO_2）是含氯氧化剂，投加在水中不会生成三氯甲烷。但氧化原理同氯气不同，二氧化氯中氯为+4价（Cl^{4+}），氧化有机物后变为−1价（Cl^-），得到5个电子，属于强氧化剂。而氯气水解为 HOCl、OCl^-，渗透到细菌内部破坏酶的活性，故认为（A）项叙述不正确。

（B）高锰酸钾氧化剂能把大分子有机物氧化分解成小分子物质，供生物活性炭进一步生化处理，但不能供给生物生长用的氧气，不选用高锰酸钾和活性炭联合使用，（B）项叙述不正确。

（C）高锰酸钾用于除铁、除锰或氧化其他污染物时，应先投加高锰酸钾化学氧化形成Fe^{3+}和Mn^{4+}或氧化有机物，然后再经混凝去除，故高锰酸钾投加在其他混凝剂之前，（C）项叙述不正确。

（D）在臭氧制取的高效率范围内，用含氧量较低的空气为气源生产的臭氧化气体中臭氧浓度很低，而用纯氧为气源生产的臭氧化气体中臭氧浓度较高。所以认为臭氧浓度和气源中氧气浓度有关，（D）项叙述正确。

【例题 11.3-2】 下列有关臭氧氧化处理的对象不同、投加位置不同的表述中，正确的是哪几项？

（A）以减少消毒副产物前驱物为目的的预臭氧，宜投加在距离絮凝池不远的取水口；

（B）以去除溶解性铁、锰、色度、藻类为目的的预臭氧，宜投加在絮凝池、澄清池之前；

（C）以氧化难降解有机物为目的的化学氧化，宜投加在滤池过滤之后；

（D）以杀灭病毒、细菌消毒为目的的后臭氧，宜投加在清水池之后的二级泵房集水井中。

【解】 答案（A）（B）

（A）以减少消毒副产物前驱物为目的的预臭氧，宜投加在距离絮凝池不远的取水口，同时氧化一些无机物，（A）项表述正确。

（B）以去除溶解性铁、锰、色度、藻类为目的的预臭氧，宜投加在絮凝池、澄清池之前，氧化后的铁、锰、色度和藻类沉淀在澄清、沉淀池中，（B）项表述正确。

（C）以氧化难降解有机物为目的的化学氧化，宜投加在过滤之前，降解有机物后在滤池中拦截或生物氧化去除，（C）项表述不正确。

（D）以杀灭病毒、细菌消毒为目的的后臭氧，宜投加在清水池之前的进水管中，利用清水池的容积增加接触消毒时间，（D）项表述不正确。

11.4 活性炭吸附

（1）阅读提示

1）活性炭吸附性能

活性炭吸附性能是活性炭的重要功能，吸附容量是活性炭的重要参数。

活性炭的吸附主要来源于表面物理吸附作用，是被吸附物质从水中移出在活性炭固相和水液相界面之间积聚、浓缩的过程。吸附水中有机污染物及其他杂质时，有一定的选择性，同时会出现交替更换。

活性炭吸附容量仅表示活性炭的一个参数，可以作为同一种材质、同一种孔径活性炭的对比数据。同一种材质、同一种孔径的活性炭在不同的水质条件下，生物化学作用不完全相同。

表面生物菌落积聚量大的活性炭，即使碘吸附值较低，仍有很强的生物氧化效果。

2）影响活性炭吸附效果的因素

影响活性炭吸附效果的主要因素有被吸附物质的极性、分子量大小、水的pH值和水温。在水处理工艺中，活性炭主要用于吸附水的颜色、气味，吸附水中的总有机碳（TOC）、三氯甲烷、腐殖质和杀虫剂等。

3）臭氧-活性炭工艺

目前，在微污染水源水处理中，颗粒活性炭（GAC）和臭氧（O_3）氧化联合使用较多，组成臭氧-活性炭工艺。臭氧分解的氧气最大限度地增强了活性炭的生物活性，有效降低了可生物降解物质含量。颗粒生物活性炭滤池不希望事先投加氯气、二氧化氯和高锰酸钾强氧化剂，以免降低活性炭吸附容量。

（2）例题解析

【例题 11.4-1】水厂选用活性炭进行深度处理时需要全面考虑活性炭的吸附性能，下列有关活性炭吸附性能的表述中，哪几项是不正确的？

（A）活性炭对于较强极性的吸附质具有较强的吸附性能；

（B）在依靠生物作用降解有机物的生物活性炭滤池中，活性炭不再具有吸附作用；

（C）容易被活性炭吸附的吸附质，其分子量有一定的适应范围；

（D）活性炭不能吸附去除三氯甲烷。

【解】答案（A）（B）（D）

（A）活性炭是非极性吸附剂，对于较强极性的吸附质吸附性能较差，（A）项表述不正确。

（B）在生物活性炭滤池中，生物作用降解有机物的过程是活性炭吸附和生物降解协同作用过程，活性炭仍具有吸附作用，（B）项表述不正确。

（C）在处理的微污染水体中，大分子物质不能进入活性炭孔隙，而小分子有机物多为极性物质，所以认为容易被活性炭吸附的吸附质，其分子量有一定的适应范围，（C）项表述正确。

（D）活性炭可以吸附去除20%～30%的三氯甲烷，（D）项表述不正确。

【例题 11.4-2】针对活性炭深度处理饮用水的工艺表述中，哪几项是正确的？

（A）投加粉末活性炭或经过活性炭滤池过滤的水，可以减少后续加氯消毒中三氯甲烷生成量；

（B）采用臭氧＋颗粒活性炭工艺时，投加臭氧的作用是将水中的大分子有机物氧化为易生物降解的小分子有机物，并提高水中溶解氧浓度；

（C）为提高有机物的氧化降解效果，在进入生物活性炭滤池前的水中应投加强氧化剂继续氧化；

（D）生物活性炭滤池和砂滤池可采用相同的冲洗方式，即空气冲洗、气水同时冲洗、后水冲洗。

【解】答案（A）（B）

（A）投加粉末活性炭或经过活性炭滤池过滤的水，能够吸附部分腐殖酸和其他消毒副产物先驱物，可以减少后续加氯消毒中三氯甲烷生成量，（A）项表述正确。

（B）采用臭氧＋颗粒活性炭工艺时，投加臭氧的作用是将水中的大分子有机物氧化为易生物降解的小分子有机物，并提高水中溶解氧浓度，(B) 项表述正确。

(C) 在进入生物活性炭滤池前的水中投加强氧化剂，会杀灭活性炭滤池中的生物，同时破坏活性炭的结构，减少吸附容量，(C) 项表述不正确。

(D) 生物活性炭滤池和砂滤池不可采用相同的冲洗方式，应先空气冲洗、再水冲洗。为防止冲洗时破碎活性炭，不宜经常采用气水同时冲洗，(D) 项表述不正确。

【例题 11.4-3】下列关于臭氧-活性炭深度处理饮用水的工艺特性表述中，哪几项是不正确的?

(A) 当水源水中溴化物含量较高时，臭氧-活性炭处理工艺出水中溴酸盐浓度有超出《生活饮用水卫生标准》的风险；

(B) 采用臭氧-活性炭工艺既氧化有机物又灭菌消毒，可以提高出厂水生物安全性；

(C) 臭氧-活性炭处理工艺出水中溶解氧较高，会强烈腐蚀破坏活性炭的结构；

(D) 臭氧-活性炭工艺中活性炭表面的微生物可以对活性炭发挥生物再生作用。

【解】答案 (B) (C)

(A) 当水源水中溴化物含量较高时，臭氧氧化溴化物，使出水中溴酸盐浓度有超出《生活饮用水卫生标准》的风险，(A) 项表述正确。

(B) 采用臭氧-活性炭工艺是生物氧化工艺，出厂水中微生物量倍增，生物安全性降低，(B) 项表述不正确。

(C) 臭氧-活性炭处理工艺出水中溶解氧浓度受限，溶解氧饱和时，腐蚀性较低，且被生物氧化利用，不像强氧化剂那样强烈腐蚀破坏活性炭的结构，(C) 项表述不正确。

(D) 臭氧-活性炭工艺中活性炭表面的微生物发挥生物降解作用，把活性炭表面及孔隙中的可降解物质分解氧化，发挥生物再生作用，(D) 项表述正确。

【例题 11.4-4】下列关于臭氧特性的表述中，哪几项是正确的?

(A) 采用臭氧氧化水中的有机物时，同时向水中充氧；

(B) 用次氯酸钠代替臭氧，增强氧化作用可以提高生物活性炭的处理效果；

(C) 单独采用臭氧氧化工艺时，只需考虑出水中溴酸盐浓度有无超出《生活饮用水卫生标准》的风险即可；

(D) 臭氧氧化效果受水的 pH 值、水温和氨氮含量的影响较小。

【解】答案 (A) (D)

(A) 采用臭氧氧化水中的有机物时，臭氧分解为O_2，向水中充氧，同时产生具有很强氧化能力的单原子氧 (O)，(A) 项表述正确。

(B) 次氯酸钠分解产生OCl^-或 HOCl，不能向水中充氧，同时会破坏微生物生长、破坏活性炭结构，(B) 项表述不正确。

(C) 单独采用臭氧氧化工艺时，会产生一些消毒副产物，对于农药，臭氧氧化后更有害，不能只考虑出水中溴酸盐浓度有无超出《生活饮用水卫生标准》的风险，(C) 项表述不正确。

(D) 臭氧不和氨氮反应，其氧化效果受水的 pH 值、水温的影响较小，(D) 项表述正确。

【例题 11.4-5】下列关于活性炭特性的表述中，不正确的是哪几项?

(A) 活性炭的吸附容量一般采用 Fruendlich 等温吸附理论公式求出；

(B) 活性炭吸附饱和失效再生的主要依据是活性炭滤池截污能力下降；

(C) 活性炭滤池不宜经常采用气水同时冲洗方式，以免活性炭破碎；

(D) 臭氧-活性炭滤池中的颗粒活性炭，根据碘吸附容量和进水中被吸附的有机物含量计算再生周期更为科学。

【解】 答案 (A) (B) (D)

(A) 活性炭的 Fruendlich 等温吸附公式是根据吸附试验求出的经验公式，通常用此方法求出不同活性炭的吸附容量，作为参考数据，不以此计算吸附容量，(A) 项表述不正确。

(B) 活性炭吸附饱和失效再生的主要依据是活性炭去除水中有机物 (COD) 的效果，不是截污能力的变化，(B) 项表述不正确。

(C) 活性炭滤池不经常采用气水同时冲洗方式，以免活性炭破碎，一般采用多次单水冲洗，每隔数周气水同时冲洗一次，(C) 项表述正确。

(D) 颗粒活性炭的碘吸附容量只是表明物理吸附容量，臭氧-活性炭滤池中的颗粒活性炭依靠其表面的生物菌落发挥生物降解作用。即使碘吸附容量降低，仍有吸附降解有机物作用，不能完全以碘吸附值计算再生周期，(D) 项表述不正确。

11.5 膜式分离

(1) 阅读提示

本节主要了解膜式分离的原理是机械筛滤拦截作用。

超滤膜可用于较大规模的自来水厂的沉淀或过滤净化构筑物。能降低水的浊度，截留大分子有机物和菌类，是保证生物安全性的屏障。不能拦截水中的氨氮、COD 和 K^+、Na^+、Cl^- 等无机离子。

纳滤膜主要拦截去除 Ca^{2+}、Mg^{2+} 等二价以上的高价离子，操作压力较低，一般用于小规模净水站的二次过滤。

反渗透膜可以拦截去除水中大多数离子，操作压力较高，通常用于含有大量溶解杂质 (如 Na^+、Cl^-、$SO_4{}^{2-}$ 等) 的中小规模水厂的处理工艺。

(2) 例题解析

【例题 11.5-1】 近年来，膜技术在饮用水处理中得到应用。其中，超滤膜在饮用水处理工艺中处理的主要目标污染物是什么?

(A) 原水中的溶解性有机物；

(B) 原水中的矿物质；

(C) 原水中的悬浮物、细菌等；

(D) 原水中的臭味。

【解】 答案 (C)

(A) 超滤膜孔径较大，其分离机制主要是机械筛分作用，不能去除原水中的溶解性有机物，(A) 项不是超滤膜处理的主要目标污染物。

(B) 原水中的矿物质也是分子、离子状态，超滤膜不能去除，(B) 项不是超滤膜处理的主要目标污染物。

（C）原水中的悬浮物、细菌和大分子物质是超滤膜处理的主要目标污染物，（C）项正确。

（D）原水中的臭味属于分子、离子状态，超滤膜不能去除，（D）项不是超滤膜处理的主要目标污染物。

12 城市给水处理工艺系统和水厂设计

12.1 给水处理工艺系统和构筑物选择

(1) 阅读提示

1) 水处理基本工艺

常规处理工艺主要是混凝、沉淀、过滤、消毒工艺，以去除水中的悬浮物为主，同时杀灭水中的细菌、病毒。

高浊度水预沉淀后再经混凝、沉淀、过滤、消毒处理也是常规处理工艺。低浊度水不设沉淀池，直接进行混凝、过滤、消毒处理属于常规处理中的直接过滤工艺。

2) 受污染水源水处理

受污染水源水主要是去除水中的氨氮、有机物。当水中含有少量氨氮和有机物，强化常规处理不能有效去除氨氮而能去除有机物时，可考虑生物氧化预处理氧化 NH_4-N 变为 HNO_3。投加强氧化剂（如 Cl_2、$KMnO_4$）。预处理通常是氧化铁、锰，去除水中的气味、颜色。当水源水中含有藻类或工业污染物时，也就是要去除氨氮、有机物、色度、气味，通常选用生物预氧化→常规处理→臭氧氧化→生物活性炭吸附工艺。

3) 排泥水处理

一般自来水厂的沉淀、过滤构筑物排泥水占处理水量的 10%以下。排泥水处理规模由干泥量确定。而实际设计时的排泥水处理系统，以干泥量多少选择污泥提升、脱水、干化设备。排泥水提升、浓缩池设计则按照排泥水量多少进行水力计算。水厂排泥水处理系统流程图表达了排泥水处理系统各单元进出水方向、排泥水处理流程，是目前水厂排泥水处理的基本流程。

(2) 例题解析

【例题 12.1-1】 下列关于水处理构筑物性能的表述中，正确的是哪一项？

(A) 常规处理工艺只能去除悬浮物杂质，不能去除其他任何物质；

(B) 超滤设置在混凝之后，可以替代沉淀、过滤构筑物，既能去除悬浮物，又能去除溶解氨氮、有机物；

(C) 化学预氧化剂既能氧化有机污染物，又能杀灭菌类，同时又有助凝作用；

(D) 粉末活性炭通常和臭氧联合使用，先加臭氧再投粉末活性炭。

【解】 答案 (C)

(A) 常规处理工艺主要去除悬浮物杂质，还能去除部分溶解杂质，(A) 项表述不正确。

(B) 超滤设置在混凝之后，可以替代沉淀、过滤构筑物，能够去除悬浮物。仅靠超滤膜不能发挥生物氧化作用，不能大量去除溶解氨氮、有机物，(B) 项表述不正确。

(C) 一般化学预氧化剂既能氧化有机污染物，又能杀灭菌类，同时又能减弱水化膜发挥助凝作用，(C) 项表述正确。

(D) 粉末活性炭通常作为预处理去除色度、气味，不和臭氧联合使用，(D) 项表述不正确。

【例题 12.1-2】下列关于给水处理工艺系统选择的论述中，正确的是哪几项?

(A) 常规处理工艺去除的主要对象是悬浮物杂质，可用超滤工艺代替沉淀或过滤工艺;

(B) 当水源水中含有氨氮时，应考虑采用粉末活性炭吸附预处理+常规处理工艺;

(C) 当水源水常年含有有机物 10mg/L 左右时，应考虑采用化学预氧化+常规处理工艺;

(D) 当水源水常年含有氨氮≥1.5mg/L，含有有机物 10mg/L 左右时，应考虑采用生物预氧化+常规处理+深度处理工艺。

【解】答案 (A) (D)

(A) 常规处理工艺去除的主要对象是悬浮物杂质，可用超滤代替沉淀或过滤工艺，(A) 项论述正确。

(B) 粉末活性炭吸附预处理主要去除少量有机物、气味、色度，不能有效去除水中的氨氮，应采用生物预氧化+常规处理工艺，(B) 项论述不正确。

(C) 化学预氧化不能在短时间内全面降低有机物含量，其氧化大分子有机物为小分子物质后，应和颗粒活性炭生物氧化深度处理配合使用，可采常规处理（去除浊度和一些大分子污染物）+化学氧化+颗粒活性炭生物处理工艺，(C) 项论述不正确。

(D) 根据有关水厂处理经验，当水源水常年含有氨氮≥1.5mg/L，含有有机物 10mg/L 左右时，采用生物预氧化+常规处理能去除氨氮 80%以上，去除 COD_{Mn} 40%左右，不能保证出水水质 $COD_{Mn} \leqslant 3mg/L$，应考虑采用生物预氧化+常规处理+深度处理工艺，(D) 项论述正确。

12.2 水厂设计

(1) 阅读提示

1) 厂址选择要求

自来水厂厂址选择基本要求就是除满足取水条件外，要选择“防洪、防污染、交通方便、靠近电源”的位置。统一规划（近期 5～10 年，远期 10～20 年），分期实施。发展较快的城市，水厂的泵房、加药间、化验室等按照远期规模建造，设备按照近期规模安装。同时考虑目前供水量不足以后达到设计规模时的水泵选择。一般按照设计规模、供水压力选泵，安装调速设备运行，以后水量水压增加后，常速运行。

2) 水厂平面布置

水厂平面布置用来对各处理构筑物、生产建筑物、附属建筑物进行定位。确定道路（双车道 6.0m、单车道 3.5m、人行道 1.5～2.0m，回转半径 6.0～10.0m）位置，并提出占地面积、绿化面积和绿化比例。

3) 水厂高程布置

水厂高程布置是根据各处理构筑物自身水头损失、连接管水头损失确定各构筑物的水面标高、埋地深度。读者应了解各种处理构筑物进水方式、水头损失大小、出水集水跌落高度、出水水面标高计算方法。

4）构筑物连接管流量

厂区清水池之前的生产构筑物之间的进、出水连接管按照设计规模（最高日平均时流量）计算，清水池到二级泵房吸水井之间的管道按照最高日二级泵房设计流量计算。

（2）例题解析

【例题 12.2-1】一座新建工厂自建生产、生活、消防给水系统，用水量为 2 万 m^3/d，时变化系数 $k_h=2.0$。水源为地表水，常年浊度 1000NTU，夏季最高浊度 10000NTU 时水厂排泥水占设计规模的 20%，冲洗水约占设计规模的 10%，取水河流距工厂 20km，新建工厂地形较低。现有 4 个设计方案可供选择，哪一个方案中的输水干管管径最小？

（A）水厂建在取水处，二级泵房将自来水直接供工厂管网；

（B）水厂建在工厂内；

（C）取水处建设预沉淀构筑物，水厂建在工厂内，原水预沉后输送到水厂，再由二级泵房将自来水直接供工厂管网；

（D）水厂建在取水处，二级泵房将自来水输入工厂内调节水库，由配水泵房供给厂区管网。

【解】答案（D）

（A）水厂建在取水处，二级泵房将自来水直接供工厂管网时，建造取水、送水两座泵房，从水厂到工厂的输水干管按照最高日最高时计算，流量等于平均时的 2 倍，流量最大，管径最大，（A）项不正确。

（B）水厂建在工厂内，建造取水、送水两座泵房，从水厂到工厂的浑水输水干管按照最高日平均时计算，包含了排泥水、冲洗水一并输入，最大流量等于平均时流量的 1.3 倍，原水中的泥沙输送到工厂后，还要从工厂再排入河道，浑水流量较大，管径较大，（B）项不正确。

（C）取水处建设预沉淀构筑物，水厂建在工厂内，原水预沉后输送到水厂，建造取水、输水、送水三座泵房。同样，浑水输水干管包含了水厂的排泥水、冲洗水一并输入，最大流量等于平均时流量的 1.1 倍，流量较大，管径较大，（C）项不正确。

（D）水厂建在取水处，二级泵房将自来水输送到工厂内调节水库，建造取水、输水、送水三座泵房，同时建造调节清水池一座，从水厂到工厂的清水输水干管按照最高日平均时计算，流量最小，管径最小，（D）项正确。

【例题 12.2-2】下列地形平坦的自来水厂总体设计的表述中，哪些是不正确的？

（A）水厂应以生产构筑物为主线进行总体布置；

（B）水厂原水进水分配井最低水位标高与二级泵房吸水井最高水位标高之差值，称为整个工艺流程的水头损失；

（C）水厂构筑物间连接管水头损失均应按照最高日平均时流量计算；

（D）水厂内清水池和二级泵房吸水井之间的连接管埋设最深。

【解】答案（B）（C）

（A）水厂大多按照以生产构筑物为主线进行总体布置，其他构筑物布置在辅助生产区或生活区，（A）项表述正确。

(B) 当各构筑物之间为重力流时，水厂原水进水分配井最高水位标高与二级泵房吸水井最低水位标高之差值，称为整个工艺流程的最大水头损失值，(B) 项表述不正确。

(C) 水厂混凝池、沉淀池、滤池和清水池之间连接管水头损失按照最高日平均时流量计算，从清水池到二级泵房吸水井之间连接管水头损失按照最高日最高时流量计算，(C) 项表述不正确。

(D) 为了充分利用清水池容积或便于水厂内清水池排空时从二级泵房吸水井抽水，所以清水池和二级泵房吸水井之间的连接管埋设最深，(D) 项表述正确。

【例题 12.2-3】 对于常规处理工艺的水厂，下列关于水厂高程布置和防洪要求的说明中，哪些是不正确的？

(A) 水厂各构筑物高程布置，按照送水泵房距离管网最近为基本原则确定；

(B) 水厂清水池必须埋在地下，上部种植草皮绿化保温；

(C) 水厂厂区地面整平标高应高于城市马路地面标高，可以确保雨后水厂不会积水；

(D) 水厂取水构筑物和处理构筑物防洪标准不低于城市防洪标准，设计洪水重现期不低于 100 年。

【解】 答案 (A) (B) (C)

(A) 水厂各构筑物高程布置，应按照水厂地形，以清水池或二级泵房吸水井放置最低处，不得被雨水灌入为准，以此推算出各构筑物标高，可以减少土方开挖量，不以送水泵房距离管网最近为原则确定，(A) 项说明不正确。

(B) 小型自来水厂选用无阀滤池工艺时，为充分利用水头，清水池应设置在地面以上，上部种植草皮绿化保温，(B) 项说明不正确。

(C) 如果城市马路地面标高不能代表城市防洪地面标高，则水厂厂区地面整平标高高于城市马路地面标高，也不能确保雨后水厂不会积水。可考虑厂区雨水管道设计的降雨重现期选用 2～5 年，根据周边城市雨水管道的排水标准确定采用自排或强排水方式，以确保雨后水厂不会大量积水，(C) 项说明不正确。

(D) 考虑到水厂取水构筑物连接河流、湖泊水源，影响面大，防洪标准要求较高，不低于城市防洪标准，设计洪水重现期不低于 100 年，以防洪水从取水处灌入城市或水厂中断供水，(D) 项说明正确。

【例题 12.2-4】 下列关于自来水厂排泥水系统设计的说明中，哪些是不正确的？

(A) 水厂排泥水处理系统的规模就是指水厂的设计规模；

(B) 进入排泥水平衡池内的泥水含固率不应低于 2%；

(C) 污泥浓缩池上清液通常直接回流到排泥池或回流到排水池；

(D) 排泥水处理的污泥平衡池具有污泥调节平衡作用。

【解】 答案 (A) (C)

(A) 水厂排泥水处理规模按照设计处理的干泥量确定，和水厂处理规模相区别，(A) 项说明不正确。

(B) 进入板框压滤机的排泥水含固率不应低于 2%，进入离心脱水机的排泥水含固率不应低于 3%，故要求进入平衡池内的排泥水含固率不应低于 2%，(B) 项说明正确。

(C) 浓缩池上清液流入排水池或流入到净水工艺回用，不得短距离回流到排泥池。以免在浓缩池和排泥池之间徘徊，而不起浓缩作用，(C) 项说明不正确。

(D) 排泥水处理的污泥平衡池属于流量平衡，具有污泥调节平衡作用，也要水质平衡，防止沉积作用，(D) 项说明正确。

【例题 12.2-5】 自来水厂回用沉淀池排泥水和滤池冲洗水的生产废水方法和作用的叙述中，哪些是正确的?

(A) 可以减少取用水量，有利于节约原水资源;

(B) 可减少二级泵房供水量;

(C) 回用水量应尽量保持连续均匀;

(D) 较清洁的滤池反冲洗水可直接再回用到滤池前。

【解】 答案 (A) (C)

(A) 沉淀池排泥水和滤池冲洗水的生产废水一般占水厂处理水量的5%左右，尽量回用该水量中的上清液，可以减少取用水量，有利于节约原水资源，(A) 项叙述正确。

(B) 回用沉淀池排泥水及滤池冲洗水的生产废水和管网用水量没有关系，不能减少二级泵房供水量，(B) 项叙述不正确。

(C) 为不使处理系统流量忽大忽小的变化，回用水量应尽量保持连续均匀地投入到絮凝池中，(C) 项叙述正确。

(D) 较清洁的滤池反冲洗水中含有污泥、藻类，一般回用到絮凝池前，和原水及药剂充分混合，不直接回用到滤池前，(D) 项叙述不正确。

【例题 12.2-6】 下列关于排泥水处理处置的说明中，正确的是哪一项?

(A) 滤池反冲洗废水宜采用重力流排入调节池，絮凝沉淀池排泥水宜采用泥浆泵提升排入调节池;

(B) 水厂生产构筑物的排泥水收集、回用和外排等大多采用中压管道;

(C) 排泥水处理系统的浓缩池的上清液不得回流到排泥池，以免排泥池容积过大;

(D) 水厂收集生产废水的排泥池、排水池根据不同的处理方法可以分建也可以合建。

【解】 答案 (D)

(A) 滤池反冲洗废水和絮凝沉淀池排泥水在控制不沉淀条件下均宜采用重力流排入调节池，不一定要求泥浆泵提升排入调节池，(A) 项说明不正确。

(B) 水厂生产构筑物的排泥水收集、回用和外排等大多采用低压或重力流管道，不采用中压管道，(B) 项说明不正确。

(C) 排泥水处理系统的浓缩池的上清液不得回流到排泥池，以免在浓缩池和排泥池之间循环累计，不是防止排泥池容积过大，(C) 项说明不正确。

(D) 水厂收集生产废水的排泥池、排水池宜采用分建，当排泥水送往厂外处理，且不考虑回用时，可以合建，(D) 项说明正确。

【例题 12.2-7】 一座常规处理工艺的水厂，拟采用絮凝池、平流沉淀池叠加在清水池之上方案。絮凝池、平流沉淀池水头损失 0.75m。沉淀池出水总渠水面距沉淀池底 2.70m，沉淀池底板（即为清水池顶板）厚 0.35m，清水池干舷 0.30m，沉淀池到快滤池之间连接管水头损失 0.40m，快滤池出水井堰口高出清水池最高水位 0.50m，清水池内最高、最低水位差为 3.00m，则快滤池允许水头损失约为多少?（计算附图见图 12-1，图中尺寸以 mm 计）。

【解】 先求出沉淀池出水总渠水面和清水池最高水位的差值 H_0:

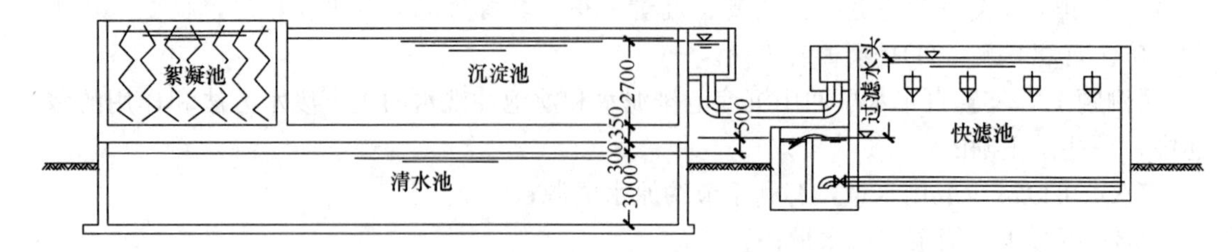

图 12-1 沉淀过滤流程图

$$H_0=2.70+0.35+0.30=3.35\text{m};$$

沉淀池出水总渠水面高出快滤池出水井堰口高度为 H_1：

$$H_1=3.35-0.50=2.85\text{m};$$

不计算堰上水头，快滤池允许水头损失约为 H_2：

$H_2=2.85-0.40$（沉淀池、快滤池连接管水头损失）$=2.45\text{m}$。

本题目中已经给出了快滤池出水井堰口高出清水池最高水位 0.50m，也就不考虑清水池水位变化对快滤池过滤水头的影响。

【例题 12.2-8】 一座地下水除铁、除锰水厂，采用简单曝气→无阀滤池→曝气池→快滤池→清水池工艺流程。基本设计条件为：

1）厂区原地面标高 6.00～2.00m；

2）无阀滤池和快滤池的水头损失分别为 1.80m 和 3.00m；

3）曝气池进出水水位差 4.00m；

4）各构筑物之间连接管水头损失均为 0.50m；

5）无阀滤池出水堰口高出地面整平标高 3.50m。

设计清水池建造在地面标高 2.00m 处，最高水位低于地面 1.00m，则无阀滤池处地面整平标高应为多少?

【解】 假定清水池建造在地面标高为 2.00m 处，清水池最高水位标高为 1.00m，

由此推出快滤池出水堰口标高为 1.00+0.50=1.50m；

求出快滤池砂面上水位标高为 1.50+3.00=4.50m；

曝气池出水水位标高为 4.50+0.50=5.00m；

曝气池进水水位标高为 5.00+4.00=9.00m；

无阀滤池出水堰口标高为 9.00+0.50=9.50m；

无阀滤池处地面整平标高应为 9.50−3.50=6.00m。

计算结果见图 12-2。

【例题 12.2-9】 对于常规处理工艺的水厂来说，下列关于构筑物设置及防洪的说明中，哪一项是正确的?

（A）水厂絮凝池、沉淀池高程一般由原水输送管线水力计算结果确定；

（B）设置在沉淀池、滤池之下的清水池溢流管可直接排水到水厂雨水检查井；

（C）厂区雨水宜采用重力流排放，厂区雨水管道设计可选用 100 年一遇的降雨重现期；

（D）水厂的防洪标准不应低于水厂所处城市的防洪标准，并应留有适当的安全裕度。

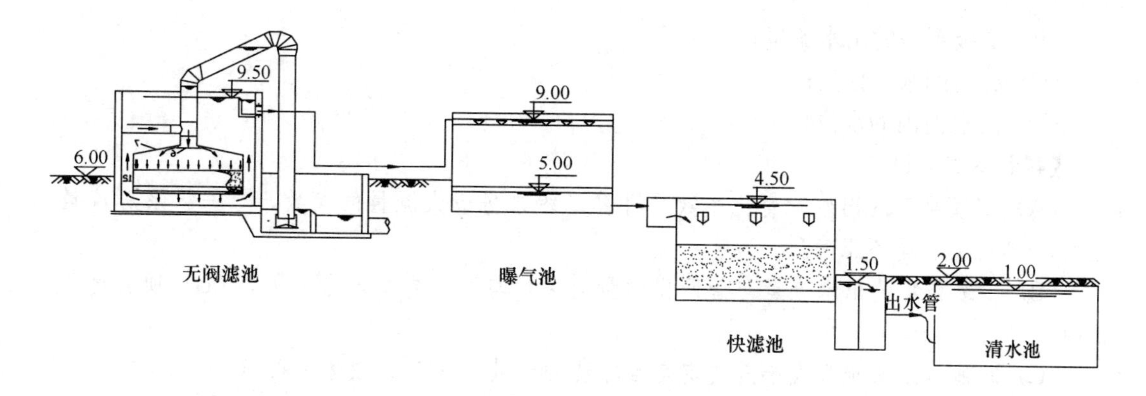

图 12-2 水厂处理流程图

【解】答案 D

(A) 水厂絮凝池、沉淀池等构筑物高程布置应根据流程和埋深，充分利用厂区地形，从二级泵房吸水井水位开始推算，求出各构筑物标高、埋深，而不是根据原水输送管线水力计算结果来定，(A) 项叙述不正确。

(B) 设置在沉淀池、滤池之下的清水池最高水位低于水厂地面整平标高时，溢流管不可直接排水到水厂雨水检查井，以防止雨水倒灌入清水池，(B) 项叙述不正确。

(C) 厂区雨水和排水宜采用重力流排放是正确的，必要时可设排水泵站。厂区雨水管道设计的降雨重现期一般选用 2～5 年，不是 100 年，(C) 项叙述不正确。

(D) 水厂的防洪标准不应低于水厂所处城市的防洪标准，并应留有适当的安全裕度，(D) 项叙述正确。

12.3 水厂生产过程检测和控制

(1) 阅读提示

1) 生产过程检测控制内容

生产过程检测控制内容即为各构筑物、提升设备、药剂投加设备的设计运行参数和水质控制参数。

2) 检测控制基本方法

水量不同选用的控制系统不同，地下水取水井群以及远距离取水泵房宜采用遥测、遥控以及移动通信（或电台、光纤通信）系统控制。小型水厂（10 万 m^3/d 以下）宜采用可编程序控制器实行自动控制。模拟量及调节控制量较多的大、中型水厂可采用集散型微机控制系统。

一般自来水厂采用二级调度控制，即单项构筑物控制、全厂性调度控制或全公司调度控制。

(2) 例题解析

【例题 12.3-1】 以地表水为水源，采用常规处理工艺的水厂中，设计生产过程自动控制时，取水泵房水泵开启台数由下列数据控制，正确的是哪一项？

(A) 二级泵房的出水时变化系数；

(B) 二级泵房的出水流量；

(C) 滤池的水头损失；

(D) 清水池内的水位。

【解】 答案 (D)

(A) 二级泵房的出水时变化系数是计算二级泵房最大流量的参数，与一级泵房流量无关，(A) 项叙述不正确。

(B) 二级泵房的出水流量与管网供水量有关，与取水泵房流量无关，(B) 项叙述不正确。

(C) 滤池的水头损失大小是决定是否冲洗的参数，(C) 项叙述不正确。

(D) 清水池内的水位高低是决定处理水量增减的参数，虽然一级泵房取水量按照最高日平均时供水量设计，但由于清水池容量有限，还要考虑取水量、制水量逐时的变化，(D) 项叙述正确。

13 水的软化和除盐

13.1 软化和除盐概述

（1）阅读提示

1）软化、除盐概述

软化、除盐是两个概念。软化、除盐除满足锅炉用水质外，还涉及一些电子、医药工业等水质要求较高的处理以及海水、苦咸水淡化内容。软化、除盐不是要求去除水中全部硬度离子或全部正负离子，而是降低硬度和溶解盐类的大部分含量。

2）当量粒子摩尔浓度概念

常用的化学药剂软化、离子交换软化、除盐等计算都是以离子之间的等当量组合规律为依据进行的，因此要求学习本章内容时应熟悉当量粒子摩尔浓度概念。一种离子的当量粒子摩尔浓度（mol/L）等于该离子的质量浓度（mg/L）除以该离子的当量粒子摩尔质量（mg/mol）。

3）水的导电指标

表示水中低浓度或微量离子时，用水的导电指标更为方便。水的电导率表示为S/cm（西门子/cm）或μs/cm（微西门子/cm，1S/cm$=10^6\mu$S/cm）。电阻率表示为Ω·cm。电阻等于1Ω·cm时，电导率等于$\frac{1}{\Omega \cdot \mathrm{cm}}=1\mathrm{S/cm}$。

4）离子假想组合

离子假想组合是按照组合物溶解度由小到大排列，按照当量粒子摩尔浓度相等原则组合，不受离子浓度影响。

（2）例题解析

【例题 13.1-1】软化水质分析资料显示钙离子含量等于60mg/L，试用meq/L、Ca-CO_3浓度、当量粒子摩尔浓度表达方法表示其硬度。

【解】1）以meq/L表示

一种离子的meq等于该离子的原子量（以mg计）除以化合价。1meq$Ca^{2+}=40/2=$20mgCa^{2+}，钙离子（Ca^{2+}）浓度meq/L表示为：$N_{Ca}=\frac{60}{20}=3\mathrm{meq/L}$。

2）以mg$CaCO_3$/L表示

60mgCa^{2+}/L相当于$\frac{60}{40}=1.5\mathrm{mmol/L}$，1mmol$CaCO_3=100mgCaCO_3$，

钙离子（Ca^{2+}）质量浓度为：$\rho(Ca^{2+})=1.5\times100=150\mathrm{mgCaCO_3/L}$。

3）当量粒子摩尔浓度表示

$c\left(\frac{1}{2}Ca^{2+}\right)=\frac{60}{20}=3\mathrm{mmol/L}$。

【**例题 13.1-2**】已知水中阴、阳离子组分和浓度见表 13-1，根据离子假想组合关系，求出水的非碳酸盐硬度为多少（用当量粒子摩尔浓度表示）？

水中阴、阳离子组分和浓度 **表 13-1**

离子	Ca^{2+}	Mg^{2+}	Na^{+}	HCO_3^-	SO_4^{2-}	Cl^-	pH 值（无量纲）
浓度（mg/L）	106.0	33.6	71.3	390.4	115.2	85.2	7.5

【**解**】将上述阴、阳离子浓度换算成当量粒子摩尔浓度，见表 13-2。

水中阴、阳离子浓度换算表 **表 13-2**

离子	Ca^{2+}	Mg^{2+}	Na^{+}	HCO_3^-	SO_4^{2-}	Cl^-
浓度（mg/L）	106.0	33.6	71.3	390.4	115.2	85.2
当量粒子摩尔质量（mg/mmol）	20	12	23	61	48	35.5
当量粒子摩尔浓度（mmol/L）	5.3	2.8	3.1	6.4	2.4	2.4

假想组合总硬度：$H_t = 5.3+2.8 = 8.1$mmol/L；

碳酸盐硬度：$H_c = 6.4$mmol/L；

非碳酸盐硬度：$H_n = 8.1-6.4 = 1.7$mmol/L。

水的 pH 值≤8.3 时，水中 HCO_3^- 最多，故认为水中的碱度 $H_{HCO_3^-} = 6.4$mmol/L。

13.2 水的药剂软化

（1）阅读提示

1）石灰软化

石灰软化只能去除碳酸盐硬度，不能去除非碳酸盐硬度。

石灰软化用量计算时涉及 $Mg(HCO_3)_2$ 组合生成量问题。水的钙硬度小于碳酸盐硬度时，即有 $Mg(HCO_3)_2$ 存在。否则，当水中有 $CaSO_4$、$CaCl_2$ 生成时，表示水的钙硬度大于碳酸盐硬度，无 $Mg(HCO_3)_2$ 生成。石灰软化时用量计算有所不同。

2）$Fe(HCO_3)_2$ 的去除

从水中阳离子与阴离子的组合顺序来看，Fe^{2+} 排在 Ca^{2+}、Mg^{2+} 之前，在有氧条件下，$Fe(HCO_3)_2$ 和石灰反应，生成 $Fe(OH)_3$ 沉淀，反应式为：

$$4Fe(HCO_3)_2 + 8Ca(OH)_2 + O_2 = 4Fe(OH)_3 + 8CaCO_3 + 6H_2O$$

如果仅有石灰（$Ca(OH)_2$），没有足够的氧，不便生成 $Fe(OH)_3$ 沉淀。为不影响 $Mg(HCO_3)_2$ 生成量，从安全考虑，$Fe^{2+} < 0.3$mg/L 时，$Fe(HCO_3)_2$ 和 $Ca(OH)_2$ 反应，按照等当量地去除少量铁计算。特别是水中钙硬度小于碳酸盐硬度时，有 $Fe(HCO_3)_2$、$Mg(HCO_3)_2$ 存在，仅考虑 Fe^{2+} 耗用石灰量，有意识地增大 $Mg(HCO_3)_2$ 含量和石灰用量。

（2）例题解析

【**例题 13.2-1**】下列关于天然水体中的硬度和碱度关系的说法中，哪几项是不正确的？

（A）水中硬度包括暂时硬度和永久硬度；

(B) 当硬度大于碱度时，水中只有暂时硬度；

(C) 当硬度小于碱度时，水中存在永久硬度；

(D) 当水的 pH 值等于 7 时，水中不存在碱度。

【解】 答案 (B) (C) (D)

(A) 水中的硬度指的是暂时硬度和永久硬度，暂时硬度为碳酸盐硬度，永久硬度为非碳酸盐硬度，多为硫酸根、氯酸根组成的硬度，(A) 项说法正确。

(B) 水的碱度主要是 HCO_3^- 构成的重碳酸盐碱度，当硬度大于碱度时，说明水中既有和重碳酸根组成的暂时硬度，又有和硫酸根、氯酸根组成的永久硬度，(B) 项说法不正确。

(C) 当硬度小于碱度时，说明水中的重碳酸根全部和钙、镁离子组成暂时硬度，已无硬度离子和硫酸根、氯酸根组成永久硬度，(C) 项说法不正确。

(D) 从 6.4 节“影响混凝效果的主要因素”可知，当水的 pH 值 = 6～9 时，水中碱度主要是重碳酸盐碱度，(D) 项说法不正确。

【例题 13.2-2】 采用药剂软化含有硬度离子的地下水源水时，下列哪些表述是不正确的？

(A) 石灰软化仅能去除水中的暂时硬度；

(B) 石灰 + 苏打软化可以去除水中的暂时硬度和永久硬度；

(C) 去除等当量数的钙、镁碳酸盐硬度时，所需要的氢氧化钙量相同；

(D) 石灰软化适用于硬度大于碱度的水质。

【解】 答案 (C) (D)

(A) 仅靠石灰软化能去除水中的 $Ca(HCO_3)_2$、$Mg(HCO_3)_2$ 暂时硬度。石灰和非碳酸盐如 $MgSO_4$ 反应时，会生成 $Mg(OH)_2$ 沉淀和等当量的非碳酸盐硬度 $CaSO_4$，故认为仅靠石灰软化只能去除水中的暂时硬度，(A) 项表述正确。

(B) 石灰软化去除碳酸盐硬度，苏打软化可去除非碳酸盐硬度，石灰 + 苏打软化能去除水中的碳酸盐硬度和非碳酸盐硬度，(B) 项表述正确。

(C) 石灰软化去除镁碳酸盐硬度时，需先和 $Mg(HCO_3)_2$ 反应生成溶解度较大的 $MgCO_3$，再和石灰反应生成溶解度较小的 $Mg(OH)_2$ 沉淀物，由此可知，去除 1 当量数的镁碳酸盐硬度所需要的氢氧化钙量是去除等当量数的钙碳酸盐硬度所需要氢氧化钙量的 2 倍，故认为去除等当量数的钙、镁碳酸盐硬度时所需要的氢氧化钙量是不同的，(C) 项表述不正确。

(D) 硬度大于碱度的水质既有碳酸盐硬度，又有非碳酸盐硬度。石灰软化仅能去除碳酸盐硬度，适用于硬度小于碱度的仅含有碳酸盐硬度的水质，(D) 项表述不正确。

【例题 13.2-3】 一处地下水水质分析资料如下：$Ca^{2+} = 40mg/L$、$Mg^{2+} = 16.8mg/L$、$Na^+ = 46mg/L$、$HCO_3^- = 329.4mg/L$，准备采用投加石灰软化。在不考虑 CO_2、Fe^{2+}、Si 等影响条件下，不记过剩量，至少需要投加纯度为 50% 的石灰量是多少？

【解】 已知 $Ca^{2+} = 40mg/L$，当量粒子摩尔浓度为 $c\left(\frac{1}{2}Ca^{2+}\right) = \frac{40}{20} = 2mmol/L$；

$Mg^{2+} = 16.8mg/L$，当量粒子摩尔浓度为 $c\left(\frac{1}{2}Mg^{2+}\right) = \frac{16.8}{12} = 1.4mmol/L$；

Na^+ =46mg/L，当量粒子摩尔浓度为 $c(Na^+) = \frac{46}{23} = 2mmol/L$；

HCO_3^- = 329.4mg/L，当量粒子摩尔浓度为 $c(HCO_3^-) = \frac{329.4}{61} = 5.4mmol/L$。

根据假想组合原则，得假想组合物当量粒子摩尔浓度为：

$[Ca(HCO_3)_2]$= 2mmol/L；$[Mg(HCO_3)_2]$ = 1.4mmol/L；$[NaHCO_3]$= 2mmol/L。

按照水的钙硬度小于碳酸盐硬度时石灰软化计算式，得石灰软化投加量为：

$$\begin{aligned}[CaO_2] &= 28 \times ([Ca(HCO_3)_2] + 2[Mg(HCO_3)_2])/50\% \\ &= 28 \times (2 + 2 \times 1.4)/50\% \\ &= 28 \times 4.8/50\% \\ &= 268.8mg/L。\end{aligned}$$

13.3 离子交换

（1）阅读提示

1）定义

离子交换是离子交换树脂对水中交换离子的亲和力大于可交换离子之间的亲和力使离子迁移重新组合的过程。如 R-Na 型交换树脂上的可交换离子 Na^+ 把水中的 Ca^{2+}、Mg^{2+} 交换出来，R-Na 型树脂变成 R-Ca、R-Mg 型树脂。Na^+ 到水中后和 HCO_3^- 组合成 $NaHCO_3$。可以认为，离子交换是不溶性电解质（树脂）与溶液中另一种电解质进行的化学反应。

2）离子交换推动力

离子交换树脂按照可交换的活性基团划分，分为强酸、强碱、弱酸、弱碱性树脂。水的 pH 值高低对弱酸、弱碱性树脂电离具有重要的影响。

在常温下，稀释溶液中离子被交换树脂交换的推动力即是树脂对不同离子的亲和力。该亲和力与离子化合价、原子序数、水合离子半径大小有关。更重要的是溶液中可交换离子的浓度对离子交换方向有着决定的作用。也就是说，溶液中离子被树脂交换的推动力与离子之间的浓度差以及树脂间的亲和力密切相关。

（2）例题解析

【例题 13.3-1】下列关于离子交换原理的表述中，不正确的是哪几项？

（A）利用离子交换剂将水中的阳离子和阴离子交换出来的过程称为水的软化；

（B）水的 pH 值高低对所有交换树脂的交换容量都有较大的影响；

（C）发生在水中的离子交换反应是在均相溶液中进行的；

（D）原子价越高或原子序数越大的金属阳离子越容易被交换出来。

【解】答案（A）（B）（C）

（A）利用离子交换剂将水中的钙、镁离子交换出来的过程称为水的软化，不包括其他阳离子，更不包括阴离子的交换，（A）项表述不正确。

（B）树脂上活性基团分为强酸、强碱、弱酸、弱碱性；强酸、强碱性树脂活性基团电离能力强，其交换容量受水的 pH 值影响很小，强酸性树脂有效 pH 值为 1～14，强碱性树脂有效 pH 值为 1～12；弱酸、弱碱性树脂交换容量受水的 pH 值影响较大，弱酸性树脂有效 pH 值为 5～14，弱碱性树脂有效 pH 值为 0～7。故不能认为所有离子交换树脂的交换容量都和水的 pH 值高低有关或受 pH 值高低影响较大，(B) 项表述不正确。

(C) 发生在水中的离子交换反应不是在均相溶液中进行的，而是在固态的交换树脂和溶液的接触界面上进行的，(C) 项表述不正确。

(D) 原子价越高或原子序数越大的金属阳离子和树脂之间的亲和力越大，越容易被交换出来，(D) 项表述正确。

【例题 13.3-2】 测定出一种离子交换树脂的湿真密度 $\rho_z=1.33g/mL$，不计树脂内部孔隙体积，湿树脂之间孔隙率 $m=39.6\%$，则该树脂的湿视密度 ρ_w 为多少？

【解】 假定湿树脂颗粒本身所占体积为 V_1，湿树脂堆体积为 V_w，则有：

$$\frac{V_w-V_1}{V_w}=m=0.396,\ V_w-V_1=0.396V_w,\ V_1=(1-0.396)V_w,\ V_1=0.604V_w。$$

不计湿树脂堆体积孔隙中空气质量，代入湿真密度和湿视密度计算出的湿树脂质量不变，即 $1.33V_1=\rho_w V_w$，$1.33\times0.604V_w=\rho_w V_w$，得该树脂的湿视密度 $\rho_w=1.33\times0.604=0.803g/mL$。

13.4 离子交换软化

(1) 阅读提示

1) R-H、R-Na 离子交换器单独使用

R-Na 离子交换器可去除水中的硬度离子，不出酸性水，不能去除碱度。在高温高压下 $NaHCO_3$ 容易分解和水解生成 NaOH 和 CO_2，适用于碱度较低的水源水。

R-H 离子交换器可去除水中的硬度离子，以漏钠为失效点，出水呈酸性；以漏硬为失效点，交换前期出水呈酸性，后期呈碱性。当水中的 $[SO_4^{2-}+Cl^-]$ 与 $[HCO_3^-]$ 当量粒子摩尔浓度相等时，利用大的软化水池有可能混合均匀，酸、碱中和为中性水。因此，对于软化要求不高、$[SO_4^{2-}+Cl^-]$ 与 $[HCO_3^-]$ 当量粒子摩尔浓度相近的，R-H 离子交换器可采用以漏硬为失效点。

2) R-H-R-Na 离子交换器联合使用

R-H-R-Na 离子交换器联合使用，能克服 R-H、R-Na 离子交换器单独使用的缺陷。R-H 离子交换器以漏钠为失效点，出水呈酸性。R-Na 离子交换器以漏硬为失效点，出水呈碱性，瞬间混合后进入除二氧化碳器，不出酸性水。

R-H-R-Na 离子交换器并联系统设计的基本原则是：R-H 产生的总酸度 $Q_H[SO_4^{2-}+Cl^-]$（当量粒子摩尔数）等于 R-Na 产生的总碱度 $Q_{Na}[HCO_3^-]$（当量粒子摩尔数）。

R-H 离子交换器中的 H^+ 和 HCO_3^- 发生如下反应，$H^++HCO_3^-=H_2CO_3=CO_2+H_2O$，未脱 CO_2 前，出水中 $[CO_2]$ (mmol/L) = $[HCO_3^-]$ (mmol/L) + 原水中的 CO_2。

R-Na 离子交换器中的 Na^+ 和 HCO_3^- 发生如下反应：$Na^++HCO_3^-=NaHCO_3$，出水中的碱度 $[HCO_3^-]$ (mmol/L) 等于原水中的碱度。

R-H-R-Na 离子交换器并联出水瞬间混合，R-H 产生的总酸度 $Q_H[SO_4^{2-}+Cl^-]$ 和 R-

Na 产生的总碱度 Q_{Na}[HCO_3^-]中和，生成与[HCO_3^-]等当量浓度的[CO_2](mmol/L)。

由此可知，无论原水中碱度和强酸阴离子浓度是否相同，R-H-R-Na 离子交换器并联出水瞬间混合(未脱 CO_2 前)的出水中[CO_2](mmol/L)＝[HCO_3^-](mmol/L)＋原水中的 CO_2。

3）弱酸离子交换树脂

弱酸树脂 R-COOH 是一种容易再生、交换容量大的离子交换树脂。弱酸树脂交换时产生的 H_2CO_3 只有少量离解为 H^+ 和 HCO_3^-，不影响弱酸树脂上可交换离子继续离解出来并和 Ca^{2+}、Mg^{2+} 进行反应。故弱酸树脂较适合于去除碳酸盐硬度的交换。

弱酸树脂中的 H^+ 和羧酸根(—COO^-)结合生成的羧酸电离度很小，羧酸根亲和 H^+，很容易再生。

（2）例题解析

【例题 13.4-1】下列关于 R-H、R-Na 离子交换树脂软化应用原理的表述中，不正确的是哪几项？

（A）采用 R-Na 离子交换树脂软化时，可同时去除水中的硬度和碱度；

（B）采用 R-H 离子交换树脂软化时，当水中所有阳离子都被强酸树脂上的氢离子交换出来后，出水酸度的摩尔浓度与［SO_4^{2-}＋Cl^-］浓度相当；

（C）在 R-H 离子交换树脂软化过程中，为提高交换产水量，在有适当的防腐措施时，R-H 离子交换树脂应以漏钠为失效点；

（D）在水处理中，去除碱度时不宜采用单独的 R-H 离子交换工艺。

【解】答案（A）（C）

（A）采用 R-Na 离子交换树脂软化时，暂时硬度 $Ca(HCO_3)_2$、$Mg(HCO_3)_2$ 中的钙、镁离子被交换后，重碳酸根(HCO_3^-)存在，和钠离子组合成 $NaHCO_3$，构成碱度，故认为 R-Na 离子交换树脂软化可去除水中的硬度，不能去除碱度，(A)项表述不正确。

（B）采用 R-H 离子交换树脂软化时，当水中所有阳离子都被强酸树脂上的氢离子交换出来后，原有酸根和 H^+ 组合成了酸，CO_2 释放出后，主要存在 SO_4^{2-} 和 Cl^-，出水酸度的摩尔浓度与[SO_4^{2-}＋Cl^-]浓度相当，(B)项表述正确。

（C）在 R-H 离子交换树脂软化过程中，为提高交换产水量，适当的防腐后，氢离子交换树脂应以漏硬为失效点，把前期交换出来的 Na^+ 再和水中的 Ca^{2+}、Mg^{2+} 交换，可增加产水量，（C）项表述不正确。

（D）R-H 离子交换树脂以漏钠为失效点时，经脱 CO_2 后，出水呈酸性；以漏硬为失效点时，出水呈碱性，不宜单独用来软化，应和 R-Na 离子交换树脂联合使用为佳，（D）项表述正确。

【例题 13.4-2】下列有关 R-H、R-Na 离子交换器软化系统出水水质变化和运行方式的表述中，不正确的是哪几项？

（A）采用 R-H 离子交换器单独交换软化时，当以漏硬为失效点，出水 Na^+ 含量与原水中［SO_4^{2-}＋Cl^-］摩尔浓度相当时，出水碱度为零；

（B）采用 R-H 离子交换器单独交换软化时，当以漏硬为失效点，出水 Na^+ 含量达到最高时，出水碱度与原水中［HCO_3^-＋SO_4^{2-}＋Cl^-］摩尔浓度相当；

（C）在 R-H、R-Na 离子交换器并联软化系统中，为使整个系统任何时刻都不出酸性水，R-H、R-Na 离子交换器均应以漏硬为交换失效点；

(D) 在 R-H、R-Na 离子交换器串联软化系统中，R-H 离子交换器以漏钠为交换失效点运行时，系统出水呈中性，且能提高软化水质。

【解】 答案 (A) (B) (C)

(A) 采用 R-H 离子交换器单独交换软化时，当以漏硬为失效点，出水 Na^+ 含量与原水中[SO_4^{2-} +Cl^-]摩尔浓度相当时，出水酸度为零，碱度不变，此时部分 Na^+ 和 HCO_3^- 组合为 $NaHCO_3$ 碱度，(A)项表述不正确。

(B) 采用 R-H 离子交换器单独交换软化时，当以漏硬为失效点，出水 Na^+ 含量达到最高时，出水碱度与原水中 HCO_3^- 摩尔浓度相当，不是和[HCO_3^- +SO_4^{2-} +Cl^-] 摩尔浓度相当，(B)项表述不正确。

(C) 在 R-H、R-Na 离子交换器并联软化系统中，R-H 离子交换器应以漏钠为交换失效点，出水呈酸性；R-Na 离子交换器以漏硬为交换失效点，出水呈碱性，经混合脱去 CO_2，整个系统任何时刻都不出酸性水，(C) 项表述不正确。

(D) 在 R-H、R-Na 离子交换器串联软化系统中，R-H 离子交换器以漏钠为交换失效点，出水和原水混合，进除二氧化碳器脱气，去除了碱度和大部分硬度，再经 R-Na 离子交换器软化，减轻 R-Na 离子交换器负荷后有助于提高软化水质，整个运行过程出水呈中性，(D) 项表述正确。

【例题 13.4-3】 进入 R-H 离子交换软化设备的水中主要含有钠离子(Na^+)、钙离子(Ca^{2+})、镁离子(Mg^{2+})，当采用以漏硬为失效点时比以漏钠为失效点工作周期延长60%。由此可以得出如下结论，正确的是哪几项？

(A) 采用以漏硬为失效点时比以漏钠为失效点增加离子交换软化水量 60%；

(B) R-H 离子交换树脂交换容量 E_m 增加 60%；

(C) 经 R-H 离子交换器的出水中，单位体积水中硬度离子 (Ca^{2+}、Mg^{2+}) 含量减少 60%；

(D) R-H 离子交换器中的钙、镁型树脂 (R-Ca、R-Mg) 增加 60%。

【解】 答案 (A) (D)

(A) 在交换器流量 Q 不变的条件下，以漏硬为失效点比以漏钠为失效点增加的软化水量等于流量 Q (m^3/h) 乘以增加的交换时间 T (h)，工作周期延长 60%，即增加离子交换软化水量 60%，(A) 项叙述正确。

(B) 从理论上分析，以漏钠为失效点时，认为 R-H 离子交换树脂全部变为了 R-Na、R-Ca、R-Mg 型树脂，水中被交换出来的Na^+、Ca^{2+}、Mg^{2+} 毫克当量总数等于 R-H 离子交换树脂的工作交换容量 E_m 值。再继续运行，R-Na 型树脂对水中的Ca^{2+}、Mg^{2+} 进行交换，其交换容量是 R-H 型树脂变为 R-Na 型树脂的部分工作交换容量。当 R-Na 型树脂全部变成了 R-Ca 型树脂后停止运行，R-H 离子交换树脂的工作交换容量 E_m 值没有增加，(B) 项叙述不正确。

(C) 以漏硬为失效点，理论上分析认为经 R-H 离子交换器的出水中，不再含有硬度离子，不存在每升水中Ca^{2+}、Mg^{2+} 含量减少 60%的说法，(C) 项叙述不正确。

(D) 以漏硬为失效点，R-H 离子交换器中的 R-Na 型树脂全部变成了 R-Ca、R-Mg

型树脂，$\frac{[Na^+]}{[Ca^{2+}+Mg^{2+}]}$的比例是60%，则交换器中的钙、镁型树脂R-Ca、R-Mg增加60%，(D)项叙述正确。

【例题13.4-4】进入R-H离子交换器的主要水质分析资料如下：

Ca^{2+} = 2.15、Mg^{2+} = 1.78、Na^+ = 3.25、HCO_3^- = 3.50 ……（均以meq/L计）。按理论计算，R-H离子交换器以漏硬为终点比以漏钠为终点增加多少交换水量？

【解】 假定R-H离子交换器以漏钠为终点交换了T_1（h），交换器流量为Q（m^3/h），以漏硬为终点比以漏钠为终点多交换了T_2（h），则有：

$$T_1Q[Na^+] = T_2Q[Ca^{2+} + Mg^{2+}],\ \frac{T_2}{T_1} = \frac{[Na^+]}{[Ca^{2+}+Mg^{2+}]} = \frac{3.25}{2.15+1.78} = \frac{3.25}{3.93} = 82.70\%。$$

在交换器流量Q不变的条件下，以漏硬为终点比以漏钠为终点交换水量增加的比例等于交换时间增加的比例，即$\frac{T_2Q}{T_1Q} = \frac{3.25}{3.93} = 82.70\%$。

【例题13.4-5】一座阳离子交换软化柱，内装R-H强酸阳离子树脂层高2.00m。进水主要水质分析资料如下：

Ca^{2+}=60、Mg^{2+}=37.2、Na^+=46、K^+ = 9.75、HCO_3^- = 335……（均以mg/L计）。R-H离子全交换容量为E_0=1900mmol/L，实际交换利用率η=55%，R-H交换软化柱交换运行流速v=20m/h。按理论计算，R-H交换软化柱开始泄漏钠离子后再经过多长时间开始泄漏硬度离子？

（主要离子原子量，Ca^{2+}：40、Mg^{2+}：24、Na^+：23、K^+：39、HCO_3^- 分子量：61）

【解】 假定离子交换软化柱过水断面面积为F（m^2），根据上述水质资料，主要离子以当量粒子摩尔浓度表示为：

$[Ca^{2+}] = \frac{60}{20}$=3.0mmol/L　　$[Mg^{2+}] = \frac{37.2}{12}$=3.1mmol/L

$[Na^+] = \frac{46}{23}$= 2.0mmol/L　　$[K^+] = \frac{9.75}{39}$=0.25mmol/L

所有阳离子当量粒子摩尔浓度为3.0+3.1+2.0+0.25=8.35mmol/L；

所有硬度离子当量粒子摩尔浓度为3.0+3.1=6.1mmol/L。

原水中所有阳离子均被交换出来的时间就是以钠离子开始泄漏为失效点的交换时间T_1，则：

$$T_1 = \frac{2.0FE_0\eta}{20F \times 8.35} = \frac{2.0 \times 1900 \times 0.55}{20 \times 8.35} = 12.51\text{h};$$

原水中所有硬度离子均被交换出来的时间就是以硬度离子开始泄漏为失效点的交换时间T_2，则：

$$T_2 = \frac{2.0FE_0\eta}{20F \times 6.1} = \frac{2.0 \times 1900 \times 0.55}{20 \times 6.1} = 17.13\text{h};$$

开始泄漏钠离子后再经过ΔT=17.13−12.51=4.62h开始泄漏硬度离子。

或用T_1时间段交换生成的R-Na、R-K型树脂再去交换水中的钙、镁硬度离子，从泄漏钠离子到泄漏硬度离子的时间是：

$$\Delta T = \frac{20F\,T_1[Na^+ + K^+]}{20F \times 6.1} = \frac{12.51 \times (2.0 + 0.25)}{6.1} = \frac{12.51 \times 2.25}{6.1} = 4.62h。$$

【例题 13.4-6】 进入 R-H-R-Na 并联离子交换软化设备的主要水质分析数据如下（离子以当量粒子摩尔浓度表示）：

$[Ca^{2+}]$=3.50mmol/L　　$[HCO_3^-]$=1.80mmol/L　　$[CO_2]$=0.60mmol/L

$[Mg^{2+}]$=2.50mmol/L　　$[SO_4^{2-}]$= 4.00mmol/L

$[Na^+]$=3.00mmol/L　　$[Cl^-]$=3.20mmol/L

根据上述水质分析数据求出：

1）经过 R-H 离子交换器（以漏钠为失效点）出水的酸度、碱度、CO_2 各为多少？

2）经过 R-Na 离子交换器出水的酸度、碱度、Na^+ 各为多少？

3）进入 R-H、R-Na 离子交换器的水流量各是多少？

4）经混合后（脱 CO_2 前）CO_2 含量是多少？

【解】 按照上述水质资料，假想组合结果为（以当量粒子摩尔浓度表示）：

$[Ca(HCO_3)_2]$= 1.80mmol/L $[CaSO_4]$=1.70 mmol/L

$[MgSO_4]$=2.30mmol/L　　$[MgCl_2]$=0.20mmol/L　　$[NaCl]$=3.00mmol/L

1）经过 R-H 离子交换器（以漏钠为失效点）水中含有：

$[H_2SO_4]$=4.00 mmol/L、$[HCl]$=3.20mmol/L、CO_2=1.80+0.60=2.40mmol/L，其中：出水酸度=7.20mmol/L，出水碱度=0，出水 CO_2=2.40mmol/L。

2）经过 R-Na 离子交换器出水中含有：

$[NaHCO_3]$= 1.80mmol/L、$[Na_2SO_4]$=4.00mmol/L、$[NaCl]$=3.20mmol/L，其中：出水酸度=0，出水碱度 $H_{HCO_3^-}$=1.80mmol/L，出水$\sum Na^+$=1.80+4.00+3.20=9.00mmol/L，CO_2=0.60mmol/L。

3）进入 R-H、R-Na 离子交换器的水流量根据水中离子总量平衡计算出，假定交换流量为 Q（L/h），混合后软水剩余碱度=0，则：

R-H 离子交换器出水流量为 $Q_H = \frac{[HCO_3^-]}{[SO_4^{2-} + Cl^- + HCO_3^-]}Q = \frac{1.80}{4.00+3.20+1.80} = 0.20Q$(L/h)；

R-Na 离子交换器流量为 $Q_{Na} = \frac{[SO_4^{2-} + Cl^-]}{[SO_4^{2-} + Cl^- + HCO_3^-]}Q = \frac{4.00+3.20}{4.00+3.20+1.80} = 0.80Q$(L/h)。

4）R-H-R-Na 离子交换器的出水经混合后（脱 CO_2 前）CO_2 含量可以按下列方法计算；

① 根据各交换器出水中 CO_2 总量计算

R-Na 离子交换器出水中含有 CO_2 总量为：0.60×0.80Q；

R-H 离子交换器出水中含有 CO_2 总量为：2.40×0.20Q；

经 R-H-R-Na 出水混合又产生 CO_2 的量为：1.80×0.80Q；

脱 CO_2 前的水中含有 CO_2 的浓度为：

$$[CO_2] = \frac{(1.80 \times 0.80 + 2.40 \times 0.20 + 0.60 \times 0.80)Q}{Q} = 2.40mmol/L。$$

② 根据原水中碱度和 CO_2 含量计算

R-H-R-Na 离子交换器的出水经混合后（脱 CO_2 前）CO_2 含量等于原水中的碱度和原水中二氧化碳含量之和。

交换器的出水中 $[CO_2]$ = 原水中 $[HCO_3^-]$ + 原水中 $[CO_2]$ = 1.80 + 0.60 = 2.40mmol/L。

【例题 13.4-7】 一工业用水处理站设计处理水量为 $100m^3/h$，再生冲洗自用水量占处理水量的 10%。软化后的水质残余碱度小于 0.5mmol/L，残余硬度小于 0.038mmol/L。离子交换软化系统进水水质分析资料见表 13-3。如果交换器运行流速不大于 20m/h，则设计一条生产线，圆柱形交换器合适的直径尺寸是多大？

离子交换软化系统进水水质分析资料 **表 13-3**

离子	Na^+	K^+	Ca^{2+}	Mg^{2+}	HCO_3^-	SO_4^{2-}	Cl^-
浓度（mg/L）	7.82	19.50	47.80	15.84	179.34	44.16	24.50

【解】 将上述阴、阳离子浓度换算成当量粒子摩尔浓度，见表 13-4。

离子交换软化系统进水水质组分浓度换算表 **表 13-4**

离子	Na^+	K^+	Ca^{2+}	Mg^{2+}	HCO_3^-	SO_4^{2-}	Cl^-
浓度（mg/L）	7.82	19.50	47.80	15.84	179.34	44.16	24.50
当量粒子摩尔质量（mg/mmol）	23	39	20	12	61	48	35.5
当量粒子摩尔浓度（mmol/L）	0.34	0.50	2.39	1.32	2.94	0.92	0.69
换算为 $mgCaCO_3/L$	17	25	119.5	66	147	46	34.5

由此可知，该水源水质以 $CaCO_3$ 表示得：总硬度 $H_t = 119.5 + 66 = 185.5mgCaCO_3/L$；碳酸盐硬度 $H_c = 147mgCaCO_3/L$；非碳酸盐硬度 $H_n = 185.5 - 147 = 38.5mgCaCO_3/L$；

碱度 $H_{HCO_3^-} = 147mgCaCO_3/L$。

按照 $mgCaCO_3/L$ 计算，$\frac{\text{碳酸盐硬度}}{\text{总硬度}} = \frac{147}{185.5} = 0.792 > 0.5$，

出水硬度要求小于 $0.038mmol/L = 1.90mgCaCO_3/L < 2mgCaCO_3/L$，

出水碱度要求小于 $0.5mmol/L = 25mgCaCO_3/L \leqslant 25mgCaCO_3/L$，

根据离子交换软化系统选择表，应选择 R-H-R-Na 并联—除二氧化碳软化系统；

R-H 离子交换水量（离子浓度按当量粒子摩尔浓度计算）：

$$Q_H = \frac{[HCO_3^-] - A_r}{[SO_4^{2-} + Cl^- + HCO_3^-]}Q = \frac{2.94 - 0.50}{0.92 + 0.69 + 2.94}Q = \frac{2.44}{4.55} \times 100 \times 1.1 = 59m^3/h;$$

R-H 离子交换柱直径 $D_H = \sqrt{\frac{59 \times 4}{20 \times \pi}} = 1.94m$；

R-Na 离子交换水量 $Q_{Na} = 100 \times 1.1 - 59 = 51m^3/h$；

R-Na 离子交换柱直径 $D_{Na} = \sqrt{\frac{51 \times 4}{20 \times \pi}} = 1.80m$。

13.5 离子交换除盐

（1）阅读提示

1）除盐目的和方法

除盐的目的就是去除或减少水中溶解盐类总量，即去除或减少Ca^{2+}、Mg^{2+}、Na^{+}、HCO_3^-、SO_4^{2-}、Cl^-、$HSiO_3^-$ 组成的盐类。离子交换除盐包括复床除盐和混合床除盐。复床除盐是以强酸阳离子交换—脱气—强碱阴离子交换为主线，或再行增加弱酸弱碱设备组成的除盐系统。混合床是把阴、阳离子装填在一个交换器内进行多级阴、阳离子交换的设备。强酸—脱气—强碱离子交换一般称为一级脱盐系统，强酸—脱气—强碱—强酸—强碱离子交换称为二级脱盐系统。

2）除二氧化碳器的设置

除二氧化碳器一定设置在强酸 R-H 离子交换器之后，以便散除 H^+ 和 HCO_3^- 生成的 CO_2。碱度较低的水源水可以不设除二氧化碳器。

3）弱碱性树脂功能

常用的强碱性树脂 R-NOH 为季铵型交换树脂。弱碱性树脂为伯胺型、仲胺型、叔胺型。弱碱性树脂上的活性基团在水中离解能力很低，在酸性条件下与强酸根（SO_4^{2-}、Cl^-）发生交换反应，在碱性条件下容易再生。通常采用串联在强碱性树脂之后再生，具有容易再生、交换容量大、抗有机污染物能力强的特点。

（2）例题解析

【例题 13.5-1】下列关于软化和除盐系统的目的和水质纯度的表述中，正确的是哪一项？

（A）软化的目的就是减少天然原水中的 $CaCO_3$、$Mg(OH)_2$ 的总量；

（B）除盐的目的就是去除水中的硫酸根（SO_4^{2-}）、氯酸根（Cl^-）和重碳酸根（HCO_3^-）、硅酸根（$HSiO_3^-$）的总量；

（C）强酸—脱气—强碱离子交换除盐系统中的强酸 R-H 离子交换器运行时，应以漏钠（Na^+）为失效点较为合适；

（D）强酸—脱气—强碱离子交换除盐系统出水已达到纯水、高纯水水质标准，所以也可以作为纯水生产系统，直接供给高压锅炉用水。

【解】答案（C）

（A）天然原水中没有形成 $CaCO_3$、$Mg(OH)_2$ 沉淀物，只有Ca^{2+}、Mg^{2+}、HCO_3^-、SO_4^{2-}、Cl^-等离子。软化的目的就是去除或减少天然水中的Ca^{2+}、Mg^{2+}的总量，(A)项表述不正确。

（B）除盐的目的就是去除或减少水中溶解盐类总量，即去除或减少Ca^{2+}、Mg^{2+}、Na^+、HCO_3^-、SO_4^{2-}、Cl^-、$HSiO_3^-$ 组成的盐类，不是仅去除 HCO_3^-、SO_4^{2-}、Cl^-、$HSiO_3^-$ 的总量，(B)项表述不正确。

（C）强酸—脱气—强碱离子交换除盐系统中的强酸 R-H 离子交换器运行时应以漏钠（Na^+）为失效点，目的是有利于散除 H^+ 和大量 HCO_3^- 生成的 CO_2，同时不使Ca^{2+}、Mg^{2+} 穿透 R-H 离子树脂层，以免在强碱性树脂层中生成 $CaCO_3$、$Mg(OH)_2$ 沉淀物，影响强碱性树脂的交换容量，(C)项表述正确。

(D) 强酸—脱气—强碱离子交换除盐系统出水电导率在10μS/cm以下，达不到纯水电导率1～0.1μS/cm、高纯水<0.1μS/cm、高压锅炉补充水电导率<0.1μS/cm的要求，不能作为纯水生产系统，(D) 项表述不正确。

【例题 13.5-2】下列关于离子交换除盐系统设备功能特点的叙述中，不正确的是哪几项?

(A) 复床除盐系统中的除二氧化碳器既能除去水中的二氧化碳，又能直接去除水的碱度；

(B) 强酸—脱气—强碱离子交换系统中，如果进水碱度较低，R-H 离子交换器可改为 R-Na 离子交换器；

(C) 混合床除盐离子交换器设置在强酸—脱气—强碱装置之后，不需要再设置除二氧化碳器；

(D) 为节约能耗，可以把强酸—脱气—强碱离子交换系统中的脱气装置密封或抬高，省去中间提升水泵。

【解】答案 (A) (B) (D)

(A) 复床除盐系统中的除二氧化碳器能除去原水中的二氧化碳，又能去除水中碱度和H^+生成的二氧化碳，但不能直接去除碱度，(A) 项叙述不正确。

(B) 强酸—脱气—强碱离子交换系统中，如果进水碱度较低，可不设除二氧化碳器。R-H 离子交换器去除硬度离子后，出水呈酸性，生成的 $HSiO_3^-$ 很容易被强碱性树脂吸附交换。如果 R-H 离子交换器改为 R-Na 离子交换器，出水呈现碱性，生成的 $NaHSiO_3$ 不容易被强碱性树脂吸附交换。该系统交换吸附 $HSiO_3^-$ 作用减弱，故 (B) 项叙述不正确。

(C) 混合床除盐离子交换器一般设置在强酸—脱气—强碱装置之后，进水中主要含有弱酸盐，出水中基本没有 CO_2，只有 H^+ 和 OH^-，不需要再设置除二氧化碳器，(C) 项叙述正确。

(D) 密封脱气装置需要提高通入空气的压力，且在压力下不容易释出溶解的 CO_2 气体；抬高脱气装置也需要提高 R-H 离子交换器的压力，故认为 (D) 项叙述不正确。

【例题 13.5-3】下列关于弱碱性离子交换树脂除盐运行特点的叙述中，正确的是哪一项?

(A) 多台弱碱离子交换器串联在强酸离子交换器之后，可以代替强碱离子交换器；

(B) 弱碱性离子交换树脂再生时串联在强碱性树脂之后再生；

(C) 弱碱性离子交换树脂在碱性条件下和 HCO_3^- 发生交换反应；

(D) 弱碱性离子交换树脂和弱酸性离子交换树脂组成除盐系统，在酸性条件下具有更好的除盐效果。

【解】答案 (B)

(A) 多台弱碱离子交换器串联在强酸离子交换器之后，虽是酸性条件，但只能和硫酸根 (SO_4^{2-})、氯酸根 (Cl^-) 发生交换反应，不能和 HCO_3^- 发生交换反应，不可以代替强碱离子交换器，(A) 项叙述不正确。

(B) 弱碱性离子交换树脂上的活性基团离解能力较低，在碱性条件下容易再生，串联在强碱性树脂之后，氢氧化钠先再生强碱性树脂，后再生弱碱性树脂，仍有很好效果，

(B) 项叙述正确。

(C) 弱碱性离子交换树脂在碱性条件下不发生电离，胺基不和 HCO_3^- 发生交换反应，(C) 项叙述不正确。

(D) 弱酸性离子交换树脂主要和碳酸盐硬度发生交换反应，生成的碳酸变为 CO_2 和 H_2O，溶液不呈现酸性，弱碱性离子交换树脂不能发挥作用，故弱酸、弱碱树脂不联合使用，(D) 项叙述不正确。

13.6 离子交换系统设计

(1) 阅读提示

1) 交换柱顺流再生

离子交换柱饱和后必须再生。顺流再生时新鲜再生液首先和饱和树脂层接触，再生液中的离子和交换树脂上的可交换离子浓差小，交换推动力小，再生效果差。经上层树脂再生后的再生液流入下层树脂，再生更不充分，不能有效保证出水水质，适用于小规模水量、出水水质要求不高的情况。

2) 交换柱逆流再生

逆流再生充分利用了新鲜再生液首先和下部未饱和树脂层接触，浓差大，交换推动力大，再生完全，然后流向基本饱和的上层树脂，交换推动力减小，达到部分再生。交换时，高含盐量水先和再生不充分的上层树脂接触，去除部分含盐量后再和再生充分的下层树脂接触，会有较好的交换效果，可以有效保证出水水质，适用于较大规模水量、出水水质要求较高的情况。

逆流再生的关键在于再生前不能乱床，无论是再生前的小反洗，还是再生后的逆向冲洗，所选择的流速都要考虑不冲乱树脂层为佳。

3) 除二氧化碳器效率

除二氧化碳器脱除 CO_2 的效率受多方面因素的影响，主要与水温、水的碱度、脱碳器填料比表面积有关，是本节讨论的内容。

(2) 例题解析

【例题 13.6-1】下面关于离子交换装置再生方法的说明中，正确的是哪几项？

(A) 顺流再生离子交换柱时，新鲜的再生液首先接触饱和度较大的树脂，再生效果好；

(B) 逆流再生离子交换柱时，新鲜的再生液首先接触饱和度较小的树脂，再生效果好；

(C) 选用顺流再生还是逆流再生方式，与软化除盐设备的尺寸、进出水水质有关；

(D) 交换离子的饱和度指的是再生后的交换恢复程度。

【解】答案 (B)(C)

(A) 顺流再生离子交换柱时，新鲜的再生液首先接触饱和度较大的树脂，浓差小，再生效果差，洗脱了大量交换离子的再生液再接触饱和度小的下层树脂的，不能发挥最佳再生状态，对整个交换器来说，再生效果不好，(A) 项说明不正确。

(B) 逆流再生离子交换柱时，新鲜的再生液首先接触饱和度较小的下层树脂，浓差大，再生效果好，洗脱了部分交换离子的再生液再接触饱和度大的上层树脂时，能够再生部分树脂，在正常运行时，下部树脂层能发挥很好的保证水质作用，(B) 项说明正确。

(C) 顺流再生适用于处理水量较小、浑浊度低、硬度低的水质。相反，逆流再生适用于原水水质变化范围大、水量大的工程。故认为，选用顺流再生还是逆流再生方式，与软化除盐水量、水质要求有关，也就是与设备的尺寸、进出水水质有关，(C) 项说明正确。

(D) 交换离子的饱和度指的是树脂在交换之后、再生之前的失效状态，不是再生之后、交换之前的恢复程度，(D) 项说明不正确。

【例题 13.6-2】下列关于离子交换性能及其系统应用的表述中，哪几项是正确的？

(A) 采用磺化煤交换剂软化水时，可同时脱除 OH^- 碱度；

(B) 强酸性 R-H 离子交换树脂在去除水中仅含有暂时性硬度的过程中，出水不呈酸性；

(C) 弱碱性树脂在酸性溶液中有较高的交换能力；

(D) 弱碱串联在强碱之后的再生过程中，NaOH 再生液浓度可适当提高到 10%左右。

【解】答案 (A) (B) (C)

(A) 磺化煤是煤和浓硫酸作用的磺化产物，是兼有强酸性和弱酸性两种活性基团的阳离子交换剂，可用于水的软化或脱碱软化，(A) 项表述正确。

(B) 强酸性 R-H 离子交换树脂在去除水中仅含有暂时性硬度的过程中，即 R-H + $Ca(HCO_3)_2$ 和 R-H+$Mg(HCO_3)_2$ 交换反应，生成 CO_2 和 H_2O，不呈酸性，(B)项表述正确。

(C) 弱碱性树脂上的活性基团在水中离解能力很低，在酸性条件下与强酸根发生交换反应，在碱性条件下容易再生，通常采用串联在强碱性树脂之后再生，仍能达到较好的恢复程度，(C) 项表述正确。

(D) 弱碱性树脂串联在强碱性树脂之后的再生过程中，NaOH 再生液浓度较高时，容易把强碱性树脂吸附的硅酸和碳酸再生出来进入到弱碱性树脂层，再生液 pH 值下降，析出胶体硅附着在弱碱性树脂颗粒上，降低弱碱性树脂交换容量。通常先用 1%的碱液洗脱强碱性树脂层的部分硅酸，提高弱碱性树脂的碱性，然后以 2%～3%浓度的碱液再生，不采用提高再生液浓度到 10%左右方法，(D) 项表述不正确。

【例题 13.6-3】R-H-R-Na 组合离子交换软化系统中，通常设置除二氧化碳器，设计除二氧化碳器时的水温通常按照哪一季水温计算？

(A) 春季的水温计算；

(B) 夏季的水温计算；

(C) 秋季的水温计算；

(D) 冬季的水温计算。

【解】答案 (D)

水温低时，不仅 CO_2 溶解度增高，而且解吸系数变小，不利于 CO_2 从水中逸出，影响脱 CO_2 效果。因此，设计除二氧化碳器时的水温常按冬季水温计算，并尽可能鼓入热风。

【例题 13.6-4】现设计一条 R-H-R-Na 并联离子交换脱碱软化生产线，R-H 离子交换器进水流量 $Q_H=12m^3/h$ 时，R-Na 离子交换器进水流量 $Q_{Na}=48m^3/h$。R-H 离子交换器出水中酸度$[SO_4^{2-}+Cl^-]=9.2$mmol/L。R-Na 离子交换器出水中$[CO_2]=0.3$mmol/L。设计要求 R-H-R-Na 并联离子交换器出水进除二氧化碳器脱气，系统出水中$[CO_2]$浓度等于 0.1mmol/L，剩余碱度为$A_r=0$，除二氧化碳器解吸系数$K=0.44$m/h，则该生产线除二氧化碳器所需要的淋水填料总工作面积是多少？

【解】 根据 R-H-R-Na 并联离子交换器酸碱中和原则，列出 R-H-R-Na 并联离子交换器出水量和酸碱浓度关系式：$Q_{Na}[HCO_3^-]=Q_H[SO_4^{2-}+Cl^-]$，得 R-Na 出水碱度为：

$$H_{HCO_3^-}=\frac{Q_H[SO_4^{2-}+Cl^-]}{Q_{Na}}=\frac{12\times 9.2}{48}=2.3\text{mmol/L。}$$

混合后水中二氧化碳含量$[CO_2]=2.3+0.3=2.6$mmol/L，由此计算出：

进除二氧化碳器水中 CO_2 浓度为$(CO_2)_1=44\times 2.6=114.4$mg/L；

除二氧化碳器出水中 CO_2 浓度为$(CO_2)_2=44\times 0.1=4.4$mg/L；

散除的 CO_2 量为 $G_{CO_2}=\dfrac{Q[(CO_2)_1-(CO_2)_2)]}{1000}=\dfrac{60[114.4-4.4)]}{1000}=6.6\text{kg/h}$；

平均解吸推动力 $\Delta C=\dfrac{(CO_2)_1-(CO_2)_2}{1.06\ln\dfrac{(CO_2)_1}{(CO_2)_2}}\cdot\dfrac{1}{1000}=\dfrac{114.4-4.4}{1.06\ln\dfrac{114.4}{4.4}}\cdot\dfrac{1}{1000}=0.03185\text{kg/m}^3$；

除二氧化碳器所需要的淋水填料总工作面积为 $F=\dfrac{G_{CO_2}}{K\cdot\Delta C}=\dfrac{6.6}{0.44\times 0.03185}=471\text{m}^2$。

13.7 膜分离法

(1) 阅读提示

1) 水处理用膜的分类

膜分离的推动力分为溶质浓度差、膜两侧的电位差、压力差。所使用的膜分为：

① 半透膜：只能透过溶剂（水），而不能透过溶质的膜。通常用于微滤、超滤、纳滤和反渗透工艺。

② 选择性透过膜：用交换树脂加工而成，阳膜只允许阳离子透过，阴膜只允许阴离子透过，以电位差为推动力的电渗析和电去离子工艺使用的是这类膜。

2) 压力推动膜

微滤、超滤、纳滤和反渗透膜属于压力推动膜，工艺推动力相同，仅是膜的孔隙尺寸不同、所需要的压力不同、截留物尺寸不同。

3) 电渗析电极反应和极化

电渗析运行过程中，在电极和溶液界面上会出现氧化还原反应即电极反应。阴极上水电离产生的 H^+ 得到电子后还原变为 H_2 排放出来，剩余 OH^- 使阴极室溶液呈现碱性，出现 $CaCO_3$、$Mg(OH)_2$ 沉淀。阳极上水电离产生的 OH^- 失去电子后氧化变为 H_2O，剩余 H^+ 使阳极室溶液呈现酸性。

除了电极上的氧化还原反应之外，还有电渗析的阳膜淡水室一侧膜内阳离子迁移数大于溶液中阳离子迁移数，迫使水电离后的 H^+ 穿过阳膜传递电流，而产生极化现象。水电离产生的 OH^- 迁移穿过阴膜进入浓水室，在阴膜浓水侧出现 $CaCO_3$、$Mg(OH)_2$ 沉淀。

上述电极反应和极化现象是分别发生在阴极和阴膜面上的两种电化学现象，不一定同时发生。

4）反渗透膜面极化

反渗透膜面上也会沉积 $CaCO_3$、$CaSO_4$、Mg（OH）$_2$，属于膜面浓差极化现象。故反渗透运行中应确定不发生沉积盐垢时浓室含盐量浓度、回收率、膜元件的流速、化学清洗周期。

（2）例题解析

【例题 13.7-1】下列关于膜分离推动力和膜性质的叙述中，不正确的是哪几项？

（A）电渗析中的阴、阳膜和反渗透、纳滤膜是同一类的只能透过溶剂不能透过溶质的半透膜；

（B）离子交换膜脱盐的推动力是膜两侧的压力差和电位差；

（C）纳滤、反渗透膜脱盐的推动力是膜两侧的压力差，属于压力推动膜；

（D）超滤和微滤是分离悬浮物和溶解杂质的压力推动的膜分离装置。

【解】答案（A）（B）（D）

（A）电渗析中的阴、阳膜是具有选择透过性的离子交换膜，反渗透、纳滤膜是具有表皮层和支撑层的只能透过溶剂不能透过溶质的半透膜，（A）项叙述不正确。

（B）离子交换膜即电渗析中的阴、阳膜，脱盐的推动力是膜两侧的电位差，压力差作用很弱，（B）项叙述不正确。

（C）纳滤、反渗透膜是压力推动膜，其脱盐的推动力是膜两侧的压力差，（C）项叙述正确。

（D）超滤和微滤是分离悬浮物的压力推动的膜分离装置，不能有效分离溶解杂质，（D）项叙述不正确。

【例题 13.7-2】下列关于反渗透和纳滤在水处理中的应用特点的叙述中，正确的是哪几项？

（A）反渗透和纳滤去除水中杂质的原理和石英砂过滤完全相同；

（B）反渗透可以无选择性地去除大部分离子，出水水质达到高纯水标准；

（C）超滤截留大分子杂质时水渗透压力低，截留小分子杂质时水渗透压力高；

（D）纳滤膜对二价、三价离子去除率较高，对一价离子去除率较低。

【解】答案（C）（D）

（A）反渗透和纳滤去除水中杂质的原理主要是机械筛滤拦截作用，石英砂过滤有吸附、沉淀、拦截作用，二者不完全相同，（A）项叙述不正确。

（B）反渗透可以无选择性地去除大部分离子，电导率在 1μS/cm 以上，不能满足电导率＜0.1μS/cm 的高纯水要求，（B）项叙述不正确。

（C）超滤过滤过程中，微小尺寸的杂质渗透压力高，截留小分子杂质时工作压力要求高。而被截留的大分子杂质渗透压力很低，截留大分子杂质时工作压力要求低，（C）项叙述正确。

（D）纳滤膜孔径约 1nm，与二价、三价离子相对应，去除率较高，对一价离子去除率较低，（D）项叙述正确。

【例题 13.7-3】下列关于电渗析系统运行时离子浓度变化影响的叙述中，不正确的是哪几项？

（A）电渗析系统运行中因离子迁移，浓度发生变化，产生的极化又称膜面沉淀现象；

（B）极化和膜面沉淀是两种现象，均发生在同一处膜面；

（C）极化是水电离后 H^+ 穿过阳膜、OH^- 穿过阴膜传递电流现象；

（D）膜面沉淀结垢与极化有关。

【解】 答案（A）（B）（C）

（A）电渗析系统运行中因离子迁移，浓度发生变化，或产生极化现象，同时又会发生膜面沉淀结垢现象，结垢和极化有关，但不是同一种现象，（A）项叙述不正确。

（B）极化是膜内阳离子迁移数大于溶液中阳离子迁移数，水发生电离后的 H^+ 穿透阳膜传递电流现象，发生在阳膜淡水侧。水电离后的 OH^- 迁移穿过阴膜，在浓水室阴膜侧发生沉淀结垢，和极化不发生在同一处膜面，（B）项叙述不正确。

（C）电渗析的极化主要指的是水电离后 H^+ 穿透阳膜传递电流现象。由于电源为直流电源，不考虑 OH^- 穿过阴膜到达浓水室时传递电流现象，（C）项叙述不正确。

（D）水电离后 H^+ 穿透阳膜，OH^- 迁移穿过阴膜、产生沉淀结垢物，膜面沉淀结垢与极化有关，（D）项叙述正确。

【例题 13.7-4】 下列关于膜分离法在分离水中溶质时出现滤垢物沉淀现象的叙述中，正确的是哪几项？

（A）电渗析系统运行中发生电极反应，水中的碳酸钙（$CaCO_3$）、氢氧化镁（$Mg(OH)_2$）等滤垢物沉积在阴极上；

（B）电渗析系统运行中发生电极反应，阳极上排出氧气，阳极室中水的 pH 值升高，滤垢物沉淀；

（C）电渗析系统运行中因离子迁移，产生极化现象，在阳膜浓水室产生滤垢物沉淀；

（D）超滤和反渗透膜附近边界层出现浓差极化，滤垢物沉淀、滤阻升高。

【解】 答案（A）（D）

（A）电渗析系统运行中发生电极反应，阴极上排出氢气，阴极室水呈碱性，水中的碳酸钙（$CaCO_3$）、氢氧化镁（$Mg(OH)_2$）等滤垢物沉积在阴极上，（A）项叙述正确。

（B）电渗析系统运行中发生电极反应，阳极上水电离产生的 OH^- 失去电子后氧化变为 H_2O，剩余 H^+，使阳极室溶液呈现酸性，不便生成滤垢物沉淀，（B）项叙述不正确。

（C）电渗析系统运行中因离子迁移，产生极化现象时，水电离后的 OH^- 迁移穿过阴膜，在阴膜浓水室产生滤垢物沉淀，（C）项叙述不正确。

（D）超滤和反渗透膜附近边界层出现浓差极化，致使滤垢物沉积膜面、滤阻升高，（D）项叙述正确。

【例题 13.7-5】 我国西北某地区苦咸水盐度 12.87‰，以 NaCl 为主要成分，渗透系数 $i=1.8$，求在 20℃时溶液渗透压是多少？

【解】 该苦咸水中溶质按照 NaCl 摩尔质量计算，$M(NaCl)=58.5g/mol$，

则溶解杂质浓度为：

$$c=\frac{12.87\times10^3}{58.5}=0.22\times10^3 mol/m^3;$$

其渗透压为：

$$\pi=icRT=1.8\times0.22\times10^3\times8.314\times293=0.965\times10^6 Pa=0.965MPa。$$

14 水 的 冷 却

14.1 冷却构筑物类型

(1) 阅读提示

1) 冷却构筑物定义

利用水的蒸发及空气和水的传热（对流、辐射）带走水中热量，降低水温的构筑物称为水的冷却构筑物。从节能、节约用地、不污染水源考虑，一般水冷却多选用水面冷却池、喷水冷却池和冷却塔等冷却构筑物。

2) 水面冷却池

利用已有的水库、湖泊、河道或海湾水体，依靠水的蒸发、辐射及水蒸气和空气对流向大气传质传热。水面冷却既可以利用已有的水体，也可以利用洼地或开阔地方新建冷却池。

水深小于3m的浅水冷却池中，水流以表层水流水平流动过程中散除热量。水深大于4m的深水冷却池中，水流冷却后下沉，热水上浮的异重流更有利于表层热水散热冷却。为了保持冷却池水面是水温较高的热水，和空气间存在较大水温差，希望排入冷却池的热水不和池中冷水掺混。

水面冷却池冷却效果与水面上气压、气温、风速等因素有关，单位时间散热量通常用水面综合散热系数表示，其单位为W/(m^2·℃)。设计时选用0.01～0.1m^3/(m^2·h)的水力负荷估算冷却池面积，显然，水面积越大，冷却效果越好。

3) 喷水冷却池

喷水冷却池适用于冷却水量较小，冷却水质要求不高，风沙较少的地区。与水面冷却池相比，喷散成均匀散开的水滴和空气接触面积更大。喷水冷却的原理也是蒸发、对流、辐射传质传热，不是仅靠水体表面冷却，而是所有水量均先后和大量空气接触散热冷却。喷水冷却池冷却效果远比水面冷却池冷却效果高，其冷却淋水密度可取0.7～1.2m^3/(m^2·h)。

4) 冷却塔

冷却塔是目前使用最多的冷却构筑物，从构造上分类或从通风方式及水流方向上分类有各种形式。本节主要叙述冷却塔的特点。

① 自然通风冷却塔

自然通风冷却塔依靠塔内塔外空气压力差为推动力，促使塔外空气向塔内流动带走热量。塔筒内外空气压力差产生的抽吸力等于进塔空气流动的阻力。自然通风冷却塔内装置淋水填料，不设置抽风、吹风机械。

② 机械通风逆流湿式冷却塔

顾名思义，该类冷却塔采用机械抽排风，冷空气和热水相对流动，且热水暴露于空气之中，塔内放置淋水填料。

③ 机械通风横流湿式冷却塔

进入冷却塔的冷空气横向流动和竖向落下的热水水滴或水膜交叉的冷却塔，而不是空气竖向流动、热水横向流动的横流式冷却塔，冷却效果不如逆流式冷却塔。

④ 喷流式冷却塔

不装置填料和风机，依靠喷射的水流将大量空气带入塔内，促使空气流动，带走热量。

⑤ 干式冷却塔

干式又称密闭式，是相对于湿式（敞开式）而言。这里还应该说明的是：冷却构筑物是用来冷却热水的构筑物，热水冷却后又去冷却工业生产过程中的热量或工艺物料或工艺热流体。冷却水和被冷却的介质工艺物料或工艺流体之间可以是直接接触换热，称为直冷式，也可以是间接传热，称为间冷式。而循环冷却水在冷却构筑物中和空气有的是直接接触，即暴露于大气之中，称为敞开式（或湿式）冷却系统。水面冷却池、喷水冷却池及大多数冷却塔都是敞开式冷却系统。

在敞开式冷却系统中，热水向空气传质、传热同时进行，热水冷却极限是空气湿球温度。

相反，循环冷却水在冷却塔或热交换器中不和空气直接接触，称为密闭式（或干式）冷却系统。循环冷却水在盘管中流动，仅靠盘管外空气流动单纯传热冷却，冷却水无蒸发散热，其冷却极限为空气干球温度。

如果干式冷却塔中设有淋水装置，喷淋的冷水间接冷却循环水，虽然喷淋水和空气直接接触，但对于循环冷却水来说，仍属于密闭式冷却系统。喷淋水一般不再被冷却而直接排放。

设有喷淋水冷却循环水的冷却系统中，喷淋水吸收盘管内热量，温度升高会蒸发散热，经上升的空气带走热量，冷却极限是空气湿球温度，盘管内的冷却水冷却极限和喷淋水的冷却极限相同，即为空气湿球温度。

（2）例题解析

【例题 14.1-1】下列关于冷却构筑物特点的叙述中，正确的是哪一项？

（A）冷却循环水水面冷却池和建造的冷却喷水池都属于水面冷却构筑物；

（B）自然通风冷却塔利用自然进入的冷空气带出热量，属于敞开式冷却构筑物；

（C）机械通风冷却塔因机械强制抽风鼓风，需要建造一定高度的风筒，属于密闭式冷却构筑物；

（D）利用江河、湖泊、水库冷却循环热水时，应将热水和冷水水体相互混合，尽快降温。

【解】答案（B）

（A）冷却循环水水面冷却池属于水面冷却构筑物，建造的冷却喷水池是喷出水滴和空气全面接触，不是只靠水面蒸发、对流、辐射冷却，而是喷出的水滴在空中蒸发、对流、辐射散热，（A）项叙述不正确。

（B）自然通风冷却塔中的冷却水直接暴露于进入的冷空气中，属于敞开式冷却构筑物，（B）项叙述正确。

(C) 机械通风冷却塔虽建造一定高度的风筒，但塔中的冷却水也是直接暴露于进入的冷空气中，属于敞开式冷却构筑物，(C) 项叙述不正确。

(D) 利用江河、湖泊、水库冷却循环热水时，应使水面水温处于较高状态，以利于散热，不采用热水和冷水水体相互混合，(D) 项叙述不正确。

【例题 14.1-2】下列关于冷却构筑物分类和特点的叙述中，正确的是哪一项？

(A) 冷却构筑物分为敞开式、密闭式和混合式三类；

(B) 水面冷却池可分为水面面积有限的水体和水面面积很大的水体两大类；

(C) 湿式冷却塔分为机械通风、自然通风、混合通风和不通风四类；

(D) 喷水冷却池和喷流式冷却塔都属于自然抽风通风冷却构筑物。

【解】答案 (B)

(A) 冷却构筑物分为水面冷却池喷水冷却池和冷却塔三大类，而冷却塔按照和空气接触方式分为敞开式、密闭式和混合式三类，(A) 项叙述不正确。

(B) 水面冷却池可分为水面面积有限的水体和水面面积很大的水体两大类，(B) 项叙述正确。

(C) 湿式冷却塔分为机械通风、自然通风、混合通风和无风机四大类，无风机不是不通风。所有冷却塔都不是密闭不通风的，要么自然通风，要么机械通风，(C) 项叙述不正确。

(D) 喷流式冷却塔高速喷流水抽吸引起空气流动，使机械能转化为压（势）能，再转化为机械能抽风，不属于风筒自然抽吸通风，(D) 项叙述不正确。

【例题 14.1-3】由循环水泵从冷却塔集水池中抽水送入冷冻机，冷却热流体后直接流入湿式冷却塔冷却，然后再流入冷却塔集水池，该系统属于何类系统？

(A) 直冷闭式系统；

(B) 直冷开式系统；

(C) 间冷闭式系统；

(D) 间冷开式系统。

【解】答案 (D)

(A) 循环冷却水送入冷冻机，冷却热流体，不属于直接冷却形式，冷却水冷却热流体后流入湿式冷却塔冷却，不属于闭式系统，(A) 项说法不正确。

(B) 循环冷却水送入冷冻机，冷却热流体，不属于直接冷却形式，(B) 项说法不正确。

(C) 冷却水冷却热流体后流入湿式冷却塔冷却，不属于闭式系统，(C) 项说法不正确。

(D) 循环水泵从冷却塔集水池中抽水送入冷冻机，和冷冻机的热流体间接接触，称为间冷形式，冷却热流体后热水压力流入湿式冷却塔，直接暴露于进入的冷空气中，属于敞开式冷却系统，称为开式系统，故该系统为间冷开式系统，(D) 项说法正确。

【例题 14.1-4】循环水泵从冷却水热水集水池中抽水送入屋顶喷流式冷却塔，冷却后直接流入动力机组冷却水系统，然后再流入热水集水池，该系统属于何类系统？

(A) 间冷闭式系统；

(B) 直冷闭式系统；

(C) 间冷开式系统；

(D) 直冷开式系统。

【解】 答案 (D)

(A) 循环冷却水直接进入动力机组冷却水系统不属于间接冷却形式，(A) 项说法不正确。

(B) 从冷却水热水集水池中抽水送入屋顶喷流式冷却塔，和空气接触冷却，不属于闭式冷却系统，(B) 项说法不正确。

(C) 循环冷却水直接进入动力机组冷却水系统不属于间接冷却形式，(C) 项说法不正确。

(D) 循环冷却水直接进入动力机组冷却水系统属于直接冷却形式，从冷却水热水集水池中抽水送入屋顶喷流式冷却塔属于开式系统，故该系统为直冷开式系统，(D) 项说法正确。

【例题 14.1-5】 如图 14-1 所示的冷却塔，其配水装置采用槽式配水系统，淋水材料是截尾三角形的水泥棱条，该冷却构筑物属于何种类型冷却塔？

(A) 风筒式点滴式横流冷却塔；

(B) 抽风式点滴式逆流冷却塔；

(C) 敞开式点滴式逆流冷却塔；

(D) 敞开式点滴式横流冷却塔。

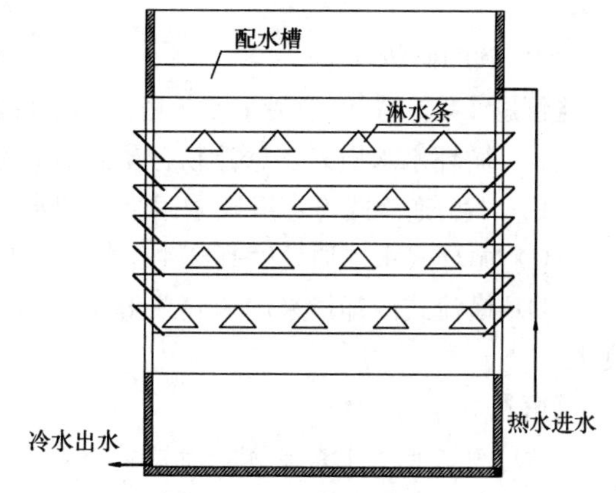

图 14-1 冷却塔示意图

【解】 答案 (D)

(A) 空气流动方向不是向上流动，是左右流动，没有高大风筒，不是风筒式，(A) 项答案不正确。

(B) 冷却塔上部没有安装风机，不是抽风式，(B) 项答案不正确。

(C) 水和空气不是相对流动，而是垂直交叉流动，不是逆流式，(C) 项答案不正确。

(D) 无高风筒，属于自然通风，水和空气垂直流动，直接接触，属于敞开式，冷却水在淋水材料上溅落形成水滴散开落下散热，属于点滴式横流冷却塔，(D) 项答案正确。

14.2 湿式冷却塔的工艺构造和工作原理

(1) 阅读提示

1) 冷却塔分类

机械通风是相对于自然通风而言，湿式是相对于干式而言。机械通风分为抽风式或鼓风式，而冷却塔分为干式或湿式。

2) 冷却塔配水系统

机械通风冷却塔配水系统应满足淋水区域内配水均匀、通风阻力小而节约能量。根据构造要求，逆流式冷却塔多采用管式、槽式配水系统，水中悬浮物较多时选用槽式。而不选用池式配水系统，防止封闭排风口。

横流式冷却塔宜采用池式或管式配水系统，小型冷却塔多选用管式或旋转布水器配水。

3）淋水填料选择

淋水填料的选择与淋水密度有关，希望气流通过淋水填料时阻力变小，气流分布均匀。同时考虑水质、水温条件，未经处理或在填料表面容易结垢时，不宜选用填料片间距离较小的斜坡、蜂窝形式的淋水填料。冬季结冰地区，冷却塔淋水填料下层可能形成挂冰，支撑件需要加强。

淋水填料高度与冷却塔塔径之比宜符合下列规定：

① 机械通风冷却塔宜为2.0～3.0。

② 自然通风冷却塔当淋水面积不大于1000m^2时，宜为1.5～2.0，当淋水面积大于1000m^2时，宜为1.2～1.8。

关于风机及空气分配装置，仅有构造上的几点说明，希望读者能够知道其相对位置和作用。

（2）例题解析

【例题14.2-1】以下关于冷却塔及其部件的叙述中，不正确的是哪一项？

（A）循环水水质差、悬浮物含量高时宜采用槽式配水系统；

（B）小型逆流式冷却塔宜采用管式配水系统；

（C）循环式水水质硬度高产生结垢时，应采用鼓风式冷却塔；

（D）横流式冷却塔采用薄膜式淋水填料的淋水密度比采用点滴式淋水填料的淋水密度大。

【解】答案（C）

（A）为防止水中杂质沉积堵塞管道，循环水水质差、悬浮物含量高时宜采用槽式配水系统，便于清洗检修，（A）项叙述正确。

（B）如果水质不是很差，为安装检修方便，小型逆流式冷却塔宜采用管式配水系统，（B）项叙述正确。

（C）循环水对风机有较强的腐蚀性时，应采用鼓风式冷却塔。水质硬度高的热水蒸发的水蒸气中硬度降低，不会使风机结构失去平衡，不影响选用抽风式冷却塔，不一定采用鼓风式冷却塔，（C）项叙述不正确。

（D）横流式冷却塔采用薄膜式淋水填料的淋水密度为26～45m^3/（m^2·h），采用点滴式淋水填料的淋水密度为20～26m^3/（m^2·h），（D）项叙述正确。

【例题14.2-2】下列关于机械通风冷却塔组成部件的叙述中，不正确的是哪一项？

（A）配水系统应满足在80%～110%的设计水量变化范围内保证配水均匀，且形成微细水滴；

（B）淋水填料应满足水和空气的接触面积大、时间长，从而有较高的冷却能力；

（C）通风筒应能很好地导流空气并减少气流阻力，并防止出风口湿热空气回到进风口；

（D）冷却塔集水池应能储存和调节水量，并作为循环水泵吸水井，池深一般不小于2.5m。

【解】答案（D）

（A）配水系统设计流量要求是：能满足设计水量的80%～110%，能保证配水均匀，且形成微细水滴，（A）项叙述正确。

（B）淋水填料应满足水和空气的接触面积大、时间长，能保证有良好的传质传热作用，（B）项叙述正确。

（C）通风筒应能很好地导流空气并减少气流阻力，并防止产生涡流区致使出风口湿热空气回到进风口，（C）项叙述正确。

（D）冷却塔集水池应能储存和调节水量，并作为循环水泵吸水井，池深一般为1.2～2.3m，不大于2.5m，（D）项叙述不正确。

【例题14.2-3】下列关于冷却塔工艺构造设计说明中，正确的是哪几项？

（A）机械通风冷却塔设有配水系统和空气分配系统，而自然通风冷却塔不设空气分配系统；

（B）当冷却水中悬浮物含量大于50mg/L且含有泥沙时，应首先考虑选用槽式配水系统；

（C）无论何种冷却塔，都是进风口越大，冷却效果越好；

（D）冷却塔除水器的作用是收集混合在空气中的水蒸气，通常安装在填料区之下集水池之上的进风口处。

【解】答案（B）（C）

（A）机械通风冷却塔和自然通风冷却塔都需要设置配水系统和空气分配系统，（A）项叙述不正确。

（B）当冷却水中悬浮物含量大于50mg/L时，应首先考虑选用槽式配水系统，（B）项叙述正确。

（C）冷却塔进风口面积较大，进塔空气量越大、分布越均匀、气流阻力越小，冷却效果越好，（C）项叙述正确。

（D）冷却塔除水器主要是为了收集随气流带出的水滴，不是收集不便机械分离的混合在空气中的水蒸气。除水器安装在配水系统之上的出风口处，不是安装在填料区之下集水池之上的进风口处，（D）项叙述不正确。

【例题14.2-4】下列关于湿式冷却塔类型和构造设计的叙述中，不正确的是哪几项？

（A）湿式冷却塔中淋水填料是必不可少的；

（B）湿式冷却塔中只有喷流式冷却塔是无风机的；

（C）自然通风冷却塔只有逆流式，无横流式；

（D）喷流式冷却塔的主要缺点是冷却水质要求好、喷水压力高、占地面积大、无节能优势。

【解】答案（A）（B）（C）

（A）喷流式湿式冷却塔中不安装淋水填料，故认为淋水填料不是必不可少的，（A）项叙述不正确。

（B）湿式冷却塔中的自然通风冷却塔也是无风机的，（B）项叙述不正确。

（C）自然通风冷却塔按照气水接触方向分为逆流式和横流式两大类，不是仅为逆流式，（C）项叙述不正确。

（D）喷流式冷却塔的主要缺点是冷却水质要求好、喷水压力高、占地面积大、无节能优势，适用于缺水地区，(D) 项叙述正确。

【例题 14.2-5】下列关于冷却塔进风口、淋水填料及风机设置要求的叙述中，正确的是哪一项?

(A) 在风沙较多的地区，逆流式冷却塔进风口应加设百叶窗，横流式冷却塔进风口可不加；

(B) 机械通风逆流式冷却塔的进风口面积与淋水装置面积之比不宜小于0.5，横流式冷却塔进风口面积与淋水装置面积之比等于1；

(C) 如果循环水中含有较高浓度的铁、锰和硬度离子，在冷却塔抽风机上容易结垢，使风机失去平衡，应采用鼓风式冷却塔；

(D) 冷却塔内淋水填料的高度与淋水密度有关。

【解】答案 (D)

(A) 横流式冷却塔以及在风沙较多的地区的逆流式冷却塔进风口都应加设百叶窗，(A) 项叙述不正确。

(B) 机械通风逆流式冷却塔的进风口面积式淋水装置面积之比不宜小于0.5，横流式冷却塔进风口高度等于淋水装置高度，不是进风口面积与淋水装置面积之比等于1，(B) 项叙述不正确。

(C) 如果循环水中含有较高浓度的铁、锰和硬度离子，蒸发的水蒸气中铁、锰和硬度降低，不会在冷却塔抽风机上结垢使风机结构失去平衡，不是采用鼓风式冷却塔的理由，(C) 项叙述不正确。

(D) 不同的淋水填料具有不同的单位容积散质系数 β_{xv}，β_{xv} 是淋水填料淋水面积、填料高度和淋水密度的函数，故冷却塔内淋水填料的高度与淋水密度有关，(D) 项叙述正确。

14.3 水冷却理论

(1) 阅读提示

本节要求必须明确水冷却原理、湿空气的焓和冷却传热量三个方面的问题。

1) 水冷却原理

水冷却原理是指水和空气之间如何传质传热问题。涉及水面温度 t_f、空气干球温度 θ、空气湿球温度 τ。对于湿式冷却，当水温和空气温度不相同时，水和空气之间产生接触传热过程。水面温度 t_f 与远离水面的空气干球温度 θ 之间的温度差 $(t_f-\theta)$ 是水和空气之间接触传热的推动力。接触传热可以是从水流向空气，也可以是由空气传向水，其流向取决于两项温度高低。

当冷却水水面温度 t_f 大于空气湿球温度 τ 时，热水表层中的水分子逸出水面进入表层空气中即为蒸发。其推动力为温度等于 t_f 时的饱和蒸气压 P_q'' 与周围环境空气中水蒸气分压 P_q 之差值，即 $\Delta P_q = P_q'' - P_q$。

冷却水水面温度 t_f、空气干球温度 θ、空气湿球温度 τ 三者的大小决定了冷却水、空气之间的传热方向和传热量大小。当 $t_f=\tau$ 时，水温停止下降，但蒸发传热和接触传热仍在进行，方向相反，水的冷却处于动态平衡状态。

2）湿空气的焓

湿空气的焓与冷却塔热力计算密切相关，对此应予重视。湿空气的焓是表示湿空气含热量大小的数值，用 $i = C_{sh}\theta + \gamma_0 x$ 表示，这里的 x 是温度为 θ 时的含湿量。该 x 值不是1kg湿空气中的水蒸气量，也不是（$1+x$）kg混合气体中的水蒸气量，而是1kg干空气中吸收的水蒸气量。

3）冷却传热量

这里所介绍的内容是热水冷却时所散发的热量，包括与空气接触向空气传热的理论传热量和蒸发散热量。

接触传热量大小取决于水温与空气干球温度之差。蒸发散热量大小取决于蒸发汽化散失的水蒸气量多少。

（2）例题解析

【例题 14.3-1】下列关于冷却介质的说明中，正确的是哪几项？

（A）在工业生产过程中，用水冷却设备或产品带走热量，水是冷却介质；

（B）在冷却塔中，空气和热水之间传热，空气冷却热水，带走热量，空气是冷却介质；

（C）在冷却塔中，水的冷却过程是在淋水填料之中进行的，淋水填料截留热量，是冷却介质；

（D）在冷却水循环系统中，投加的混凝剂、阻垢剂是冷却介质。

【解】答案（A）（B）

根据《机械通风冷却塔工艺设计规范》，循环冷却水的定义为："以水作为冷却介质，并循环使用"。教材14.3节，"在冷却塔中，水的冷却是以空气为冷却介质的"。由此可知：

（A）在工业生产过程中，用水冷却设备或产品，水是冷却介质，（A）项叙述正确。

（B）在冷却塔中，空气和热水之间传热，空气冷却热水，空气是冷却介质，（B）项叙述正确。

（C）在冷却塔中，水的冷却过程是在淋水填料之中进行的，淋水填料发挥接触作用，是接触介质，不是降温带走热量的主体，不是冷却介质，（C）项叙述不正确。

（D）在冷却水循环系统中，投加的混凝剂、阻垢剂不是降温带走热量的主体，不是冷却介质，（D）项叙述不正确。

【例题 14.3-2】下列关于水的冷却理论概念表述中，不正确的是哪一项？

（A）产生蒸发传热的条件是冷却水周围空气的水蒸气分压一定要小于对应水温下的饱和蒸气气压；

（B）当空气的温度高于循环水水温时，循环水仍然有可能得到冷却；

（C）冷却水水面温度与接触水面的空气温度之间的差值是产生接触传热的推动力；

（D）设计冷却后的水温越接近空气湿球温度，冷却塔的冷却能力发挥的越加充分，冷却效果越好，也越经济。

【解】答案（D）

（A）产生蒸发传热的条件是冷却水周围空气的水蒸气分压一定要小于对应水温的饱

和蒸气气压，冷却水产生的蒸气才能向空气扩散，(A) 项叙述正确。

(B) 在湿式冷却塔中，当空气的温度高于循环水水温时，只要循环水水温低于空气湿球温度，循环水可以蒸发散热，仍然有可能得到冷却，(B) 项叙述正确。

(C) 冷却水水面温度与接触水面的空气温度之间的差值有可能为正或者为负，都会接触传热，要么冷却水向空气传热、要么空气向冷却水传热，故认为该差值是产生接触传热的推动力，(C) 项叙述正确。

(D) 设计冷却后的出水温度越接近空气湿球温度，冷却构筑物需要的填料体积越大，冷却效果不好，也不经济。从经济上考虑，一般要求冷却后的水温与空气湿球温度之差（冷幅高）不应小于 4℃，(D) 项叙述不正确。

【例题 14.3-3】下列关于水冷却原理的叙述中，不正确的是哪几项？

(A) 在敞开式冷却塔中，循环热水冷却时，其水温一定要高于进入冷却塔的空气温度；

(B) 热水蒸发散热量多少和水温有关，为了加快热水蒸发散热速度、提高冷却效果，可以采取的措施之一是提高进冷却塔循环热水水温；

(C) 在麦考尔焓差方程式中，冷却塔填料容积散质系数 β_{xv} 是单位淋水填料在单位平均焓差推动力作用下单位时间内蒸发散失的热量；

(D) 在蒸发传热量计算式中，冷却塔填料容积散质系数 β_x 是单位淋水填料在单位含湿量差作用下单位时间内总蒸发散热系数。

【解】答案 (A) (B) (D)

(A) 在敞开式冷却塔中，如果水温低于进入冷却塔的空气温度，即 $t_f<\theta$，只要蒸发散失的热量大于空气向水接触传回的热量，热水仍会冷却，(A) 项叙述不正确。

(B) 热水蒸发散热量多少和水温有关，提高进塔水温后，冷却前后水温差增大，直接影响冷却难度。要么冷却塔体积增大、要么气水比增大，都会影响正常使用，(B) 项叙述不正确。

(C) 在焓差方程式中，$dH=\beta_{xv}(i''-i)dv$，冷却塔填料容积散质系数 β_{xv} 是单位淋水填料在单位平均焓差推动力作用下单位时间内蒸发传热和接触传热散失的热量之和，(C) 项叙述正确。

(D) 在蒸发传热量计算式 $dQ_u=\beta_x(x''-x)dF$ 中，β_x 是以含湿量为基准的蒸发传质系数，不是总散热系数，(D) 项叙述不正确。

【例题 14.3-4】下列关于冷却塔内空气焓的概念叙述中，不正确的是哪一项？

(A) 温度为 θ 的湿空气的焓等于湿空气含热量和所含水蒸气的汽化热量之和；

(B) 温度为 θ 的湿空气的焓等于干空气含热量和所含水蒸气的含热量之和；

(C) 排出冷却塔饱和空气的焓等于饱和的湿空气含热量和所含水蒸气的汽化热量之和；

(D) 排出冷却塔饱和空气的焓等于干空气含热量和冷却水的含热量之和。

【解】答案 (D)

(A) 温度为 θ 的湿空气的焓 $i=C_{sh}\theta+\gamma_0 x$，$C_{sh}$ 是湿空气比热，等于湿空气含热量和所含水蒸气 x 的汽化热量之和，(A) 项叙述正确。

(B) 温度为 θ 的湿空气的焓是湿空气含热量和所含水蒸气 x 的汽化热量之和。也可以说是干空气含热量和所含水蒸气的含热量之和。水蒸气的含热量等于水蒸气汽化热加上水蒸气从0℃升高到θ的升温热量。不等于干空气含热量和所含水蒸气的汽化热量之和，(B) 项叙述正确。

(C) 排出冷却塔饱和空气的焓 $i'' = C_{sh}t_f + \gamma_0 x''$，$C_{sh}$ 是湿空气比热，等于饱和空气(湿空气) 温度为 t_f时含热量和所含饱和水蒸气 x''的汽化热量之和，(C) 项叙述正确。

(D) 排出冷却塔饱和空气的焓与冷却水的含热量无直接关系，(D) 项叙述不正确。

【例题 14.3-5】 下列关于湿式冷却塔冷却理论的叙述中，正确的是哪一项？

(A) 由于水面温度和水面上的空气温度不同，因此产生蒸发传热；

(B) 水的湿式冷却过程是通过蒸发传热实现的；

(C) 当冷却水水面温度介于空气干球温度θ和空气湿球温度τ之间时，空气向水方向接触传热；

(D) 当冷却水水面温度等于空气湿球温度τ时，空气和水之间不再相互传热。

【解】 答案 (C)

(A) 由于水面温度和水面上的空气温度不同，因此产生接触传热，不是蒸发传热，(A) 项叙述不正确。

(B) 水的湿式冷却过程是通过接触传热、蒸发传热实现的，(B) 项叙述不正确。

(C) 当冷却水水面温度介于空气干球温度θ和空气湿球温度τ之间时，空气向水方向接触传热，水向空气方向蒸发传热，(C) 项叙述正确。

(D) 当冷却水水面温度等于空气湿球温度τ时，水向空气方向蒸发传热及空气向水方向接触传热的热量相等，处于动态平衡状态，(D) 项叙述不正确。

14.4 冷却塔热力计算基本方程

(1) 阅读提示

1) 麦克尔焓差方程

用湿空气焓和饱和空气焓代入水冷却总传热量表达式，把蒸发散热、接触传热的总传热量用焓差来表示，得出以空气吸收热量的表达式，$dH = \beta_{xv}(i''-i)dv$。该式表示冷却塔内任一部位的饱和空气焓 (i'') 与该点空气焓 (i) 的差值是冷却推动力，也是最大的冷却能力。该焓差值 ($i''-i$) 不等于出塔空气、进塔空气的焓差值。

饱和空气焓计算式为：$i'' = C_{sh}t_f + \gamma_0 x''$，其中湿空气显热 $C_{sh}t_f$和温度有关，湿空气潜热 $\gamma_0 x''$和温度无关。在一定温度下已经达到饱和的空气，当温度升高后就成为了不饱和空气，而处于不饱和的空气，当温度降低到某一数值时，可能趋于饱和状态。

2) 逆流冷却塔热力计算方程

把冷却塔内空气吸收的热量和热水通过淋水填料所散发的热量近似相等，取 β_{xv} 为常数，得逆流冷却塔热力计算方程式：$\frac{\beta_{xv}V}{Q} = \frac{C_w}{K}\int_{t_2}^{t_1}\frac{dt}{i''-i}$，并分别称之为冷却塔特性数和冷却数。

冷却塔冷却数或称变换数，与冷却塔构造无关，只与外部气象条件如冷却水水温、空气饱和焓及湿空气焓有关。冷却数代表一种抽象的计算，是对冷却任务的要求。而冷却塔特性数表示冷却塔具有的冷却能力，与淋水材料特性、气、水流量有关。

3）逆流塔焓差法热力学基本方程图

当进、出冷却塔水温差 $\Delta t<15$℃时，可用冷却数求解方程简化计算式求出冷却数。阅读该式时要和逆流塔焓差法热力学基本方程图（$i-t$ 图）对应来看。其中 $i_2''-i_1$ 是冷却塔出水时饱和空气焓与进塔空气焓的差值。平均推动力 Δi_m 等于进、出水温度下饱和空气焓平均值与进、出塔空气焓平均值之差。冷却塔冷却数求解方程式反映了冷却数 N 与冷幅宽 Δt、冷却水进出口焓差推动力、平均焓差推动力有关。

4）容积散质系数 β_{xv}

在传热量计算式中表示与含湿量差有关的淋水填料容积散质系数 $\beta_{xv}=\dfrac{\beta_x F}{V}$，是在单位含湿量差、单位时间内单位体积填料蒸发散热量。而在焓差方程中，β_{xv} 表示单位焓差下单位时间单位体积淋水填料接触传热和蒸发传热的散热量。

$\beta_{xv}=A\cdot g^m\cdot q^n$，表示与热水喷洒负荷（淋水密度）、空气流量密度有关。同时还应注意，冷却塔淋水填料高度增大后，传热散热效果提高，β_{xv} 值增大。如果进入冷却塔的空气含湿量较低、干燥，则会吸收较多的水蒸气，β_{xv} 值增大。相反，如果进入冷却塔的空气含湿量较大，则吸收的水蒸气就会少，β_{xv} 值减小。在正常运行时，淋水密度、空气流量密度保持不变时，升高进水温度 t_f，则热负荷增大，β_{xv} 值减小。如果空气湿球温度 τ 降低，则 β_{xv} 值增大。在计算 β_{xv} 和冷却塔特性数时，应用公式 $\beta_{xv}=A\cdot g^m\cdot q^n$ 和 $N'=AZg^mq^{n-1}$ 时应注意，空气的流量密度单位为 kg/(m^2·s)。通常鼓风机、排风机流量为 m^3/min，应换算成 m^3/s，并乘以空气密度 1.1～1.29kg/m^3。计算气水比 λ 时，应换算成统一的质量流量单位，kg/h 或 kg/s。

（2）例题解析

【例题 14.4-1】下列关于冷却塔热交换推动力定义的叙述中，正确的是哪一项？

（A）进、出冷却塔空气的焓差值，即为冷却塔热交换推动力；

（B）进、出冷却塔冷却水的焓差值，即为冷却塔热交换推动力；

（C）进入冷却塔冷却水和进入冷却塔空气的焓差值，即为冷却塔热交换推动力；

（D）冷却塔内冷却水表面饱和空气焓和该点空气焓的差值，即为冷却塔热交换推动力。

【解】答案（D）

（A）进、出冷却塔空气的焓差值是空气吸收的热量，不认为是冷却塔热交换推动力，（A）项叙述不正确。

（B）进、出冷却塔冷却水的焓差值是冷却水散失的热量，不是冷却塔热交换推动力，（B）项叙述不正确。

（C）进入冷却塔冷却水的焓和表面饱和空气焓不是同一值，不是冷却塔热交换推动力，（C）项叙述不正确。

（D）冷却塔内冷却水表面饱和空气焓和该点空气焓的差值，即为冷却塔热交换推动力，（D）项叙述正确。

【例题 14.4-2】下列关于湿空气焓和温度关系及冷却推动力的表述中，正确的是哪一项？

（A）湿空气焓包括湿空气含热量和水蒸气汽化热两部分，都与温度有关；

（B）湿空气饱和焓值的大小与压力大小、温度高低有关；

（C）在逆流冷却塔中，进水温度下饱和空气焓与排出塔的饱和空气焓的差值，是冷却开始时的冷却推动力；

（D）在逆流冷却塔中，出水温度下饱和空气焓与进塔的饱和空气焓的差值，是冷却结束时的冷却推动力。

【解】 答案（B）

（A）湿空气焓包括湿空气含热量和水蒸气汽化热两部分，湿空气含热量与温度有关，水蒸气汽化热与温度无关，（A）项表述不正确。

（B）压力大、温度高时湿空气饱和焓值大，在一定温度下已经达到饱和的空气，当温度升高后就成为了不饱和空气。湿空气饱和焓值的大小与压力大小、温度高低有关，（B）项表述正确。

（C）在逆流冷却塔中，进水温度下饱和空气焓与排出塔的空气焓的差值，是冷却开始时的冷却推动力，而不是指进水温度下饱和空气焓与排出塔的饱和空气焓的差值，（C）项表述不正确。

（D）在逆流冷却塔中，出水温度下饱和空气焓与进塔的新鲜空气焓的差值，是冷却结束时的冷却推动力，而不是指出水温度下饱和空气焓与进塔的饱和空气焓的差值，（D）项表述不正确。

【例题 14.4-3】 下列关于冷却塔热力计算的基本概念表述中，不正确的是哪一项？

（A）实际运行的冷却塔，其冷却数与特性数基本相等；

（B）冷却塔特性数与淋水填料特性、气水比有关；

（C）当冷却塔冷却数和特性数相等时所对应的气水比为工作点气水比；

（D）冷却塔进、出水水温差 Δt 越大，气水比 λ 选用值越小。

【解】 答案（D）

（A）实际运行的冷却塔，其冷却数与特性数基本相等，这是冷却塔设计的出发点，（A）项表述正确。

（B）冷却塔特性数 $N'=\dfrac{\beta_{xv}V}{Q}$ 中的 β_{xv} 与填料特性、气水比有关，所以认为特性数 N' 与填料特性、气水比有关，（B）项表述正确。

（C）根据不同的气水比 λ 值代入 β_{xv} 求出冷却塔特性数 N'，做出 $N'=f(\lambda)$ 曲线，再以不同的气水比 λ 值代入空气操作线斜率 $\tan\varphi=\dfrac{1}{K\lambda}$，做出 $N=f(\lambda)$ 曲线，两曲线交叉点即为工作点，也就是要求的冷却数和气水比。所以，当冷却塔冷却数和特性数相等时所对应的气水比为工作点气水比，（C）项表述正确。

（D）冷却塔气水比 λ 选用值与冷却塔进、出水水温差 Δt 有关，Δt 增大，则热负荷增大，需要的气水比 λ 增大，所以（D）项表述不正确。

【例题 14.4-4】 冷却塔特性数表示为 $N'=\dfrac{\beta_{xv}V}{Q}$，对于构造相同、设置淋水填料相同的两座冷却塔来说，它们的特性数一定相同，正确的表述是哪几项？

（A）因构造相同而相同；

(B) 因冷却塔的淋水面积相同而一定相同；

(C) 因设计的排风量不同而不一定相同；

(D) 因设计的水流量不同而不一定相同。

【解】 答案 (C) (D)

(A) 还应考虑风量、水量和水温条件，仅考虑构造相同不能确定特性数相同，(A) 项表述不正确。

(B) 因未说明风量、水量，仅考虑淋水面积相同，则特性数不一定相同，(B) 项表述不正确。

(C) 因设计的排风量不同，指的是气水比不相同，则特性数不一定相同，(C) 项表述正确。

(D) 因设计的水流量不同，淋水密度不同，也即是气水比不一定相同，则特性数不一定相同，(D) 项表述正确。

【例题 14.4-5】 一座机械通风逆流冷却塔，测定并计算出进塔空气焓 $i_1=21.52\text{kJ/kg}$，出塔空气焓 $i_2=24.18\text{kJ/kg}$，出水温度下饱和空气焓 $i''_2=23.50\text{kJ/kg}$，平均焓差值 $\Delta i_m=3.72\text{kJ/kg}$，进、出塔水温差 $\Delta t=5℃$，蒸发水量传热的流量系数 $K=0.947$，水的比热 $C_w=4.187\text{kJ/(kg·℃)}$，则该冷却塔冷却数 N 是多少？

【解】 根据逆流冷却塔热力计算式，冷却塔冷却数 $N=\dfrac{C_w\Delta t}{6K}\left(\dfrac{1}{i''_2-i_1}+\dfrac{4}{i''_m-i_m}+\dfrac{1}{i''_1-i_2}\right)$，已有 i_1、i_2、i''_2，应求出 i''_1。根据教材公式 (14-12) 和图 14-19 可知：

$$i_m=\frac{i_1+i_2}{2}=\frac{21.52+24.18}{2}=22.85\text{kJ/kg};$$

$$i''_m=i_m+\Delta i_m=22.85+3.72=26.57\text{kJ/kg};$$

$$i''_m=\frac{i''_1+i''_2}{2},\ i''_1=2i''_m-i''_2=2\times26.57-23.50=29.64\text{kJ/kg}。$$

代入冷却数计算式，得冷却塔冷却数为：

$$N=\frac{4.187\times5}{6\times0.947}\left(\frac{1}{23.50-21.52}+\frac{4}{3.72}+\frac{1}{29.64-24.18}\right)$$

$$=3.684\times\left(\frac{1}{1.98}+\frac{4}{3.72}+\frac{1}{5.46}\right)=6.497。$$

【例题 14.4-6】 一座圆形机械通风逆流冷却塔，直径 $d=6.0\text{m}$，风机风量 $G=1548\text{m}^3/\text{min}$，空气密度 $\rho_s=1.29\text{kg/m}^3$，淋水填料容积散质系数 $\beta_{xv}=12300\text{kg/(m}^3\cdot\text{h)}$，气水比 $\lambda=0.8$ 时冷却塔特性数 $N'=6.50$，则该冷却塔淋水填料的高度是多少？

【解】 根据空气流量、气水比 λ 求出淋水密度 q：

空气流量密度 $g=\dfrac{1548\times1.29}{60\times0.785\times6^2}=1.1778\text{kg/(m}^2\cdot\text{s)}$；

淋水密度 $q=\dfrac{1.1778\times3600}{0.8}=5300\text{kg/(m}^2\cdot\text{h)}$。

用冷却塔特性数 N' 代入教材公式 (14-14)，得淋水填料的高度为：

$$Z=\frac{N'q}{\beta_{xv}}=\frac{6.50\times 5300}{12300}=2.80\text{m}。$$

14.5 冷却塔的计算和设计

(1) 阅读提示

1) 冷却塔工艺设计的主要任务

进行冷却塔工艺设计时，必需的气象条件是：空气干球温度 θ（℃）、空气湿球温度 τ（℃）、大气压力 P 及相对湿度 $\phi\left(\frac{水蒸气量}{1\text{m}^3\ 湿空气}\Big/\frac{水蒸气量}{1\text{m}^3\ 饱和空气量}\right)$、风速、风向。

在这些条件下，工艺设计的任务之一是：知道了冷却水量，冷却前后的水温 t_1、t_2，确定冷却塔尺寸、淋水填料体积、气水比和选用合适的水泵、风机。

工艺设计的任务之二是：在上述气象条件下，验证标准冷却塔或各种改造后的冷却塔在经济运行条件下的冷却水量或冷却后的水温。此外，进行必要的管线布置和冷却塔相对位置布置。

2) 有关技术指标的几个问题

① 水负荷（q）：即淋水面积（淋水填料顶部标高处塔壁内缘包围的面积）上的淋水密度（$\text{m}^3/(\text{m}^2\cdot\text{h})$），机械通风冷却塔中不同淋水填料上的淋水密度见有关淋水填料部分中的内容。

② 热负荷（H）：冷却塔内单位面积填料上的散热量，由水负荷直接求出热负荷和淋水密度，与冷却塔冷却前后水温差有关。

③ 冷幅宽（Δt）：冷却前后水温之差，$\Delta t=t_1-t_2$。Δt 的大小说明散热量大小，不能说明冷却前的水温高或冷却后的水温低。

④ 冷幅高（$\Delta t'$）：冷却后水温与空气湿球温度之差，$\Delta t'=t_2-\tau$，又称为逼近度。从经济上考虑，$\Delta t'\geqslant 4$℃为宜。

⑤ 冷却效率（η）：指实际冷幅宽与极限冷幅宽（$t_1-\tau$）的比值。根据该式可以从冷却效率 η 在较高的条件下求出冷却塔允许的进、出水温度。

⑥ 冷却后水温保证率：冷却后水温保证率是一种重现期和保证率问题。例如，空气湿球温度 τ 值是 5 年连续观测数据，即认为是 $T=5$ 年一遇的重现期。则重现期和频率 P 的关系式为：$T=\frac{1}{P}$（适合于 $P<50\%$）或 $T=\frac{1}{1-P}$（适合于 $P>50\%$）。例如，$P=80\%$，则重现期 $T=\frac{1}{1-P}=5$ 年，即 5 年一遇。保证率为 80%，$1-P=20\%$，每年 6、7、8 月有 $92\times 20\%=19.4\text{d}$ 不能保证全部效果。

3) 空气动力学计算

① 机械通风冷却塔

机械通风冷却塔空气动力学计算时，涉及空气通过冷却塔风速、气流阻力和通风机的功率。

首先应知道进入冷却塔的风量，一般根据冷却水量 Q（m^3/h 折算成 kg/h）和气水比系数 λ 值，计算出空气质量流量 G（kg/h）值。用 G 值除以横截面积和湿空气密度（kg/

m^3），得出通过冷却塔的风速 v_i（m/s）。湿空气密度可通过计算或查表求出，该值与温度有关，也就是与含湿量多少有关。

冷却塔气流阻力计算与水流阻力（水头损失）计算相同。取 $\frac{\gamma}{g}=\rho_m$ 代入气流阻力计算式，得：

$$H=\Sigma H_i=\Sigma \xi_i \frac{\gamma v_i^2}{2g}=\Sigma \xi_i \frac{\rho_m v_i^2}{2}\left(\frac{kg}{m^3}\cdot\frac{m^2}{s^2}\right)$$

$$=\Sigma \xi_i \frac{\rho_m v_i^2}{2}\left(\frac{kg\cdot m}{s^2}\cdot\frac{1}{m^2}\right)=\Sigma \xi_i \frac{\rho_m v_i^2}{2}(N/m^2)。$$

根据气水比求出的空气质量流量（kg/s）除以空气密度（$\rho=1.2kg/m^3$）换算成风量（m^3/s），把气流阻力 H（$N/m^2=Pa$）直接代入通风机功率计算式，得：

$$N=\frac{G_p H}{\eta_1\eta_2}B\times10^{-3}\left(\frac{m^3}{s}\cdot\frac{N}{m^2}\right)=\frac{G_p H}{\eta_1\eta_2}B\times10^{-3}(kW)。$$

即求出功率值，该计算方法见下面例题解析。

② 自然通风冷却塔

风筒式自然通风冷却塔空气流通是塔内外空气密度差产生的抽吸作用。风筒越高，抽力越大，冷却塔内进入的空气流速越大，进气量越多。

根据该类冷却塔内外空气密度差，设计选用合适的风速大小，可以求出冷却塔高度 H_c。

（2）例题解析

【例题 14.5-1】 下列关于冷却塔设计计算技术指标的叙述中，正确的是哪一项？

（A）冷却塔冷幅宽越大，其水负荷越大；

（B）冷却塔冷幅高越大，其热负荷越大；

（C）冷却塔水负荷越大，其热负荷越大；

（D）冷却塔热负荷越大，冷却效率一定越高。

【解】 答案（C）

（A）冷却塔水负荷是单位淋水面积上的冷却水量，和冷幅宽（$\Delta t=t_1-t_2$）没有关系，（A）项叙述不正确。

（B）冷却塔热负荷和冷幅宽（冷却前后水温差）Δt 成正比，和冷幅高（$\Delta t'=t_2-\tau$）没有关系，（B）项叙述不正确。

（C）冷却塔热负荷是水的比热（C_w）×水负荷（淋水密度 q）×冷幅宽（冷却前后水温差 Δt），水负荷越大，其热负荷越大，（C）项叙述正确。

（D）冷却塔热负荷越大，有可能是水负荷（q）较大，或者冷幅宽（Δt）较大，如果是水负荷较大，则冷却效率 $\eta=\frac{\Delta t}{\Delta t+\Delta t'}$，不会增大，（D）项叙述不正确。

【例题 14.5-2】 下列关于冷却塔冷却效率和有关技术指标的表述中，不正确的是哪几项？

（A）冷却塔冷却效率和冷却水冷却前后温度差（冷幅宽）有关；

（B）冷却塔出水水温高低和空气湿球温度 τ 的高低有关；

（C）蒸发水量传热流量系数 K 值越大，冷却塔冷却效率越高；

(D) 冷却塔内气水比增大或冷却塔水负荷减小，冷却塔热负荷降低。

【解】答案 (C) (D)

(A) 冷却塔冷却效率指实际冷幅宽和极限冷幅宽的比值，即 $\frac{t_1-t_2}{t_1-\tau}$，和冷却水冷却前后温度差（冷幅宽）有关，(A) 项表述正确。

(B) 空气湿球温度 τ 是热水冷却的极限温度，直接影响到冷却塔出水水温，(B) 项表述正确。

(C) 从冷却数求解方程 $N=\frac{C_w}{K}\int_{t_2}^{t_1}\frac{dt}{i''-i}$ 可以看出，蒸发水量传热流量系数 K 值越大，冷却数 N 值越小，表示外界气象条件较差，冷却塔冷却效率较低，(C) 项表述不正确。

(D) 冷却塔热负荷表示单位时间内填料散发的热量，等于水的比热 C_w 和冷却水量 Q 的乘积，与冷却塔水负荷有关，与塔内气水比无关，(D) 项表述不正确。

【例题 14.5-3】 一座冷却塔进、出水温度分别为 36℃和 32℃，冷却效率系数 $\eta=50\%$。在其他条件都不变化的前提下，进、出水温度改为 44℃和 35℃，则冷却效率系数 η 变为了多少？

【解】冷却效率 $\eta=\frac{t_1-t_2}{t_1-\tau}$，代入上述数据，$0.5=\frac{36-32}{36-\tau}$，得空气湿球温度 $\tau=28$℃。

把 τ 代入另一工况，得冷却效率系数 $\eta=\frac{44-35}{44-28}=\frac{9}{16}=0.5625=56.25\%$。

【例题 14.5-4】 一冷却系统的用水设备要求进水水温不高于 33℃，冷却塔出口到用水设备进口冷却水水温升高 0.5℃，当地空气湿球温度 $\tau=27.5$℃，取冷却效率系数 $\eta=0.5$，则冷却塔进水水温 t_1 是多少？

【解】冷却塔出水水温 $t_2=33-0.5=32.5$（℃），冷却效率 $0.5=\frac{t_1-t_2}{t_1-\tau}=\frac{t_1-32.5}{t_1-27.5}$，经计算，$t_1-32.5=0.5t_1-13.75$，得 $t_1=\frac{32.5-13.75}{0.5}=37.5$℃。

【例题 14.5-5】 一座逆流机械鼓风冷却塔，冷却水量 $Q=960\text{m}^3/\text{h}$，设计气水比 $\lambda=0.55$，空气通过冷却塔的横截面积 $F_i=120\text{m}^2$，测得塔内湿空气平均密度 $\rho_m=1.15\text{kg/m}^3$，冷却塔内气流局部阻力系数 $\sum\xi=85$，取鼓风机机械传动效率 $\eta_1=0.95$、鼓风机效率 $\eta_2=0.90$、鼓风机的风量平均密度 $\rho_m=1.20\text{kg/m}^3$、电机安全系数 $B=1.20$，则鼓风机电机功率 N 是多少？

【解】冷却塔进塔空气量 $G=\lambda Q=0.55\times960\times1000=528\times10^3\text{kg/h}$；

折算成体积流量，得：$G'=\frac{528\times10^3}{3600\times1.15}=128\text{m}^3/\text{s}$。

空气通过冷却塔的流速为：$v_i=\frac{128}{120}=1.07\text{m/s}$；

通过冷却塔的气流阻力损失为：$H=\sum\xi\frac{\rho_m v_i^2}{2}=85\times\frac{1.15\times1.07^2}{2}=56\text{Pa}$，

把体积流量 G' 换算成密度 $\rho_m=1.20\text{kg/m}^3$ 的风量 G_p 值：

$G_p=128\times\frac{1.15}{1.20}=123\text{m}^3/\text{s}$，代入鼓风机电机功率计算式，

得：$N=\frac{G_p H}{\eta_1 \eta_2}B\times 10^{-3}=\frac{123\times 56}{0.95\times 0.90}\times 1.20\times 10^{-3}=9.67\text{kW}$。

14.6　循环冷却水系统组成

（1）阅读提示

本节主要介绍循环冷却水系统包含的内容。其中冷却塔、用水设备、循环水泵、循环水管、处理装置是必不可少的。

循环冷却水系统布置的基本形式是根据用水设备、冷却设备和循环水泵的相对位置而划分的，分为单元制、干管制和混合制。可根据这三种布置图示理解是否互相干扰、是否节能、是否互为备用等。

（2）例题解析

【例题 14.6-1】有一座设在地下二层的空调机房，共有 6 台规格型号相同的冷冻机，地面上设计安装 6 台冷却塔，在采用单元制和干管制的布置理由叙述中，正确的是哪一项？

（A）单元制布置时冷却塔、冷冻机和循环水泵互不干扰，设备相互备用；

（B）单元制布置时冷冻机和循环水泵布置在一起，便于管理，水量相互补充；

（C）干管制布置时冷冻机和循环水泵布置在一起，循环水管安装紧凑，水量相互补充；

（D）干管制布置时冷却塔和循环水泵必须同时开启和关闭，浪费能量。

【解】答案（C）

（A）单元制布置时冷却塔、冷冻机和循环水泵互不干扰，设备不能相互备用，（A）项叙述不正确。

（B）单元制布置时冷冻机和循环水泵布置在一起，便于管理，水量不能相互补充，（B）项叙述不正确。

（C）干管制布置时冷冻机和循环水泵布置在一起，水量可以相互补充，（C）项叙述正确。

（D）干管制布置时冷冻机、冷却塔和循环水泵不要求同时开启和关闭，不存在浪费能量问题，（D）项叙述不正确。

14.7　循环冷却水系统设计

（1）阅读提示

本节主要介绍循环冷却水系统中冷却塔选择、位置布置、循环水泵、集水池等构筑物设计要求，是了解循环冷却水系统的基本知识。

1）冷却塔选择

冷却塔选择可根据冷却塔比较表中的内容比较对照。同时注意：当逼近度 $t_2-\tau\leqslant$ 4℃ 时，宜对横流式或逆流式冷却塔比较后确定。同时注意在冷幅宽（t_1-t_2）已定的条件下，当工艺冷却水量变化幅度为±20％左右时，宜采用横流式冷却塔，说明横流式冷却塔有较大的适用性。

2）安装位置选择

冷却塔相对位置应首先满足通风要求，同时考虑夏天主导风向、冷却塔噪声、飘水或水雾影响，通风要求见教材“冷却塔（机械通风式）的选择和布置要求”。

3）循环水泵和管线设计

在检修时不影响生产的前提下，冷却塔可以不设备用。单元制布置的循环冷却水系统可不设备用循环水泵。而多泵并联的干管制宜设备用循环水泵，且水泵出口水管上安装止回阀。循环水管道流速要求同输水管网或泵房管道流速。

4）集水设施

通常设集水型塔盘或专用集水池收集冷却后水量，应有足够的容积并满足水泵吸水管对外接出管口淹没深度。根据选用水泵的流量设置的专用集水池，按照共用该吸水池水泵30～50s流量确定。并按最大一台水泵5min抽水量校核。集水池与冷却塔底盘垂直距离不宜超过10m。

（2）例题解析

【例题14.7-1】在相同冷却水量和容积散质系数条件下，逆流式冷却塔和横流式冷却塔相比，具有如下特点，不正确的是哪一项？

（A）逆流式冷却塔冷却效率较高，适应的冷却逼近度低；

（B）横流式冷却塔具有较强的适应水量变化能力；

（C）逆流式冷却塔因配水影响气流，进风风压较大；

（D）逆流式冷却塔淋水填料占地面积大，塔体高大。

【解】答案（D）

根据逆流式冷却塔和横流式冷却塔的比较及规范可知：

（A）逆流式冷却塔冷却效率较高，可以在冷却逼近度$t_2-\tau\leqslant4$℃条件下工作，横流式冷却塔可以在冷却逼近度$t_2-\tau\geqslant4$℃条件下工作，（A）项叙述正确。

（B）逆流式冷却塔可以在冷却水量变化±10%条件下工作，横流式冷却塔可以在冷却水量变化±20%条件下工作，具有较强的适应水量变化能力，（B）项叙述正确。

（C）逆流式冷却塔因水气逆向流动，水流阻挡气流，使得进风风阻大，风压较大，（C）项叙述正确。

（D）逆流式冷却塔塔体高大，淋水填料占地面积小，（D）项叙述不正确。

【例题14.7-2】一开式循环冷却水系统，冷却塔和高位水池设在标高10.00m的屋面上，用水设备和循环水泵及低位水池设在标高－5.00m的地下室内，用水设备冷却水进口压力0.25MPa，不计输水管水头损失，下列布置中不宜采用的布置方法是哪几项？

（A）冷却塔→低位水池→循环水泵→用水设备→冷却塔；

（B）冷却塔→用水设备→低位水池→循环水泵→冷却塔；

（C）冷却塔→高位水池→用水设备→低位水池→循环水泵→冷却塔；

（D）冷却塔→高位水池→循环水泵→用水设备→冷却塔。

【解】答案（A）（B）（C）

（A）低位水池与冷却塔垂直距离不宜超过10m，现已达15m，引起有效水压损失、增加循环水泵扬程，浪费能量，（A）项布置方法不宜采用。

(B) 用水设备距冷却塔垂直距离 15m，不能满足用水设备冷却水进口压力 0.25MPa (25m) 的要求，(B) 项布置方法不宜采用。

(C) 用水设备距高位水池垂直距离也是 15m，不能满足用水设备冷却水进口压力 0.25MPa (25m) 的要求，(C) 项布置方法不宜采用。

(D) 循环水泵距高位水池垂直距离也是 15m，充分利用这一水头，能满足用水设备冷却水进口压力 0.25MPa 的要求，(D) 项布置方法可以采用。

【例题 14.7-3】一组多排机械通风冷却塔的单台冷却塔为直径 8.0m、总高 5.0m 的中型塔，塔底塔盘集水池上檐高出地面 2.0m，紧靠集水池上部的是进风口，进风口上檐高出地面 4.5m。下列关于该种冷却塔位置布置的表述中，正确的是哪一项？

(A) 冷却塔群距离旁边办公楼必须≥9.0m；

(B) 在同一直线上的两组冷却塔塔排距离必须≥4.5m；

(C) 不在同一直线上的前后两组冷却塔塔排距离≥18.0m；

(D) 每组冷却塔塔排长度选为 32.0m。

【解】 答案 (D)

(A) 冷却塔群距离旁边办公楼必须≥2 倍的进风口高度，进风口高度为 4.5−2.0=2.5m，即为 2.5×2=5.0m。进风口高度不是 4.5m，不是必须≥9.0m，(A) 项表述不正确。

(B) 在同一直线上的两组冷却塔塔排距离必须≥4.0m，不是必须≥4.5m，(B) 项表述不正确。

(C) 不在同一直线上的前后两组冷却塔塔排距离必须≥4 倍的进风口高度，进风口高度为 2.5m，即为 2.5×4=10.0m。进风口高度不是 4.5m，不是必须≥18.0m，(C) 项表述不正确。

(D) 中型冷却塔塔排长、宽比为 3∶1～5∶1，塔排长度为 3×8.0～5×8.0=24.0～40.0m，现取 32.0m 合适，(D) 项表述正确。

【例题 14.7-4】一组周围进风的机械通风冷却塔，单台冷却塔直径为 5.0m、冷却水量 800 m^3/h，双排布置。塔底塔盘集水池在地面以上，紧靠集水池上部的是进风口下檐高出地面 2.5m，进风口上檐高出地面 5.0m。下列关于该种冷却塔位置布置的表述中，正确的是哪几项？

(A) 前后两组冷却塔塔排距离≥10.0m；

(B) 每组冷却塔塔排长度应选为 20.0～25.0m；

(C) 与其他办公楼的距离必须≥10.0m；

(D) 使用冷却水的设备设置在高处，高出地面不宜大于 10.0m，以免损失有效水压。

【解】 答案 (A)(B)

(A) 不在同一直线上的前后两组冷却塔塔排距离必须≥4 倍的进风口高度，进风口高度为 5.0−2.5=2.5m，即为 2.5×4=10.0m，(A) 项表述正确。

(B) 冷却水量 800 m^3/h 为小型冷却塔，塔排长、宽比为 4∶1～5∶1，塔排长度为 4×5.0～5×5.0=20.0～25.0m 合适，(B) 项表述正确。

(C) 冷却塔群距离旁边办公楼必须≥2 倍的进风口高度，进风口高度为 2.5m，即为 2.5×2=5.0m。进风口高度不是 5.0m，不是必须≥10.0m，(C) 项表述不正确。

（D）冷却塔在低处，需要设置提升水泵提升水到高处，使用冷却水的设备不受10.0m限制。相反，如果冷却塔塔盘集水池在高处，用水设备在低处，塔盘集水池不宜高于用水设备进口压力10.0m以上，（D）项表述不正确。

【例题14.7-5】下列关于选用成品冷却塔需要校核或数据修正的表述中，不正确的是哪几项？

（A）冷却塔设置的位置和平面布置不能满足布置要求时，应对冷却塔的配水系统进行校核；

（B）在高温、高湿地区，应对所选冷却塔的气水比值进行校核；

（C）设计循环冷却水量不足冷却塔额定水量的80%，应对冷却塔的热力性能进行校核；

（D）成品冷却塔厂家提供的数据为模拟实验数据时，应根据冷却塔的实验条件与实际运行条件差异予以修正。

【解】答案（A）（C）

（A）冷却塔设置的位置和平面布置不能满足布置要求时，应对冷却塔的热力性能进行校核，不是对冷却塔的配水系统进行校核，（A）项表述不正确。

（B）在高温、高湿地区（指的是$\tau>28$℃，$t_2-\tau<4$℃），应对所选冷却塔的气水比值进行校核，（B）项表述正确。

（C）设计循环冷却水量不足冷却塔额定水量的80%，应对冷却塔的配水系统进行校核，不是对冷却塔的热力性能进行校核，（C）项表述不正确。

（D）成品冷却塔厂家提供的数据为模拟实验数据时，应根据冷却塔的实验条件与实际运行条件差异予以修正，修正系数0.8～1.0，（D）项表述正确。

15 循环冷却水处理

15.1 循环冷却水的水质特点和处理要求

(1) 阅读提示

1) 循环冷却水水质特点

① 在循环过程中，因蒸发而使含盐量浓度增加，同时生成沉积物。

② 因散除 CO_2，打破了原来的碳酸平衡，$Ca(HCO_3)_2 \rightleftharpoons CaCO_3 \downarrow + CO_2 \uparrow + H_2O$，碳酸钙沉淀。

③ 因与空气接触吸收了空气中的灰尘，滋生微生物形成污垢。

④ 因溶解了氧气及冷却降温，循环冷却水对金属管道具有腐蚀作用，循环冷却水处理或稳定是阻垢、缓蚀和控制滋生微生物。

2) 水质要求

应根据不同的使用要求，提出不同的水质标准，从大的方面考虑，应考虑沉淀、过滤，去除浑浊度；应考虑软化，去除硬度；减缓结垢或膜法处理去除部分离子。

3) 给水排水专业技术人员研究的问题

给水排水专业技术人员研究的问题是降低水温、减缓结垢、减缓腐蚀，去除污垢、黏垢。

金属腐蚀及设备积垢增大热阻是材料和热工研究的问题，给水排水专业技术人员知道此类概念即可。

(2) 例题解析

【例题 15.1-1】下列关于循环冷却水水质稳定指标的叙述中，不正确的是哪一项？

(A) 循环冷却水处理的任务是杜绝结垢、避免一切腐蚀、杀灭全部微生物；

(B) 水中的污垢、水垢、黏垢都会影响热交换器的散热效果；

(C) 热交换器金属表面每年腐蚀深度即为腐蚀速率；

(D) 循环冷却水的腐蚀和结垢取决于水—碳酸盐系统的平衡。

【解】答案 (A)

(A) 循环冷却水处理的任务是阻垢、缓蚀、控制微生物，不是杜绝结垢、避免一切腐蚀、杀灭全部微生物，而是只要不影响使用即可，(A) 项叙述不正确。

(B) 水中的污垢、水垢、黏垢都会影响热交换器的散热效果，(B) 项叙述正确。

(C) 热交换器金属表面每年腐蚀深度即为腐蚀速率，(C) 项叙述正确。

(D) 循环冷却水的腐蚀和结垢取决于水—碳酸盐系统的平衡，水中CO_2 增多，常引起酸性腐蚀，CO_2 减少，引起碱性沉淀，(D) 项叙述正确。

【例题 15.1-2】下列关于循环冷却水和城市自来水比较的叙述中，正确的是哪几项？

(A) 循环冷却水因风吹、渗漏损失水量而浓缩，比自来水含盐量浓度增加；

(B) 循环冷却水因与空气接触，溶解氧含量增加，滋生微生物，产生黏垢；

(C) 循环冷却水因与空气接触散除 CO_2 后 $CaCO_3$ 沉淀；

(D) 循环冷却水水温高于自来水，具有很好的杀菌消毒作用。

【解】 答案 (B) (C)

(A) 循环冷却水因蒸发损失水量而浓缩，比自来水含盐量浓度增加，不是风吹、渗漏损失水量而浓缩，(A) 项叙述不正确。

(B) 循环冷却水因与空气接触，溶解氧含量增加，滋生微生物，产生黏垢，(B) 项叙述正确。

(C) 根据碳酸平衡关系式，$Ca(HCO_3)_2 \rightleftharpoons CO_2\uparrow + H_2O + CaCO_3\downarrow$，循环冷却水因与空气接触散除 CO_2 后 $CaCO_3$ 沉淀，(C)项叙述正确。

(D) 循环冷却水水温虽然高于自来水，但大多不超过 45℃，杀菌消毒作用有限，(D) 项叙述不正确。

【例题 15.1-3】 一工厂生产用水给水系统采用水源为河水，原水浊度 150～400NTU，硬度(以 $CaCO_3$ 计)50mg/L。经处理后作为锅炉和冷却系统补给水，要求浊度≤10NTU，硬度(以 $CaCO_3$ 计)≤2mg/L，其他无要求。下列四种处理方法中，哪一种是经济合理的?

(A) 混凝、沉淀＋过滤；

(B) 混凝、沉淀＋过滤＋软化；

(C) 混凝、沉淀＋过滤＋消毒＋反渗透；

(D) 混凝、沉淀＋过滤＋除盐。

【解】 答案 (B)

(A) 混凝、沉淀＋过滤仅能去除浊度杂质，不能有效去除硬度，(A) 项方案不正确。

(B) 混凝、沉淀＋过滤＋软化可以去除浊度杂质和硬度离子，满足锅炉和冷却系统补给水，(B) 项方案正确。

(C) 水处理去除浊度杂质和硬度离子满足锅炉和冷却系统补给水即可，可适当消毒防止滋生藻类，不需要反渗透除盐，(C) 项方案不正确。

(D) 混凝、沉淀＋过滤＋除盐，可去除浊度杂质和正、负离子。对于去除浊度杂质和硬度离子、满足锅炉和冷却系统补给水是不经济的，(D) 项方案不正确。

15.2 循环冷却水的结垢和腐蚀判别方法

(1) 阅读提示

1) 结垢、腐蚀相反相成

水的结垢和腐蚀是水的碳酸平衡系统中 CO_2、$CaCO_3$ 相互作用的结果，当水中碳酸盐含量超出饱和浓度时，出现碳酸盐沉淀结垢。相反，酸性水对碳酸盐具有溶解作用而发生腐蚀。结垢和腐蚀相反相成，同时存在于循环冷却水系统中。腐蚀不仅对金属管道、涉水设备金属壁面产生破坏作用，也能对混凝土管道、混凝土池壁进行腐蚀剥落壁面。

2) 判别方法

① 将分析化验碳酸盐硬度和不同温度条件下保持不结垢的最大饱和值进行对比，以确定结垢腐蚀倾向。

② 用实际测定的 pH_0 值和碳酸盐饱和时的 pH_s 值进行比较，取 I_L（饱和指数）$=pH_0-pH_s$，称为朗格利尔指数法，以判定是结垢还是腐蚀。

③ 用实际测定的 pH_0 值和碳酸盐饱和时的 pH_s 值进行比较，取 $I_R=2pH_s-pH_0$，称为雷兹纳尔稳定指数法，并给出一定的实际经验参数。

④ 用实际测定的 pH 值和配制水样出现结垢时的临界 pH_c 值进行比较，以确定结垢腐蚀倾向。

（2）例题解析

【例题 15.2-1】 一工业基地循环冷却水系统中实际测定水的 $pH_0=6.7$，经计算该水体中 $CaCO_3$ 饱和平衡时的 $pH_s=6.9$，则该循环冷却水稳定性是怎样的？

【解】 循环冷却水朗格利尔指数 $I_L=pH_0-pH_s=6.7-6.9=-0.2<0$，

说明水中 $CaCO_3$ 浓度低于饱和状态值，有腐蚀倾向。又根据雷兹纳尔稳定指数 $I_R=2pH_s-pH_0=2\times6.9-6.7=7.1$，属于有显著腐蚀倾向的水质。

15.3 循环冷却水水质处理

（1）阅读提示

循环冷却水水质处理就是对循环过程中产生的沉淀、腐蚀、微生物进行处理，概括为：腐蚀控制、结垢控制、微生物控制、旁滤水处理、设备清洗和预膜。

1）腐蚀控制

腐蚀控制的基本方法是投加一些药剂，使之在金属表面形成薄膜，覆盖金属表面与腐蚀介质隔绝，达到缓蚀的目的。根据缓蚀药剂的性质及金属表面作用原理不同，形成的薄膜不同，通常分为氧化物膜、沉淀物膜和吸附膜三大类型。

2）结垢控制

和腐蚀控制相反，是防止水中微溶盐类从水中析出黏附在设备壁面或管壁上形成水垢。通常采用排污、酸化、热力学方法及改变水中微溶盐类晶体生成过程和形态的化学动力学方法。

3）微生物控制

为减少微生物和藻类产生黏垢，防止导致腐蚀或形成污垢，通常采用氧化型杀生剂、非氧化型杀生剂及表面活性剂杀灭微生物和藻类。因非氧化型杀生剂硫酸铜容易析出铜离子沉积在碳钢表面，形成腐蚀电极的阴极，引起腐蚀，所以大多采用以氧化型杀生剂为主、非氧化型杀生剂为辅的杀藻方法。

4）旁滤水处理

当循环冷却水循环运行过程中常常受到污染影响循环水质或者适当提高浓缩倍数时，需要设置旁滤水处理装置。大水量循环系统中通常采用砂滤池（罐），小水量循环系统用滤芯过滤器过滤。一般旁滤处理水量为循环水量的1%～5%。旁滤处理后出水浊度小于3NTU。

5）设备清洗和预膜

循环冷却水系统定期清洗和新冷却设备在运行前进行清洗都是必不可少的。设备或管道清洗后原有保护膜损坏，需重新投加一些缓蚀剂以形成耐腐蚀保护膜，称为预膜。由于预膜时投加的缓蚀剂浓度要比正常运行条件下的浓度高出6～7倍，容易形成完整的保护膜，为在正常运行时生成保护膜奠定了基础。

（2）例题解析

【例题15.3-1】下列关于循环冷却水水质处理作用的叙述中，正确的是哪一项？

（A）腐蚀控制、结垢控制和微生物控制是循环冷却水水质处理的全部内容；

（B）旁滤过滤器安装在循环水总管上，去除水中的悬浮颗粒，对循环冷却水全流量过滤；

（C）酸化处理可以把水中的碳酸盐硬度转化为非碳酸盐硬度；

（D）化学氧化剂氧化，可以把循环水中的有机物杂质氧化为沉淀物覆盖在金属表面，减缓腐蚀。

【解】答案（C）

（A）在循环冷却水水质处理中，除腐蚀控制、结垢控制和微生物控制之外还要设置旁滤去除悬浮物，即控制泥垢、结垢、腐蚀、微生物四个方面，（A）项叙述不正确。

（B）旁滤过滤器安装在和循环水总管并联的管道上，主要去除水中的悬浮颗粒，不需要全过滤，仅对循环冷却水1%～5%的流量过滤即可，（B）项叙述不正确。

（C）酸化处理时可以把水中的碳酸盐硬度如$Ca(HCO_3)_2$、$Mg(HCO_3)_2$转化为溶解度较高的非碳酸盐硬度如$CaSO_4$、$MgCl_2$等进行结垢控制，（C）项叙述正确。

（D）化学氧化剂氧化，可以把循环水中的有机物氧化，但不能形成沉淀物覆盖在金属表面，氧化膜型缓蚀剂可以氧化金属表面生成保护膜减缓腐蚀，（D）项叙述不正确。

【例题15.3-2】下列关于循环冷却水水质处理方法的叙述中，正确的是哪几项？

（A）氧化膜型缓蚀剂氧化保护膜可以控制腐蚀，同时可以氧化金属表面的污垢控制结垢；

（B）当水中存在Ca^{2+}、Mg^{2+}时，聚磷酸盐在循环冷却水处理中，既有缓蚀作用，又有阻垢作用；

（C）采用液氯杀藻时需要较大的投加量（≥2mg）和较高的pH值；

（D）防止循环冷却水腐蚀的有效方法之一是管道、热交换设备采用非金属材质。

【解】答案（B）

（A）氧化膜型缓蚀剂氧化金属表面形成保护膜可以控制腐蚀，但不能氧化金属表面的污垢控制结垢，（A）项叙述不正确。

（B）当水中存在Ca^{2+}、Mg^{2+}时，聚磷酸盐可以形成聚磷酸钙、聚磷酸镁，形成沉积型缓蚀保护膜。同时，聚磷酸盐又有阻垢作用，（B）项叙述正确。

（C）采用液氯杀藻时不需要较大的投加量（一般≤1mg），不需要较高的pH值（pH值=5左右即可），（C）项叙述不正确。

（D）管道、热交换设备采用非金属材质后散热传热效果较差，不能有效冷却，直接影响生产，（D）项叙述不正确。

15.4 循环冷却水水量损失与补充

（1）阅读提示

本节主要介绍敞开式循环冷却水系统水量、水质平衡问题。阅读该节内容时需注意以下几个问题：

1）系统补充水量计算

系统补充水量等于蒸发水量、排污水量、风吹损失水量之和。实际上风吹损失水量也等于排污，可以认为排污和风吹损失水量或漏损后，都有助于降低循环水的含盐浓度。如果风吹损失水量所占比例较高（>0.5%），就可能不需要排污了。

在计算系统补充水量时，应根据水量平衡、水质平衡进行考虑。

当考虑水量平衡时，即认为补充的水量等于蒸发、风吹、排污或漏泄水量之和。如果风吹损失水量较小，排污水量>0，则应用水量平衡公式 $Q_m = Q_e + Q_b + Q_w$，或利用含盐量稳定平衡公式 $Q_m = \frac{Q_e \cdot N}{N-1}$ 计算补充水量均为同一值。

如果风吹或漏泄水量较大，根据蒸发水量及浓缩倍数计算公式 $Q_b = \frac{Q_e \cdot N}{N-1} - Q_w$ 计算出排污水量 Q_b，当 $Q_b < 0$ 时，应不再排放污水。

如果仅考虑含盐量平衡，则应用含盐量稳定平衡公式计算。蒸发水量引起含盐总量增加值为 $Q_e \cdot C_x$，补充水带入盐总量为 $Q_m \cdot C_B$，补充水可以稀释溶解的盐总量为 $Q_m \cdot C_x$，即：$Q_e \cdot C_x = Q_m(C_x - C_B)$，由此得：$Q_m = \frac{Q_e \cdot C_x}{C_x - C_B} = \frac{Q_e \cdot N}{N-1}$。

2）蒸发水量

蒸发水量 $Q_e = k \cdot \Delta t \cdot Q_r$，计算简便。如果准确计算，可用公式 $Q_e = \beta_{xv}(x'' - x)v$ 计算，见教材公式（14-4）。

3）排污水量

排污水量与设计浓缩倍数 N 值有关，浓缩倍数 N 值越小，补充的水量越多。规范规定，敞开式循环冷却水系统的设计浓缩倍数最小值不应小于3，则按照 $N=3$ 求出的补充水量为最大补充水量值。

（2）例题解析

【例题 15.4-1】 循环冷却水浓缩倍数 N 指的是循环水含盐量和补充水含盐量之比，由此可得出下列关于浓缩倍数和损失水量的关系式，正确的是哪一项？

（A）循环冷却水浓缩倍数 N 等于系统循环水量和补充水量之比；

（B）循环冷却水浓缩倍数 N 等于系统补充水量和蒸发水量之比；

（C）循环冷却水浓缩倍数 N 等于系统补充水量和排污水量之比；

（D）循环冷却水浓缩倍数 N 等于系统补充水量和排污水量＋风吹水量之比。

【解】 答案（D）

（A）循环水量和补充水量之比远远大于浓缩倍数 N，循环水量和补充水量之比不等于浓缩倍数 N，（A）项说明不正确。

（B）根据计算式 $N = \frac{Q_m}{Q_m - Q_e}$，浓缩倍数 N 不等于补充水量和蒸发水量之比，（B）项说明不正确。

（C）从表面来看循环冷却水系统排污水量、风吹损失水量均影响浓缩倍数 N 值大小，作用相同。当风吹损失水量较大时，可不考虑排放污水，从浓缩倍数计算式来看，循环冷却水浓缩倍数 N 不等于系统补充水量和排污水量之比，（C）项说明不正确。

(D) 根据计算式 $N=\frac{Q_m}{Q_m-Q_e}$，循环冷却水浓缩倍数 N 等于系统补充水量和排污水量＋风吹水量之比，(D) 项说明正确。

【例题 15.4-2】 循环冷却水含盐量浓度值变化大小和下列因素关系的表述中，正确的是哪几项？

(A) 含盐量浓度值变化大小和循环水量多少有关；

(B) 含盐量浓度值变化大小和蒸发散失水量多少有关；

(C) 含盐量浓度值变化大小和排污、风吹损失水量多少有关；

(D) 含盐量浓度值变化大小和补充水量多少有关。

【解】 答案 (B) (D)

(A) 循环冷却水含盐量浓度值变化大小表示蒸发后的冷却水含盐量浓度变化大小，和循环水量多少无关，(A) 项表述不正确。

(B) 循环冷却水含盐量浓度值变化就是因为蒸发水量，留下盐分所致，也就是和蒸发散失水量多少有关，(B) 项表述正确。

(C) 排污、风吹损失水量连同盐分一并排出，不影响循环冷却水含盐量浓度值变化大小。故循环冷却水含盐量浓度值变化大小和排污、风吹损失水量多少无关，(C) 项表述不正确。

(D) 补充水量含有较低的盐分，从而稀释了循环冷却水中的含盐量浓度，故循环冷却水含盐量浓度值变化大小和补充水量多少有关，(D) 项表述正确。

【例题 15.4-3】 一敞开式循环冷却水系统，循环冷却水量 $Q_r=500m^3/h$，冷却塔进水温度 $t_1=40℃$，进塔气温 30℃，出水温度 $t_2=30℃$，风吹损失水量占循环水量的 0.1%，漏泄损失水量占循环水量的 0～0.5%，则该循环冷却水系统每小时最多应补充多少水量？

【解】 补充水量 Q_m＝蒸发水量(Q_e)＋排污水量(Q_b)＋风吹损失水量(Q_w)(含漏泄损失水量)。

按照冷却幅度计算蒸发水量，根据蒸发水量计算式和气温系数 k（见教材表 15-3），进塔气温 30℃，得蒸发水量：

$$Q_e=0.0015\times10\times500=7.5m^3/h;$$

根据敞开式循环冷却水系统设计浓缩倍数不应小于 3 的规定，采用教材公式（15-14）验算排污水量：

$$Q_b=\frac{Q_e}{N-1}-Q_w=\frac{7.5}{3-1}-500\times(0.1\%+0.5\%)=0.75m^3/h>0;$$

得最多应补充水量为：$Q_m=\frac{Q_e\cdot N}{N-1}=7.5\times1.5=11.25m^3/h$。

或 $Q_m=Q_e+Q_b+Q_w=7.5+0.75+500\times(0.1\%+0.5\%)=11.25m^3/h$。

【例题 15.4-4】 一敞开式循环冷却水系统，循环冷却水量 $Q_r=5000m^3/h$，冷却塔进水温度 $t_1=37℃$，出水温度 $t_2=33℃$，当地设计干球温度为 40℃，湿球温度为 27.5℃，风吹损失水量占循环水量的 0.5%，循环水的浓缩倍数 $N=3.5$，为不影响冷却效果，要求水量平衡不变，则该循环冷却水系统每小时应补充多少水量？

【解】 根据蒸发水量计算式和气温系数 k（见教材表 15-3），

得蒸发水量 $Q_e = 0.00165 \times 4 \times 5000 = 33m^3/h$；

风吹损失水量 $Q_w = 5000 \times 0.5\% = 25m^3/h$；

排污水量 $Q_b = \frac{Q_e}{N-1} - Q_w = \frac{33}{3.5-1} - 25 = -11.8m^3/h$。

从循环水量平衡考虑，因风吹损失水量较多，代替了排污水量，不再考虑排污水量。为不影响冷却效果，保持水量平衡，则补充水量为：

$$Q_m = 33 + 25 = 58m^3/h。$$

[如果该题目仅考虑含盐量平衡，即为 $Q_m = \frac{Q_e \cdot N}{N-1} = \frac{33 \times 3.5}{3.5-1} = 46.2m^3/h$]。

【例题 15.4-5】一敞开式循环冷却水系统，循环冷却水量 $Q_r = 3000m^3/h$，冷却塔系统风吹损失水量占循环水量的 0.4%，蒸发水量占循环水量的 0.6%，漏损水量占循环水量的 0.1%，循环水的浓缩倍数 $N=5$，为防止腐蚀或结垢，要求循环水含盐量稳定不变，则该循环冷却水系统每小时应补充多少水量？

【解】 1）该循环冷却水系统每小时应补充水量按照含盐量平衡式计算为：

蒸发水量引起含盐总量增加值为 $Q_e \cdot C_x$，补充水带入盐总量为 $Q_m \cdot C_B$，补充水可以稀释溶解的盐总量为 $Q_m \cdot C_x$，即 $Q_e \cdot C_x = Q_m(C_x - C_B)$，$Q_m = \frac{Q_e \cdot C_x}{C_x - C_B} = \frac{Q_e \cdot N}{N-1} = \frac{3000 \times 0.6\% \times 5}{5-1} = 22.50m^3/h$。

2）同样，也可按如下方法计算：

① 风吹损失水量：$Q_w = 3000 \times 0.4\% = 12.00m^3/h$；

② 蒸发水量：$Q_e = 3000 \times 0.6\% = 18.00m^3/h$；

③ 漏损水量：$Q_s = 3000 \times 0.1\% = 3.00m^3/h$；

④ 排污水量 $Q_b = \frac{Q_e}{N-1} - Q_w - Q_s = \frac{18.00}{5-1} - 12.00 - 3.00 = -10.50m^3/h$。

排污水量为负值，说明因风吹损失水量和漏损水量（相当于排污水量）较多，超出了计算排污水量范围。

从循环水中含盐量稳定不变考虑，补充水量应扣除未排污水量，计算式为：

$Q_m = 12.00 + 18.00 + 3.00 + (-10.50) = 22.50m^3/h$，二者相同。

15.5 循环冷却水补充再生水的处理

（1）阅读提示

本节主要介绍了再生水源为城市污水处理厂达标排放的污水、工业废水处理厂达标排放的废水及矿坑排水。其应达到的水质指标见表 15-1。

再生水水质指标 表 15-1

序号	项目	单位	水质控制指标	城镇污水处理厂污染物排放一级 A 标准	地表水环境质量Ⅲ类标准
1	pH 值（25℃）	—	7.0～8.5	6.0～9.0	6.0～9.0

续表

序号	项目	单位	水质控制指标	城镇污水处理厂污染物排放一级A标准	地表水环境质量Ⅲ类标准
2	悬浮物	mg/L	≤10	10	
3	浑浊度	NTU	≤5		
4	BOD_5	mg/L	≤5	10	4
5	COD_{Cr}	mg/L	≤30	50	20
6	铁	mg/L	≤0.5		0.3
7	锰	mg/L	≤0.2		0.1
8	Cl^-	mg/L	≤250		250
9	钙硬度（以 $CaCO_3$ 计）	mg/L	≤250		
10	甲基橙碱度（以 $CaCO_3$ 计）	mg/L	≤200		
11	NH_3-N	mg/L	≤5	5（8）	1.0
12	总磷（以P计）	mg/L	≤1		
13	溶解性总固体	mg/L	≤1000		
14	游离氯	mg/L	末端0.1～0.2		
15	石油类	mg/L	≤5	1	0.05
16	细菌总数	个/mL	<1000		

城市污水和工业废水经处理达标排放的水质指标一般高于再生水水质指标，通常要再处理去除水中的COD、NH_3-N、总氮、总磷。大多采用生物氧化（硝化反硝化）、化学氧化（除COD）和混凝沉淀方法。

目前再生水水源水量充沛，处理工艺成熟，水质可以保证，故不必再设备用水源。再生水水质指标有限，即使各项指标和自来水水质指标相同，也不能混入自来水管网。

（2）例题解析

【例题 15.5-1】 下列有关循环冷却水补充再生水系统的叙述中，哪一项是正确的？

（A）循环冷却水补充再生水水源必须是城市生活污水处理厂排放水；

（B）循环冷却水补充再生水系统必须设置备用水源；

（C）循环冷却水补充再生水净化处理消毒后可以供给工厂浴室使用；

（D）采用再生水补充循环冷却水的系统设计浓缩倍数最低值可以小于3。

【解】 答案（D）

（A）循环冷却水补充再生水水源可以是城市污水处理厂达标排放的污水、工业废水处理厂达标排放的废水以及矿坑废水，不是必须为城市生活污水处理厂排放，（A）项叙述不正确。

（B）如果水源水量充沛，处理技术可靠，水质可以保证，循环冷却水补充再生水系统不是必须设置备用水源，（B）项叙述不正确。

（C）循环冷却水补充再生水净化处理消毒后仍不能和自来水管网连接，也就是不可以供给工厂浴室使用，（C）项叙述不正确。

（D）采用再生水补充循环冷却水的系统设计浓缩倍数不应低于2.5，最低值可以小于3，（D）项叙述正确。